高等院校生物技术和生物工程专业"十三五"规划教材

现代工科微生物学教程

Course of Modern Engineering Microbiology

主　编　谢　晖
副主编　陈　丹　曾　琦
参　编　梁继民　应琼琼　沈晓敏　詹勇华
　　　　陈雪利　朱守平　徐欣怡　王福
　　　　夏玉琼　张象涵

西安电子科技大学出版社

内容简介

本书从工科应用实践角度阐明微生物的六大重要规律(结构功能、代谢产能、生长繁殖、遗传变异、生态分布和系统进化),分上下两篇(经典微生物学和微生物交叉学科及应用)共 11 章内容。上篇主要介绍微生物的形态和结构,微生物的营养及实践应用,微生物的产能、耗能代谢及应用,微生物的生长繁殖及工程控制,病毒学基础等,下篇主要介绍微生物遗传学、微生物生态学、微生物进化分类学、微生物与免疫学、专题拓展——微生物发酵工程概述等。

本书图文并茂、简明易懂,从细胞、分子或群体水平上讲清概念、理顺脉络、阐述规律,突出工科应用特色、学科交叉特色、最新研究前沿特色,并努力联系实际工程应用。

本书可作为工科大专院校微生物学教材,也可供有关综合院校师生及广大微生物学爱好者学习参考。

图书在版编目(CIP)数据

现代工科微生物学教程/谢晖主编. —西安:西安电子科技大学出版社,2018.8
ISBN 978 - 7 - 5606 - 4962 - 7

Ⅰ.① 现… Ⅱ.① 谢… Ⅲ.①微生物学 Ⅳ.① Q93

中国版本图书馆 CIP 数据核字(2018)第 141970 号

策划编辑　高　樱
责任编辑　阎　彬　雷鸿俊
出版发行　西安电子科技大学出版社(西安市太白南路 2 号)
电　　话　(029)88242885　88201467　　　邮　　编　710071
网　　址　www.xduph.com　　　　　　　电子邮箱　xdupfxb001@163.com
经　　销　新华书店
印刷单位　北京虎彩文化传播有限公司
版　　次　2018 年 8 月第 1 版　2018 年 8 月第 1 次印刷
开　　本　787 毫米×1092 毫米　1/16　印张 20
字　　数　475 千字
印　　数　1~1000 册
定　　价　45.00 元
ISBN 978 - 7 - 5606 - 4962 - 7/Q

XDUP 5264001 - 1

＊＊＊如有印装问题可调换＊＊＊

前　言

　　近年来在生物工程、生物信息学和大数据技术的带动下，微生物学发展迅速。在工科院校的教学活动中，微生物学课程具有作用重要、受益面广和影响深远等特点，更是理工学科交叉产生创新的源泉，这也是本书编写的最根本目的。

　　本书是在编者结合多年学习微生物学及从事相关工作的心得，并精选大量的微生物学文献资料的基础上编写而成的，以期利用较少的篇幅提供较全面和丰富的基础知识和应用理论，提高学习效率，更好地解决当今工科院校微生物类专业课程工科应用体现不足、学科交叉融合缺乏、工科生生物学基础薄弱的问题。本书主要特色在于加入了大量微生物工程应用内容，更加注重微生物学实际问题求解过程中的计算、推导与应用，并加入大量高等数学、数据库应用、微生物相关前沿进展、新实验技术应用及生物信息学的内容，充分体现了现代工科微生物学的面貌，同时努力反映相关领域的前沿进展，以便能够更好地调动工科学生学习微生物学的兴趣，真正做到学科交叉、学以致用，力求使学生花最少的时间获得最大的收益。

　　建议将本课程安排在生物化学、细胞生物学之后开展，并与分子生物学、遗传学同时学习。考虑到本课程除具有较强的系统性、先进性、通用性和稳定性外，还具有较强的独立性和灵活性，因此本书所选内容在简明的前提下，没有严格限制学时(一般应为 50 学时左右)，各院校在选用时可视具体情况加以取舍。书中若干描述性及与其他学科可能发生重复的次要内容(重复内容均在对应知识点说明)，应放手让学生自学，采取多样化的课堂教学形式，全面提升学生微生物学学习及生物学研究探索的综合创新能力，努力向新形势下教学 3.0 的新目标不断靠拢。

　　本书的全部理论内容系本人独立撰写完成，微生物与植物相关应用联系部分由陈丹副教授撰写完成，微生物药物应用部分由曾琦博士撰写完成。由于本书总体均由主编一人编写，其优点是前后思路较统一、内容不易重复、格式较为一致，但随之产生的缺点也是不言而喻的，限于编者的水平和专长，难免出现不妥之处，还请广大师生和读者随时赐予宝贵意见。同时还要感谢梁继民、应琼琼、沈晓敏、詹勇华、陈雪利、朱守平、徐欣怡、王福、夏玉琼、张象涵等老师在教材撰写过程中提供的宝贵资料、建议以及在本书校对过程中作出的贡献。

谢晖

于西安电子科技大学生命科学技术学院

生物技术系

2018 年 2 月 20 日

目 录
CONTENTS

上篇 经典微生物学

1

下篇 微生物交叉学科及应用

第1章 绪 论

第 1 章 课件

1.1 什么是微生物——初识微生物

微生物(Microorganism)通常是一切肉眼无法看见或极难见到的微小生物的总称。多数情况下，微生物是一些个体微小(一般小于 0.1 mm)、构造简单的低等生物，其涉及的范围非常广泛，包括属于原核类的细菌、放线菌、支原体、立克次氏体、衣原体和蓝细菌(蓝藻)，还有属于真核类的酵母菌和霉菌、原生动物和显微藻类，以及属于非细胞类的病毒等。微生物种类、大小和细胞类型如表1-1所示。

表1-1 微生物种类、大小和细胞类型

微生物种类	大小近似值	细胞类型
病毒	0.01~0.25 μm	非细胞类
细菌	0.1~10 μm	原核生物
真菌	2 μm~1 m	真核生物
原生动物	2~1000 μm	真核生物
藻类	1 米至几米	真核生物

1.2 人类对微生物世界的认识

1.2.1 微生物学发展的萌芽阶段

长久以来，由于认知水平的局限和科学技术的落后，人类对数量庞大、分布广泛的微生物长期缺乏认识。其主要原因是由于微生物个体过于微小，一般微生物的大小多在微米范围内，因此仅依靠当时的手段和技术根本无法发现。另外，微生物绝大多数为混生，基于此原因，在发明对各纯种微生物分离、培养技术以前，是无法了解各微生物对自然界和人类的真正作用的。针对病原微生物来说，由于其具有生长繁殖快和代谢活力强等特点，因此，当人体或动植物体处在病原微生物感染的初期时，并不会引起生物机体的警觉。一旦出现病灶，对于一些没有较深刻的微生物学知识的人来说，也不会真正理解这竟然是微生物生命活动的结果。同样地，在由非病原微生物引起的各种生物化学变化(如发酵、腐败等)中，也有类似的情况发生。当人们还处于对微生物世界的无知状态时，对待眼前的微生物往往表现出相对无知的状态。例如，"世纪瘟疫"的艾滋病，从感染人类免疫缺陷病毒（HIV）至发病一般要经过 12 到 13 年的潜伏期；*Aspergillus flavus*（黄曲霉）是一类会产生剧毒真菌毒素——黄曲霉毒素（*Aflatoxin*）的霉菌，若经常食用这类霉变食物，就会诱发肝癌等疾病；鼠疫（又被称为"黑死病"，历史上 3 次大流行曾杀死近 2 亿人口）、天花、疟疾、麻风、梅毒、肺结核（"白疫"）和流感的大流行等。时至今日，在全球范围内，传染病不但仍是死亡的首因（1997 年全球达 5220 万人），而且还面临着旧病卷土重来、新病不断出现（近 20 年来又出现了 30 余种）的严峻形势。

1.2.2　微生物学的发展历程

微生物学的发展历程严格分为六个时期，分别为：未知期（8000 年前至 1676 年）、初始期（1676 — 1861 年）、基础期（1861 — 1897 年）、发展期（1897 — 1953 年）、成熟期（1953 — 1999 年）、现代期（1999 年至今）。现简述如下。

1. 未知期

未知期是指人类还未对微生物有直观认识的时期。当时的人类已经自发地与微生物频繁接触，并凭自己的经验在实践中开展利用有益微生物和防治有害微生物的活动。但由于在思想方法上长期停留在单纯实践的基础上，因此只能长期处于低水平的应用阶段。在未知期，世界各国人民在自己的生产实践中都累积了许多微生物学方面生产应用的宝贵经验，例如发面和啤酒的酿造等，同时也能够使用牛乳和乳制品的发酵以及利用霉菌来治疗一些疾病等。在未知期，中国人民在制曲、酿酒方面的技术可谓已经达到了世界领先水平。

我国人民在距今约 8000 年至 4500 年间，已发明了制曲、酿酒工艺，在 2500 年前的春秋战国时期，已知制酱和醋。在宋代，已采用"曲母"进行接种，根据红曲菌有喜酸和喜温的生长习性，将酸大米和明矾水在较高温度下培养，来制造优良的红曲。在大约 800 年前，人们利用自养细菌的催化作用开始细菌冶金。在大约 1800 年前，已发现豆科植物的根瘤有增产作用，并采用积肥、沤粪、压青和轮作等农业措施，来利用和控制有益微生物的生命活动，从而提高作物产量。在宋代创造过"以毒攻毒"的免疫方法，发明用种人痘来预防天花，这要比英国人 E.Kenner 在 1796 年发明种牛痘预防天花早半个多世纪。另外，中国人民在对传染病及其流行规律的认识，对消毒、灭菌措施的利用等方面都有过不同程度的贡献。

2. 初始期

从 1676 年身为市政工作人员的业余科学家列文虎克凭借自己对微生物的兴趣和爱好，用自制的单式显微镜观察到细菌的个体起，直至 1861 年这近 200 年的时间里，人们对微生物的研究仅停留在形态描述的低级水平上，而对它们的生理活动及其与人类实践活动的关系却未加研究，因此，微生物学作为一门学科在当时还未形成。这一时期的代表人物是荷兰的业余科学家——微生物学先驱列文虎克（Antony van Leeuwenhoek，1632—1723）。如图 1-1 所示，他利用便携式显微镜（透镜直径约 3 mm）观察了许多微小物体和生物，并于 1676 年首次观察到形态微小、作用巨大的细菌，从而扫除了认识微生物世界的第一个障碍。他一生制作了 419 架显微镜或放大镜，这些显微镜或放大镜的放大率一般为 50～200 倍，最高者达 266 倍。

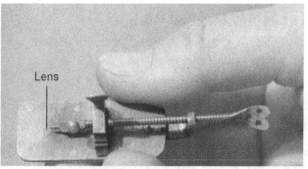

图 1-1　列文虎克和他发明的便携式显微镜

3. 基础期

从 1861 年巴斯德著名的曲颈瓶试验推翻生命的自然发生说并建立胚种学说（Germ Theory）起，直至 1897 年的一段时间为基础期。其主要意义简述如下：

（1）建立了一套研究微生物所必需的独特方法和技术，从而扫除了认识微生物的障碍；

（2）借助于良好的研究方法，开创了寻找病原微生物的"黄金时期"；

（3）把微生物学的研究从形态描述推进到生理学研究的新水平；

（4）开始客观上以辩证唯物主义的"实践—理论—实践"的思想方法指导科学实验；

（5）微生物学以独立的学科形式开始形成，但当时主要还是以其各应用性分支学科的形式存在。

这个时期的代表人物主要是法国的巴斯德（L. Pasteur，1822—1895）和德国的柯赫（R. Koch，1843—1910），见图 1-2。

图 1-2　巴斯德（左）和柯赫（右）

巴斯德是法国微生物学家、化学家，近代微生物学的奠基人。巴斯德的主要贡献是提出了生命只能来自生命的胚种学说，并认为只有活的微生物才是传染病、发酵和腐败的真正原因，他还建立了一系列的灭菌消毒方法，为微生物学的发展奠定了坚实的基础。其贡献总结如下：

(1) 彻底否定了"自生说"学说。

(2) 发现传染病的根源及防治办法——预防接种。

(3) 证实发酵是由微生物引起的。

(4) 建立灭菌消毒方法。

循此前进，人们在战胜狂犬病、鸡霍乱、炭疽病、蚕病等方面都取得了成果。英国医生李斯特并据此解决了创口感染问题。从此，整个医学迈进了细菌学时代，得到了空前的发展。美国学者麦克·哈特所著的《影响人类历史进程的100名人排行榜》中，巴斯德名列第12位，可见其在人类历史上的巨大影响力。其发明的巴氏消毒法直至现在仍被应用。巴斯德还有一句著名言论：科学虽没有国界，但是学者却有自己的祖国。

柯赫的贡献如下：

(1) 建立了研究微生物的一系列重要方法，尤其在分离微生物纯种方面。柯赫及其助手把早年在马铃薯块上的固体培养技术改进为明胶平板培养技术(1881)，并进而改进为琼脂平板培养技术(1882)。在1881年前后，柯赫及其助手们还创立了包括细菌鞭毛染色在内的许多染色方法、悬滴培养法以及显微摄影技术。

(2) 利用平板分离方法寻找并分离到多种传染病的病原菌，例如炭疽病菌(1877)、结核杆菌(1882)、链球菌(1882)和霍乱弧菌(1883)等。

(3) 在理论上，柯赫于1884年提出了柯赫法则(Koch's postulates)，其主要内容为：病原微生物总是在患传染病的动物中发现而不存在于健康个体中；这一微生物可以离开动物体，并被培养为纯培养物；这种纯培养物接种到敏感动物体后，应当出现特有的病症；该微生物可以从患病的实验动物中重新分离出来，并可在实验室中再次培养，此后它仍然应该与原始病原微生物相同。

4. 发展期

1897年德国人E.Büchner用无细胞酵母菌压榨汁中的"酒化酶"(Zymase)对葡萄糖进行酒精发酵成功，从而开创了微生物生化研究的新时代。此后，微生物生理、微生物相关代谢研究就蓬勃开展了起来。

在发展期中，微生物学研究有以下几个特点：

(1) 进入了微生物生化水平的研究。如果说上一时期的一些微生物学家主要是以寻找人和动物的致病菌为目标的话，这一时期则以研究微生物的营养需求、微生物内部酶的特性、寻找和研究抗生素以及逐步深入到以研究它们的遗传变异和基因为主的新阶段。

(2) 应用微生物的分支学科更为扩大，出现了抗生素等新学科。

(3) 开始出现微生物学史上的第二个"淘金热"——寻找各种有益微生物代谢产物的热潮。

(4) 在各微生物应用学科较深入发展的基础上，一门以研究微生物基本生物学规律的综合学科——普通微生物学开始形成。

(5) 各相关学科和技术方法相互渗透，相互促进，加速了微生物学的发展。

5. 成熟期

从1953年4月25日Watson和Crick在英国的《自然》杂志上发表关于DNA结构的双

螺旋模型起，整个生命科学就进入了分子生物学研究的新阶段，这同样也是微生物学发展史上成熟期到来的标志。本时期的特点为：

（1）微生物学从一门在生命科学中较为孤立的以应用为主的学科，迅速成长为一门十分热门的前沿基础学科。

（2）在基础理论的研究方面，逐步进入到分子水平的研究，微生物迅速成为分子生物学研究中最主要的对象之一。

（3）在应用研究方面，向着更自觉、更有效和可人为控制的方向发展。至 20 世纪 70 年代初，有关发酵工程的研究已与遗传工程、细胞工程和酶工程等紧密结合，微生物已成为新兴的生物工程的主角，这也标志着工科微生物学开始蓬勃发展。

6. 现代期

微生物学的发展在进入 21 世纪之后，出现了大量的新兴学科及相关产业，简单来说有如下三个方面：

（1）工业化、工程菌种的培育。通过基因技术手段，培养工业化菌种，然后通过发酵等手段进行生产。微生物生产的周期性和特定性，使得这种方法有着增加产能、节约成本等优势。（类似于胰岛素和凝乳酶的生产现在已经在进行，但都运用的是自然选育诱变的方法筛选的菌株，如果是定向培育，还会更好。）另外，通过基因工程手段，还可以培育具有特定功效的工程菌株，比如将某些特定的基因片段导入到一种菌内，达到保存该基因片段的目的等。

（2）通过微生物的繁殖特性，研究细胞的微观活动。比如现在流行通过某些标记手段来观察酶合成、细胞吸收和排放、分子生物学的某些活动等，通过微观的易于操作的微生物来研究生命基础结构——细胞和生物生长过程中的微观现象，这是从微观到宏观，从单细胞到整体的一种研究趋势。

（3）微生物生物信息学、生物信息学衍生的学科的发展。通过生物学与计算机技术的结合，以数据库和实验来建立生物信息库，通过实验数据和实验结论、建立模型和数据库的分析，来探讨生命的本源，甚至可以说虚拟智能的研究也与生物信息学息息相关。

1.2.3 近现代微生物学发展的历史大事件

下面列出近现代微生物学发展的历史大事件(简要)：

1890 年 EAvon Behring 制备抗毒素治疗白喉和破伤风；

1892 年 Ivanovsky 提供烟草花叶病是由病毒引起的证据；

1897 年 Büchner 用酒化酶对葡萄糖进行酒精发酵成功；

1928 年 Griffith 发现细菌转化；

1929 年 Fleming 发现青霉素；

1944 年 Avery 等 证实转化过程中 DNA 是遗传信息的载体；

1953 年 Watson 和 Crick 提出 DNA 双螺旋结构；

1970—1972 年 Arber、Smith 和 Nathans 发现并提纯了 DNA 限制性内切酶；

1977 年 Woese 提出古生菌是不同于细菌和真核生物的特殊类群，Sanger 首次对

ΦX174 噬菌体 DNA 进行了全序列分析；

1982—1983 年 Prusiner 发现朊病毒(Prion)；

1983—1984 年 Mullis 建立 PCR 技术；

1995 年第一个独立生活的细菌(流感嗜血杆菌)全基团组序列测定完成；

1996 年第一个自养生活的古生菌基因组测定完成；

1997 年第一个真核生物(啤酒酵母)基因组测序完成；

2005 年发现幽门螺杆菌是引起胃炎和胃溃疡的病原体；

2004 年至今，禽流感全球流行，引起广泛关注。

1.3　微生物学对生物学科发展的巨大作用

微生物对生命科学基础理论研究有重大贡献。微生物由于其"五大共性"(详见后面内容)加上培养条件简便，成为生命科学工作者在研究基础理论问题时最乐于选用的研究对象("模式生物"，Model Organism)。历史上自然发生说的否定、糖酵解机制的认识、基因与酶关系的发现、突变本质的阐明、核酸是一切生物遗传变异的物质基础的证实、操纵子学说的提出、遗传密码的揭示、基因工程的开创、PCR(DNA 聚合酶链反应)技术的建立、真核细胞内共生学说的提出，以及近年来生物三域(Three Domains)理论的创建等，都是选用微生物作为研究对象而结出的硕果。为此，大量研究者还获得了诺贝尔奖。微生物学是代表当代生物学最高峰的分子生物学三大来源之一。在经典遗传学的发展过程中，由于先驱者们意识到微生物具有繁殖周期短、培养条件简单、表型性状丰富和多数是单倍体等种种特别适合作遗传学研究对象的优点，纷纷选用 *Neurospora crassa*(粗糙脉孢菌，俗称"红色面包霉")、*Escherichia coli*(简写为 *E. coli*，大肠埃希氏菌，简称大肠杆菌)、*Saccharomyces cerevisiae*(*S. cerevisiae*，酿酒酵母)和 *E.coli* 的 T 系噬菌体作为研究对象，很快揭示了许多遗传变异的规律，又使经典遗传学迅速发展成为分子遗传学。从 20 世纪 70 年代起，由于微生物既可作为外源基因供体和基因载体，并可作为基因受体菌，加上又是基因工程操作中的各种"工具酶"的提供者，故迅速成为基因工程中的主角。小体积、大面积系统的微生物在培养等方面的优越性，还促进了高等动、植物的组织培养和细胞培养技术的发展，这种"微生物化"的高等动、植物单细胞或细胞集团，也具备了仅微生物所专有的优越特性，从而可以十分方便地在试管和培养皿中进行研究，并能在发酵罐或其他生物反应器中进行大规模培养和产生有益代谢产物。

此外，这一趋势还使原来局限于微生物学实验室使用的一整套独特的研究方法、技术，急剧向生命科学和生物工程各领域发生横向扩散，从而对整个生命科学的发展做出了方法学上的贡献。这些技术包括显微镜和有关制片染色技术，消毒灭菌技术，无菌操作技术，纯种分离、培养技术，合成培养基技术，选择性和鉴别性培养技术，突变型标记和筛选技术，深层液体培养技术以及菌种冷冻保藏技术等。

当前，微生物学工作者可以自豪地说，在 20 世纪生命科学发展的四个里程碑(DNA 功能的阐明、中心法则的提出、遗传工程的成功和人类基因组计划的实施)中，微生物学发挥了无可争辩的关键作用。

1.4　学科拓展——工科应用型微生物学发展与人类发展的密切关联

随着外科消毒术的建立、人畜病原菌的发现、免疫防治法的应用、抗生素治疗的兴起以及使用遗传工程和生物工程技术生产生化药物，人类在与病原微生物的斗争中已取得了极其辉煌的战果。首先，细菌性传染病已从导致人类死亡率的首位退居到四五位以后（不同国家、不同地区有所不同）；其次，人类平均寿命大大提高；第三，曾经猖獗一时的天花已在 1979 年 10 月 26 日由 WHO（世界卫生组织）宣布在地球上绝迹；最后，生活在文明社会的每一个人，几乎毫无例外地都或多或少获得过抗生素的治疗。同时，微生物学也促进了农业的进步，并且作为生物圈中的"分解者"与生态和环境保护有着非常密切的关系。这里我们重点介绍工科应用型微生物学与人类发展的密切关系。

1. 厌氧纯种发酵技术

20 世纪初，在工业发酵的早期，人们首先发展了不需通气搅拌等复杂装置的厌氧纯种发酵技术，利用它来进行乙醇、丙酮、丁醇、乳酸或甘油生产。

2. 深层液体通气搅拌培养

20 世纪 40 年代初，青霉素发酵促进了大规模液体深层通气搅拌培养技术的发展，从此，在工业发酵中占据主要地位的好氧发酵获得了飞速的发展。于是，抗生素、有机酸和酶制剂等发酵工业终于在世界各地蓬勃地建立起来了。

3. 自然发酵与食品、饮料的酿造

世界各国劳动人民在其各自的生产实践中，逐步学会了利用有益微生物在自然接种和混菌发酵的条件下来酿造自己喜爱的风味食品和饮料，例如酒、酱、醋、泡菜、豆豉、酸牛奶、干酪和面包等。

4. 罐头保藏

1804 年，法国厨师 N. Appert 经过 10 年试验，发明了食品的玻璃瓶罐藏技术，从而为食物的消毒灭菌和长期保藏找到了一种较为有效的方法。

5. 代谢调控理论在发酵工业上的应用

从 20 世纪 50 年代中期起，由于对微生物代谢途径和调控研究的逐步深入，人们找到了能突破微生物代谢调控以累积有用代谢产物的手段，并很快用于大规模工业生产中，例如谷氨酸（1956）和核苷酸类物质——肌苷酸（1966）的发酵生产等。

6. 生物工程的兴起

从 20 世纪 70 年代初开始，生物学基础理论和实验技术的飞速发展，结合多种现代工程技术，终于发展出一门新兴的综合性的应用学科——生物工程学（Biotechnology，又译为生物技术）。所谓生物工程学，一般认为是以生物学（特别是其中的微生物学、遗传学、生物化学和细胞学等）的理论和技术为基础，结合化工、机械、电子计算机等现代工程技术，充分运用分子生物学的最新成就，自觉地操纵遗传物质，定向地改造生物或其功能，短期内创造出具有超远缘性状的新物种，再通过合适的生物反应器对这类"工程菌"或"工程细胞株"进行大规模的培养，以生产大量有用代谢产物或发挥它们独特生理功能的一门新兴技术。生物工程学一般可包括五大工程，即遗传工程、细胞工程、微生物工程（发酵工程）、酶工程（生化工程）和生物反应器工程。这五大工程中，前两者的作用是将常规菌（或动、植物细胞株）作为特定遗传物质的受体，使它们获得外来基因，成为能表达超远缘性状的新物种——"工程菌"或"工程细胞株"；后三者的作用则是为这一有巨大潜在价值的新物种创造良好的生长、繁殖条件，进行大规模的培养，以充分发挥其内在潜力，为人们提供巨大的经济效益和社会效益。因此，遗传工程是生物工程的主导，而微生物工程则是生物工程的基础。微生物工程具有比化工生产优越得多的优点，例如一步生产、条件温和、原料便宜、设备通用和污染较少等。可以预期在 21 世纪，在人类从利用有限的矿物资源的时代过渡到利用无限的可再生的生物资源的时代中，生物工程学将对人类社会的发展做出越来越大的贡献。

1.5　微生物学的分类

微生物学（Microbiology）是一门在分子、细胞或群体水平上研究微生物的形态构造、生理代谢、遗传变异、生态分布和分类进化等生命活动基本规律，并将其应用于工业发酵、医药卫生、生物工程和环境保护等实践领域的科学，其根本任务是发掘、利用、改善和保护有益微生物，控制、消灭或改造有害微生物，为人类社会的进步服务。微生物学经历了一个多世纪的发展，已分化出大量的分支学科，据不完全统计（1990 年）已达 181 门之多。现根据其性质简单归纳成下列 6 类。

（1）按研究微生物的基本生命活动规律为目的来分，总学科称为普通微生物学（General Microbiology），分科有微生物分类学、微生物生理学、微生物遗传学、微生物生态学和分子微生物学等。

（2）按微生物应用领域来分，总学科称为应用微生物学（Applied Microbiology），分科有工业微生物学、农业微生物学、医学微生物学、药用微生物学、诊断微生物学、抗生素学、食品微生物学等。

（3）按研究的微生物对象分，有细菌学、真菌学（菌物学）、病毒学、原核生物学、自养菌生物学和厌氧菌生物学等。

（4）按微生物所处的生态环境分，有土壤微生物学、微生态学、海洋微生物学、环境微生物学、水微生物学和宇宙微生物学等。

（5）按学科间的交叉和融合分，有化学微生物学、分析微生物学、微生物生物工程学、微生物化学分类学、微生物数值分类学、微生物地球化学和微生物信息学等。

（6）按实验方法和技术分，有实验微生物学、微生物研究方法、分子微生物学应用等。

1.6　微生物的特点及五大共性

微生物由于其体形极其微小，因而带来了以下五个共性：体积小，面积大；吸收多，转化快；生长旺，繁殖快；适应强，易变异；分布广，种类多。现分别加以讨论。

1. 体积小，面积大

任何定体积的物体，如对其进行三维切割，则切割的次数越多，所产生的颗粒数目也越多，颗粒的体积就越小。这时，如把所有颗粒的总面积相加，则其数目将极其可观。若称单位体积所占有的面积（即"面积/体积"）为比面值，则随着物体的体积缩小，其比面值就增大。例如，一个典型的球菌，其体积仅 $1 \mu m^3$ 左右，可是，其比面值却极大。这样一个小体积、大面积的系统，就是微生物与一切大型生物相区别的关键所在，也是赋予微生物具有五大共性的本质所在。体积小、面积大是微生物五大共性的基础，由它可发展出一系列其他共性。《科学》上的一篇文章报道了对一块活性陨石上可能存在的生命遗迹的研究。这块陨石 45 亿年前在火星上形成，13 亿年以前由于宇宙碰撞而离开火星，13 000 年前作为陨石降落到地球上。对它的分析表明其上可能有生命存在过，更重要的是在该陨石上发现了类似细菌化石的东西，其直径仅为 20～40 nm（见图 1-3）。德国科学家 H. N. Schulz 等 1999 年在纳米比亚海岸的海底沉积物中发现的一种硫黄细菌（*Sulfur bacterium*），其大小达 0.75 mm。

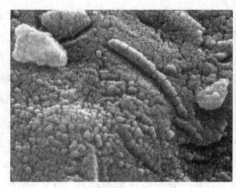 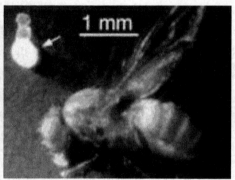

图 1-3　火星陨石上更小的微生物（左）及肉眼可见的硫黄细菌（右）

2. 吸收多，转化快

有一句歌词是这样唱的："我真的还想再活 500 年。"比较人的吸收和微生物的吸收，我们以消耗自身重量 2000 倍食物的时间来计算：大肠杆菌仅需 1 小时；人类需要 500 年（按 400 斤/年计算）。同时也有资料表明，发酵乳糖的细菌在 1 小时内可分解其自重 1000～10 000 倍的乳糖；500 kg *Candidautilis*（产朊假丝酵母）以质量较次的糖液（如糖蜜）和氨水为原料，24 小时可以生产 50 000 kg 优质蛋白质。然而一头同样重 500 kg 的食用公牛，24 小时仅能生产 0.5 kg 蛋白质。微生物的这个特性为它们的高速生长繁殖和产生大量代谢产物提供了充分的物质基础，从而使微生物有可能更好地发挥"活的化工厂"的作用。人类对微生物的利用，主要体现在它们的生物化学转化能力上。

3. 生长旺，繁殖快

微生物由于其独特的性质而具有极高的生长和繁殖速度。一种如今被人们研究得非常清楚的生物——*E. coli*，其细胞在合适的生长条件下，每分裂 1 次的时间是 12.5～20.0 分钟。如按 20 分钟分裂 1 次计，则每小时可分裂 3 次，每昼夜可分裂 72 次，后代数为

4 722 366 500万亿个(重约 4722 吨),48 小时的后代数为 $2.2×10^{43}$ 个(约等于 4000 个地球之重)。事实上,由于种种客观条件的限制,细菌的指数分裂速度只能维持数小时,因而在液体培养基中,细菌细胞的浓度一般仅能达到 $10^8 \sim 10^9$ 个/mL 左右。

微生物的这一特性在发酵工业上具有重要的实践意义,主要体现在它的生产效率高、发酵周期短上。例如,生产用作发面鲜酵母的 *Saccharomyces cerevisiae*(酿酒酵母),其繁殖速度不算太高(每 2 小时分裂 1 次),但在单罐发酵时,几乎每 12 小时即可"收获"1 次,每年可"收获"数百次,这是其他任何农作物所不可能达到的"复种指数"。这对缓和人类面临的人口增长与食物供应的矛盾也有着重大的意义。另外,生长旺、繁殖快的特性给生物学基本理论的研究也带来极大的优越性——使科研周期大大缩短、经费减少、效率提高。当然,那些危害人、畜和植物等的病原微生物或使物品发生霉腐的霉腐微生物,就会给人类带来极大的麻烦甚至严重的损失。

4. 适应强,易变异

1) 适应性

微生物具有远远超越动植物的极其灵活的适应性。其原因主要也是因为其体积小和面积大。为适应多变的环境条件,微生物在其长期的进化过程中产生了许多灵活的代谢调控机制,并有种类多样的诱导酶(可占细胞蛋白质含量的 10 %)。微生物对环境条件尤其是恶劣的"极端环境"所具有的惊人适应力,堪称生物界之最。例如在海洋深处的某些硫细菌可在 250℃甚至在 300℃的高温条件下正常生长;大多数细菌能耐 $-196 \sim 0℃$(液氮)的任何低温,甚至在 $-253℃$(液态氢)下仍能保持生命活力;一些嗜盐菌能在 32%的饱和盐水中正常生活;许多微生物尤其是产芽孢的细菌可在干燥条件下保藏几十年、几百年甚至上千年;*Thiobacillus thiooxidans*(氧化硫硫杆菌)是耐酸菌的典型,它的一些菌株能生长在 $5\% \sim 10 \%$($0.5 \sim 1.0$ mol/L,pH 0.5)的 H_2SO_4 中;有些耐碱的微生物如 *Thiobacillus denitrificans*(脱氮硫杆菌)的生长最高 pH 值为 10.7,有些青霉和曲霉也能在 pH 9~pH 11 的碱性条件下生长;在抗辐射能力方面,人和哺乳动物的辐射半致死剂量低于1000 r,*E.coli* 为 10 000 r,酵母菌为 30 000 r,原生动物为 100 000 r,而抗辐射力最强的生物——*Micrococcusra diodurans*(耐辐射微球菌)则达到 750 000 r;在抗静水压方面,酵母菌为 500 个大气压,某些细菌、霉菌为 3000 个大气压,植物病毒可抗 5000 个大气压。地球上大洋最深处为关岛附近的马里亚纳海沟,那里的水深达 11 034 m,压力约为 1103.4 个大气压,可是仍有细菌生存着;此外,耐缺氧、耐毒物等特性在微生物中也是极为常见的。

拓展阅读一:《科学》杂志曾经有学者发文表明,研究人员发现了一种能够在 121℃高温下生存繁殖的食铁微生物。如果微生物会嘲弄别人的话,这种微生物一定会嘲笑那些在上周的欧洲热浪中有诸多抱怨的人们。来自阿姆赫斯特马萨诸塞大学的研究人员 Kazem Kashefi 和 Derek Lovley 发现了这种微生物并将之称为"121 株",目前该微生物还没有科学名称。科学家在太平洋深海海床火山口发现了这种微生物,该地的温度高达 400 ℃。两位研究人员将 121 株放在 121℃的烤箱中,结果发现这种微生物竟然很适合这一温度,菌落大小很快就增大到原来的两倍。这比以前报告的微生物最高生存温度(113℃)高出 8 ℃。Lovley 表示,研究这种食铁的 121 株微生物可以为我们揭示 35 亿年前第一种生命形式演化所处的环境。

拓展阅读二：把大肠杆菌放在地下 50 km 的超强压力下，它会不会活下来？科学家最近惊奇地发现，答案是肯定的。一些科学家说，这些细菌可以适应如此极端的压力环境，说明生物对环境具有超乎想象的"惊人"适应力。因此人类在其他星球上寻找地外生命时，眼光不能只局限在星球的表面，而应当延伸到压力巨大的地下。以前的实验发现，构成生物的蛋白质等基本结构，在如此高的压力下往往会裂解。但美国卡内基学会地球物理研究所夏尔马博士领导的小组在最近出版的美国《科学》杂志上介绍，在他们实验中，大肠杆菌不仅在极端高压下活了下来，而且还能进行新陈代谢。在实验中，科学家借用了高压物理学实验工具金刚石钻压槽。放入金刚石钻压槽中的大肠杆菌和另外一种常见细菌受到了强力的挤压，其承受的压力最高值相当于海平面气压的 1.6 万倍。化学分析显示，在接受压力实验的 100 万个细菌中，有 1 ％存活了下来，这些幸存者仍然能够完成正常的代谢功能，将甲酸盐转化为二氧化碳和氢气，但是与此同时，它们也付出了代价，许多幸存的个体已经被挤压得面目全非，而且目前没有迹象表明细菌能够在高压环境中繁殖。近些年来，研究人员陆续在海底火山口旁、两极冰层和地下发现了许多奇异的有机体，这些有机体能够在高温、高放射性、强酸性和极为干燥的环境中生存并繁衍。这些新的研究又将生命的极限做了延伸。夏尔马说，当人类在外太空寻找生命时，应当重新考虑那些处于高压环境而被忽略的地方，例如木星的深水层或者火星冰盖的下面都可能有生命形式存在。美生物学家提出："当你认识到有机体能够在压强达上百吨的地下生存并繁衍的时候，生命的极限已经被延伸了，这就预示了像木星或其他重力巨大的行星上存在生命的可能性。"

2）变异性

微生物的个体一般都是单细胞、简单多细胞或非细胞的，它们通常都是单倍体，加之它们繁殖快、数量多以及与外界环境直接接触等原因，即使其变异的频率十分低（一般为 $10^{-10} \sim 10^{-5}$），也可在短时间内产生大量变异的后代。最常见的变异形式是基因突变，它可以涉及任何性状，诸如形态构造、代谢途径、生理类型、各种抗性、抗原性以及代谢产物的质或量的变异等。以下仅举两例来说明它们的变异之大。

据记载，1943 年时，每毫升青霉素发酵液中青霉素生产菌 *Penicillium chrysogenum*（产黄青霉）只分泌约 20 单位的青霉素，而病人每天却要注射几十万单位。因此诺贝尔奖获得者之一 H. W. Florey 在回忆当时这种菌种以原始的表面培养法进行生产时说："那时一茶匙黄色粉末，除研究工作精力与时间不计外，其提炼花费约需数千英磅。" 40 余年来，通过世界各国微生物遗传育种工作者的不懈努力，该菌变异后产量逐渐累积，加上其他条件的改进，目前国际上先进的国家，其发酵水平每毫升已超过 5 万单位，甚至接近 10 万单位。利用变异和育种使产量获得如此大幅度的提高，这在动植物育种工作中简直是不可思议的。这也就是为什么几乎所有微生物发酵工厂都特别重视菌种选育工作的一个主要原因。

上述例子可认为是微生物对人类的一种有益变异，但实践中常遇到有害变异，如医疗中最常见的致病菌对抗生素所产生的抗药性变异。青霉素 1943 年刚问世时，对 *Staphylococcu saureus*（金黄色葡萄球菌）的最低制菌浓度为 0.02 μg/mL，过了几年，制菌浓度不断提高，有的菌株耐药性竟比原始菌株提高了 1 万倍。反映在医疗实践上，是 40 年代初刚使用青霉素治疗时，即使是严重感染的病人，也只要每天分数次共注射 10 万单位的青霉素即可，而现在，成人每天要注射 100 万单位左右，新生儿也不少于 40 万单位。病情严重时，甚至用到数千万乃至 2 亿单位，因而会引起小儿患前所未有的抽风等严重青霉素中毒症。这说明人类在利用抗生素等化学治疗剂杀灭病原微生物和其他有害微生物的战线上，必须永远追踪它们，以便进一步战胜它们；同时，也说明"滥用抗生素无异于玩火"的口号是有充分科学依据的。

5. 分布广，种类多

1）分布广

高等生物的分布区域常有明显的地理限制，它们分布范围的扩大常靠人类或其他大型生物的散播。而微生物则因其体积小、重量轻，可以到处传播以致达到"无孔不入"的地步，只要生活条件合适，它们就可大量繁殖起来。微生物只怕明火，地球上除了火山的中心区域外，从土壤圈、水圈、大气圈直至岩石圈，到处都有微生物家族的踪迹。可以认为，微生物将永远是生物圈上下限的开拓者和各种纪录的保持者。在动物体内外、植物体表面、土壤、河流、空气、平原、高山、深海、冰川、海底淤泥、盐湖、沙漠、油井、地层下以及酸性矿水中，都有大量与其相适应的微生物在活动着。以下让我们举几个有代表性的例子来说明这一问题。

（1）人体肠道中的正常菌群。在人体肠道中，经常聚居着 100～400 种不同种类的微生物，估计它们的个体总数大于 100 万亿，重量约等于粪便干重的 1/3。目前知道，其中数量最多的是一类厌氧菌，主要是 *Bacteroides fragilis*（脆弱拟杆菌），数量达到 10^{10}～10^{11}/g，这要比过去认为的数量最多的 *E.coli* 还高出 100～1000 倍。

（2）万米深海底部的耐热硫细菌。1974 年 4 月和 1977 年 2 月，美国科学家发现，在东太平洋加拉帕戈斯群岛东部，深度达 1 万米的海底温泉中，有一个不依赖太阳能的独特生态系统。其中的生产者是硫细菌，含量达每毫升海水中有 100 万至 100 亿个，它们以地壳中逸出的硫化氢气体为能源，以二氧化碳为碳源，在厌氧条件下营自养生活；它们既耐高温（100 ℃），又耐高压（1140 大气压）。

（3）几万米高空中的微生物。人类的正常活动高度是有限的，即使乘上飞机，1976 年创飞行高度世界纪录的美国"黑鸟"，也未超出 26 km。可是，微生物的活动范围却高得多。20 世纪 70 年代末，人们用地球物理火箭从 74 km 的高空采集到处在同温层和大气中层的微生物；后来又在 85 km 高空处找到了微生物。这就是目前所知道的生物圈的上限。它们是由火山喷发、暴风或龙卷风带上，在阳光的作用下，脱离了地球引力而被抛向太空的。

（4）地层下的微生物。有人在南极洲的罗斯岛和泰罗尔盆地 128 m 和 427 m 的沉积岩心中找到了活细菌；前苏联科学家在南极冰川进行钻探时，在 4.5～293 m 不同深度的岩心中多次发现球菌、杆菌和微小的真菌。

2）种类多

迄今为止，我们所知道的动物约有 150 万种，植物约有 50 万种，微生物约有 20 万种。微生物的种类多主要体现在以下 5 个方面：

（1）物种的多样性。目前，人类已描述过的生物总数约 200 万种。据估计，微生物的总数约在 50 万至 600 万种之间，其中已记载过的仅约有 20 万种（1995 年），包括原核生物 3500 种、病毒 4000 种、真菌 9 万种、原生动物和藻类 10 万种，且这些数字还在急剧增长。例如，在微生物中较易培养和观察的大型微生物——真菌，至今每年还可发现约 1500 个新种。

（2）生理代谢类型的多样性。微生物的生理代谢类型之多，是动植物所远远不及的。例如：

① 分解地球上储量最丰富的初级有机物——天然气、石油、纤维素、木质素的能力为微生物所垄断；

② 微生物有着最多样的产能方式，诸如细菌的光合作用、嗜盐菌的紫膜光合作用、自养细菌的化能合成作用以及各种厌氧产能途径等；

③ 生物固氮作用；

④ 合成次生代谢产物等各种复杂有机物的能力；

⑤ 对复杂有机分子基团的生物转化（Bioconversion，Biotransformation）能力；

⑥ 分解氰、酚、多氯联苯等有毒和剧毒物质的能力；

⑦ 抵抗极端环境（热、冷、酸、碱、渗、压、辐射等）的能力等。

（3）代谢产物的多样性。微生物究竟能产生多少种代谢产物，是一个不容易准确回答的问题。20 世纪 80 年代末曾有人统计为 7 890 种，后来（1992 年）又有人报道仅微生物产生的次生代谢产物就有 16 500 种，且还在以每年 500 种新化合物的数目增长着。

（4）遗传基因的多样性。从基因水平看微生物的多样性，内容更为丰富，这是近年来分子微生物学家正在积极探索的热点领域。在全球性的"人类基因组计划"（HGP）的有力推动下，微生物基因组测序工作正在迅速开展，并取得了巨大的成就。截至 2000 年 5 月，已发表的微生物基因组有 31 个，即将发表的有 15 个，正在进行的有 106 个。在已发表的 31 个中，细菌占 22 个，包括 *E.coli*、*Bacillus subtilis*（枯草芽孢杆菌）、*Mycobacterium tuberculosis*（结核分枝杆菌）和 *Helicobacter pylori*（幽门螺杆菌）等；古生菌（*Archaea*，或称"古细菌"*Archaebacteria*）5 个，如 *Methanococcus jannaschii*（詹氏甲烷球菌等）；真核微生物 4 种，如 *S. cerevisiae* 和 *Leishmania major*（大利什曼虫）等。此外，另有 572 株病毒早已完成了基因组的序列测定（1998 年）。这充分显示了微生物基因组种类的多样性和基因库资源的丰富性。

（5）生态类型的多样性。微生物广泛分布于地球表层的生物圈（包括土壤圈、水圈、大气圈、岩石圈和冰雪圈），对于那些极端微生物即嗜极菌（Extremophiles）而言，则更易生活在极热、极冷、极酸、极碱、极盐、极压和极旱等的极端环境中；此外，微生物与微生物或与其他生物间还存在着众多的相互依存关系，如互生、共生、寄生、抗生和猎食等，如此众多的生态系统类型就会产生出各种相应生态型的微生物。

微生物的分布广、种类多这一特点，为人类在新世纪中进一步开发利用微生物资源提供了无限广阔的前景。从微生物的分布广、种类多这一特点可以看出，微生物的资源是极其丰富的。但是，有人估计目前人类至多仅开发利用了已发现微生物种数的 1%。因此，在生产实践和生物学基本理论问题的研究中，利用微生物的前景是十分广阔的。

以上就是一切微生物所共有的五大共性。五大共性的基础是其体积小、面积大的独特体制，由这一个共性就可衍生出其他四个共性。微生物的五个共性对人类来说是既有利又有弊的，我们学习微生物学的目的在于能兴利除弊、趋利避害。人类利用微生物（还可包括单细胞化的动植物）的潜力是无穷的。通过本课程的学习，要能在细胞、分子和群体水平上认识微生物的生命活动规律，并设法联系生产实际，为进一步开展工科微生物学应用打好坚实基础。微生物具备生命现象的特性和共性，将是 21 世纪进一步解决生物学重大理论问题，如生命起源与进化、物质运动的基本规律等，以及实际应用问题，如新的微生物资源的开发利用，能源、粮食等问题的最理想的材料。

复习思考题

1. 什么是微生物？我们常说的微生物包括哪些类群？
2. 我国的酿酒始于何时？为什么说我国的酿酒工艺在世界微生物的利用史上是独树一帜的？
3. 为什么说巴斯德是微生物学的真正奠基人？
4. 柯赫在微生物学研究方法和病因论方面有何贡献？
5. 微生物学发展史可分几期？各期划分的标准是什么？每一时期各有何主要成就？
6. 什么是生物技术(Biotechnology)？试述微生物与生物技术的关系。
7. 什么是微生物学？它的主要内容和任务是什么？
8. 为什么说微生物学是一门"后起之秀"的学科，是一门实践性很强的学科？
9. 微生物有哪五大共性？其中最基本的是哪一个，为什么？

上篇　经典微生物学

第2章　微生物的形态和结构

第2章　课件

本章作为核心基础知识点章节，将讨论原核微生物及真核微生物的形态和结构（见表2-1）。我们将从结构入手，深入了解微生物的形态构造，这是学习微生物学的第一步。对这些知识的熟练掌握不但能为后续进一步学习打下坚实基础，而且还有助于我们判断微生物的其他生物学特性，掌握微生物结构功能基础。

表 2-1　原核和真核微生物结构比较

项　目	原核微生物	真核微生物
细胞核	有明显核区，无核膜、核仁	有核膜、核仁
细胞器	无线粒体，能量代谢和许多物质代谢在质膜上进行	有线粒体，能量代谢和许多物质代谢主要在线粒体中进行
核糖体	分布在细胞质中，沉降系数为70S	部分分布在内质网膜上，沉降系数为80S

2.1　典型原核微生物的形态和结构

微生物根据其不同的进化水平和性状上的明显差别可分为原核微生物、真核微生物和非细胞微生物三大类群。其中原核微生物主要有六类，即细菌、放线菌、蓝细菌、支原体、衣原体和立克次氏体。本节将重点讨论原核微生物中典型的细菌类微生物。

2.1.1　细菌的宏观形态和结构

1. 细菌的外形

细菌主要有球状球菌、杆状杆菌、螺旋状螺旋菌等三种常见形态见图2-1。

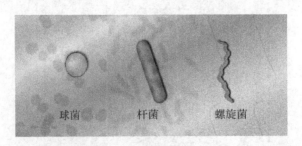

球菌　　杆菌　　螺旋菌

图 2-1　三种常见细菌形态

（1）球菌（Coccus）。球菌为球形或近球形，根据空间排列方式的不同又分为单、双、链、四联、八叠、葡萄球菌。不同的排列方式是由于细胞分裂方向及分裂后情况不同造成的。细胞呈球状或椭球状。根据这些细胞分裂产生的新细胞所保持的一定空间排列方式有以下几种情形：单球菌——尿素微球菌；双球菌——肺炎双球菌；链球菌——溶血链球菌；四联球菌——四联微球菌；八叠球菌——藤黄八叠球菌；葡萄球菌——金黄色葡萄球菌。部分球菌显微结构见图 2-2。

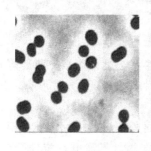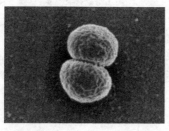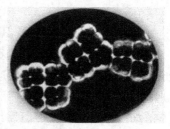

图 2-2　部分球菌的显微镜观察照片

（2）杆菌（Bacterium）。杆菌为杆状或圆柱形，因径长比不同，呈现短粗或细长形状。细菌中种类最多、最为经典的杆菌是大肠杆菌。杆菌是细菌中种类最多的类型，因菌种不同，菌体细胞的长短、粗细等都有所差异。杆菌的形态有短杆状、长杆状、棒杆状、梭状杆状、月亮状、竹节状等；按杆菌细胞增殖后的排列方式划分，则有链状、栅状、"八"字状等。部分杆菌的显微镜形态见图 2-3。

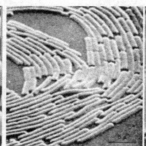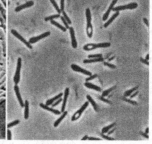

图 2-3　短杆菌、长杆菌及梭状芽孢杆菌的显微镜形态图

（3）螺旋菌（Spirillum）。根据弯曲情况，螺旋菌分为三种：螺旋不满一圈，菌体呈弧形或逗号形，如霍乱弧菌、逗号弧菌；螺旋满 2～6 环，菌体呈螺旋状，如干酪螺旋菌螺旋

体；旋转周数在6环以上，菌体柔软，如梅毒密螺旋体。各类螺旋菌显微镜形态见图2-4。

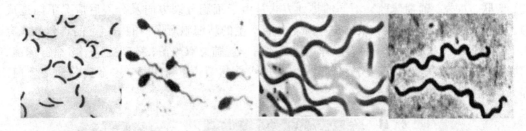

图2-4　各类螺旋菌显微镜形态

　　细菌形态不是一成不变的，受环境条件影响（如温度、培养基浓度及组成、菌龄等）可以变化。一般，幼龄时生长条件适宜，形状正常、整齐；老龄时不正常，呈异常形态；由于理化因素刺激，阻碍细胞发育而引起畸形。

　　（4）细菌的其他特殊形态。细菌除了上述三种经典形态之外，还有柄细菌、肾形菌、臂微菌、网格硫细菌、贝日阿托氏菌（丝状）等，具有子实体的黏细菌等也是特殊形态的细菌。

　　（5）影响细菌形态的因素。一般处于幼龄阶段和生长条件适宜时，细菌形态正常、整齐，表现出特定的形态。在较老的培养物中或不正常的条件下，细胞常出现不正常形态，尤其是杆菌，有的细胞膨大，有的出现梨形，有的产生分枝，有时菌体显著伸长以至呈丝状等异常形态。若将它们转移到新鲜培养基中或适宜的培养条件下又可恢复原来的形态（见图2-5）。

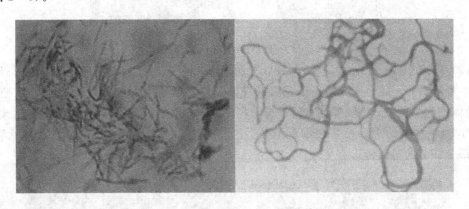

图2-5　结核杆菌正常形态（左）与异常形态（右）

2. 细菌的大小及重量

　　由于菌种不同，细菌的大小存在很大的差异；对于同一个菌种，细胞的大小也常随着菌龄变化。另外，对于同一个菌种染色前后其细胞大小都有所不同。所以，有关细菌大小的记载，常是平均值或代表性数值。细菌大小的度量以 μm 为单位。球菌一般以直径来表示，如 0.5～1 μm。杆菌和螺旋菌则以长和宽来表示，如 1 μm×2.5 μm，杆菌直径为 0.5～1 μm，长为直径的1至几倍。螺旋菌直径为 0.3～1 μm，长为 1～50 μm。细菌的大小是在显微镜下使用显微测微尺测定的。同一个细菌的大小不是一成不变的，不同细菌大小相差也十分巨大。芬兰学者 E.O.Kajander 等 1998 年报道了一种最小细菌——纳米细菌

（*Nano bacteria*），其直径仅为 *E.coli* 的 $1/10$(50 nm 或 0.05 μm)；1997 年，德国等国科学家发现了一种迄今为止最大的细菌——*Thiomargarita namibiensis*（纳米比亚嗜硫珠菌），直径为 $0.32 \sim 1.00$ mm，肉眼清楚可见。每个细菌细胞重量为 $10^{-13} \sim 10^{-12}$ g，而大约 10^9 个 *E.coli* 细胞才达 1 mg 重。

3. 细菌染色法概述

由于细菌细胞既小又透明，故一般先要经过染色才能作显微镜观察。在各种染色法中，以革兰氏染色法（Gram Stain）最为重要（此法由丹麦医生 C.Gram 于 1884 年发明）。各种细菌经革兰氏染色法染色后，能区分成两大类：一类最终染成紫色，称为革兰氏阳性细菌（Gram Positive Bacteria，G^+）；另一类被染成红色，称为革兰氏阴性细菌（Gram Negative Bacteria，G^-）。有关革兰氏染色的具体步骤及染色机制将在后面结合细菌的细胞壁结构特点进行详细阐述。

2.1.2 细菌的微观结构组成

细菌是一类细胞细而短（细胞直径约 0.5 μm，长度约 $0.5 \sim 5$ μm）、结构简单、细胞壁坚韧、以二等分裂方式繁殖和水生性较强的原核微生物。

1. 细胞壁

1）细胞壁的概念

细胞壁（Cell Wall）是细胞质膜外面的一层厚实、有韧性的外被，主要成分为肽聚糖，具有固定细胞外形和保护细胞不受损伤等多种生理功能。通过染色、质壁分离（Plasmolysis）或制成原生质体后再在光镜下观察，均可证实细胞壁的存在；用电镜直接观察细菌的超薄切片，可以更清楚地观察到细胞壁。

2）细胞壁的主要功能

细菌的细胞壁的主要功能包括：固定细胞外形和提高机械强度，使其免受渗透压等外力的损伤；为细胞的生长、分裂和鞭毛运动所必需；阻拦大分子有害物质（某些抗生素和水解酶）进入细胞；赋予细菌特定的抗原性以及对抗生素和噬菌体的敏感性。

3）不同种类微生物的细胞壁结构

（1）G^- 细菌的细胞壁。

G^- 细菌的细胞壁一般较薄，层次较多，成分较复杂，肽聚糖层很薄（仅 $2 \sim 3$ nm），故机械强度弱，以 *E.coli* 为典型代表。其肽聚糖层埋藏在外膜脂多糖（LPS）层内，与 G^+ 细菌的差别在于：G^- 细菌的四肽尾的第三个氨基酸分子由内消旋二氨基庚二酸（mDAP）来代替 L-Lys；G^- 细菌没有特殊的肽桥，前后两单体间的连接仅通过甲四肽尾的第四个氨基酸（D-Ala）的羧基与乙四肽尾的第三个氨基酸（mDAP）的氨基直接相连，因而只形成较稀疏、机械强度较差的肽聚糖网套外膜（Out Membrance，又称"外壁"），是 G^- 细菌细胞壁所特有的结构，它位于壁的最外层，化学成分为脂多糖、磷脂和若干种外膜蛋白。现将 G^- 细菌的细胞壁主要成分及结构做如下介绍。

① 脂多糖（Lipoplysaccharide，LPS）。脂多糖是 G^- 细菌细胞壁最外面一层较厚（$8 \sim 10$ nm）的类脂多糖类物质（见图 2-6），由类脂 A、核心多糖（Core Polysaccharide）和

O-特异侧链（O-Specific Side Chain 或称 O-多糖或 O-抗原）这三部分组成。LPS 中的类脂 A 是革兰氏阴性细菌致病物质内毒素的物质基础，因其负电荷较强，故与磷壁酸相似，也有吸附镁离子、钙离子以提高其在细胞表面浓度的作用。LPS 结构的多变，决定了革兰氏阴性细菌细胞表面抗原决定簇的多样性（见第 10 章）；LPS 是许多噬菌体在细胞表面的吸附受体，具有控制某些物质进出细胞的部分选择性屏障功能。要维持 LPS 结构的稳定性，就必须有足够的钙离子存在。

图 2-6　脂多糖三级结构模型

② 外膜蛋白（Out Membrance Proteins）。外膜蛋白指嵌合在 LPS 和磷脂层上的蛋白，有 20 余种，可分为基质蛋白-孔蛋白（通过孔的开闭可阻止抗生素进入）；外壁蛋白-外侧（与噬菌体的吸附或细菌素的作用有关）；脂蛋白-内侧（使外膜层牢固嵌进肽聚糖层）。

③ 周质空间（Periplasmic Space）。周质空间又称壁膜空间，指位于细胞壁与细胞膜之间的狭窄间隙，革兰氏阳性细菌与阴性细菌均有。内中含有多种蛋白质，例如蛋白酶、核酸酶等各种解聚酶，运送某些物质进入细胞的结合蛋白，以及趋化性的受体蛋白等。

（2）G^+细菌的细胞壁。

该类细菌的细胞壁厚度大（20～80 nm），化学组分相对简单（90 %肽聚糖和 10 %磷壁酸）。现将 G^+细菌细胞壁的主要成分做如下介绍。

① 肽聚糖（Peptidoglycan）。肽聚糖又称黏肽（Mucopeptide）、胞壁质（Murein）或黏质复合物（Mucocomplex），是细菌细胞壁中的特有成分。肽聚糖分子由肽和聚糖两部分组成，其中肽包括四肽尾和肽桥两种，而聚糖则是由 N-乙酰葡糖胺和 N-乙酰胞壁酸两种单糖相互间隔连接成的长链。这种肽聚糖网格状分子交织成一个致密的网套覆盖在整个细胞上。看似十分复杂的肽聚糖分子，若把它的基本组成单位剖析一下，就显得很简单了。每一肽聚糖单体由三部分组成：双糖单位，由一个 N-乙酰葡糖胺通过 β-1，4-糖苷键与另一个 N-乙酰胞壁酸相连，这个 β-1，4-糖苷键很易被溶菌酶（Lysozyme）所溶解，从而导致细菌因细胞壁肽聚糖的"散架"而死亡；四肽尾（或四肽侧链（Tetrapeptide Side Chain）），是由 4 个氨基酸分子以 L 型与 D 型交替方式连接而成的，其中两种 D 型氨基酸一般仅在细菌细胞壁上见到；肽桥（或肽间桥（Peptide Interbridge））。

② 磷壁酸（Teichoic Acid）。磷壁酸是结合在 G^+细菌细胞壁上的一种酸性多糖，主要

成分为甘油磷酸或核糖醇磷酸。磷壁酸包括两类：与肽聚糖分子进行共价结合的，称为壁磷壁酸，其含量会随培养基成分的改变而改变；跨越肽聚糖层并与细胞膜相交联的，称为膜磷壁酸或脂磷壁酸。

磷壁酸的主要生理功能：通过分子上的大量负电荷浓缩细胞周围的 Mg^{2+}，以提高细胞膜上一些合成酶的活力；贮藏元素；调节细胞内自溶素（Autolysin）的活力，借以防止细胞因自溶而死亡；作为噬菌体的特异性吸附受体；赋予 G^+ 细菌特异的表面抗原，因而可用于菌种鉴定；增强某些致病菌（如 A 族链球菌）对宿主细胞的粘连，避免其被白细胞吞噬，并有抗补体的作用。磷壁酸有五种类型，主要为甘油磷壁酸和核糖醇磷壁酸两类。

（3）细菌细胞壁的革兰氏染色及机理。

革兰氏染色法自发明到机制的证明经历了 100 多年。G^+ 和 G^- 细菌主要由于其细胞壁化学成分的差异而导致物理特性（脱色能力）的不同，最终使染色反应不同。根据其细胞壁的结构组成不同（见图 2-7），革兰氏染色效果不同，因此往往将其分为革兰氏阳性细菌和革兰氏阴性细菌。革兰氏阳性细菌被革兰氏染液染色之后呈现紫色（碘的颜色），革兰氏阴性细菌被染色后呈现红色（番红或者沙黄颜色）。革兰氏染色原理是通过结晶紫初染和碘液媒染后，在细胞壁内形成了不溶于水的结晶紫与碘的复合物。革兰氏阳性细菌由于其细胞壁较厚、肽聚糖网层次较多且交联致密，故遇乙醇或丙酮脱色处理时，因失水反而使网孔缩小，再加上它不含类脂，故用乙醇处理不会出现缝隙，因此能把结晶紫与碘复合物牢牢留在壁内，使其仍呈紫色；而革兰氏阴性细菌因其细胞壁薄、外膜层类脂含量高、肽聚糖层薄且交联度差，在遇脱色剂后，以类脂为主的外膜迅速溶解，薄而松散的肽聚糖网不能阻挡结晶紫与碘复合物的溶出，因此通过乙醇脱色后仍呈无色，再经沙黄等红色染料复染，就呈红色。格兰氏染色程序和结果见表 2-2。

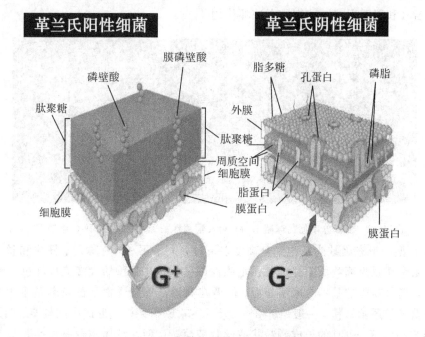

图 2-7　革兰氏阳性细菌和革兰氏阴性细菌细胞壁的区别

表 2-2　革兰氏染色程序和结果

步　骤	方　法	结　果	
		阳性(G+)	阴性(G−)
初　染	结晶紫 30s	紫　色	紫　色
媒染剂	碘液 30s	仍为紫色	仍为紫色
脱　色	95%乙醇 10~20s	保持紫色	脱去紫色
复　染	蕃红(或复红)30~60s	仍显紫色	红　色

（4）学科知识拓展——细胞壁缺损型细菌。

一般情况下，细菌细胞均具有细胞壁结构，但是实际上还存在着一类细胞壁缺陷型（细菌 L 型）细菌。此类细菌细胞壁的肽聚糖结构受到理化或生物因素的直接破坏或合成被抑制。这种细胞壁受损的细菌一般在普通环境中因不能耐受菌体内的高渗透压而胀裂死亡，但在高渗环境下仍可存活。革兰氏阳性细菌细胞壁缺失后，原生质仅被一层细胞膜包住，称为原生质体（Protoplast）；革兰氏阴性细菌肽聚糖层受损后尚有外膜保护，称为原生质球（Spheroplast）。这种细胞壁受损的细菌能够生长和分裂的，称为细菌细胞壁缺陷型或细菌 L 型（L Form，见图 2-8），因其 1935 年首先在 Lister 研究院发现而得名。细菌 L 型在体内或体外、人工诱导或自然情况下均可形成，诱发因素很多，如溶菌酶（Lysozyme）、溶葡萄球菌素（Lysostaphin）、青霉素、胆汁、抗体、补体等。其中溶菌酶和溶葡萄球菌素能裂解肽聚糖中 N-乙酰葡糖胺和 N-乙酰胞壁酸之间的 β-1，4 糖苷键，破坏肽聚糖骨架。青霉素能与细菌竞争合成肽聚糖过程中所需的转肽酶，抑制四肽侧链上 D-丙氨酸与五肽桥之间的联结，使细菌不能合成完整的肽聚糖。人与动物细胞无细胞壁，也无肽聚糖结构，故溶菌酶和青霉素对人体细胞无破坏作用。

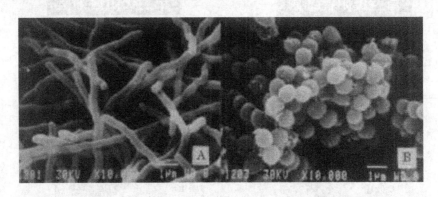

图 2-8　临床分离葡萄球菌 L 型（A）及葡萄球菌 L 型回复后（B）的电镜照片

细菌 L 型的形态因缺失细胞壁呈高度多形性，大小不一，有球形、杆状和丝状等。着色不匀，无论其原为革兰氏阳性细菌还是阴性细菌，形成 L 型后大多染成红色。细菌 L 型难以培养，其营养要求基本与原菌相似，但需在高渗低琼脂含血清的培养基中生长。细菌 L 型生长繁殖较原菌缓慢，一般培养 2~7 天后在软琼脂平板上形成中间较厚、四周较薄的荷包蛋样细小菌落，也有的长成颗粒状或丝状菌落。L 型在液体培养基中生长后呈较疏松的絮状颗粒，沉于管底，培养液则澄清。去除诱发因素后，有些 L 型可回复为原菌，有些则不能回复，其决定因素为 L 型是否含有残存的肽聚糖作为自身再合成的引物。

2. 细胞膜

1) 细胞膜的概念

细胞膜又称细胞质膜（Cytoplasmic Membrane）、质膜（Plasma Membrane）、内膜（Inner Memberance），是一层紧贴在细胞壁内侧，包围着细胞质的柔软、脆弱、富有弹性的半透性薄膜，厚约 7～8 nm，由磷脂（占 20%～30%）和蛋白质（占 50%～70%）组成。通过质壁分离、鉴别性染色、原生质体破裂、电镜观察细菌的超薄切片（内外暗、中间明），都可观察到细胞膜的存在。

2) 成分与结构

电镜下的细胞膜，是内外暗、中间明的一种双层膜结构。组成细胞膜的主要成分是磷脂。膜是由两层磷脂分子整齐对称地排列而成的。每一个磷脂分子由一个带正电荷且能溶于水的极性头（磷酸端）和一个不带电荷、不溶于水的非极性尾（烃端）构成。极性头朝向内外两表面，呈亲水性，而非极性尾则埋入膜的内层，于是形成一个磷脂双分子层。磷脂双分子层中有各种功能的蛋白，如具运输功能、运输通道的整合蛋白（Integral Protein）或内嵌蛋白（Intrinsic Protein）；磷脂双分子层的外表面则"漂浮着"许多具有酶促作用的周边蛋白（Peripheral Protein）或膜外蛋白（Extrynsic Protein）（见图 2-9）。

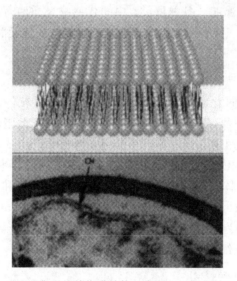

图 2-9　*Bacillus subtilis* 典型的单位膜结构示意图（上）及电镜下细胞膜的形态（下）

3) 细菌细胞膜的生理功能

（1）能选择性地控制细胞内、外的营养物质和代谢产物的运输；

（2）维持细胞内正常渗透压的结构屏障；

（3）合成细胞壁和糖被有关成分（如肽聚糖、磷壁酸和荚膜多糖等）的重要场所；

（4）膜上含有与氧化磷酸化或光合磷酸化等能量代谢有关的酶系，所以是细胞的产能基地；

（5）鞭毛基体的着生部位，并可提供鞭毛旋转运动所需的能量。

4）细菌细胞膜形成的特殊构造

间体（Mesosome，或中体）是一种由细胞膜内褶而形成的囊状构造，其内充满着层状或管状的泡囊，多见于 G$^+$ 细菌，可着生在表层（与某些酶的分泌有关）或深层（与 DNA 复制、分配及细胞分裂有关），见图 2-10。

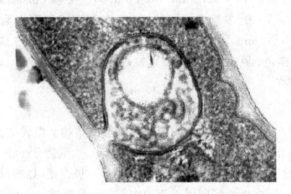

图 2-10　白喉杆菌细胞膜与间体

3. 细胞质及其内含物

细胞膜内除核质体外的一切半透明、胶状、颗粒状物质可总称为细胞质（Cytopiasm）。其主要成分有核糖体、贮藏物、各种酶类、中间代谢物及质粒等，少数细菌还存在有类囊体、羧酶体、伴孢晶体或气泡等。细胞质内较大的颗粒状或泡囊状构造为内含物（Inclusion Body），主要有以下几种。

1）贮藏物（Reserve Materials）

贮藏物是一类由不同化学成分累积而成的不溶性颗粒，主要功能是贮存营养物。聚-β-羟丁酸（PHB）是一种存在于许多细菌细胞质内，属于类脂性质的碳源类贮藏物，不溶于水，而溶于氯仿，可用尼罗蓝或苏丹黑染色，具有贮藏能量、碳源和降低细胞内渗透压等作用；聚羟链烷酸（PHA）与 PHB 的差异仅在甲基上，若甲基用 R 基取代，就成了 PHA。它们都是由生物体合成的高聚物，具有无毒、可塑和易降解等特点。异染粒（Metachromatic Granules）又称迂回体或捩转菌素（Volutin Granules），可用美蓝或甲苯胺蓝染成红紫色，颗粒大小为 0.5～1.0 μm，是无机偏磷酸盐的聚合物，分子呈线状，具有贮藏磷元素和能量以及降低细胞渗透压等作用。

2）羧酶体（Carboxysome）

羧酶体又称羧化体，是存在于一些自养细菌细胞内的多角形或六角形内含物，大小与噬菌体相仿（约 10 nm），内含 1,5-二磷酸核酮糖羧化酶，在自养细菌的 CO_2 固定中起着关键作用。

3）气泡（Gas Vacuoles）

气泡是存在于许多光能营养型、无鞭毛运动水生细菌中的泡囊状内含物，内中充满气体，大小为 0.2～1.0 μm×75 nm，由数排柱形小空泡组成，外由 2 nm 厚的蛋白质膜包裹，具有调节细胞比重，使之漂浮在最适水层中的作用，借以获取光能、氧和营养物质。

4）磁小体（Magnetosome）

趋磁细菌中含有磁小体，其大小均匀（20～100 nm），数目不等（2～20 颗），形状为平截八面体、平行六面体或六棱柱体等，成分为 Fe_3O_4，外由一层磷脂、蛋白质或糖蛋白膜包裹，无毒，具有导向功能，可用作磁性定向药物和抗体，以及制造生物传感器等（见图 2 - 11）。

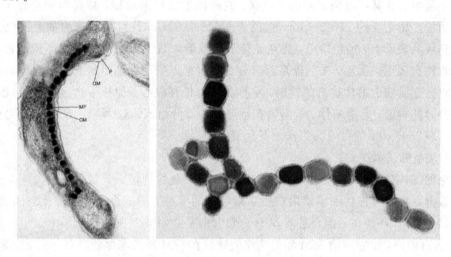

图 2 - 11　磁小体的电镜结构图

5）核区（Nuclear Region or Area）

核区又称核质体（Nuclear Body）、原核（Prokaryon）、拟核（Nucleoid）或核基因组（Genome）。核区指原核生物所特有的无核膜包裹、无固定形态的原始细胞核。用富尔根（Feulgen）染色法可见到呈紫色、形态不定的核区。核区的成分是一个大型的环状双链 DNA 分子（见图 2 - 12），一般不含蛋白质，除在染色体复制的短时间内为双倍体外，一般均为单倍体。核区是细菌等原核生物负载遗传信息的主要物质基础。

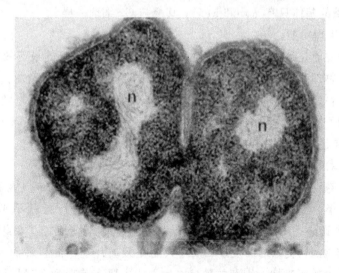

图 2 - 12　大肠杆菌核区电镜结构

4. 独特构造——细菌细胞壁以外构造

不是所有细菌细胞都具有的构造，称作特殊构造，一般指鞭毛、菌毛、性毛、糖被（荚膜和黏液层）等。

1）鞭毛（Flagellum）

鞭毛是生长在某些细菌表面的长丝状、波曲的蛋白质附属物，数目为一至数十条，具有运动功能。鞭毛长约 $15\sim20\ \mu m$，直径为 $0.01\sim0.02\ \mu m$。可用特殊的鞭毛染色法使染料沉积到鞭毛表面上，加粗鞭毛，再在光镜下暗视野中观察细菌的悬滴标本或水浸片，看细菌是否作有规则的运动，来判断是否有鞭毛。根据琼脂平板培养基上的菌落形态或在半固体直立柱穿刺线上群体扩散的情况，可推测是否长有鞭毛。原核生物（包括古生菌）的鞭毛都有共同的构造，它由基体、钩形鞘和鞭毛丝三部分组成。G^+ 和 G^- 细菌的鞭毛构造稍有区别。现以 *E.coli* 的鞭毛为例作一下介绍。

（1）鞭毛的基本结构。

鞭毛的基体（Basal Body）由四个称作环（Ring）的盘状物组成。最外层为 L 环，连在细胞壁外膜上，接着为连在细胞壁内壁层肽聚糖上的 P 环，第三个是靠近周质空间的 S 环，它与第四环即 M 环连在一起合称 S-M 环（或内环），共同嵌埋在细胞质膜上。S-M 环被一对 Mot 蛋白包围，由它驱动 S-M 环的快速旋转。在 S-M 环的基部还存在一个 Fli 蛋白，起着键钮作用，它可根据细胞提供的信号令鞭毛进行正转或逆转，其能量来自细胞膜上的质子动势（Proton Motive Potential）。据计算，鞭毛旋转一周约消耗 1000 质子。钩形鞘或鞭毛钩（Hook）把鞭毛基体与鞭毛丝连在一起，直径约 17 nm，其上着生一条长约 $15\sim20\ \mu m$ 的鞭毛丝（Filament）。鞭毛丝是由许多直径为 4.5 nm 的鞭毛蛋白（Flagellin）亚基沿着中央孔道（直径为 20 nm）作螺旋状缠绕而成的，每周有 $8\sim10$ 个亚基。鞭毛蛋白是一种呈球状或卵圆状的蛋白质，相对分子质量为 3 万～6 万，它在细胞质内合成后，由鞭毛基部通过中央孔道不断输送至鞭毛的游离端进行自装配。因此，鞭毛的生长是靠其顶部延伸而非基部延伸。G^+ 细菌的基体只有 S 环和 M 环，其余与 G^- 细菌一样。

（2）鞭毛的生理功能。

鞭毛的生理功能是运动，这是原核生物实现其趋性（Taxis）的最有效方式。生物体对其环境中的不同物理、化学或生物因子作有方向性的应答运动称为趋性。这些因子往往以梯度差的形式存在。若生物向着高梯度方向运动，就称为正趋性，反之则称为负趋性。按环境因子性质的不同，趋性又可细分为趋化性（Chemotaxis）、趋光性（Phototaxis）、趋氧性（Oxygentaxis）和趋磁性（Magnetotxis）等多种。

（3）鞭毛运动的机制。

目前，有关鞭毛运动的主要机制为旋转论（Rotation Theory）及挥鞭论（Bending Theory）。1974 年，美国学者 M.Silverman 和 M.Simon 进行拴菌试验（Tethered Cell Experiment），即设法把单毛菌鞭毛的游离端用相应抗体牢固地"拴"在载玻片上，然后在光镜下观察该细胞的行为，结果发现，该菌只能在载玻片上不断打转而未作伸缩"挥动"，因而肯定了旋转论的正确性。细菌的鞭毛着生方式主要有单端鞭毛（Monotricha）、端生丛毛（Lophotricha）、两端鞭毛（Amphitricha）和周生鞭毛（Peritricha）（见图 2-13）。

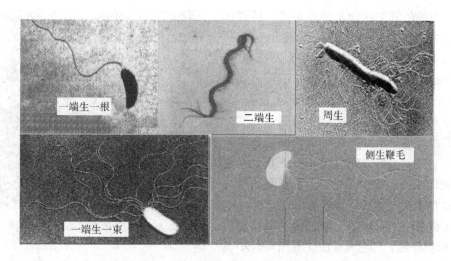

图 2-13　鞭毛不同着生方式举例

2）菌毛(Flimbria，复数 Fimbriae)

菌毛又称纤毛、伞毛、线毛或须毛，是一种长在细菌体表的纤细、中空、短直且数量较多的蛋白质类附属物，具有使菌体附着于物体表面上的功能。菌毛结构比鞭毛简单，无基体等构造，直接着生于细胞质膜上。其直径一般为 3～10 nm，每菌一般有 250～300 条。菌毛多数存在于 G⁻ 致病菌中。菌毛的电镜结构见图 2-14。

3）性毛(Pilus，复数 Pili)

性毛又称性菌毛(Sex-Pili 或 F-Pili)，其构造和成分与菌毛相同，但比菌毛长，且每个细胞仅有一至数根，一般见于 G⁻ 细菌的雄性菌株(供体菌)中，具有向雌性菌株(受体菌)传递遗传物质的作用，有的还是 RNA 噬菌体的特异性吸附受体(见图 2-15)。

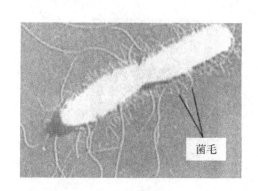

图 2-14　微生物菌毛电镜图

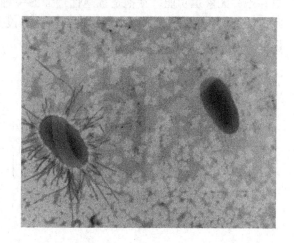

图 2-15　微生物性毛模式图

4）糖被(Glycocalyx)

糖被是包被于某些细菌细胞壁外的一层厚度不定的透明胶状物质。糖被的有无、厚薄除与菌种的遗传性相关外，还与环境尤其是营养条件密切相关。

（1）糖被的种类划分及形态结构。糖被按其有无固定层次和层次的厚薄又可细分为荚膜（Capsule 或 Macrocapsule，即大荚膜）、微荚膜（Microcapsule）、黏液层（Slime Layer）和菌胶团（Zoogloea）等数种。荚膜的含水量很高，经脱水和特殊染色后可在光镜下看到。在实验室中，若用炭黑墨水对产荚膜细菌进行负染色（即背景染色），也可方便地在光镜下观察到荚膜。糖被的成分一般是多糖，少数是蛋白质或多肽，也有多糖与多肽复合型的（见图2-16）。

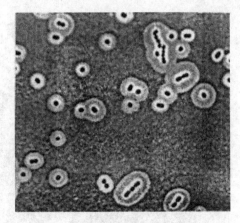

图 2-16　菌体糖被的显微观察图

（2）糖被的主要功能。糖被的主要功能包括：① 保护作用，其上大量极性基团可保护菌体免受干旱损伤；② 可防止噬菌体的吸附和裂解，一些动物致病菌的荚膜还可保护它们免受宿主白细胞的吞噬；③ 贮藏养料，以备营养缺乏时重新利用；④ 作为透性解障和离子交换系统，以保护细菌免受重金属离子的毒害；⑤ 表面附着作用；⑥ 细菌间的信息识别作用；⑦ 堆积代谢废物。

（3）糖被在科学研究和生产实践的应用概述。不同菌种糖被的特殊构造可用于菌种鉴定；用作药物（代血浆等）和生化试剂；用作工业原料，如胞外多糖——黄原胶已被用于石油开采中的钻井液添加剂以及印染和食品等工业中；也可用于污水的生物处理。

5. 微生物的芽饱和其他休眠构造

某些细菌在其生长发育后期，在细胞内形成的一个圆形或椭圆形、厚壁、含水量低、抗逆性强的休眠构造，称为芽孢（Endospore，Spore）。每一营养细胞内仅形成一个芽孢，故芽孢并无繁殖功能。芽孢是抗逆性最强的一种构造，具抗热、抗化学药物和抗辐射、休眠等能力（见图2-17）。能产芽孢的细菌种类很少，主要是属于 G^+ 细菌的两个属——好氧性的 *Bacillus*（芽孢杆菌属）和厌氧性的 *Clostridium*（梭菌属）。

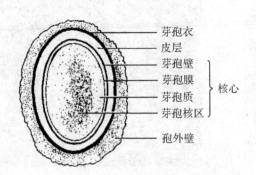

芽孢衣
皮层
芽孢壁
芽孢膜　　核心
芽孢质
芽孢核区
孢外壁

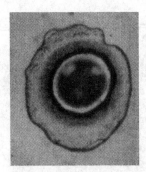

图 2-17　细菌芽孢构造模式图及芽孢显微照片

目前公认的芽孢耐热机制为渗透调节皮层膨胀学说（Osmoregulatory Expanded Cortex Theory）。该学说认为：由于芽孢衣对多价阳离子和水分的透性很差以及皮层的离子强度很高，因此皮层产生了极高的渗透压去夺取芽孢核心中的水分，其结果造成皮层的充分膨胀和核心的高度失水,正是这种失水的核心才赋予了芽孢极强的耐热性。另一种学说则认为,芽孢皮层中含有营养细胞所没有的 DPA-Ca(吡啶二羧酸钙),它能稳定芽孢中的生物大分子,从而增强了芽孢的耐热性。研究细菌的芽孢有着重要的理论和实践意义。芽孢的有无、形态、大小和着生位置是细菌分类和鉴定中的重要形态学指标。

细菌的休眠构造除芽孢外,还有数种其他形式,主要的如孢囊(Cyst)。孢囊是一些固氮菌在外界缺乏营养的条件下,由整个营养细胞外壁加厚、细胞失水而形成的一种抗干旱但不抗热的圆形休眠体。

6. 伴孢晶体(Parasporal Crystal)

少数芽孢杆菌例如 *Bacillus thuringiensis*(苏云金芽孢杆菌,简称"Bt")在形成芽孢的同时,会在芽孢旁形成一颗菱形、方形或不规则形的碱溶性蛋白质晶体(见图 2-18),称为伴孢晶体(即 δ 内毒素)。其干重可达芽孢囊的 30 %左右。伴孢晶体对鳞翅目、双翅目和鞘翅目等 200 多种昆虫和动、植物线虫有毒杀作用,因此可将这类细菌制成对人畜安全、对害虫的天敌和植物无害,有利于环境保护的生物农药(见图 2-19)。当害虫吞食伴孢晶体后,先被虫体中肠内的碱性消化液分解并释放出蛋白质毒素,再由毒素特异结合在中肠上皮细胞的蛋白受体上,使细胞膜上产生一小孔(直径为 1~2 nm),并引起细胞膨胀、死亡,进而使中肠里的碱性内含物以及菌体、芽孢都进入血管腔,并很快使昆虫患败血症而死亡。

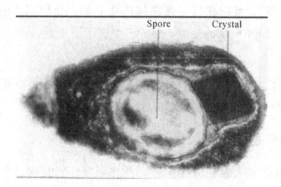

图 2-18　苏云金芽孢杆菌伴孢晶体

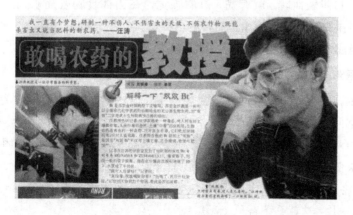

图 2-19　汪涛教授饮用 Bt 农药

2.1.3　细菌的繁殖

当一个细菌生活在合适条件下时，通过其连续的生物合成和平衡生长，细胞体积、重量不断增大，最终导致了繁殖。细菌的繁殖方式主要为裂殖，只有少数种类进行芽殖。

1. 裂殖（Fission）

裂殖指一个细胞通过分裂而形成两个子细胞的过程。对杆状细胞来说，有二分裂、三分裂和复分裂三种方式。

（1）二分裂（Binary Fission）。典型的二分裂是一种对称的二分裂方式，即一个细胞在其对称中心形成一隔膜，进而分裂成两个形态、大小和构造完全相同的子细胞。绝大多数的细菌都借这种分裂方式进行繁殖。少数细菌中有不等二分裂繁殖方式，其结果产生了两个在外形、构造上有明显差别的子细胞。

（2）三分裂（Trinary Fission）。进行厌氧光合作用的绿色硫细菌（Pelodictyon，暗网菌属），能形成松散、不规则、三维构造并由细胞链组成的网状体。其原因是除大部分细胞进行常规的二分裂繁殖外，还有部分细胞进行成对的"一分为三"方式的三分裂，形成一对"Y"形细胞，随后仍进行二分裂，其结果就形成了特殊的网眼状菌丝体。

（3）复分裂（Multiple Fission）。复分裂是蛭弧菌（Bdellovibrio）的小型弧状细菌所具有的繁殖方式（见第 8 章），当它在宿主细菌体内生长时，会形成不规则的盘曲的长细胞，然后细胞多处同时发生均等长度的分裂，形成多个弧形子细胞。

2. 芽殖（Budding）

芽殖是指在母细胞表面（尤其在其一端）先形成一个小突起，待其长大到与母细胞相仿后再相互分离并独立生活的一种繁殖方式。

2.1.4　细菌大量增殖后的菌落形态

在我们周围，到处都有大量细菌存在着。凡在温暖、潮湿和富含有机物质的地方，都有大量的细菌在活动着。在它们大量集居处，常会散发出特殊的臭味或酸败味。如用手去抚摸长有细菌的物体表面时，就有黏、滑的感觉。在固体食物表面长出水珠状、鼻涕状、糨糊状、颜色多样的细菌菌落或菌苔时，用小棒试挑，常会拉出丝状。长有大量细菌的液体，会呈现混浊、沉淀或飘浮一片片小"白花"，并伴有大量气泡冒出。

1. 细菌菌落形态中的几个重要概念

将单个微生物细胞或一小堆同种细胞接种在固体培养基的表面（有时为内部），当它占有一定的发展空间并被给予适宜的培养条件时，该细胞就迅速进行生长繁殖，结果会形成以母细胞为中心的一堆肉眼可见的、有一定形态构造的子细胞集团，这就是菌落（Colony）。如果菌落是由一个单细胞发展而来的，则它就是一个纯种细胞群或克隆（Clone）。如果将某一纯种的大量细胞密集地接种到固体培养基表面，结果长成的各"菌落"相互连接成一片，这就是菌苔（Lawn）。

2. 细菌菌落的特征

细菌的菌落有其自己的特征，其原因是细菌属单细胞生物，细胞间没有形态的分化，因此，在固体培养基表面上生长的每一个体，其细胞间隙中都充满着吸着水的毛细管，凡不能直接接触培养基的细胞就只能从其周围的毛细管水中来取得营养和排泄代谢废物。这部分水的含量高等原因，就造成了以下种种为细菌菌落所特有的特征。

（1）细菌在固体培养基上的群体特征。细菌在固体培养基上的菌落的特征为：湿润、较光滑、较透明、较黏稠、易挑取、质地均匀以及菌落正反面或边缘与中央部位的颜色一致等。不同形态、生理类型的细菌，在其菌落形态、构造等特征上也有许多明显不同。例如，无鞭毛、不能运动的细菌尤其是球菌通常都形成较小、较厚、边缘圆整的半球状菌落；长有鞭毛、运动能力强的细菌一般形成大而平坦、边缘多缺刻（有的呈树根状）、不规则形的菌落；有糖被的细菌，会长出大型、透明、蛋清状的菌落；有芽孢的细菌往往长出外观粗糙、干燥、不透明且表面多褶的菌落等。

（2）细菌在半固体培养基上的群体特征。纯种细菌在半固体培养基上生长时，会出现许多特有的培养性状，因此对菌种鉴定十分重要。半固体培养法通常把培养基灌注在试管中，形成高层直立柱，然后用穿刺接种法接入试验菌种。若用明胶半固体培养基做试验，还可根据明胶柱液化层中呈现的不同形状来判断细菌有没有产生蛋白酶和某些其他特征；若使用的是半固体琼脂培养基，则从直立柱表面和穿刺线上细菌群体的生长状态以及有否扩散现象来判断该菌的运动能力和其他特性。

（3）细菌在液体培养基上的群体特征。细菌在液体培养基中生长时，会因其细胞特征、比重、运动能力和对氧气的需求等不同，而形成不同的群体形态：多数表现为混浊，部分表现为沉淀，一些好氧性细菌则在液面上大量生长，形成有特征性的、厚薄有差异的菌醭（Pellicle）、菌膜（Scum）或环状、小片状不连续的菌膜等。

3. 细菌菌落的形态

由于菌落就是微生物的巨大群体，因此，个体细胞形态上的种种差别，必然会极其密切地反映在菌落的形态上。这对产鞭毛、荚膜和芽孢的种类来说尤为明显。例如，对无鞭毛、不能运动的细菌尤其是各种球菌来说，随着菌落中个体数目的剧增，只能依靠"硬挤"的方式来扩大菌落的体积和面积，这样就形成了较小、较厚、边缘极其圆整的菌落。又如，对长有鞭毛的细菌来说，其菌落就有大而扁平、形状不规则和边缘缺刻等特征，运动能力强的细菌还会出现树根状甚至能移动的菌落，前者如 *Bacillus mycoides*（蕈状芽孢杆菌），后者如 *Proteusvulgaris*（普通变形杆菌）。再如，产荚膜的细菌，其菌落往往十分光滑，并呈透明的蛋清状，形状较大。最后，凡产芽孢的细菌，因其芽孢引起的折光率变化而使菌落的外形变得很不透明或有"干燥"之感，并因其细胞分裂后常连成长链状而引起菌落表面粗糙、有褶皱感，再加上它们一般都有周生鞭毛，因此产生了既粗糙、多褶、不透明，又有外形及边缘不规则特征的独特菌落。不同细菌菌落实拍见图 2-20。这类个体（细胞）形态与群体（菌落）形态间的相关性规律，对进行微生物学实验和研究工作是有一定参考价值的。菌落在微生物学工作中有很多应用，主要用于微生物的分离、纯化、鉴定、计数等研究和选种、育种等实际工作中。

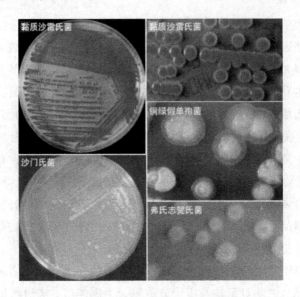

图 2-20　不同细菌菌落特征实拍

2.1.5　拓展阅读——细菌的实际应用

当人类还未研究和认识细菌时，细菌中的少数病原菌曾猖獗一时，夺走无数生命；不少腐败菌也常常引起食物和工农业产品的腐烂变质。因此，细菌给人的最初印象常常是有害的，甚至是可怕的。实际上，随着微生物学的发展，当人们对它们的生命活动规律认识得越来越清楚后，情况就有了根本的改变。目前，由细菌引起的传染病基本上都得到了控制。与此同时，还发掘和利用了大量的有益细菌到工、农、医、环保等生产实践中，给人类带来极其巨大的经济效益和社会效益。例如，在工业上各种氨基酸、核苷酸、酶制剂、乙醇、丙酮、丁醇、有机酸、抗生素等的发酵生产，农业上如杀虫菌剂、细菌肥料的生产和在沼气发酵、饲料青贮等方面的应用，医药上如各种菌苗、类毒素、代血浆和许多医用酶类的生产等，以及细菌在环保和国防上的应用等，都是利用有益细菌活动的例子。

2.2　其他原核微生物的形态和结构

2.2.1　放线菌

1. 放线菌概述

放线菌（*Actinomycetes*）是一类主要呈菌丝状生长和以孢子繁殖的陆生性较强的原核生物。它与细菌十分接近。已发现放线菌几乎都呈革兰氏阳性，因此，放线菌又定义为一类主要呈丝状生长和以孢子繁殖的革兰氏阳性细菌。放线菌广泛分布在含水量较低、有机物较丰富和呈微碱性的土壤中。泥土特有的泥腥味，主要由放线菌产生的土腥味素（Geosmin）引起。

每克土壤放线菌的孢子数一般可达 10^7 个。放线菌与人类的关系极其密切，绝大多数属有益菌,对人类健康的贡献尤为突出。放线菌还是许多酶、维生素等的产生菌。*Frankia*(弗兰克氏菌属)对非豆科植物的共生固氮具有重要的作用。放线菌在甾体转化、石油脱蜡和污水处理中也有重要应用。许多放线菌有极强的分解纤维素、石蜡、角蛋白、琼脂和橡胶等的能力,故它们在环境保护、提高土壤肥力和自然界物质循环中起着重要作用。只有极少数放线菌能引起人和动植物病害。随着电子显微镜的广泛应用和一系列其他技术的发展,越来越多的证据表明,放线菌无非是一类具有丝状分枝细胞的细菌。主要根据为:① 有原核微生物基本特征;② 菌丝直径与细菌相仿;③ 细胞壁的主要成分是肽聚糖;④ 有的放线菌产生有鞭毛的孢子,其鞭毛类型也与细菌的相同;⑤ 放线菌噬菌体的形状与细菌的相似;⑥ 最适生长的 pH 值与多数细菌生长的 pH 值相近,一般呈微碱性;⑦ DNA重组的方式与细菌的相同;⑧ 核糖体同为 70S;⑨ 对溶菌酶敏感;⑩ 凡细菌所敏感的抗生素,放线菌也同样敏感。

根据 1978 年的统计,在当时已发现的 5128 种抗生素中,有 3165 种为各种放线菌所产生(占总数的 61.7%),*Streptomyces*(链霉菌属)产生的抗生素比例又占放线菌中的首位(占总数的 87.5%)。常用的抗生素除青霉素和头孢霉素类外,绝大多数都是放线菌的产物。

2. 典型放线菌的形态构造

放线菌的种类很多,形态、构造和生理、生态类型多样。这里先以分布最广、种类最多、形态特征最典型以及与人类关系最密切的链霉菌属为例来阐明放线菌的一般形态、构造和繁殖方式。通过载片培养等方法可清楚地观察到链霉菌细胞呈丝状分枝,菌丝直径很细(小于 1 μm,与细菌相似)。在营养生长阶段,菌丝内无隔,故一般呈多核的单细胞状态。

当链霉菌的孢子落在固体基质表面并发芽后,就向基质的四周表面和内层伸展,形成色淡、较细的具吸收营养和排泄代谢废物功能的基内菌丝(Substrate Mycelium,又称基质菌丝或一级菌丝)。同时,基内菌丝不断向空间分化出较粗、颜色较深的分枝菌丝,这就是气生菌丝(Aerial Mycelium,或称二级菌丝)。当菌丝逐步成熟时,大部分气生菌丝分化成孢子丝,并通过横割分裂的方式,产生成串的分生孢子。链霉菌的一般形态见图 2-21。

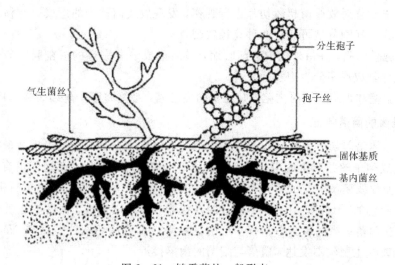

图 2-21　链霉菌的一般形态

链霉菌孢子丝的形态多样，有直、波曲、钩状、螺旋状、轮生（包括一级轮生和二级轮生）等多种。各种链霉菌有不同形态的孢子丝，而且性状较稳定，是对它们进行分类、鉴定的重要指示。螺旋状的孢子丝较为常见。其螺旋的松紧、大小、转数和转向都较稳定。转数为1~20转，一般为5~10转，转向有左旋或右旋，一般以左旋居多。孢子的形状多样，有球状、椭圆状、杆状、圆柱状、瓜子状、梭状和半月状等。孢子的颜色十分丰富，且与其表面的纹饰有关。孢子表面的纹饰在电子显微镜下清晰可见，除表面光滑者外，还有褶皱状、疣状、刺状、毛发状和鳞片状。刺又有粗细、大小、长短和疏密之分。目前发现，凡直或波曲的孢子丝，都产生表面光滑的孢子（尚未发现带刺或毛发状的）；若孢子丝为螺旋状的，则其孢子表面会因种而异，有光滑、刺状或毛发状的。

3. 其他放线菌特有的形态构造

（1）基内菌丝会断裂成大量杆菌状体的放线菌。以 *Nocardia*（诺卡氏菌属）为代表的原始放线菌具有分枝状、发达的营养菌丝，但多数无气生菌丝。当营养菌丝成熟后，会以横割分裂方式突然产生形状、大小较一致的杆菌状、球菌状或分枝杆菌状的分生孢子。

（2）菌丝顶端形成少量孢子的放线菌。有几属放线菌会在菌丝顶端形成一至数个或较多的孢子。如 *Micromonospora*（小单孢菌属）在分枝的基内菌丝顶端产一个孢子；*Microbispora*（小双孢菌属）和 *Microtetraspora*（小四孢菌属）在基内菌丝上不形成孢子而仅在气生菌丝顶端分别形成2个和4个孢子；*Micropolyspora*（小多孢菌属）在气生菌丝和基内菌丝顶端都形成2~10个孢子。

（3）具有孢囊并产孢囊孢子的放线菌。*Streptosporangium*（孢囊链霉菌属）的放线菌具有由气生菌丝的孢子丝盘卷而成的孢囊，它长在气生菌丝的主丝或侧丝的顶端，内部产生多个孢囊孢子（无鞭毛）。

（4）具有孢囊并产游动孢子的放线菌。*Actinoplanes*（游动放线菌属）放线菌的气生菌丝不发达，其在基内菌丝上形成孢囊，内含许多呈盘曲或直线排列的球形或近球形的孢囊孢子，其上着生一至数根极生或周生鞭毛，可运动。

4. 放线菌的繁殖

用电子显微镜对放线菌超薄切片进行观察，发现放线菌孢子的形成只有横割分裂而无凝聚分裂方式。横割分裂可通过两种途径实现：

（1）细胞膜内陷，并由外向内逐渐收缩，最后形成一个完整的横割膜。通过这种方式可把孢子丝分割成许多分生孢子。

（2）细胞壁和细胞膜同时内陷，并逐步向内缢缩，最终将孢子丝缢裂成一串分生孢子。

5. 放线菌的菌落特征

（1）在固体培养基上多数放线菌有基内菌丝和气生菌丝的分化，气生菌丝成熟时又会进一步分化成孢子丝并产生成串的干粉状孢子，它们伸展在空间，菌丝间没有毛细管水存积，于是就使放线菌产生与细菌有明显差别的菌落：干燥、不透明、表面呈致密的丝绒状，上有一薄层彩色的"干粉"，菌落和培养基的连接紧密，难以挑取，菌落的正反面颜色常不一致，以及在菌落边缘的琼脂平面有变形的现象等。少数原始的放线菌如 *Nocardia* 等缺乏气生菌丝或气生菌丝不发达，菌落与细菌的菌落接近。

（2）在液体培养基上（内）对放线菌进行摇瓶培养时，常可见到在液面与瓶壁交界处粘贴着一团菌苔，培养液清而不混，其中悬浮着许多珠状菌丝团，一些大型菌丝团则沉在瓶底等现象。

2.2.2　支原体、衣原体和立克次氏体

支原体(Mycoplasma)、衣原体(Chlamydia)和立克次氏体(Rickettsia)是三类属于革兰氏阴性的原始而小型的原核生物。它们既有腐生又有细胞内寄生的支原体，又有专性细胞内寄生的立克次氏体和衣原体，因此，它们是介于细菌与病毒间的生物。

1. 支原体

支原体(Mycoplasma)是一类无细胞壁、介于独立生活和细胞内寄生生活间的最小型原核生物，如肺炎支原体、植物的"丛枝病"(侵染植物的支原体为类支原体或植原体)。

支原体的特点主要有以下几点：细胞很小，直径一般为 $150\sim300$ nm，多数为 250 nm

左右，故光镜下勉强可见；细胞膜含甾醇，比其他原核生物的膜更坚韧；因无细胞壁，故呈 G^- 且形态易变，对渗透压较敏感，对抑制细胞壁合成的抗生素等不敏感；菌落小（直径 $0.1\sim1$ mm），在固体培养基表面呈特有的"油煎蛋"状（见图 2-22）；以二分裂和出芽等方式繁殖；能在含血清、酵母膏和甾醇等营养丰富的培养基上生长；多数能以糖类作能源，能在有

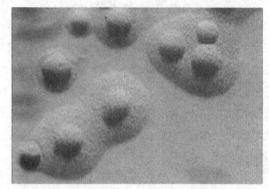

图 2-22　"油煎蛋"状支原体菌落形态

氧或无氧条件下进行氧化型或发酵型产能代谢；基因组很小，仅在 $0.6\sim1.1$ Mb 左右（约为 *E.coli* 的 $1/5\sim1/4$）；对能抑制蛋白质生物合成的抗生素（四环素、红霉素等）和破坏含甾体的细胞膜结构的抗生素（两性霉素 B、制霉菌素等）都很敏感。

2. 衣原体

衣原体(Chlamydia)是一类在真核细胞内营专性能量寄生的小型 G^- 原核生物，曾长期被误认为"大型病毒"。1956 年，我国微生物学家汤飞凡等应用鸡胚卵黄囊接种法，在国际上首先成功地分离培养出沙眼衣原体。

衣原体的特点有如下几点：有基本的细胞构造；细胞内同时含有 RNA 和 DNA 两种核酸；有细胞壁（但缺肽聚糖）；有核糖体；缺乏产生能量的酶系，须严格细胞内寄生；以二分裂方式繁殖；对抑制细菌的抗生素和药物敏感；只能用鸡胚卵黄囊膜、小白鼠腹腔或 Hela 细胞（子宫颈癌细胞）组织培养物等活体进行培养（见图 2-23）。

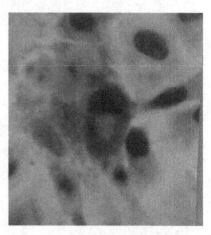

图 2-23　易感细胞内含繁殖的始体和子代衣原体的空泡

衣原体的生活史十分独特。具有感染力的细胞称作原体(Elementary Body),呈小球状、细胞壁厚、致密,不能运动,不生长,抗干旱,有传染性。原体经空气传播,一旦遇合适的新宿主,就可通过吞噬作用进入细胞,在其中生长,转化成无感染力的细胞,称为始体(Initial Body)或网状体(Reticulate Body)。始体呈大形球状,细胞壁薄而脆弱,易变形,无传染性,生长较快(RNA:DNA=3:1),通过二分裂可在细胞内繁殖成一个微菌落即"包涵体",随后每个始体细胞又重新转化成原体,待释放出细胞后,重新通过气流传播并伺机感染新的宿主。整个生活史约需48 h。目前被承认的衣原体有3个种,即引起鹦鹉热等人兽共患病的 *C.psittaci*(鹦鹉热衣原体)、引起人体沙眼的 *C.trachomatis*(沙眼衣原体)和引起肺炎的 *C.pneumoniae*(肺炎衣原体)。

3. 立克次氏体

1909年,美国医生 H.T.ricketts(1871—1910)首次发现洛基山斑疹伤寒的病原体,并于1910年牺牲于此病,故后人称这类病原菌为立克次氏体。1916年罗恰·利马首先从斑疹伤寒病人的体虱中找到立克次氏体,并建议取名为普氏立克次体,以纪念从事斑疹伤寒研究而牺牲的立克次和捷克科学家普若瓦帅克。1934年,我国科学工作者谢少文首先应用鸡胚培养立克次氏体成功,为人类认识立克次氏体做出了重大的贡献。立克次氏体是一类只能寄生在真核细胞内的革兰氏阴性原核微生物。它与支原体的主要不同处是有细胞壁以及不能进行独立生活;而与衣原体的不同处在于其细胞较大,无滤过性,合成能力较强,且不形成包涵体。

立克次氏体一向被认为只是动物的寄生物,可是1972年 I.M.Windsor 在患棒叶病的三叶草和长春花的韧皮部中发现了寄生于植物细胞中的立克次氏体,被称作类立克次氏体(RLO,Rickettsia Like Organism)或类立克次氏体细菌(RLB,Rickettsia Like Bacteria)。

立克次氏体的主要特点如下:

(1)细胞较大,直径在 0.3~0.6 ×0.8~2.0 μm 间,光镜下清晰可见;

(2)细胞形态多样,有球状、双球状、杆状、丝状等;

(3)有细胞壁,G⁻,除少数外,均在真核细胞内营细胞内专性寄生,宿主为节肢动物和脊椎动物;

(4)以二分裂方式繁殖(每分裂一次约8h);

(5)存在不完整的产能代谢途径,不能利用葡萄糖或有机酸产能,只能利用谷氨酸和谷氨酰胺产能;

(6)对四环素和青霉素等抗生素敏感;

(7)对热敏感,一般在56℃以上经 30 min 即被杀死;

(8)一般可培养在鸡胚、敏感动物或 Hela 细胞株的组织培养物上;

(9)基因组很小,1 Mb 左右。

立克次氏体可使人患斑疹伤寒、恙虫热等传染病。病原往往由虱、蚤、蜱、螨等节肢动物所携带。立克次氏体一般寄生在它们的消化道上皮细胞中,因此,在这类节肢动物的粪便中常有大量立克次氏体存在。当人体受到虱等的叮咬时,它们乘机排粪于皮肤上。在人随便抓痒之际,虱粪中的立克次氏体便从伤口进入血液。立克次氏体的致病机制主要是在宿主血液中大量增殖，同时也与它们的内毒素有关。引起人类感染的主要立克次氏体有普氏立克次氏体（*Rickettsia prowazeki*）、斑疹伤寒立克次氏体（*R.typhi*）和恙虫病立克次氏体（*R.tsutsugamushi*）。

2.2.3　黏细菌

黏细菌（Myxo Bacteria）又名子实黏细菌，是一类具有最复杂的行为模式和生活史的原核微生物。黏细菌主要由以下两种结构构成：

（1）营养细胞。杆状，柔软，缺乏坚硬的细胞壁，无鞭毛，可产生黏液，可在固体表面作"滑行"运动，以分裂方式进行繁殖。

（2）子实体。营养细胞发育到一定阶段，在适宜的条件下彼此向对方移动，在一定位置聚集成团，形成形态各异、肉眼可见的子实体。能形成子实体是黏细菌区别于其他原核微生物的最主要标志（见图2-24）。

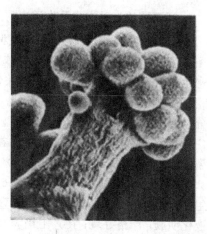

图 2-24　黏细菌子实体的电镜实拍图

2.2.4　蛭弧菌

1. 蛭弧菌的发现和命名

蛭弧菌是寄生于其他细菌（也可无寄主而生存）并能导致其裂解的一类细菌。它虽然比通常的细菌小，能通过细菌滤器，有类似噬菌体的作用，但它不是病毒，却是一类能"吃掉"细菌的细菌。蛭弧菌1962年首次发现于菜豆叶烧病假单胞菌体中，随后从土壤、污水中都分离到了这种细菌。根据其基本特性，命名为 *Bdellovibrio bacteriovorus*。其中，"*Bdello*"一词来自希腊语，是"水蛭"的意思，"*Vibrio*"意为"弧菌"，而种名"*Bacteriovorus*"是"食细菌"的意思。由于它们具有特殊的捕食生活方式以及有可能充当决定自然界中微生物种群变动的角色，因而引起了许多科学工作者的兴趣。正在寄生的蛭弧菌电镜图见图2-25。

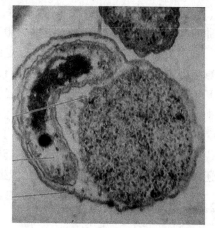

图 2-25　正在寄生的蛭弧菌电镜图

2. 蛭弧菌的大小和结构

蛭弧菌属于蛭弧菌科。通过相差显微镜观察表明，它具有细菌的一切形态特征：单细胞，弧形或逗点状，有时呈螺旋状。其大小为 $0.24\sim0.72~\mu m$，或仅为杆菌长度的 $1/4\sim1/3$。端生鞭毛多为一根，有的在另一端生有一束纤毛。水生蛭弧菌的鞭毛还具有鞘膜，它是细胞壁的延伸物，并包围着鞭毛丝状体，所以比其他细菌的鞭毛粗 $3\sim4$ 倍，这是一个很显著的特点。蛭弧菌运动活跃，革兰氏染色呈阴性。细胞中蛋白质含量较高，有的占干重的 $60\%\sim70\%$，DNA含量为 5%，GC含量为 $42\%\sim51\%$。据报道，蛭弧菌DNA的合成是在宿主细胞DNA完全裂解后进行的，宿主细胞中 80% 的DNA都并到寄生菌中去了，其机制还不是很清楚。

3. 蛭弧菌的生活方式及生活史

蛭弧菌的生活方式多样，有寄生型，也有兼性寄生，极少数营腐生。寄生型必须在活宿主细胞或在其提取物中得到营养或生长因子时才能生长繁殖，并表现出严格的特异性；非寄生型营腐生生活，或者至少是兼性腐生，可在蛋白胨和酵母提取物培养基上生长繁殖，它们中绝大多数都丧失了寄生性，只有十几分之一可恢复寄生性。实验表明，从自然界分离得到的蛭弧菌都是依赖寄生型，迄今为止，还没有直接从自然界分离得到非寄生型。不依赖宿主的蛭弧菌，只能生活在实验室条件下。故有人认为，兼性或腐生型均由寄生型蛭弧菌演化而来，有人称它为"突变型"。

寄生型蛭弧菌的生长，要求 pH $6.0\sim8.5$；温度 $23\sim37℃$，低于 $12℃$、高于 $42℃$ 时均不生长；能稳定分解蛋白质，一般不直接利用碳水化合物，而以肽、氨基酸作碳源和能源；能液化明胶；严格好氧；在人工培养基上则产生黄色色素和细胞色素 a、b、c，还能产生各种酶类。蛭弧菌的生活史有两个形式：既有自由生活的、能运动、不进行增殖的形式；又有在特定宿主细菌的周质空间内进行生长繁殖的形式。这两种形式交替进行。

4. 蛭弧菌侵入宿主过程

蛭弧菌侵入宿主细菌的方式十分独特。开始时，它以很高的速度（每秒高达100个细胞）猛烈碰撞宿主细胞，无鞭毛端直接附着于宿主细胞壁上，然后菌体以100转/秒以上的转速产生一种机械"钻孔"效应，加上蛭弧菌侵入时的收缩而进入宿主细胞的周质空间。从"钻孔"到进入只需几秒钟便可完成。在从吸附至侵入开始前的 $5\sim10$ 分钟，宿主细胞出现卷曲现象，这可能因为蛭弧菌产生的胞壁酸酶等使之转化为球质体的缘故。

如果很多蛭弧菌同时冲击一个宿主细胞，可能在其未侵入前，宿主细胞壁就已溃溶掉。其真正的原因，目前还不清楚。蛭弧菌侵入周质空间的同时失去鞭毛，受到感染的宿主细胞也开始膨胀，变为一个对渗透压并不敏感的球形体，称为"蛭弧体"。这时，"蛭弧体"增长，比原来大几倍，然后匀称地分裂，形成许多带鞭毛的个体——子代细胞。随着细胞的增殖和某些酶的产生，宿主细胞壁进一步瓦解，子代蛭弧菌释放出来。完成这一生活周期约需4小时。子代细胞遇到敏感宿主又可重新侵染，开始下一个循环。近年发现，有的蛭弧菌在某种情况下还可进入到宿主细菌细胞质中，立即生长繁殖。这一发现，有待进一步证实。

2.2.5 蓝细菌

蓝细菌（Cyanobacteria）旧名蓝藻（Blue Algae）或蓝绿藻（Blue Green Algae），是一类进化历史悠久、革兰氏阴性、无鞭毛、含叶绿素（但不形成叶绿体）、能进行产氧性光合作用的大型原核生物。

1. 蓝细菌的形态

蓝细菌的细胞体积一般比细菌大，通常直径为 $3\sim10\ \mu m$，最大的可达 $60\ \mu m$。其细胞形态多样（见图 $2-26$），主要有由二分裂形成的单细胞蓝细菌、由复分裂形成的单细胞蓝细菌、有异形胞的菌丝蓝细菌、无异形胞的菌丝蓝细菌、分枝状菌丝蓝细菌等。

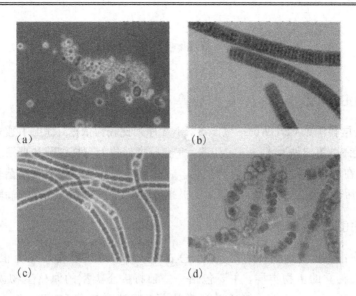

图 2-26　几类蓝细菌的典型形态

2. 构造

蓝细菌的构造与 G⁻ 细菌相似，简要叙述如下：双层细胞壁，含肽聚糖；有很多种类，尤其是水生种类在其壁外还有黏质糖被或鞘，可把各单细胞集合在一起，并进行滑行运动；细胞质周围有复杂的光合色素层，以类囊体(Thylakoid)的形式出现，含叶绿素 a 和藻胆素(Phycopilin，一类辅助光合色素)；细胞内还有能固定 CO_2 的羧酶体；在水生性种类的细胞中，常有气泡构造。蓝细菌细胞中的内含物有糖原、PHB、蓝细菌肽(Cyanophycine)和聚磷酸盐等。其细胞内的脂肪酸较为特殊，是含有两至多个双键的不饱和脂肪酸，而其他原核生物通常只含饱和脂肪酸和单个双键的不饱和脂肪酸。

3. 蓝细菌细胞的特化形式

蓝细菌的细胞特化形式主要有以下几种：

(1) 异形胞(Heterocyst)是存在于丝状生长种类中的形大、壁厚、专司固氮功能的细胞，数目少而不定，位于细胞链的中间或末端。

(2) 静息孢子(Akinete)，是一种长在细胞链中间或末端的形大、壁厚、色深的休眠细胞，富含贮藏物，能抵御干旱等不良环境。

(3) 链丝段(Hormogonium)，又称连锁体或藻殖段，是由长细胞链断裂而成的短链段，具有繁殖功能。

(4) 内孢子(Endospore)，少数种类如 *Chamaesiphon*(管孢蓝细菌属)能在细胞内形成许多球形或三角形的内孢子，待成熟后即可释放，具有繁殖作用。

蓝细菌是一类较古老的原核生物，大约在 21 亿年前至 17 亿年前已形成，它的发展使整个地球大气从无氧状态发展到有氧状态，从而孕育了一切好氧生物的进化和发展。有些蓝细菌有着重大的经济价值，如 120 多种蓝细菌具有固氮能力；但有的蓝细菌是在受氮、磷等元素污染后发生富营养化的海水"赤潮"和湖泊中"水华"的元凶，给渔业和养殖业带来严重危害；还有少数水生种类会产生可诱发人类肝癌的毒素。

2.3 古生菌的形态结构概述

2.3.1 古生菌的发现

1977 年，美国科学家 Carl Woese 以 16S rRNA 序列比较为依据，提出了独立于真细菌和真核生物之外的生命的第三种形式——古生菌，它在分类地位上与真细菌和真核生物并列为三域（Domain），并且在进化谱系上更接近真核生物。古生菌在细胞构造上与真细菌较为接近，同属原核生物，多生活于一些生存条件十分恶劣的极端环境中，例如高温、高盐、高酸等。

2.3.2 古生菌的形态

古生菌又称古细菌（Archae Bacteria）或称古菌，是一个在进化途径上很早就与真细菌和真核生物相互独立的生物类群，主要包括一些独特生态类型的原核生物，如产甲烷菌及大多数嗜极菌（Extremophile），包括极端嗜盐菌、极端嗜热菌和 *Thermoplasma*（热原体属，无细胞壁）。古生菌微小，一般小于 1 μm，虽然在高倍光学显微镜下可以看到它们，但最大的也只像肉眼看到的芝麻那么大。不过用电子显微镜能够让我们区分它们的形态。虽然它们很小，但是它们的形态形形色色。有的像细菌那样为球形、杆状，但也有叶片状或块状。特别奇怪的是，古生菌有呈三角形或不规则形状的，还有方形的，像几张连在一起的邮票。不同古生菌的电镜结构见图 2 - 27。

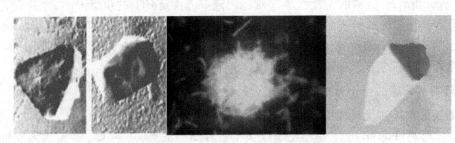

图 2 - 27 不同古生菌的电镜结构图

2.3.3 古生菌与细菌结构成分的差异

真细菌与古生菌的化学成分差别甚大。据已被研究过的一些古生菌来看，其细胞壁中都不含真正的肽聚糖，而含假肽聚糖、糖蛋白或蛋白质。假肽聚糖（Pseudo Peptidolycan）的多糖骨架是由 N-乙酰葡糖胺和 N-乙酰塔罗糖胺糖醛酸（N-acetyltalosaminouronic acid）以 β-1，4（也写为 β(1-4)）-糖苷键（不被溶菌酶水解）交替连接而成的，连在后一氨基糖上的肽尾由 L-GLu、L-Ala 和 L-Lys 这 3 个 L 型氨基酸组成，肽桥则由 L-Glu 组成。

2.4 真核微生物的形态和结构及举例

真核生物（Eukaryotes）是一大类细胞核具有核膜、能进行有丝分裂、细胞质中存在线粒体或同时存在叶绿体等多种细胞器的生物。真菌、显微藻类和原生动物等是属于真核生物类的微生物，故称为真核微生物（Eukaryotic Microorganisms）。

真核细胞与原核细胞相比，形态更大，结构更为复杂，细胞器的功能更为专一。它们已发展出许多由膜包围着的细胞器（Organelles），以及有核膜包裹着的完整细胞核，内有染色体，其双链 DNA 长链已与组蛋白等蛋白质密切结合，以更完善地执行生物的遗传功能。

2.4.1　真核微生物的细胞构造

1. 细胞壁

真菌细胞壁的主要成分是多糖，另有少量的蛋白质和脂类。多糖是细胞壁中有形的微纤维和无定形基质的成分。微纤维都是单糖的 β(1-4)聚合物，包括甘露聚糖、葡聚糖和少量蛋白质。低等真菌的细胞壁成分以纤维素为主，酵母菌以葡聚糖为主，而高等陆生真菌则以几丁质为主。即使是同一真菌，在其不同生长阶段，细胞壁的成分也有明显不同。细胞壁具有固定细胞外形和保护细胞免受外界不良因子损伤等功能。藻类的细胞壁厚度一般为 10～20 nm，有的仅为 3～5 nm，多由纤维素组成，以微纤丝的方式层状排列，含量占干重的 50%～80%，其余部分为间质多糖。间质多糖主要是杂多糖。

2. 鞭毛与纤毛

某些真核微生物细胞表面长有或长或短的毛发状、具有运动功能的细胞器。其中形态较长（150～200 μm）、数量较少者称为鞭毛；而较短（5～10 μm）、数量较多者则称为纤毛（Cilia，单数为 Cillum）。真核微生物的鞭毛和纤毛与原核生物的鞭毛功能相同，但在构造、运动机制等方面却差别极大。

鞭毛与纤毛的构造基本相同，都由伸出细胞外的鞭杆（Shaft）、嵌埋在细胞质膜上的基体以及把这两者相连的过渡区这三部分组成。鞭杆的横切面呈"9+2"型，即中心有一对包在中央鞘中的相互平行的中央微管，其外被 9 个微管二联体围绕一圈，整个微管由细胞质膜包裹。每条微管二联体由 A、B 两条中空的亚纤维组成，其中 A 亚纤维是一完全微管，即每个由 13 个球形微管蛋白（Tubulin）亚基环绕而成，而 B 亚纤维则是由 10 个亚基围成，所缺的 3 个亚基与 A 亚纤维共用。A 亚纤维上伸出内外两条动力蛋白臂（Dynein Arms），它是一种能被 Ca^{2+} 和 Mg^{2+} 激活的 ATP 酶，可水解 ATP 以释放供鞭毛运动的能量。通过动力蛋白臂与相邻的微管二联体的作用，鞭毛可作弯曲运动。相邻微管二联体由微管连丝蛋白（Nexin）相连。此外，在每条微管二联体上还有伸向中央微管的放射辐条（Radial Spoke）。基体的结构与鞭杆接近，直径约 120～170 μm，长约 200～500 μm，在电镜下其横切面呈"9+0"型，且其外围是 9 个三联体，中央则没有微管和鞘。具有鞭毛的真核微生物有鞭毛纲（Flagellata）的原生动物、藻类和低等水生真菌的游动孢子或配子等；具有纤毛的真核微生物主要是属于纤毛纲（Ciliata）的各种原生动物。

3. 细胞质膜

因真核细胞与原核细胞在其质膜的构造和功能上十分相似，这里就不再赘述了。

4. 细胞核

细胞核（Nucleus）是细胞遗传信息（DNA）的贮存、复制和转录的主要部位。几乎所有的真核细胞都有外形固定（呈球状或椭圆体状）、有核膜包裹的细胞核。每个细胞一般只含一个细胞核，有的有两个或多个，如 *Penicillium*。真菌的菌丝顶端细胞中，常找不到细胞核。真核生物的细胞核由核被膜、染色体、核仁和核基质等构成。染色体的形状较小，数目各不相同。

5. 细胞质和细胞器

位于细胞质膜和细胞核间的透明、黏稠、不断流动并充满各种细胞器的溶胶，称为细胞质(Cytoplasm)。真核微生物的细胞器和真核生物的细胞器基本构架一致，因此仅简要介绍，具体内容可进一步参见细胞生物学相关内容。

1) 细胞基质和细胞骨架

在真核细胞中，除细胞器以外的胶状溶液，称为细胞基质(Cytomatrix)或细胞溶胶(Cytosol)，内含赋予细胞以一定机械强度的细胞骨架和丰富的酶等蛋白质、各种内含物以及中间代谢物等，是细胞代谢活动的重要基地。细胞骨架(Cytoskeleton)是由微管、肌动蛋白丝(微丝)和中间丝三种蛋白质纤维构成的细胞支架，具有支持、运输和运动等功能。

2) 内质网和核糖体

内质网(Endoplasmic Reticulum，ER)指细胞质中一个与细胞基质相隔离、但彼此相通的囊腔和细管系统，它由脂质双分子层围成。其内侧与核被膜的外膜相通。内质网有两类，它们间相互连通。一类是在膜上附有核糖体颗粒，称为糙面内质网，具有合成和运送胞外分泌蛋白的功能；另一类为膜上不含核糖体的光面内质网，它与脂类和钙的代谢等密切相关，主要存在于某些动物细胞中。核糖体(Ribosome)又称核蛋白体，是存在于一切细胞中的无膜包裹的颗粒状细胞器，具有蛋白质合成功能，直径为 25 nm，由约 40% 蛋白质和 60 % RNA 共价结合而成。每个细胞中核糖体的数量差异很大($10^2 \sim 10^7$)，这种差异性不但与生物种类有关，更与其生长状态有关。真核细胞的核糖体比原核细胞的大，其沉降系数一般为 80 S，它由 60 S 和 40 S 的两个小亚基组成。核糖体除分布在内质网和细胞质中外，还存在于线粒体和叶绿体中，但线粒体和叶绿体中的核糖体都是一些与原核生物相同的70 S核糖体。

3) 高尔基体(Golgi Apparatus，Golgi Body)

高尔基体又称高尔基复合体(Golgi Complex)，是一种由 4～8 个平行堆叠的扁平膜囊和大小不等的囊泡所组成的膜聚合体，其上无核糖体。其功能是将糙面内质网合成的蛋白质进行浓缩，并与自身合成的糖类、脂类结合，形成糖蛋白、脂蛋白分泌泡，通过外排作用分泌到细胞外，是协调细胞生化功能和沟通细胞内外环境的重要细胞器。在真菌中，仅 Pythium(腐霉属)等少数低等种类中发现有高尔基体。

4) 溶酶体(Lysosome)

溶酶体是一种由单层膜包裹、内含多种酸性水解酶的小球形(直径为 $0.2 \sim 0.5~\mu m$)、囊泡状细胞器，主要起细胞内的消化作用。溶酶体含 40 种以上的酸性水解酶，因其最适 pH 值均在 5 左右。

5) 微体(Microbody)

微体是一种由单层膜包裹的、与溶酶体相似的小球形细胞器，但其内所含的酶与溶酶体的不同，主要是氧化酶和过氧化氢酶，所以又被称为过氧化物酶体(Peroxisome)。其可

使细胞免受 H_2O_2 毒害，并能氧化分解脂肪酸等。

6）线粒体（Mitochondria）

线粒体作为产能的主要细胞器，是进行氧化磷酸化反应的重要细胞器，其功能是把蕴藏在有机物中的化学能转化成生命活动所需能量（ATP），故是一切真核细胞的"动力车间"。光镜下，线粒体外形和大小酷似杆菌，直径一般为 $0.5 \sim 1.0~\mu m$，长度约 $1.5 \sim 3.0$ μm。每个细胞所含线粒体数目通常为数百至数千个，也有更多的。线粒体的构造十分复杂，由内外两层膜包裹，内部充满液态的基质（Matrix）。外膜平整，内膜则向基质内伸展，从而形成了大量由双层内膜构成的嵴（Cristae）。低等真菌中，含有与高等植物和藻类的线粒体相似的管状嵴；较高等的真菌（接合菌、子囊菌、担子菌）中，多为板状嵴。嵴的存在，极大地扩展了内膜进行生物化学反应的面积。基粒（Elementary Particle）或称 F_1 颗粒，着生于线粒体的内膜表面，为一个带柄的、直径约为 8.5 nm 的球形小体，即 ATP 合成酶复合体。每个线粒体内约含 $10^4 \sim 10^5$ 个基粒。线粒体由头（F_1）、柄和嵌入内膜的基部（F_0）3 部分组成。内膜上还有 4 种脂蛋白复合物，它们都是电子传递链（呼吸链）的组成部分。内外膜间的空间即为膜间隙，内中充满着含各种可溶性酶、底物和辅助因子的液体。内膜和嵴包围的空间即为基质，含三羧酸循环的酶系，并含有一套为线粒体所特有的闭环状 DNA 链（在真菌中长约 $19 \sim 26~\mu m$）和 70S 核糖体，用以合成一小部分（约 10%）专供线粒体自身所需的蛋白质。

7）叶绿体（Chloroplast）

叶绿体是一种双层膜结构组成、能转化光能为化学能的绿色颗粒状细胞器，只存在于绿色植物（包括藻类）的细胞中，具有进行光合作用——把 CO_2 和 H_2O 合成葡萄糖并释放 O_2 的重要功能。叶绿体多为扁平的圆形或椭圆形，略呈凸透镜状。但在藻类中叶绿体的形态变化很大，有螺旋带状、板状或星状的。叶绿体的平均直径约为 $4 \sim 6~\mu m$，厚度约为 $2 \sim 3~\mu m$。叶绿体由叶绿体膜（Chloroplast Membrane，或称外被（Outerenvelope））、类囊体（Thylakoid）和基质（Stroma）构成。叶绿体膜又分外膜、内膜和类囊体膜 3 种，并由此使内部空间分隔为膜间隙（外膜与内膜间）、基质和类囊体腔 3 个彼此独立的区域。

8）液泡（Vacuole）

液泡是存在于真菌和藻类等真核微生物细胞中的细胞器，由单位膜分隔，其形态、大小随细胞年龄和生理状态而变化。老龄细胞中液泡大而明显。在真菌的液泡中，主要含糖原、脂肪和多磷酸盐等贮藏物，精氨酸、鸟氨酸和谷氨酰胺等碱性氨基酸，以及蛋白酶、酸性和碱性磷酸酯酶、纤维素酶和核酸酶等各种酶类。液泡不仅有维持细胞的渗透压和贮存营养的功能，而且还有溶酶体的功能。

9）真核微生物其他独特细胞器概述

膜边体（Lomasome）又称须边体或质膜外泡，为许多真菌所特有。它是一种位于菌丝细胞的质膜与细胞壁间，由单层膜包裹的细胞器。其形态呈管状、囊状、球状、卵圆状或多层折叠膜状，内含泡状物或颗粒状物。膜边体可由高尔基体或内质网的特定部位形成。各个膜边体能互相结合，也可与别的细胞器或膜相结合，功能可能与分泌水解酶或合成细胞壁有关。几丁质酶体（Chitosome）又称壳体，是一种活跃于各种真菌菌丝体顶端细胞中的微小泡囊，直径为 $40 \sim 70$ nm，内含几丁质合成酶，其功能是把其中所含的酶源源不断地运送到菌丝尖端细胞壁表面，使该处不断合成几丁质微纤维，从而保证菌丝不断向前延伸。氢化酶体(Hydrogenosome)是一种由单层膜包裹的球状细胞器，内含氢化酶、氧化还原酶、铁氧还蛋白和丙酮酸，通常存在于鞭毛基体附近，为其运动提供能量。氢化酶体只存在于厌氧性的原生动物和厌氧性真菌(已有 20 余种)中。

2.4.2　真核微生物举例——霉菌

1. 霉菌概述

霉菌(Mould，Mold)是丝状真菌(Filamentous Fungi)的一个通俗名称，意即"发霉的真菌"，通常指那些菌丝体比较发达而又不产生大型子实体的真菌。它们往往在潮湿的气候下大量生长繁殖，长出肉眼可见的丝状、绒状或蛛网状的菌丝体，有较强的陆生性，在自然条件下常引起食物、工农业产品的霉变和植物的真菌病害。

在地球上，几乎到处都有真菌的踪迹，而霉菌则是真菌的主要代表。它们的种类和数量惊人。在自然界中，真菌主要扮演着各种复杂有机物，尤其是数量最大的纤维素、半纤维素和木质素的分解者角色。由于它们所进行的广泛的生物化学转化活动，数量巨大的动植物尤其是植物的残体，又重新转变为生态系统中的生产者——绿色植物的养料，从而保证了地球上包括人类在内的一切异养生物，即生态系统中消费者的需要，并促进了整个生物圈的繁荣发展。霉菌与工农业生产、医疗实践、环境保护和生物学基本理论研究等方面都有着密切的关系，现简述如下。

(1) 工业应用。如柠檬酸、葡萄糖酸等多种有机酸，淀粉酶、蛋白酶和纤维素酶等多种酶制剂，青霉素、头孢霉素等抗生素，核黄素等维生素，麦角碱等生物碱，真菌多糖、酿造食品以及植物生长刺激素(赤霉素)等的生产；利用某些霉菌对甾族化合物进行生物转化，以生产甾体激素类药物；霉菌在生物防治、污水处理和生物测定等方面也有很多应用。

(2) 食品应用。用于生产各种传统食品，如酿制酱、酱油、干酪等。

(3) 霉菌的基本理论研究。霉菌在基本理论研究中应用很广，最著名的例子是 *Neurospora crassa*(粗糙脉孢菌)等在建立生化遗传学中的作用。

(4) 工业产品的霉变。食品、纺织品、皮革、木器、纸张、光学仪器、电工器材和照相胶片等都易被霉菌所污染、变质。

(5) 引起植物病害。植物传染性病害的主要病原微生物是真菌。真菌约可引起 3 万种植物病害。例如，19 世纪中叶在欧洲大流行的马铃薯晚疫病；我国于 1950 年发生的麦锈病和 1974 年发生的稻瘟病，使小麦和水稻分别减产了 60 亿千克。

(6) 引起动物疾病。不少致病真菌可引起人体和动物的浅部病变(例如皮肤癣菌引起的各种癣症)和深部病变(例如既可侵害皮肤、黏膜，又可侵害肌肉、骨骼和内脏的各种致病真菌)。在当前已知道的约 5 万种真菌中，被国际确认的人、畜致病菌或条件致病菌已有二百余种(包括酵母菌在内)。

2. 霉菌的菌丝形态与构造

霉菌营养体的基本单位是菌丝(Hyphae，见图 2-28)，它的直径一般为 $3\sim10~\mu m$，亦即与酵母细胞类似，但比细菌或放线菌的细胞约粗 10 倍。根据菌丝中是否存在隔膜，可把所有菌丝分成无隔菌丝和有隔菌丝两大类。

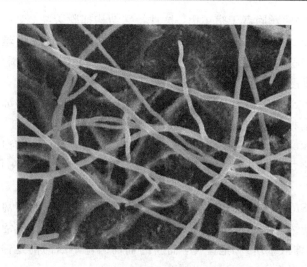

图 2-28　霉菌菌丝体电镜照片

霉菌菌丝细胞的构造与前述的酵母菌细胞十分相似。其外由厚实、坚韧的细胞壁所包裹，其内有细胞膜，再内就是充满着细胞质的细胞腔。细胞核也由双层的核膜包裹，其上有许多核孔，核内有一核仁。在细胞质中存在着液泡、线粒体、内质网、核糖体和膜边体（Lomasome）等。

组成霉菌细胞壁的成分十分丰富。在细胞的成熟过程中，细胞壁的成分会发生明显的变化；处于不同进化地位的真菌，其细胞壁成分也存在着一定规律的变化。

Neurospora crassa 的菌丝尖端细胞各部位的成熟程度是不同的。在菌丝顶端有延伸区和硬化区，它们的内层是几丁质层，外层为蛋白质层；接着就是亚顶端部位（次生壁形成区），其由内至外是几丁质层、蛋白质层和葡聚糖蛋白网层；再下面就是成熟区，其由内至外相应地为几丁质层、蛋白质层、葡聚糖蛋白质层和葡聚糖层；最后就是隔膜区。

从进化的角度来看，越是低等的、水生的真菌，其细胞壁成分就越与藻类接近，即含有较多的纤维素；较高等的、陆生的真菌，则主要含有几丁质成分。从物理形态来看，组成真菌细胞壁的成分有两大类：一类为纤维状物质，即由 β(1-4) 多聚物所构成的微纤维（包括纤维素和几丁质），它使细胞壁具有坚韧的机械性能；另一类为无定型物质，例如蛋白质、甘露聚糖和葡聚糖，包括 β(1-3)、β(1-6) 或 α(1-3) 葡聚糖，它们混在上述纤维状物质构成的网内或网外，以充实细胞壁的结构。

3. 霉菌菌丝体及各种分化形式

当真菌孢子落在适宜的固体营养基质上后，就会发芽生长，产生菌丝和由许多分枝菌丝相互交织而成的一个菌丝集团，即菌丝体（Mycelium）。菌丝体有两个基本类型：密布在营养基质内部，主要执行吸取营养物功能的菌丝体，称为营养菌丝体（Vegetative Mycelium）；而伸展到空气中的菌丝体，则称为气生菌丝体（Aerial Mycelium）。营养菌丝体和气生菌丝体对不同的真菌来说，在它们的长期进化过程中，对于相应的环境条件已有了高度的适应性，并明显地表现在种种形态和功能的特化构造上。

1）营养菌丝体的特化形态

（1）附着枝（Hyphopode）。若干寄生真菌例如 *Irenina*（秃壳炱属）等，由菌丝细胞生出 1～2 个短枝，以将菌丝附着于宿主上，这种特殊结构即附着枝。

（2）附着胞（Appressorium）。许多植物寄生真菌在其芽管或老菌丝顶端发生膨大，并分泌黏状物，借以牢固地黏附在宿主的表面，这一结构就是附着胞。附着胞上再形成纤细的针状感染菌丝，以侵入宿主的角质层来吸取养料。

（3）假根（Rhizoid）。其功能是固着和吸取养料，是根霉属（*Rhizopus*）霉菌匍匐枝与基质接触处分化出来的根状结构。

（4）吸器（Haustorium）。吸器由专性寄生真菌如锈菌、霜霉菌和白粉菌等产生，它们是从菌丝上产生出来的旁枝，侵入细胞内分化成指状、球状或丝状，用以吸收细胞内的养料。

（5）匍匐菌丝（Stolon）。毛霉目的真菌常形成具有延伸功能的匍匐状菌丝，称为匍匐菌丝。其中根霉属更为典型：在固体基质表面上的营养菌丝，分化成匍匐菌丝，隔一段距离在其上长出假根（伸入基质）和孢囊梗，而新的匍匐菌丝不断向前延伸，以形成不断扩展的、大小没有限制的菌苔。

（6）菌核（Sclerotium）。菌核是一种休眠的菌丝组织。其外层较坚硬、色深，内层疏松，大多呈白色。菌核的形状有大有小，大的如茯苓（大如小孩头），小的如油菜菌核（形如鼠粪）。

（7）菌环（Ring）和菌网（Net）。捕虫菌目（*Zoopagales*）的真菌和一些半知菌会产生菌环和菌网等特化菌丝，其功能是捕捉线虫，然后再从环或网上生出菌丝侵入线虫体内吸收养料。

（8）菌索（Rhizomorph）。在树皮下或地下常可找到白色的根状菌丝组织，即为菌索。多种伞菌，例如 *Armillariella*（假蜜环菌）等都有根状菌索。它们的生理功能为促进菌体蔓延和抵御不良环境。

2）气生菌丝体的特化形态

气生菌丝体主要特化成各种形态的子实体（Sporocarp、Fructification 或 Fruitingbody）。子实体是指在其里面或上面可产生孢子的、有一定形状的构造。

（1）结构简单的子实体。产生无性孢子的简单子实体有几种类型，常见的例如曲霉属（*Aspergillus*）或青霉属（*Penicillium*）等的分生孢子头（Conidialhead），根霉属（*Rhizopus*）和毛霉属（*Mucor*）等的孢子囊（Sporangium），等等。产生有性孢子的简单子实体如担子菌的担子（Basidium），它是由双核菌丝的顶端细胞膨大后形成的。担子内的两性细胞经过核配后形成一个双倍体的细胞核，再经过减数分裂便产生 4 个单倍体的核。这时，在担子顶端长出 4 个小梗，小梗顶端稍微膨大，最后 4 个单倍体核就分别进入小梗的膨大部位，从而形成 4 个外生的单倍体担孢子（Basidiospore）。

（2）结构复杂的子实体。结构复杂的子实体有分生孢子器（Pycnidium）、分生孢子座（Sporodochium）和分生孢子盘（Acervulus）等结构。分生孢子器是一个球形或瓶形的结构，在器的内壁四周表面或底部长有极短的分生孢子梗，在梗上产生分生孢子。另有很多真菌，它们的分生孢子梗紧密聚集成簇，分生孢子长在梗的顶端，形成一种垫状的结构，称为分生孢子座，它具有瘤座孢科（*Tuberculariaceae*）真菌的特征。而分生孢子盘则是一种在寄主的角质层或表皮下，由分生孢子梗簇生在一起而形成的盘状结构，其中有时还夹杂着刚毛。

3）子囊果的特化形态

能产有性孢子的、结构复杂的子实体称为子囊果（Ascocarp）。在子囊和子囊孢子发育过程中，从原来的雌器与雄器下面的细胞上生出许多菌丝，它们有规律地将产囊菌丝包围，于是就形成了有一定结构的子囊果。子囊果按其外形可分为三类：闭囊壳（Cleistothecium），为完全封闭式，呈圆球形，它具有不整囊菌纲（*Plectomycetes*）（例如部分青霉、曲霉）的典型特征；子囊壳（Perithecium），其子囊果多少有点封闭，但留有孔口，似烧瓶形，它具有核菌纲（*Pyrenomycetes*）真菌的典型构造；子囊盘（Apothecium），为开口的、盘状的，它具有盘菌纲（*Discomycetes*）真菌的特有结构。

以上都是营养菌丝体的种种特化形式。当真菌在液体培养基中进行通气搅拌或振荡培养时，有时会产生菌丝球，这在用 *Aspergillus niger*（黑曲霉）的高产菌株进行柠檬酸发酵，或在用 *Agaricus bisporus*（二孢蘑菇）等食用担子菌进行菌丝体液体培养时最易见到。以发酵柠檬酸为例，它的几个高产菌株 d353、5016、3008 都有菌丝球状生长的特征。它们的菌丝体相互紧密缠绕，呈颗粒状，均匀地悬浮在发酵液中，且不会长得过密，因而发酵液的外观较稀薄，既有利于氧的传递，也可以提高糖的转化率和柠檬酸的浓度。相反，如果发酵条件控制不善，就会产生异常的菌丝球。这时，其内部产生一个空腔，并可见到退化细胞和许多孢子梗。故在生产实践中，通过观察菌丝球的各种特征，可以判断发酵条件是否正常。

4. 霉菌的孢子

霉菌有着极强的繁殖能力，它们可通过无性繁殖或有性繁殖的方式产生大量新个体。虽然真菌菌丝体上任一部分的菌丝碎片都能进行繁殖，但在正常自然条件下，真菌主要还是通过形形色色的无性或有性孢子来进行繁殖的。

霉菌的孢子具有小、轻、干、多以及形态色泽各异、休眠期长和抗逆性强等特点，但它与细菌的芽孢却有很大的差别（见表 2-3）。霉菌孢子的形态常有球形、卵形、椭圆形、礼帽形、土星形、肾形、线形、针形、镰刀形等。每个个体所产生的孢子数，经常是成千上万的，有时竟达几百亿、几千亿甚至更多。孢子的这些特点，都有助于霉菌在自然界中随处散播和繁殖。

表 2-3　霉菌孢子和细菌芽孢的比较

项　　目	霉菌孢子	细菌芽孢
大小	大	小
数目	1 条菌丝或 1 个细胞产多个	1 个细胞产 1 个
形态	形态、色泽多样	形态简单
形成部位	可在细胞内或细胞外形成	只在细胞内形成
细胞核	真核	原核
功能	是最重要的繁殖方式	不是繁殖方式（抗性休眠）
抗热性	弱，在 $60℃\sim70℃$ 下易被杀死	极强，往往要在 $100℃$ 下数十分钟才能被杀死
产菌	大多数可产生	少数细菌可产生

对人类的实践来说,孢子的这些特点有利于接种、扩大培养、菌种选育、保藏和鉴定等工作。孢子对人类的不利之处则是易于造成污染、霉变和易于传播动、植物的真菌病害。这方面的事例是极多的,例如脉孢菌过去就曾叫做"红色面包霉",原因是其分生孢子或子囊孢子都耐热。其分生孢子在 70℃下湿热处理 4 分钟才失去活力,而在干热情况下则可耐 130℃ 高温。加之它的孢子数目巨大,故是面包房的害菌。特别是 *Neurospora sitophila*(好食脉孢菌)更是造成面包"红霉病"的祸首。在实验室中,这类真菌也常是造成接种室污染的原因。至于前面述及的大量植物致病真菌对农业生产的危害,其重要原因也是因为数量庞大的真菌孢子易于散播和能抵抗种种不良外界条件的缘故。

5. 霉菌的菌落

霉菌的细胞呈丝状,在固体培养基上有营养菌丝和气生菌丝的分化。气生菌丝间没有毛细管水,故它们的菌落与细菌和酵母菌的不同,而与放线菌的接近。霉菌的菌落形态较大,质地一般比放线菌疏松,外观干燥,不透明,呈现或紧或松的蛛网状、绒毛状或棉絮状;菌落与培养基的连接紧密,不易挑取;菌落正反面的颜色、边缘与中心的颜色常不一致等。

菌落正反面颜色呈现明显差别的原因,是气生菌丝尤其是由它所分化出来的子实体的颜色往往比分散在固体基质内的营养菌丝的颜色深;而菌落中心与边缘的颜色及结构不同的原因,则是越接近中心的气生菌丝其生理年龄越大,发育分化和成熟得也越早,颜色一般也越深,这样,它与菌落边缘尚未分化的气生菌丝比起来,自然会有明显的颜色和结构上的差异(见图 2-29)。

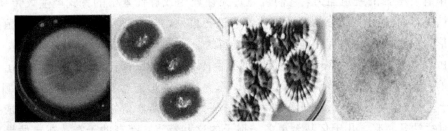

图 2-29 土曲霉、黑曲霉、青霉菌、黑根霉的菌落形态

2.4.3 真核微生物举例——酵母菌

1. 酵母菌的名称、特点及分布

酵母菌(Yeast)是一个通俗的名称,由于例外情况较多,因此很难对它下一个确切的定义。可以认为,酵母菌一般具有以下五个特点:

(1) 个体一般以单细胞状态存在;

(2) 多数营出芽繁殖,也有的裂殖;

(3) 能发酵糖类产能;

(4) 细胞壁常含甘露聚糖;

(5) 喜在含糖量较高、酸度较大的水生环境中生长。

酵母菌在自然界分布很广,主要生长在偏酸性的含糖环境中,例如在水果、蔬菜、蜜饯的表面和在果园土壤中最为常见；此外，在油田和炼油厂附近土层中也很容易分离到能利用烃类的酵母菌。

2. 酵母菌的种类

酵母菌的种类很多。据 Kregervanrij(1982)的资料，当时已知的酵母菌有 56 属，500 多种。酵母菌与人类的关系极其密切。可以认为，酵母菌是人类的第一种"家养微生物"。千百年来，酵母菌及其发酵产品大大改善和丰富了人类的生活，例如乙醇和有关饮料的生产，面包的制造，甘油的发酵，石油及油品的脱蜡，饲用、药用或食用单细胞蛋白(Single Cell Protein，SCP)的生产，从酵母菌体中提取核酸、麦角甾醇、辅酶 a、细胞色素 c、凝血质和维生素等生化药物，以及近年来将酵母菌尤其是 *Saccharomyces cerevisiae*(酿酒酵母)作为遗传工程中具有良好发展前途的受体菌等。上述的单细胞蛋白一般是指来自各类微生物体的蛋白，它是继动物蛋白和植物蛋白后的另一类重要的蛋白质来源。良好的单细胞蛋白必须具备无毒、易消化吸收、必需氨基酸的含量丰富、核酸含量较低、口味好、制造容易和价格低廉等条件，而酵母菌基本上具备以上条件。此外，酵母菌一般还能利用无机氮源或尿素来合成蛋白质，生长速度快，再加上细胞体积大等优点，自然成了目前最重要的单细胞蛋白来源。

只有少数(约 25 种)酵母菌能引起人或其他动物的疾病，其中最常见的是 *Candida albicans*(白假丝酵母，即"白色念珠菌")和 *Cryptococcus neoformans*(新型隐球菌)。它们一般属于条件性致病菌，常可引起人体一些表层(皮肤、黏膜)或深层(各内脏、器官)的疾病，例如鹅口疮、阴道炎、轻度肺炎或慢性脑膜炎等。

3. 酵母菌细胞的形态构造

酵母菌是典型的真核微生物，其细胞直径一般比细菌粗 10 倍。例如，典型的酵母菌 *S.cerevisiae* 细胞的宽度为 2.5～10 mm，长度为 4.5～21 mm。因此，在光学显微镜下，可模糊地看到它们细胞内的种种结构分化。酵母菌细胞的形态通常有球状、卵圆状、椭圆状、柱状或香肠状等多种，当它们进行一连串的芽殖后，如果长大的子细胞与母细胞并不立即分离，其间仅以极狭小的面积相连，则这种藕节状的细胞串就称为假菌丝；相反，如果细胞相连，且其间的横隔面积与细胞直径一致，则这种竹节状的细胞串就称为真菌丝。

1) 细胞壁

酵母菌的细胞壁厚约 25 mm，约占细胞干重的 25%，是一种坚韧的结构。其化学组分较特殊，主要由"酵母纤维素"组成。它的结构似三明治——外层为甘露聚糖(Mannan)，内层为葡聚糖(Glucan)，它们都是复杂的分枝状聚合物，其间夹有一层蛋白质分子。蛋白质约占细胞壁干重的 10%，其中有些是以与细胞壁相结合的酶的形式存在的，例如葡聚糖酶、甘聚糖酶、蔗糖酶、碱性磷酸酶和脂酶等。据试验，维持细胞壁强度的物质主要是位于内层的葡聚糖成分。此外，细胞壁上还含有少量类脂和以环状形式分布在芽痕周围的几丁质。

2) 细胞膜

将酵母菌原生质体放在低渗溶液中破裂后，再经离心、洗涤等步骤就可得到纯净的细胞膜。细胞膜也是一种三层结构。它的主要成分是蛋白质(约占干重的 50%)、类脂(约占 40%)和少量糖类。细胞膜是由上、下两层磷脂分子以及嵌杂在其间的甾醇和蛋白质分子组成的。磷脂的亲水部分排在膜的外侧，疏水部分则排在膜的内侧。细胞膜的功能是：调节细胞外溶质运送到细胞内的渗透屏障；细胞壁等大分子成分的生物合成和装配基地；部分酶的合成和作用场所。

3）细胞核

酵母菌具有用多孔核膜包裹起来的定形细胞核——真核。活细胞中的核可用相差显微镜加以观察；如用碱性品红或吉姆萨染色法对固定的酵母细胞进行染色，还可观察到核内的染色体（其数目因种而不同）。在电子显微镜下，可发现核膜是一种双层单位膜，其上存在着大量直径为 $40\sim70$ nm 的核孔，用以增大核内外的物质交换。

酵母菌的细胞核是其遗传信息的主要贮存库。在核中存在着 17 条染色体。因为单倍体酵母细胞中 DNA 的分子量为 1×10^{10} Da（道尔顿，Datlon），比人细胞中 DNA 的分子量低 100 倍，只比 *E.coli* 中的分子量大 10 倍，因此很难在显微镜下加以观察。

除细胞核外，在酵母菌的线粒体和环状的"2 μm 质粒"中也含有 DNA。酵母菌线粒体中的 DNA 是一个环状分子，分子量为 5×10^6 Da，比高等动物线粒体中的 DNA 大 5 倍，类似于原核生物中的染色体，可通过密度梯度离心而与染色体 DNA 相分离。线粒体上的 DNA 量约占酵母细胞总 DNA 量的 $15\%\sim23\%$，它的复制是相对独立进行的。2 μm 质粒是 1967 年后才在 *S.cerevisiae* 中发现的，它可作外源 DNA 片段的载体，并通过转化来完成组建"工程菌"等重要的遗传工程研究。

4）酵母菌的其他细胞构造

在成熟的酵母菌细胞中，有一个大型的液泡（Vacuole）。其内含有一些水解酶以及聚磷酸、类脂、中间代谢物和金属离子等。液泡可能是起着营养物和水解酶类的贮藏库的作用，同时还有调节渗透压的功能。

在有氧条件下，酵母菌细胞内会形成许多线粒体。它的外形呈杆状或球状，大小为 $0.3\sim0.5$ μm$\times3$ μm。外面由双层膜包裹着。内膜经折叠后形成嵴，其上富含参与电子传递和氧化磷酸化的酶。在嵴的两侧均匀地分布着圆形或多面形的基粒。嵴间充满液体的空隙称为基质（Matrix），它含有三羧酸循环的酶系。在缺氧条件下生长的酵母菌细胞，只能形成无嵴的简单线粒体。这就说明，线粒体的功能是进行氧化磷酸化。

在有的酵母菌例如 *Candidaalbicans*（白色念珠菌）中，还可找到只有一层约 7 nm 单位膜包裹的、直径约 3 μm 的圆形或卵圆形的细胞器，称为微体，它的功能可能是参与甲醇和烷烃的氧化。

4. 酵母菌的繁殖方式和生活史

酵母菌的繁殖方式有多种类型。繁殖方式对酵母菌的鉴定极为重要。有人把只进行无性繁殖的酵母菌称作"假酵母"，而把进行有性繁殖的酵母称作"真酵母"。

1）无性繁殖

（1）芽殖（Budding）。芽殖是酵母菌最常见的繁殖方式。在良好的营养和生长条件下，酵母菌生长迅速，这时可以看到所有细胞上都长有芽体，而且在芽体上还可形成新的芽体，所以经常可以见到呈簇状的细胞团。

芽体的形成过程是这样的：在母细胞形成芽体的部位，水解酶对细胞壁多糖的分解使细胞壁变薄。大量新细胞物质——核物质（染色体）和细胞质等在芽体起始部位上堆积，使芽体逐步长大。当芽体达到最大体积时，它与母细胞相连部位形成了一块隔壁。隔壁的成分是由葡聚糖、甘露聚糖和几丁质构成的复合物。最后，母细胞与子细胞在隔壁处分离。于是，在母细胞上就留下一个芽痕（Budscar），而在子细胞上就相应地留下一个蒂痕（Birthsear）。在光学显微镜下无法直接看到酵母菌的芽痕，如果用钙荧光素（Calcafluor）或樱草灵（Primulin）等荧光染料染色，就可在荧光显微镜下看到它。当然若在扫描电镜下摄影，就可清晰地观察到芽痕和蒂痕的细致结构。根据酿酒酵母细胞表面留下芽痕的数目，就可确定某细胞曾产生过的芽体数，因而也可用于测定该细胞的年龄。在任何酵母菌群体中，50％的细胞是由最近一代的细胞分裂所产生的，故在其表面仅有一个蒂痕而无芽痕；在其余50％细胞中，25％具有一个芽痕，12.5％具有两个芽痕，而12.5％则具有两个以上的芽痕。

（2）裂殖（Fission）。酵母菌的裂殖与细菌的裂殖相似。其过程是细胞伸长，核分裂为二，然后细胞中央出现隔膜，将细胞横分为两个相等大小的、各具有一个核的子细胞。进行裂殖的酵母菌种类很少，例如裂殖酵母属的 *Schizosaccharomyces octosporus*（八孢裂殖酵母）等。

（3）产生掷孢子等无性孢子。掷孢子（Ballistospore）是掷孢酵母属等少数酵母菌产生的无性孢子，外形呈肾状。这种孢子是在卵圆形的营养细胞生出的小梗上形成的。孢子成熟后，通过一种特有的喷射机制将孢子射出。因此，如果用倒置培养皿培养掷孢酵母并使其形成菌落，则常因其射出掷孢子而可在皿盖上见到由掷孢子组成的菌落模糊镜像。

此外，有的酵母菌如 *Candida albicans* 等还能在假菌丝的顶端产生厚垣孢子（Chlamydospore）。

2）有性繁殖

酵母菌是以形成子囊（Ascus）和子囊孢子（Ascospore）的方式进行有性繁殖的。它们一般通过邻近的两个性别不同的细胞各自伸出一根管状的原生质突起，随即相互接触、局部融合并形成一个通道，再通过质配、核配和减数分裂，形成4个或8个子核，每一子核与其附近的原生质一起，在其表面形成一层孢子壁后，就形成了一个子囊孢子，而原有营养细胞就成了子囊。

3）酵母菌生活史的三种类型

上代个体经一系列生长、发育阶段而产生下一代个体的全部历程，就称为该生物的生活史或生命周期（Life Cycle）。各种酵母菌的生活史可分为以下三个类型。

（1）营养体既可以单倍体（n）也可以二倍体（2n）形式存在。酿酒酵母是这类生活史的代表。其特点为：一般情况下都以营养体状态进行出芽繁殖；营养体既可以单倍体形式存在，也能以二倍体形式存在；在特定条件下进行有性繁殖。

其生活史的全过程：子囊孢子在合适的条件下发芽产生单倍体营养细胞；单倍体营养细胞不断进行出芽繁殖；两个性别不同的营养细胞彼此接合，在质配后即发生核配，形成二倍体营养细胞；二倍体营养细胞并不立即进行核分裂，而是不断进行出芽繁殖；在特定条件（例如在含醋酸钠的 Mcclary 培养基、石膏块、胡萝卜条、Gorodkowa 培养基或 Kleyn 培养基上）下，二倍体营养细胞转变成子囊，细胞核进行减数分裂，并形成4个子囊孢子；子囊经自然破壁或人为破壁（如加蜗牛消化酶溶壁，或加硅藻土和石蜡油研磨等）后，释放出单倍体子囊孢子。*S.cerevisiae* 的二倍体营养细胞因其体积大、生活力强，故被广泛地应用于工业生产、科学研究或是遗传工程实践中。

（2）营养体只能以单倍体（n）形式存在。*Schizosaccharomyces octosporus* 可作为这一类型的代表。其主要特点是：营养细胞为单倍体；无性繁殖以裂殖方式进行；二倍体细胞不能独立生活，故此阶段很短。其生活史的主要过程为：单倍体营养细胞借裂殖进行无性繁殖；两个营养细胞接触后形成接合管，发生质配后即行核配，于是两个细胞联成一体；二倍体的核分裂3次，第一次为减数分裂，形成8个单倍体的子囊孢子；子囊破裂，释放子囊孢子。

（3）营养体只能以二倍体（2n）形式存在。*Saccharomycodes ludwigii*（路德类酵母）是这一类型的典型代表。其特点为：营养体为二倍体，不断进行芽殖，此阶段较长；单倍体的子囊孢子在子囊内发生接合；单倍体阶段仅以子囊孢子形式存在，故不能进行独立生活。其生活史的过程：单倍体子囊孢子在孢子囊内成对接合，并发生质配和核配；接合后的二倍体细胞萌发，穿破子囊壁；二倍体的营养细胞可独立生活，通过芽殖方式进行无性繁殖；在二倍体营养细胞内的核发生减数分裂，营养细胞成为子囊，其中形成4个单倍体子囊孢子。

5. 酵母菌的菌落

酵母菌一般都是单细胞微生物，且细胞都是粗短的形状，在细胞间充满着毛细管水，故它们在固体培养基表面形成的菌落也与细菌相仿，一般都有湿润、较光滑、有一定的透明度、容易挑起、菌落质地均匀以及正反面和边缘、中央部位的颜色都很均一等特点。但由于酵母菌的细胞比细菌的大，细胞内颗粒较明显、细胞间隙含水量相对较少以及不能运动等特点，故反映在宏观上就产生了较大、较厚、外观较稠和较不透明的菌落。酵母菌菌落的颜色比较单调，多数都呈乳白色或矿烛色，少数为红色，个别为黑色。另外，凡不产生假菌丝的酵母菌，其菌落更为隆起，边缘十分圆整；而会产生大量假菌丝的酵母，则菌落较平坦，表面和边缘较粗糙。酵母菌的菌落一般还会散发出一股悦人的酒香味。

6. 酵母菌的应用和危害

酵母菌是人类应用比较早的微生物。在食品方面，它可用于酿酒、制作面包、生产调味品等；在医药方面，可用于生产酵母片、核糖核酸、核黄素、细胞色素 c、B 族维生素、乳糖酶、脂肪酶、氨基酸等；在化工方面，可用于使石油脱蜡、以石油为原料生产柠檬酸等；在农业方面，可用于生产饲料（例如 SCP）；在生物工程方面，可作为基因工程的受体菌。当然其危害也是显而易见的：腐生性酵母菌能使食物、纺织品和其他原料腐败变质；少数耐高渗的酵母菌和鲁氏酵母、蜂蜜酵母可使蜂蜜和果酱等败坏；有的酵母菌是发酵工业的污染菌，影响发酵的产量和质量；某些酵母菌会引起人和植物的病害，例如白假丝酵母可引起皮肤、黏膜、呼吸道、消化道等多种疾病。

2.4.4 知识拓展——蕈菌概述

蕈菌（Mushroom）作为生物名称通常译作蘑菇，是指担子菌中的那些伞菌，特别是双孢菇中的白蘑菇。Mushroom 与 Macrofungi 同义，按照国际知名学者张树庭的建议译作蕈菌，也是一个通俗名称，通常是指那些能形成大型肉质子实体的真菌，包括大多数担子菌类和极少数的子囊菌类。从外表来看，蕈菌不像微生物，因此过去一直是植物学的研究对象，但从其进化历史、细胞构造、早期发育特点、各种生物学特性和研究方法等多方面来考察，都可证明它们与其他典型的微生物——显微真菌完全一致。事实上，若将其大型子实体理解为一般真菌菌落在陆生条件下的特化与高度发展形式，则蕈菌就与其他真菌无异了。蕈菌广泛分布于地球各处，在森林落叶地带更为丰富，与人类的关系密切，其中可供食用的种类就有 2000 种，目前已利用的食用菌（Edible Mushroom）约有 400 种，其中约 50 种已能进行人工栽培。少数有毒或引起木材朽烂的种类则对人类有害。

在蕈菌的发育过程中，其菌丝的分化可明显地分成 5 个阶段：

（1）形成一级菌丝。担孢子（Basidiospore）萌发，形成由许多单核细胞构成的菌丝，称为一级菌丝。

（2）形成二级菌丝。不同性别的一级菌丝发生接合后，通过质配形成了由双核细胞构成的二级菌丝，它通过独特的"锁状联合"（Clamp Connection），即形成喙状突起而连合两个细胞的方式不断使双核细胞分裂，从而使菌丝尖端不断向前延伸。

（3）形成三级菌丝。条件合适时，大量的二级菌丝分化为多种菌丝束，即为三级菌丝。

（4）形成子实体。菌丝束在适宜条件下会形成菌蕾，然后再分化、膨大成大型子实体。

（5）产生担孢子。子实体成熟后，双核菌丝的顶端膨大，其中的两个核融合成一个新核，此过程称为核配。新核经两次分裂（有一次为减数分裂），产生 4 个单倍体子核，最后在担子细胞的顶端形成 4 个独特的有性孢子，即担孢子。

蕈菌的最大特征是形成形状、大小、颜色各异的大型肉质子实体。典型的蕈菌，其子实体是由菌盖（包括表皮、菌肉和菌褶）、菌柄（常有菌环和菌托）和菌丝体 3 部分组成的。

复习思考题

1. 试列表比较原核微生物和真核微生物间的差别。

2. 什么是革兰氏染色法？它的主要步骤是什么？哪一步是关键？为什么？简述革兰氏染色的机制及其重要意义。

3. 什么叫溶菌酶？它的作用方式如何？

4. 什么是荚膜？其化学成分如何？有何生理功能？

5. 如何证实某一细菌存在着鞭毛？如何知道某一细菌运动能力的强弱？

6. 什么是芽孢？其结构如何？为何它具有极强的抗逆性，尤其是抗热性？

7. 什么叫菌落？细菌的菌落有何特点？试分析细菌的细胞形态与菌落形态间的相关性。

8. 试说出放线菌、细菌、支原体、立克次氏体、衣原体间最主要的差别。

9. 霉菌的营养菌丝及气生菌丝各有何特点？它们可以分化出哪些特殊构造？

10. 试列表比较真菌孢子的种类和各自的特点。

11. 细菌、放线菌、酵母菌和霉菌四大类微生物的菌落各有何特点？为何有这些特点？掌握这些知识有何实践意义？

第3章 微生物的营养及实践应用

营养(Nutrition)是指生物体从外部环境摄取其生命活动所必需的能量和物质,以满足其生长和繁殖需要的一种生理功能。所以,营养为一切生命活动提供了必需的物质基础,它是一切生命活动的起点。有了营养,才可以进一步进行代谢、生长和繁殖,并可能为人们提供种种有益的代谢产物。营养物(或营养,Nutrient)则指具有营养功能的物质,在微生物学中,常常还包括光能这种非物质形式的能源在内。微生物的营养物可为它们正常生命活动提供结构物质、能量、代谢调节物质和良好的生理环境。

熟悉微生物的营养知识,是研究和利用微生物的必要基础。有了营养理论,就能更自觉和有目的地选用或设计符合微生物生理要求或有利于生产实践应用的培养基。

3.1 微生物的六大营养要素

微生物的培养基配方犹如人们的菜谱,新的种类是层出不穷的。仅据 1930 年 M.Levine 等人在《培养基汇编(Acompilation of Culture Media)》一书中收集的资料,就已达 2500 种。时至今日,其数目至少也有数万种。作为一个微生物学工作者,一定要在这浩如烟海的培养基配方中去寻找其中的要素亦即内在的本质,才能掌握微生物的营养规律。这正像人们努力探索宇宙的要素、物质的要素和色彩的要素等那样重要。

现在知道,不论从元素水平还是从营养要素的水平来看,微生物的营养与摄食型的动物(包括人类)和光合自养型的植物非常相似,它们之间存在着"营养上的统一性"。具体地说,微生物有六种营养要素,即水、无机盐、碳源、氮源、能源和生长因子。

3.1.1 水

1. 水对微生物的重要性及分类

除蓝细菌等少数微生物能利用水中的氢来还原 CO_2 以合成糖类外,其他微生物并非真正把水当做营养物。但是由于水在微生物代谢活动中不可缺少,故仍应作为营养要素来考虑。水是地球上整个生命系统存在和发展的必要条件。首先它是一种最优良的溶剂,可保证几乎一切生物化学反应的进行;其次它可维持各种生物大分子结构的稳定性,并参与某些重要的生物化学反应;此外,它还有许多优良的物理性质,诸如高比热、高汽化热、高沸点以及固态时密度小于液态等,这些都是保证生命活动十分重要的特性。

水是微生物的重要组成部分,在代谢中占有重要地位。水在细胞中有两种存在形式:结合水和游离水。结合水与溶质或其他分子结合在一起,很难加以利用。游离水(或称为非结合水）则可以被微生物利用。

2. 微生物的渗透压

渗透压是可用压力来量度的一个物化指标，它表示两种浓度不同的溶液间被一个半透性薄膜隔开时，稀溶液中的水分子会透过此膜到浓溶液中去，直到浓溶液产生的机械压力足以使两边的水分子进出达到平衡为止，这时由浓溶液中的溶质所产生的机械压力即为渗透压。渗透压的大小是由溶液中所含有的分子或离子的质点数决定的。等重的物质，其分子或离子越小，则质点数越多，因而产生的渗透压就越大。

等渗溶液适宜微生物的生长，高渗溶液会使细胞发生质壁分离，而低渗溶液则会使细胞吸水膨胀。对细胞壁脆弱或丧失的各种缺壁细胞（如原生质体、球状体、支原体）来说，在低渗溶液中还会破裂。微生物在其长期的进化过程中，发展出一套高度适应渗透压的特性，尤其会通过体内大分子储藏物的合成或分解的方式来适应。据测定，革兰氏阳性细菌的内渗透压可达到 20 个大气压，而革兰氏阴性细菌也可达到 5～10 个大气压。

3. 微生物的水活度值

比渗透压更有生理意义的一个物化指标是 α_w，即水活度（Water Activity）。它表示在天然环境中，微生物可实际利用的自由水或游离水的含量。要定量地表示水活度，则其含义为：在同温同压下，某溶液的蒸汽压（P）与纯水蒸汽压（P_0）之比。因此，α_w 也等于该溶液的百分相对湿度（Equilibrium Relative Humidity，ERH）值。

水活度 α_w 值对食品保藏具有重要的意义。含有水分的食物等由于其水活度不同，其储藏期的稳定性也不同。通过测试水活度可以控制微生物的生长，计算食品和药品的保质期，因此水活度已逐渐成为食品、医药、生物制品、粮食、饲料、肉制品等行业中检验的重要指标。从微生物活动与食物水活度的关系来看，各类微生物生长都需要一定的水活度，换句话说，只有食物的水活度大于某一临界值时，特定的微生物才能生长。一般来说，大多数细菌的 α_w 为 0.94～0.99，大多数霉菌的 α_w 为 0.80～0.94，大多数耐盐菌的 α_w 为 0.75，耐干燥霉菌和耐高渗透压酵母的 α_w 为 0.60～0.65。当水活度低于 0.60 时，绝大多数微生物无法生长。

3.1.2　无机盐

微生物所需的无机盐或矿质元素主要可为微生物提供除碳、氮源以外的各种重要元素。凡生长所需浓度在 $10^{-3}\sim10^{-4}$ mol/L 范围内的元素，可称为大量元素，如 P、S、K、Mg、Na 和 Fe 等；凡所需浓度在 $10^{-6}\sim10^{-8}$ mol/L 范围内的元素，则称为微量元素，如 Cu、Zn、Mn、Mo 和 Ni、Sn、Se 等。无机盐的营养功能十分重要。在配制微生物培养基时，对大量元素来说，只要加入相应化学试剂即可，但其中首选的应是 K_2HPO_4 和 $MgSO_4$，因为它们可同时提供 4 种需要量最大的元素。

3.1.3　碳源

凡是可以被微生物利用，构成细胞代谢产物碳素来源的物质，统称为碳源物质。碳源物质通过细胞内的一系列化学变化，被微生物用于合成各代谢产物。微生物对碳素化合物的需求是极为广泛的。根据碳素的来源不同，可将碳源物质分为无机碳源物质和有机碳源物质。糖类是较好的碳源,尤其是单糖(葡萄糖、果糖)、双糖(蔗糖、麦芽糖、乳糖),绝大多数微生物都能利用。此外,简单的有机酸、氨基酸、醇、醛、酚等含碳化合物也能被许多微生物利用。所以我们在制作培养基时常加入葡萄糖、蔗糖作为碳源。淀粉、果胶、纤维素等有机物质除为细胞内分解代谢提供小分子碳架外,还能产生能量提供合成代谢所需。所以部分碳源物质同时又是能源物质(见表 3-1)。

表 3-1 微生物的碳源

类型	元素水平	化合物水平	培养基原料水平
有机碳	C.H.O.N	复杂蛋白质、核酸等	牛肉膏、蛋白胨、花生饼粉等
	C.H.O.N	多数氨基酸、简单蛋白质等	一般氨基酸、明胶等
	C.H.O	糖、有机酸、醇、脂类等	葡萄糖、蔗糖、各种淀粉、糖蜜等
	C.H	烃类	天然气、石油及其馏分、石蜡油等
无机碳	C	—	—
	C.O	CO_2	CO_2
	C.O.X	$NaHCO_3$、$CaCO_3$等	$NaHCO_3$、$CaCO_3$、白垩等

3.1.4 氮源

凡能提供微生物生长繁殖所需氮元素的营养源,称为氮源(Nitrogen Source)。与碳源相似,微生物作为一个总体来说,能利用的氮源种类即氮源谱也是十分广泛的(见表 3-2)。

表 3-2 微生物的氮源

类型	元素水平	化合物水平	培养基原料水平
有机氮	N.C.H.O	复杂蛋白质、核酸等	牛肉膏、酵母膏、饼粕粉、蚕蛹粉等
	N.C.H.O	尿素、一般氨基酸、简单蛋白质等	尿素、蛋白质、明胶等
无机氮	N.H	NH_3、铵盐等	$(NH_4)_2SO_4$等
	N.O	硝酸盐等	KNO_3等
	N	N_2	空气

3.1.5 能源

所谓能源(Energy Source),就是能为微生物的生命活动提供最初能量来源的营养物或辐射能。由于各种异养微生物的能源就是其碳源,因此,微生物的能源谱就显得十分简单。

能作化能自养微生物能源的物质都是一些还原态的无机物质,例如 NH_4^+、NO_2^-、S、H_2S、H_2 和 Fe^{2+} 等,能氧化利用这些物质的微生物都是细菌,例如硝酸细菌、亚硝酸细菌、硫化细菌、硫细菌、氢细菌和铁细菌等。这类独特的化能自养营养类型在微生物中的存在,说明生物界的能源并非像过去普遍认为的只是直接或间接利用太阳能这一种方式。

在提到能源时，很容易看到一种营养物常有一种以上营养要素功能的例子，也就是说除单功能营养物外，还存在双功能、三功能营养物的情况。例如，辐射能是单功能的，还原态无机养料常是双功能（如 NH^{4+} 既是硝酸细菌的能源，又是其氮源）甚至还是三功能（能源、氮源、碳源）的营养物；有机物常有双功能或三功能作用，例如"N·C·H·O"类营养物常是异养微生物的能源、碳源兼氮源。

3.1.6　生长因子

生长因子（Growth Factor）是一类对微生物正常代谢必不可少且不能用简单的碳源或氮源自行合成的有机物，它的需要量一般很少。广义的生长因子除了维生素外，还包括碱基、卟啉及其衍生物、甾醇、胺类、C_4-C_6 的分枝或直链脂肪酸，以及需要量较大的氨基酸；而狭义的生长因子一般仅指维生素。

生长因子虽是一种重要的营养要素，但它与碳源、氮源和能源不同，并非任何一种微生物都必须从外界吸收生长因子。各种微生物与生长因子的关系可分为以下几类：

（1）生长因子自养型微生物（Auxoautotrophs）。多数真菌、放线菌和不少细菌，如 *E.coli*（大肠杆菌）等都是不需要外界提供生长因子的生长因子自养型微生物。

（2）生长因子异养型微生物（Auxoheterotrophs）。这类微生物需要多种生长因子，如乳酸细菌、各种动物致病菌、原生动物和支原体等。例如，一般的乳酸菌都需要多种维生素；许多微生物及其营养缺陷型（突变株）都需要不同的嘌呤、嘧啶碱基；*Haemophilus influenzae*（流感嗜血杆菌）需要卟啉及其衍生物作为其生长因子；支原体常需要甾醇；*Haemophilus parahaemolyticus*（副溶血嗜血菌）需要胺类；一些瘤胃微生物需要 C_4-C_6 分枝或直链脂肪酸；某些厌氧菌如 *Bacteroides melaninogenicus*（产黑素拟杆菌）需要维生素 K 和氯高铁血红素；等等。生长因子异养型的微生物可用作维生素等生长因子生物测定时的试验菌。

（3）生长因子过量合成微生物。有些微生物在其代谢活动中会分泌出大量的维生素等生长因子，因此，它们可以作为维生素等的生产菌。最突出的例子是生产维生素 B_2 的 *Eremothecium ashbya*（阿舒假囊酵母菌，其 B_2 产量可达 2.5 g/L 发酵液）和 *Ashbya gossypii*（棉阿舒囊霉）；生产维生素 B_{12} 的 *Propionibacterium shermanii*（谢氏丙酸杆菌）、一些链霉菌，如 *Streptomyces olivaceus*（橄榄色链霉菌，3.3 mg/L）、*Streptomyces griseus*（灰色链霉菌，0.3 mg/L）等。

在配制微生物培养基时，如果配制的是天然培养基，则可加入富含生长因子的原料——酵母膏（Yeast extract）、玉米浆（Corn steepliquor）、肝浸液（Liver infusion）、麦芽汁（Maltextract）或其他新鲜的动植物组织浸液；如果配制的是组合培养基，则可加入复合维生素溶液。

3.2　微生物营养类型概述

从前面讨论过的营养要素知识中，我们已初步接触到几种营养类型。由于每个人认识的角度不同，营养类型的分类也显得十分纷繁，这为初学者的学习带来了困难。为此，我们先对各种营养类型的分类及其含义作一个概括。常见微生物营养类型的划分标准常常是复合的，较多的以表3-3、表3-4进行划分。

表3-3 微生物的营养类型1

分类标准	营养类型
以能源分	光能营养型
	化能营养型
以氢供体分	无机营养型
	有机营养型
以碳源分	自养型
	异养型
以合成氨基酸能力分	氨基酸自养型
	氨基酸异养型
以生长因子分	原养型或野生型
	营养缺陷型
以取食方式分	渗透营养型
	吞噬营养型
以取得死或活有机物分	腐生
	寄生

表3-4 微生物的营养类型2

营养类型	能源	氢供体	基本碳源	实　例
光能无机营养型（光能自养型）	光	无机物	CO_2	蓝细菌、紫硫细菌、绿硫细菌、藻类
光能有机营养型（光能异养型）	光	有机物	CO_2及简单有机物	红螺菌科的细菌
化能无机营养型（化能自养型）	无机物	无机物	CO_2	硝化细菌、硫化细菌、铁细菌、氢细菌、硫黄细菌等
化能有机营养型（化能异养型）	有机物	有机物	有机物	绝大多数细菌和全部真核微生物

在上述营养类型的分类中，其名称都是按能源和氢供体的顺序来表达的，例如："光能无机营养型"就是指其能源是光，还原CO_2时的氢供体是无机物；"化能有机营养型"的能源是有机物，氢供体是有机物。但是，有的学者也主张以能源和基本碳源来分，则上述两种营养类型就应分别称为"光能自养型"和"化能异养型"。十分凑巧，因氢供体与基本碳源

的性质一般是一致的，所以不管按什么原则分类，最后的结论和名称却是一致的。这就是为什么在教科书上经常把"光能无机营养型"与"光能自养型"混用，把"光能有机营养型"与"光能异养型"混用，把"化能无机营养型"与"化能自养型"混用，以及把"化能有机营养型"与"化能异养型"混用而看不出有什么差错的原因。

自养微生物这一常用名词是以它们的碳源为第一标准来划分的一种营养类型，这是一些能以无机物作为一切营养来源的微生物，即其碳源是二氧化碳，氢供体是还原性无机物，能源是日光能或还原性的无机物，并且不需要外界加入生长因子的微生物。但这仅是一种在概念上的人为的划分。实际上，完全要满足这个定义的自养微生物是很少的，很多都是些过渡类型。因此，或许把自养微生物的定义改成"不依赖任何有机营养物即可正常生活的微生物"更为妥当。

与此相对的是，异养微生物的定义可以是：至少需要提供一种大量有机物才能满足其正常营养要求的微生物，即其碳源必须是有机物，氢供体是有机物，能源则可以利用氧化有机物或吸收日光能获得。这就可把具有固定少量二氧化碳能力的异养菌与自养菌相区分了。

3.3　微生物培养基的种类

培养基的名目繁多、种类各异，但是描述直观，简单易懂。因此不再做过多赘述，仅简单总结归纳讲解。以下拟按三个大类予以介绍。

1. 按对培养基成分的了解来分类

1）天然培养基

天然培养基指一类利用动、植物或微生物体，包括用其提取物制成的培养基，这是一类营养成分既复杂又丰富、难以说出其确切化学组成的培养基。天然培养基的优点是营养丰富、种类多样、配制方便、价格低廉；缺点是成分不清楚、不稳定。因此，这类培养基只适合于一般实验室中的菌种培养、发酵工业中生产菌种的培养和某些发酵产物的生产等。

2）组合培养基

组合培养基又称合成培养基或综合培养基，是一类按微生物的营养要求精确设计后用多种高纯化学试剂配制成的培养基。例如葡萄糖铵盐培养基、淀粉硝酸盐培养基（常称高氏一号培养基）、蔗糖硝酸盐培养基（即察氏培养基）等。组合培养基的优点是成分精确、重演性高，缺点是价格较贵、配制麻烦，且微生物生长比较一般。因此，这类培养基通常仅适用于营养、代谢、生理、生化、遗传、育种、菌种鉴定或生物测定等对定量要求较高的研究工作中。

3）半组合培养基

半组合培养基又称为半合成培养基，指一类主要以化学试剂配制，同时还加有某种或某些天然成分的培养基。严格地讲，凡含有未经特殊处理的琼脂的任何组合培养基，因其中含有一些未知的天然成分，故实质上也只能看作是一种半组合培养基。

2. 按培养基外观的物理状态来分类

1）液体培养基

液体培养基是一类呈液体状态的培养基，在实验室和生产实践中用途广泛，尤其适用于大规模地培养微生物。

2）固体培养基

固体培养基是一类外观呈固体状态的培养基。根据固态的性质又可分为以下几种：

（1）固化培养基。固化培养基常称为"固体培养基"，由液体培养基中加入适量凝固剂而成。例如加有1%～2%琼脂或5%～12%明胶的液体培养基，就可制成遇热可融化、冷却后则呈凝固态的用途最广的固化培养基。除琼脂和明胶外，海藻酸胶、脱乙酰吉兰糖胶和多聚醇F127也可以用作凝固剂。但琼脂是最优良的凝固剂。现把琼脂与明胶两种凝固剂的特性列在表3-5中。

表3-5　琼脂与明胶若干特性比较

项目	化学成分	营养价值	分解性	融化温度/℃	凝固温度/℃	常用浓度	透明度	黏着力	耐压灭菌
琼脂	聚半乳糖的硫酸脂	无	罕见	－96	－40	1.5%～2%	高	强	强
明胶	蛋白质	氮源	极易	－25	－20	5%～12%	高	强	弱

（2）非可逆性固化培养基。非可逆性固化培养基指一类一旦凝固后就不能再重新融化的固化培养基，如血清培养基或无机硅胶培养基等。后者专门用于化能自养细菌的分离和纯化等方面。

（3）天然固态培养基。天然固态培养基是由天然固态基质直接配制成的培养基。

（4）滤膜。滤膜是一种坚韧且带有无数微孔的醋酸纤维薄膜。若把滤膜制成圆片覆盖在营养琼脂或浸有液体培养基的纤维素衬垫上，就能形成具有固化培养基性质的培养条件。对含菌量很少的水中微生物通过滤膜进行过滤、浓缩，然后揭下滤膜，把它放在含有适当液体培养基的衬垫上培养，待长出菌落后，就可计算单位水样中的实际含菌量。

固体培养基在科学研究和生产实践中用途很广，可用于菌种分离、鉴定、菌落计数、检验杂菌、选种、育种、菌种保藏、生物活性物质的生物测定、获取大量真菌孢子，以及用于微生物的固体培养和大规模生产等。

3）半固体培养基

半固体培养基指在液体培养基中加入少量的凝固剂而配制成的半固体状态培养基。半固体培养基可放入试管中形成"直立柱"，可以用于细菌的动力观察，趋化性研究，厌氧菌的培养、分离和计数，以及细菌和酵母菌的菌种保藏，测定噬菌体的效价等。

4）脱水培养基

脱水培养基又称脱水商品培养基或预制干燥培养基，指含有除水以外的一切成分的商品培养基，使用时只要加入适量水分并加以灭菌即可，是一类既有成分精确又有使用方便等优点的现代化培养基。

3. 按培养基对微生物的功能来分类

1) 选择性培养基

该培养基是一类根据某微生物的特殊营养要求或其对某化学、物理因素的抗性而设计的培养基,具有使混合菌样中的劣势菌变成优势菌的功能,广泛用于菌种筛选等领域。

对于原始混合试样中数量很少的微生物,如按常规直接用平板划线或稀释法进行分离,必难奏效。这时,可采用两种办法。第一种办法是利用该分离对象对某种营养物有特殊"嗜好"的原理,专门在培养基中加入该营养物,从而把它制成一种加富性选择培养基。采用了这类"投其所好"的策略后,就可使原先极少量的筛选对象很快在数量上接近或超过原试样中其他占优势的微生物,因而达到了富集或增殖的目的。第二种办法则是利用该分离对象对某种抑菌物质所特有的抗性,在筛选的培养基中加入这种抑菌物质,经培养后,使原有试样中对此抑菌物质表现敏感的优势菌的生长大受抑制,而原先处于劣势的分离对象却趁机大量增殖,最终在数量上反而占了优势。通过这种"取其所抗"的办法,也可达到富集培养的目的。因此,这种培养基实为一种抑制性选择培养基。在实际应用时,所设计的选择性培养基通常都兼有上述两种功能,以充分提高其选择效率。

2) 鉴别性培养基

鉴别性培养基是一类在成分中加有能与目的菌的无色代谢产物发生显色反应的指示剂,从而达到只需用肉眼辨别颜色就能方便地从近似菌落中找出目的菌菌落的培养基。最常见的鉴别性培养基是伊红美蓝乳糖培养基,即 EMB 培养基。它在饮用水、牛奶的大肠菌群数等细菌学检查和在 *E.coli* 的遗传学研究工作中有着重要的用途。

EMB 培养基中的伊红和美蓝两种苯胺染料可抑制 G^+ 细菌和一些难培养的 G^- 细菌。在低酸度下,这两种染料会结合并形成沉淀,起着产酸指示剂的作用。因此,试样中多种肠道细菌会在 EMB 培养基平板上产生易于用肉眼识别的多种特征性菌落,尤其是 *E.coli*,因其能强烈分解乳糖而产生大量混合酸,菌体表面带 H^+,故可染上酸性染料伊红,而伊红与美蓝结合,可使菌落染上深紫色,且从菌落表面的反射光中还可看到绿色金属闪光(似金龟子色),其他几种产酸力弱的肠道菌的菌落也有相应的棕色。

需要特别说明的是,以上关于选择性培养基和鉴别性培养基的划分只是人为的、为理解方便而定的理论标准。在实际应用时,这两种功能常常有机地结合在一起。例如,上述 EMB 培养基除有鉴别不同菌落特征的作用外,同时兼有抑制 G^+ 细菌和促进 G^- 肠道菌生长的作用。因此,切不可只顾培养基的"名"而机械地去"思其义"。以上仅介绍了两种主要培养基,还有一些培养基(如基础培养基等)就不再一一介绍了。

3.4　营养物质进入微生物的方式

对绝大多数属于渗透营养型的微生物来说,营养物质通过细胞膜进入细胞的问题,是一个较复杂又很重要的生理学问题。目前所知,细胞壁在营养物质运送上不起多大作用,仅简单地排阻分子量过大(大于 600 Da)的溶质的进入,而具有磷脂双分子层和嵌合蛋白分子的细胞膜则是控制营养物进入和代谢物排出的主要屏障。一般认为,细胞膜以四种方式控制物质的运送，即自由扩散、促进扩散、主动运输和基团转位，其中尤以主动运输和基团转位最为重要。

1. 自由扩散

自由扩散(Simple Diffusion)又称被动运送(Passive Transport)。细胞膜这层疏水性屏障可以通过物理扩散方式让许多小分子、非电离分子尤其是亲脂性的分子被动地通过，这就是自由扩散。这类物质的种类不多，主要是氧、二氧化碳、乙醇和某些氨基酸分子，还没有发现过糖分子可通过单纯扩散而进入细胞的例子。自由扩散不是细胞获取营养物质的主要方式，因为细胞既不能通过它来选择必需的营养成分，也不能将稀溶液中的溶质分子进行逆浓度梯度运送，以满足细胞的需要。

2. 促进扩散

促进扩散(Facilitated Diffusion)与自由扩散的一个主要差别，是在溶质的运送过程中，必须有膜上底物特异性载体蛋白(Carrierp Rotein)的参与。由于参与的方式不同，载体蛋白还有许多其他名称，例如透性酶（Permease）、移位酶（Translocase）或移位蛋白(Translocator protein)等。这种载体蛋白运送溶质的机制可能是由于其构象的改变：在膜的外侧时，它能与溶质分子结合，而在膜的内侧则可释放此溶质，且不必提供任何能量。这类载体蛋白具有酶的性质，而且必须是诱导产生的。促进扩散只能把环境中浓度较高的分子加速扩散到细胞内，直至膜两侧的溶质浓度相等时为止，而决不能引起溶质的逆浓度梯度运送。因此，它只对生长在高营养物浓度下的微生物发挥作用。

3. 主动运输

主动运输(Active Transport)是微生物吸收营养物质的主要机制。其特点是它的特异性载体蛋白在运送溶质的过程中，需要提供能量(质子势、ATP 等)而发生构象变化；同时，它可逆浓度梯度进行运送，从而使生活在低营养环境下的微生物能获得浓缩形式的营养物。通过主动运输的营养物主要有无机离子、有机离子和一些糖类(例如乳糖、蜜二糖或葡萄糖)等。

4. 基团转位

基团转位(Group Translocation)也是一种既需特异性载体蛋白又需耗能的运送方式，但溶质在运送前后会发生分子结构的变化，因而不同于上述的主动运输。

基团转位主要用于运送葡萄糖、果糖、甘露糖、核苷酸、丁酸和腺嘌呤等物质。以葡萄糖为例，其特点是每输入一个葡萄糖分子，就要消耗一个 ATP 的能量。运送的机制是依靠磷酸转移酶系统，即磷酸烯醇式丙酮酸-己糖磷酸转移酶系统。为便于读者理解，其运送的步骤可简单概括为以下两步：

(1) 热稳载体蛋白(Heat Stable Carrier Protein, HPR)的激活。细胞内高能化合物磷酸烯醇式丙酮酸(PEP)的磷酸基团把 HPR 激活。HPR 是一种低分子量的可溶性蛋白质，结合在细胞膜上，具有高能磷酸载体的作用。

(2) 糖被磷酸化后运入膜内、膜外。环境中的糖先与外膜表面的酶结合，再被转运到内膜表面。这时，糖被 p－HPR 上的磷酸激活，通过酶的作用把糖-磷酸释放到细胞内。该酶是一种结合于细胞膜上的蛋白，它对底物具有特异性选择作用，因此细胞膜上可诱导出一系列与底物分子相应的酶。基团移位在 *E. coli*（大肠杆菌）和 *Staphylococcus aureus*（金黄色葡萄球菌）中研究得较多。

为便于读者学习记忆，现将物质进出微生物的四种主要方式列于表 3-6 中。

表 3-6　四种典型运输方式比较

比较项目	自由扩散	促进扩散	主动运输	基团转位
特异载体蛋白	无	有	有	有
运输速度	慢	快	快	快
物质运输方向	由浓至稀	由浓至稀	由稀至浓	由稀至浓
胞内外浓度	相等	相等	胞内浓度高	胞内浓度高
运输分子	无特异性	特异性	特异性	特异性
能量消耗	不需要	不需要	需要	需要
运输后物质的结构	不变	不变	不变	改变

3.5　微生物培养基的设计及其工程应用

在 3.1 节、3.3 节的内容中我们已经详细了解了微生物生长所需的必备要素及培养基种类划分。由此可知培养基（Medium 或 Culture Medium）是一种人工配制的、适合微生物生长繁殖或产生代谢产物用的混合养料。因此任何培养基都应具备微生物所需要的六大营养要素，且其间的比例是合适的。合适的培养基配比不仅有助于各类微生物的正常生长繁殖，同时也能够在实验水平和工程应用水平上提高效率、大幅度降低成本。因此，培养基的设计水平直接决定了微生物的培养和工程应用。

3.5.1　设计培养基的原则和工科应用方法

在分子生物学、细胞生物学、生物工程，尤其是微生物学的生产实践和研究中，配制合适的培养基是一项最基本且极其重要的工作。但是，许多工作不但要求我们去选用一种现成的培养基，而且还经常要求亲自去设计一种更合适的培养基，这就要求人们除了熟悉微生物的营养知识和规律外，还要有一套科学地设计培养基所应遵循的基本原则和方法，该方法的灵活掌握不仅有助于进行微生物的培养，而且在微生物发酵工程中更加能起到至关重要的提高产量的作用，对于提高生产效率、降低生产成本都非常的重要。

1. 培养基配制的五大原则

在培养基配制的过程中，选择适宜的营养物质、配比合适的营养物质的浓度、控制好 pH 条件、控制好氧化还原电势、合理选择原料来源这五大原则是配制培养基的必备条件。

1）选择适宜的营养物质

不同营养类型的微生物，其对营养物的需求差异很大。如自养型微生物的培养基完全可以（或应该）由简单的无机物质组成。异养生物的培养基至少需要含有一种有机物质，但有机物的种类需适应所培养菌的特点。通过对菌体成分的分析，可知道在各种微生物的细胞中，其不同成分或元素间是有较稳定比例的；另外，在异养微生物中，碳源还兼作能源，而能源的需要量是很大的。这两点就是确定培养基中各种营养要素的数量和比例的重要依据。此外，如果设计的培养基是用于生产大量代谢产物的，那么，它所需耗费的营养物的量也要在设计培养基时予以充分考虑。

2）配比合适的营养物质的浓度

在大多数化能异养菌的培养基中，各营养要素间在量上的比例大体符合以下十倍序列的递减规律：H_2O＞C 源＞N 源＞P＞S＞K＞Mg＞生长因子。由此可以看出：

（1）水分含量最高，这是因为微生物多数是水生性的，它们的 A_w 值高；

（2）碳源的含量其次，这是因为碳元素在任何细胞有机物中都是含量最高的，同时，碳源还兼有能源的作用，而能源的消耗量是很大的；

（3）N、P、S、K、Mg 的含量依次递减，这与它们分别在细胞组分中的含量是相符的；

（4）生长因子的量最少，这是与它的生理功能相一致的。

碳源与氮源间的相对比例即碳氮比（C/N），有着十分重要的意义。严格地讲，C/N 是指在微生物培养基中所含的碳源中碳原子的摩尔数与氮源中氮原子的摩尔数之比，而不能简单地理解为某碳源的重量与某氮源的重量之比。这是因为，不同种类的碳源或氮源，其中的含碳量或含氮量差别很大。

3）控制好 pH 条件

各大类微生物一般都有它们合适的生长 pH 范围。细菌的最适 pH 在 7.0～8.0 间，放线菌在 7.5～8.5 间，酵母菌在 3.8～6.0 间，而霉菌则在 4.0～5.8 间。对于具体的微生物种来说，它们都有特定的最适 pH 范围，有时可大大突破上述一般界限。

由于在微生物生长繁殖过程中会产生引起培养基 pH 改变的代谢产物，尤其是不少的微生物都有很强的产酸能力，如不适当地加以调节，就会抑制甚至杀死其自身，因而在设计它们的培养基时，就要考虑到培养基的 pH 调节能力。这种通过培养基内在成分发挥的调节作用，就是 pH 的内源调节。内源调节主要有以下两种方法：第一种是采用磷酸缓冲液的方式。调节 K_2HPO_4 和 KH_2PO_4 两者浓度比就可获得从 pH 6.0 到 pH 7.6 的一系列稳定的 pH，当两者为等摩尔浓度比时，溶液的 pH 可稳定在 pH 6.8。第二种是采用加入 $CaCO_3$ 作"备用碱"的方式。$CaCO_3$ 在水溶液中溶解度极低，加入至液体或固体培养基中时，不会使培养液的 pH 升高。但当微生物生长过程中不断产酸时，它就逐渐被溶解。因为 $CaCO_3$ 是不溶性且是沉淀性的，故在配成的培养基中分布很不均匀。如因实验需要，也可用 $NaHCO_3$ 来调节。

与内源调节相对应的是外源调节，这是一种按实际需要不断滴加酸液或碱液到培养液中去的调节方法。

4）控制好氧化还原电势

氧化还原电势（Redox Potential）又称氧化还原电位，是度量某氧化还原系统中的还原剂释放电子或氧化剂接收电子趋势的一种指标，其单位是 V（伏）或 mV（毫伏）。氧化还原势的表示方法主要有 E_h。E_h 指以氢电极为标准时某氧化还原系统的电极电位值。标准氢电极是一个半电池，它由 pH 为零的 HCl 溶液、涂满铂黑的电极和压力为 1 个大气压的氢所组成。在这种条件下,此标准氢电极的电极电位等于零。当其氧化型和还原型的浓度相等时,所产生的氧化还原势可用 e_0 表示。任何氧化还原系统所产生的氧化还原势明显地受 H^+ 的影响。在生物体系中,常用 e' 来表示 pH 值为 7 时某氧化还原偶的氧化还原势。氢电极的 e' 的上限是 $+0.82$ V,它出现在高氧且没有氧消耗的环境中,下限为 -0.42 V,出现在富含氢的环境中。

不论是好氧微生物还是厌氧微生物,随着它们的生长和代谢活动的进行,培养基的最初氧化还原势常会逐步下降。其原因主要是溶解氧和氧化型氢受体的消耗和 H_2S、H_2 等还原性代谢产物的形成与累积。

5) 合理选择原料来源——经济节约

经济节约主要指在设计生产实践中使用大量培养基时应遵循的原则,这方面的潜力是极大的。综合各方面的实际经验,经济节约的原则大体可分为以下五个方面。第一,对人来说是一种营养料(如精白糖),对微生物却往往是一种不完全的养料,而一般人认为是粗的营养料(如红糖),对微生物反倒是一种较完全的养料。从这一点出发,就可以在设计培养基时充分利用各种粗原料。第二,以野生植物原料代替栽培植物原料。如木薯、橡子、薯芋、土茯苓、金刚刺和苦楝子等都是富含淀粉质的野生植物,可以部分取代粮食用于发酵工业中的碳源;许多含纤维素、半纤维素和木质素等的植物秸秆,可以作为栽培食用菌的良好养料。第三,以工、农业生产中易污染环境的废弃物作为微生物培养基的原料,是大有可为的,例如造纸厂的亚硫酸废液(含有戊糖和短小纤维)、各种发酵废液(酒精及丙酮丁醇发酵废醪、味精发酵废液)、各种酿造工业废弃物(啤酒糟、酒糟、酱渣)以及其他工业废弃物(花生麸、淀粉渣、胚芽饼、豆腐渣、屠宰水、黄浆水、蚕茧脱胶废水、粉丝厂废水)等。在利用这类原料生产酵母菌等单细胞蛋白方面,国内外已有很多成功的例子。第四,生产上在改进培养基成分时,一般都以"加法"居多,即设法使其营养越来越丰富、含量越来越高。这对微生物的生长不一定都有利。有时可试用"减法",即用稀薄的培养基或成分较少的培养基来代替原有培养基成分,以求达到更好的效果。例如,某制药厂在改进链霉素发酵培养基原有配方中,曾设法减去 30%～50% 的黄豆饼粉、25% 葡萄糖和 20% 硫酸铵,结果反而提高了产量;又如,某厂在卡那霉素发酵培养基中将原来的 12 种成分减少为 7 种,结果仍可维持原有的产量。第五,以国产原料代替进口原料,这实际上是"以粗代精"原则的一种特殊形式。典型的例子是 20 世纪 50 年代初在我国建立抗生素工业的早期,因为国内缺乏乳糖及玉米浆这两种青霉素发酵的主要原料而影响到生产的发展。我国学者经过研究,终于找到了以国内资源极其丰富的棉子饼粉或花生饼粉代替玉米浆,以玉米粉代替进口乳糖的新的培养基配方,后来又进一步以流加葡萄糖代替乳糖,使青霉素产量超过当时国外乳糖发酵的水平,从而建立了具有中国特色的青霉素发酵工业。

2. 五种方法

1) 培养环境评价

通过调查所培养菌的生态条件,查看不同微生物特殊"嗜好",配制初级天然培养基。在自然条件下,凡有某微生物大量生长繁殖的环境,则可认为该处一定具备该微生物生长繁殖所必需的营养和其他条件。因此,就可以模拟该天然基质或直接取用该天然基质(经过灭菌)来培养相应的微生物。在实践中,的确可以利用生态模拟的办法来配制各类"初级的"天然培养基。例如，可用肉汤、鱼汁来培养多种细菌；用水果汁来培养各种酵母菌；用润湿的麸皮、米糠来培养多种霉菌；用米饭或面包来培养根霉；用肥土来培养放线菌；用玉米芯来培养脉孢菌（*Neurospora*）；等等。

2）数据库的资料信息获取

基于大数据库的文献资料查阅分析文献，调查前人的工作资料，借鉴人家的经验，以便从中得到启发，设计有自己特色的培养基配方。甚至利用虚拟仿真技术模拟实验成功率。一个科学工作者决不能事事都依靠直接经验。多查阅、分析和利用一切文献资料上的与自己直接或间接有关的信息，对设计有自己特色的培养基配方有着重要的参考价值。

3）试验设计

在设计、试验新配方时，常常要进行各项因素的比较或反复试验，因此，工作量是很大的。为了提高工作效率，应努力借助优选法或正交试验设计法等行之有效的数学工具。

4）试验优化

要设计一种优化的培养基，在上述三个方法的基础上，最终还得通过实际试验和比较来加以确定，比如利用正交优化分析进行培养基成分最优配比分析。试验的规模一般都遵循由定性到定量、由小到大逐步扩大的原则。例如，可先在培养皿上作生长谱试验，然后进行摇瓶培养试验，再进行台式发酵罐试验，最后才扩大到试验型发酵罐和生产型发酵罐的规模。

5）生物信息学分析

生物信息学应用于微生物与其培养与设计研究不仅仅是对生物学知识的简单整理和数学、物理学、信息科学等学科知识的简单应用。海量数据和复杂的背景导致机器学习、统计数据分析和系统描述等方法需要在生物信息学所面临的背景之中迅速发展。巨大的计算量、复杂的噪声模式、海量的时变数据给传统的统计分析带来了巨大的困难，需要像非参数统计、聚类分析等更加灵活的数据分析技术。高维数据的分析需要偏最小二乘等特征空间的压缩技术。在计算机算法的开发中，需要充分考虑算法的时间和空间复杂度，使用并行计算、网格计算等技术来拓展最优培养基配制的可实现性。例如经典的 SPSS 软件中便捷的正交优化分析算法正是衍生于此。

3.5.2　采用正交优化分析法快速精准设计培养基

试验优化设计，指在最优化思想的指导下，进行最优设计的一种优化方法。它从不同的优良性出发，合理设计试验方案，有效控制试验干扰，科学处理试验数据，全面进行优化分析，直接实现优化目标。

正交试验设计是试验优化的常用技术，在农业试验、工业优化、商业优化等方面应用已久。其主要优点是能在多试验条件中选出代表性强的少数试验方案，通过对这些少数试验方案结果的分析，从中找出最优方案或最佳生产工艺条件，并可以得到比试验结果本身给出的还要多的有关各因素的信息。SPSS 软件不仅具有包括数据管理、统计分析、图表分析、输出管理等在内的基本统计功能，而且用它处理正交试验设计中的数据程序具有简单、分析结果明了的优点。实施正交试验设计的步骤如下：

（1）明确培养基成分配制等试验目的，确定考核指标。明确通过正交试验想要解决什么问题，确定用来衡量试验效果的评价指标，并详细描述出评定该指标的原则标准、测定指标的方法等重要信息。

（2）挑因素，选水平。有依据地选择引起指标变化的影响因素，因素在试验中的各种状态称为因素水平。尽量选择适用于人为控制和调节的影响因素，最后列出因素水平表。

（3）选择合适的正交表。在能够安排下试验因素和交互作用的前提下，尽可能选用较小的正交表，以减少试验次数，降低成本的消耗。

（4）进行表头设计。表头设计就是将试验因素安排到所选正交表的各列中去的过程。正交表中的任意一列的位置可以任意变换，因此在不考虑交互作用的情况下可直接将所有因素安排在任意一列；如果考虑交互作用，则必须按照交互作用列表的规定进行配列；为避免混杂，那些主要因素、重点考察的因素和涉及交互作用较多的因素，应优先安排；特别注意，尽可能安排空列，用于反映试验误差，并以此作为衡量试验因素产生的效应是否可靠的标志。

（5）排出培养基因素设计试验方案。表头设计完成后，将所选正交表中各列的不同数字换成对应因素的相应水平，形成试验方案。试验方案中的试验号并不意味着实际进行试验的顺序，一般需同时进行。若条件不允许，为排除外界环境干扰，应使试验序号随机化。

（6）开始试验，记录结果。按照随机化的试验顺序进行试验，记录结果以备分析。

（7）试验结果的统计分析。正交设计的结果分析有两种。一种是极差分析法（直观分析法），只考虑因素间的影响，不考虑试验误差。另一种是方差分析法，是一种精细化分析方法，可采用 SPSS 软件分析完成。

3.5.3　工程应用拓展——微生物培养基正交试验设计案例

现以灰黄霉素产生菌 d-756 为例，研究不同氯化物浓度及大米粉配比对灰黄霉素产生菌 d-756 变种发酵特性的影响。试验共三个因素，每个因素取三个水平。

1. 确定因素水平

确定试验的培养基组成成分（因素）和每种组成成分的含量（水平）。影响试验指标的因素很多，由于试验条件的限制，不可能逐一或全面地加以研究，因此要根据已有的专业知识及有关文献资料和实际情况，固定一些因素于最佳水平，排除一些次要的因素，而挑选一些主要因素。正交试验设计法正是安排多因素试验的有利工具。当因素较多时，除非事先根据专业知识或经验等能确定某因素作用很小而不选取外，对于凡是可能起作用或情况不明或看法不一的因素，都应当选入进行考察。

因素的水平分为定性与定量两种。水平的确定包含两个含义，即水平个数的确定和各个水平数量的确定。对定性因素，要根据试验具体内容，赋予该因素每个水平以具体含义。定量因素的量大多是连续变化的，这就要求试验者根据相关知识和经验或者文献资料首先确定该因素的数量变化范围，而后根据试验的目的及性质，并结合正交表的选用来确定因素的水平数和各水平的取值。每个因素的水平数可以相等，也可以不等，重要因素或特别希望详细了解的因素，其水平数可多一些，其他因素的水平数可以少一些。如果没有特别重要的因素需要详细考察的话，要尽可能使因素的水平数相等，以便减小试验数据处理工作量（见表 3 - 7）。

表 3 - 7　正交试验因素和水平

因素 水平	KCl%	NaCl%	大米粉 %
1	0.5	0.4	9
2	0.7	0.6	11
3	0.9	0.8	13

2. 制定因素水平表

根据上面选取的因素及因素水平的取值,制定一张反映试验所要考察研究的因素及各因素水平的"因素水平综合表"。在制定该表的过程中,对于每个因素用哪个水平号码,对应于哪个量,可以随机地任意确定。一般来说,最好是打乱次序安排,但一经选定之后,试验过程中就不能再变了。

3. 选用合适的正交表

根据参与试验的因素水平数和客观条件选用适当的正交表,若每个因素都取 2 水平,应选用 2 水平正交表,即 L4(23);都取 3 水平,则应选用 3 水平正交表,如 L9(34)(见表 3-8);若因素间水平不等可选用混合水平型正交表,即 L18(2×37)等。对于同类正交表,考虑交互作用时,应选大的正交表;已知因素间交互作用小的或不考虑交互作用的,可选用小的正交表。利用 SPSS 软件,系统会根据因素水平自动生成正交表,非常便捷。

表 3 - 8　L9(34)正交表

列号 试验号	1	2	3	4
1	1	1	1	1
2	1	2	2	2
3	1	3	3	3
4	2	1	2	3
5	2	2	3	1
6	2	3	1	2
7	3	1	3	2
8	3	2	1	3
9	3	3	2	1

4. 列出试验方案(表头设计)

把各列按照表头设计依次排上培养基组成成分,各列对应的水平数字换上各组成成分所对应的实际水平,每一行就构成一个处理(一个培养基配方的主要成分),各个培养基配方便组成整个试验方案(见表 3-9)。

表 3 - 9　正交优化实验方案

试验号 ＼ 因素	1 a KCl	2 b NaCl	3 c 大米粉	4
1	1(0.5)	1(0.4)	1(9)	1
2	1(0.5)	2(0.6)	2(11)	2
3	1(0.5)	3(0.8)	3(13)	3
4	2(0.7)	1(0.4)	2(11)	3
5	2(0.7)	2(0.6)	3(13)	1
6	2(0.7)	3(0.8)	1(9)	2
7	3(0.9)	1(0.4)	3(13)	2
8	3(0.9)	2(0.6)	1(9)	3
9	3(0.9)	3(0.8)	2(911)	1

5. 实施试验方案

根据所定试验方案，按照规定试验内容，以常规操作制备培养基。一般一个培养基要重复 2～4 瓶。各个培养基应采用同一细胞浓度的菌悬液接种，以相同转速摇瓶培养 3 天，测定产物活性，最后按照正交表进行试验结果的统计分析，见表 3 - 10。在整个方案实施过程中要精心操作，试验条件尽量力求一致，以便取得正确的合乎实际的试验结果。

表 3 - 10　正交分析表

行号＼因素	1 a KCl	2 b NaCl	3 c 大米粉	4 空列	效价		平均
1	1	1	1	1	13 258	13 490	13 374
2	1	2	2	2	13 672	14 100	13 886
3	1	3	3	3	14 893	14 923	14 908
4	2	1	2	3	13 765	13 920	13 843
5	2	2	3	1	14 798	14 671	14 735
6	2	3	1	2	14 926	15 000	14 963
7	3	1	3	2	14 111	14 412	14 262
8	3	2	1	3	13 986	14 025	14 006
9	3	3	2	1	15 270	15 089	15 180
k_1	42 168	41 478	42 343	43 288			
k_2	43 540	42 626	42 908	43 111			
k_3	43 447	45 051	43 904	42 756			
k_1	14 056	13 826	14 114	14 429	$a_2 b_3 c_3$		
k_2	14 513	14 209	14 303	14 370	$r_b > r_c > r_a$		
k_3	14 482	15 017	14 635	14 252			
r	457	1191	521	177			

6. 正交试验结果分析

正交试验结果的直观分析与正交试验结果的方差分析相比，具有计算量小、计算简单、分析速度快、一目了然等特点，但分析结果的精确性与严密性相对于方差分析来说稍差。直观分析步骤如下。

1）计算 k 值

以因素 a 为例：

$$k_1 = y_1 + y_2 + y_3 = 42\ 168 \qquad \text{a 因素 1 水平的 3 个试验结果之和;}$$
$$k_2 = y_4 + y_5 + y_6 = 43\ 540 \qquad \text{a 因素 2 水平的 3 个试验结果之和;}$$
$$k_3 = y_7 + y_8 + y_9 = 43\ 447 \qquad \text{a 因素 3 水平的 3 个试验结果之和;}$$
$$k_1 = k_1/3 = 14\ 056$$
$$k_2 = k_2/3 = 14\ 513$$
$$k_3 = k_3/3 = 14\ 482$$
$$r = k[\max] - k[\min] = k_2 - k_1 = 14\ 513 - 14\ 056 = 457 \quad (r \text{ 为极差})$$

对于因素 b、c，依此类推。

2）作用因素与试验结果的关系图

以因素的不同水平作横坐标，以 k 值作纵坐标，以每个因素不同水平与所对应的 k 值作曲线图。

3）判断各因素主次关系及其显著性

根据极差 r 的大小，可判断各因素对试验结果影响的大小。判断的原则是：r 越大，所对应的因素越重要。根据表 3 - 10 可知，第二列的极差最大，为 1191，所以 b 因素（NaCl）对试验结果的影响是最主要的。各因素的影响度由高到低依次为 b（NaCl）→c（大米粉）→a（KCl）。

对于空列来说，三个因素的极差本应为零。但是在实际试验中，总是有误差的，极差不能正好为零。它的大小反映了误差的大小。本例中三个因素的极差都比空列的极差大得多，说明这三个因素的影响都是显著的。

4）确定优水平组合

根据 k_1、k_2、k_3 值的大小来确定 a、b、c 各因素最优水平。确定的原则根据对指标值的要求而定：如果要求指标值越大越好，则取最大的 k 所对应的那个水平；如果要求指标值越小越好，则取最小的 k 所对应的那个水平。本例中根据图表可知，我们要求 NaCl 和大米粉浓度越大越好，KCl 浓度取 0.7 ％时最好，因而，选择 $a_2 b_3 c_3$，即得到一个好条件，即：KCl 0.7％，NaCl 0.8 ％，大米粉 13 ％。这个组合是在原试验方案中没有做过的。由此可见，利用正交设计，其最优处理组合即使没有做过，也能计算出来，作为参考。

以上为正交优化分析设计微生物培养基的核心步骤及分析方法，建议读者能够结合正交优化数学计算方法及相关统计学分析软件开展具体的实际应用，以便加深印象并熟练掌握。

复习思考题

1. 什么叫营养？什么是营养物？营养物有哪些生理功能？

2. 试列表比较动、植物和微生物的营养要素和营养方式的异同。

3. 配制异养微生物的培养基时，是否要专门加入作为能源的物质？配制各种自养微生物的培养基呢？

4. 什么叫自养微生物？光能自养微生物和化能自养微生物各包含几种生理类型？举例说明之。

5. 试列表比较单纯扩散、促进扩散、主动运送和基团转位四种不同的营养物质运送方式。

6. 什么是选择性培养基？它在微生物学工作中有何重要性？试举一例，并分析其中的选择性原理。什么叫鉴别性培养基？它有何重要性？试以 EMB（伊红美蓝乳糖琼脂培养基）为例，分析鉴别性培养基的作用原理。

7. 如何根据微生物的生态分布规律来设计一个"初级"培养基？试举例说明之。

8. 在设计一种新培养基前，为什么要遵循"目的明确"的原则？你能举些实例来说明吗？

9. 为什么说在设计大生产用的发酵培养基时，必须时刻牢记经济节约的原则？经济节约可从哪几方面来考虑？它们各自的理论依据是什么？

第4章 微生物的产能、耗能代谢及应用

第4章 课件

能量代谢是微生物新陈代谢中的核心问题。研究能量代谢的根本目的，是要追踪生物体如何把外界环境中多种形式的最初能源转换成一切生命活动都能利用的通用能源——ATP 的。微生物可利用的能源包括有机物、日光和还原态无机物三大类。因此，研究其能量代谢机制，实质上就是追踪这三大类最初能源是如何一步步地转化并释放出 ATP 的具体生化反应过程。新陈代谢(Metabolism)简称代谢，是指发生在活细胞中的各种分解代谢(Catabolism)和合成代谢(Anabolism)的总和。分解代谢主要有三个阶段。第一阶段：蛋白质、多糖、脂分别降解为氨基酸、单糖、脂肪酸等小分子；第二阶段：第一阶段的产物进一步降解为更为简单的乙酰辅酶 A、丙酮酸以及能进入三羧酸循环的某些中间产物以及 ATP、NADH、FADH$_2$；第三阶段：通过三羧酸循环将第二阶段的产物完全降解生成 CO$_2$，并产生 ATP、NADH 及 FADH$_2$。合成代谢与分解代谢正好相反。合成代谢指细胞利用小分子物质合成复杂大分子的过程，并在这个过程中消耗能量。合成代谢所利用的小分子物质来源于分解代谢过程中产生的中间产物或环境中的小分子营养物质。一切生物，在其新陈代谢的本质上既存在着高度的统一性，又存在着明显的特殊性。本章在简要地概括微生物能量代谢及其在微生物生命活动中的功能的基础上，将更多地讨论有关微生物代谢的特殊性问题。

4.1 微生物的产能代谢

4.1.1 化能异养微生物的能量代谢

生物氧化就是发生在活细胞内的一系列产能性氧化反应的总称。生物氧化与非生物氧化有着若干相同点和不同点，相同点是它们的总效应都是通过有机物的氧化反应来释放出其中的化学潜能，不同点有很多。生物氧化的形式包括某物质与氧结合、脱氢或失去电子三种；生物氧化的过程可分脱氢(或电子)、递氢(或电子)和受氢(或电子)三个阶段；生物氧化的功能有产能(ATP)、产还原力［H］和产小分子中间代谢物三种。以下我们按底物(基质)脱氢的三个阶段以及各阶段的类型和细节的顺序来讨论化能异养微生物的生物氧化及其产能效应。

1. 底物脱氢的四条主要途径

这里以葡萄糖作为典型的生物氧化底物，它的脱氢阶段主要通过四条途径，每条途径既有脱氢、产能的功能，又有产多种形式小分子中间代谢物以供合成反应做原料的功能。在以下讨论中除着重讨论它们的产能功能外，还附带介绍它们的一些其他重要功能。

1) EMP 途径(Embden Meyerhof Parnas Pathway)

EMP 途径的总反应式为

$$C_6H_{12}O_6 + 2NAD^+ + 2ADP + 2Pi \rightarrow 2CH_3COCOOH + 2NADH + 2H^+ + 2ATP + 2H_2O$$

该反应又称糖酵解途径或己糖二磷酸途径,是绝大多数生物所共有的一条主流代谢途径。它以 1 分子葡萄糖为底物,约经 10 步反应而产生 2 分子丙酮酸、2 分子 NADH+H$^+$,2 分子 ATP。因此,EMP 途径可概括为两个阶段(耗能和产能)、3 种产物和 10 个反应,即:

(1) 葡萄糖形成葡糖-6-磷酸;

(2) 葡糖-6-磷酸经磷酸己糖异构酶异构成果糖-6-磷酸;

(3) 果糖-6-磷酸通过磷酸果糖激酶催化成果糖-1,6-二磷酸;

(4) 果糖-1,6-二磷酸在果糖二磷酸醛缩酶的催化下,分裂成二羟丙酮磷酸和甘油醛-3-磷酸两个丙糖磷酸分子;

(5) 二羟丙酮磷酸在丙糖磷酸异构酶的作用下转化成甘油醛-3-磷酸;

(6) 甘油醛-3-磷酸在甘油醛-3-磷酸脱氢酶的催化下产生 1,3-二磷酸甘油酸;

(7) 1,3-二磷酸甘油酸在磷酸甘油酸激酶的催化下形成 3-磷酸甘油酸;

(8) 3-磷酸甘油酸在磷酸甘油酸变位酶的作用下转变为 2-磷酸甘油酸;

(9) 2-磷酸甘油酸在烯醇酶作用下经脱水反应而产生含有一个高能磷酸键的磷酸烯醇式丙酮酸;

(10) 磷酸烯醇式丙酮酸在丙酮酸激酶的催化下产生了丙酮酸,这时,磷酸烯醇式丙酮酸分子上的磷酸基团转移到 ATP 上,产生了本途径的第二个 ATP,这是借底物水平磷酸化而产生 ATP 的又一个例子。

其中,2NADH+H$^+$ 在有氧条件下可经呼吸链的氧化磷酸化反应产生 6ATP,而在无氧条件下,则可把丙酮酸还原成乳酸,或把丙酮酸的脱羧产物——乙醛还原成乙醇。EMP 途径是多种微生物所具有的代谢途径,其产能效率虽低,但生理功能极其重要:供应 ATP 形式的能量和 NADH$_2$ 形式的还原力;是连接其他几个重要代谢途径的桥梁,包括三羧酸循环(TCA)、HMP 途径和 ED 途径等;为生物合成提供多种中间代谢物;通过逆向反应可进行多糖合成。

2) HMP 途径(Hexose Monophosphate Pathway)

该途径又称己糖-磷酸途径、己糖-磷酸支路、戊糖磷酸途径、磷酸葡萄糖酸途径或 WD 途径。其特点是葡萄糖不经 EMP 途径和 TCA 循环而得到彻底氧化,并能产生大量 NADPH+H$^+$ 形式的还原力以及多种重要中间代谢产物。

HMP 途径可概括成三个阶段:

(1) 葡萄糖分子通过几步氧化反应产生核酮糖-5-磷酸和 CO$_2$。

(2) 核酮糖-5-磷酸发生同分异构化(Isomerization)或表异构化(Epimerization)而分别产生核糖-5-磷酸和木酮糖-5-磷酸。

(3) 戊糖磷酸在没有氧参与的条件下发生碳架重排,产生了己糖磷酸和丙糖磷酸,然后丙糖磷酸可通过以下两种方式进一步代谢:其一为通过 EMP 途径转化成丙酮酸再进入 TCA 循环进行彻底氧化,其二为通过果糖二磷酸醛缩酶和果糖二磷酸酶的作用而转化为己糖磷酸。在前两步反应中,产生的戊糖磷酸与还原力(NADPH+H$^+$)的比率为 1：

2，即：

$$3 \text{葡萄糖-6-磷酸} + 6NADP^+ + 3H_2O \rightarrow 3 \text{戊糖-5-磷酸} + 3CO_2 + 6NADPH + 6H^+$$

其净效应为

$$2 \text{木酮糖-5-磷酸} + \text{核糖-5-磷酸} \rightleftharpoons 2 \text{果糖-6-磷酸} + \text{甘油醛-3-磷酸}$$

在一定条件下，上述反应中产生的甘油醛-3-磷酸也可通过生成葡萄糖的反应重新合成葡萄糖-6-磷酸，因此，HMP途径要进行一次周转就需要6个葡萄糖-6-磷酸分子同时参与，其总反应式为

$$6 \text{葡萄糖-6-磷酸} + 12NADP^+ + 6H_2O \rightarrow 5 \text{葡萄糖-6-磷酸} + 12NADPH$$
$$+ 12H^+ + 6CO_2 + Pi$$

HMP途径在微生物生命活动中有着极其重要的意义，具体表现在：

(1) 产生大量的$NADPH_2$形式的还原剂，它不仅为合成脂肪酸、固醇等重要细胞物质之需，而且可通过呼吸链产生大量能量，这些都是EMP途径和TCA循环所无法完成的。因此，凡存在HMP途径的微生物，当它们处在有氧条件下时，就不必再依赖于TCA循环来获得产能所需的$NADH_2$了。

(2) 如果微生物对戊糖的需要超过HMP途径的正常供应量，可通过EMP途径与本途径在果糖-1，6-二磷酸和甘油醛-3-磷酸处的连接来加以调剂。

(3) 为核苷酸和核酸的生物合成提供戊糖-磷酸。

(4) 由于在反应中存在着$C_3 \sim C_7$的各种糖，因而具有HMP途径的微生物的碳源利用范围更广，例如它们可以利用戊糖作碳源。

(5) 通过本途径而产生的重要发酵产物很多，例如核苷酸、若干氨基酸、辅酶和乳酸(异型乳酸发酵)等。

(6) 反应中的赤藓糖-4-磷酸可用于合成芳香氨基酸，如苯丙氨酸、酪氨酸、色氨酸和组氨酸。

据对相关微生物的研究，当以硝酸盐作为曲霉属一些菌种的氮源时，有关HMP途径酶的浓度要比长在其他氮源上时增高许多，这与硝酸盐还原酶催化时需要大量$NADPH_2$是一致的。又如，用放射呼吸测定技术(Radiorespirometry)研究大肠杆菌对碳源(葡萄糖)的利用时，发现其中约有28%是进入HMP途径而氧化的，其余的72%则是通过EMP途径氧化的。

3) ED途径(Entner Doudoroff Pathway)

ED途径又称2-酮-3-脱氧-6-磷酸葡糖酸(KDPG)途径，是存在于某些缺乏完整EMP途径的微生物中的一种替代途径，为微生物所特有。其特点是葡萄糖只经过4步反应即可快速获得由EMP途径须经10步反应才能形成的丙酮酸。ED途径是少数EMP途径不完整的细菌例如 *Pseudomonas*（一些假单胞菌）和 *Zymomonas*（一些发酵单胞菌）等所特有的利用葡萄糖的替代途径，其特点是葡萄糖转化为2-酮-3-脱氧-6-磷酸葡萄糖酸后，经脱氧酮糖酸醛缩酶催化，裂解成丙酮酸和3-磷酸甘油醛，3-磷酸甘油醛再经EMP途径转化成为丙酮酸。结果是1分子葡萄糖产生2分子丙酮酸和1分子ATP。ED途径的特征反应是关键中间代谢物2-酮-3-脱氧-6-磷酸葡萄糖酸(KDPG)裂解为丙酮酸和3-磷酸甘油醛。ED途径的特征酶是KDPG醛缩酶。此途径反应步骤简单，产能效率低，可与EMP途径、HMP

途径和 TCA 循环相连接、互相协调，以满足微生物对能量、还原力和不同中间代谢物的需要。ED 途径的总反应式为

$$C_6H_{12}O_6 + ADP + Pi + NADP^+ + NAD^+ \rightarrow 2CH_3COCOOH$$
$$+ ATP + NADPH + H^+ + NADH + H^+$$

利用 $Z.mobilis$ 等细菌来生产酒精，是近年来正在开发的工业，它比传统的酵母酒精发酵有许多优点，具体包括：① 代谢速率高；② 产物转化率高；③ 菌体生成少；④ 代谢副产物少；⑤ 发酵温度较高；⑥ 不必定期供氧等。

当然，细菌酒精发酵也有其缺点，主要是其生长 pH 值为 5，较易染菌（而酵母菌为 pH 3），其次是细菌耐乙醇力较酵母菌为低（前者约为 7%，后者则为 8%～10%）。在不同的微生物中，EMP、HMP 和 ED 三种途径在己糖分解代谢中的重要性是有明显差别的。

4）TCA 循环（Tricarboxylic Acid Cycle）途径

该循环即经典的三羧酸循环途径，又称 Krebs 循环或柠檬酸循环（TCA），是指由丙酮酸经过一系列循环式反应而彻底氧化、脱羧，形成 CO_2、H_2O 和 $NADH_2$ 的过程。在真核微生物中，TCA 循环的反应在线粒体内进行，大多数酶定位于线粒体的基质中；在原核生物中，大多数酶位于细胞质内。琥珀酸脱氢酶属于例外，它在线粒体或原核细胞中都是结合在膜上的。

TCA 循环起始于 2C 化合物乙酰-CoA 与 4C 化合物草酰乙酸间的缩合。但从产能的角度来看，通常都把丙酮酸进入 TCA 循环前的脱羧作用所产生的 $NADH + H^+$ 也计入。若每个丙酮酸分子经本循环彻底氧化并与呼吸链的氧化磷酸化相偶联，就可高效地产生 15 个 GTP 和 ATP 分子，其中底物水平产生一个 GTP，氧化磷酸化水平产生 14 个 ATP。

TCA 循环共分 10 步：3C 化合物丙酮酸脱羧后，形成 $NADH + H^+$，并产生 2C 化合物乙酰-CoA，后者与 4C 化合物草酰乙酸缩合形成 6C 化合物柠檬酸。通过一系列氧化和转化反应，6C 化合物经过 5C 化合物阶段又重新回到 4C 化合物草酰乙酸，再由它接受来自下一个循环的乙酰-CoA 分子。整个 TCA 循环的总反应式为

$$丙酮酸 + 4NAD^+ + FAD + GDP + Pi + 3H_2O \rightarrow 3CO_2$$
$$+4(NADH + H^+) + FADH_2 + GTP$$

若认为 TCA 循环起始于乙酰-CoA，则总反应式为

$$乙酰\text{-}CoA + 3NAD^+ + FAD + GDP + Pi + 2H_2O \rightarrow 2CO_2$$
$$+3(NADH + H^+) + FADH_2 + GTP + CoA$$

TCA 循环的主要特点概述如下：

（1）氧虽不直接参与其中反应，但必须在有氧条件下运转（因 NAD^+ 和 FAD 再生时需氧）；

（2）每分子丙酮酸可产 4 个 $NADH + H^+$、1 个 $FADH_2$ 和 1 个 GTP，总共相当于 15 个 ATP，因此产能效率极高；

（3）TCA 位于一切分解代谢和合成代谢中的枢纽地位，不仅可为微生物的生物合成提供各种碳架原料，而且还与人类的发酵生产（如柠檬酸、苹果酸、谷氨酸、延胡索酸和琥珀酸等）紧密相关。

现将葡萄糖经上述微生物不同脱氧途径后的产能效率总结在表 4-1 中。

表 4-1　葡萄糖经微生物不同脱氧途径后的产能效率

产能形式		EMP	HMP	ED	EMP+TCA
底物水平	ATP	2		1	2
	GTP				2(2ATP)
NADH+ H⁺		2(6ATP)		1	2+8(30ATP)
NADPH+ H⁺			12(36ATP)	1	
FADH₂					2(4ATP)
净产 ATP		8ATP	35ATP*	7ATP	36-38ATP*

＊葡萄糖变为6-磷酸葡萄糖时消耗掉一个ATP；原核生物呼吸链在细胞膜上产生38ATP；真核生物的呼吸链在线粒体膜上，NADH+ H⁺进入线粒体时消耗掉2ATP。

2. 细菌特有的其他途径——磷酸解酮酶途径

该途径存在于某些细菌如明串珠菌属和乳杆菌属中的一些细菌中。进行磷酸解酮酶途径的微生物缺少醛缩酶，所以它不能够将磷酸己糖裂解为2个三碳糖。磷酸解酮酶途径有两种：磷酸戊糖解酮酶(Phospho-pentose-ketolase Pathway，PK)途径、磷酸己糖解酮酶(Phospho-hexose-ketolase Pathway，HK)途径。磷酸戊糖解酮酶途径的特点是：分解1分子葡萄糖只产生1分子ATP，相当于EMP途径的一半；几乎产生等量的乳酸、乙醇和CO_2。磷酸己糖解酮酶途径的特点是：有两个磷酸解酮酶参加反应；在没有氧化作用和脱氢作用的参与下，2分子葡萄糖分解为3分子乙酸和2分子3-磷酸-甘油醛，3-磷酸-甘油醛在脱氢酶的参与下转变为乳酸；乙酰磷酸生成乙酸的反应则与ADP生成ATP的反应相偶联；每分子葡萄糖产生2.5分子的ATP。许多微生物(如双歧杆菌)的异型乳酸发酵即采取磷酸己糖解酮酶途径产能。

以上介绍了以葡萄糖为代表的生物氧化底物的四条主要脱氢途径和一些其他细菌特有的相关途径，并简要地介绍了它们在产能、产还原力、分解或合成代谢以及生产发酵产物中的重要作用。希望读者能够结合生物化学详细理论进一步了解微生物生物氧化产能的机理。

4.1.2　电子传递链

贮存在生物体内葡萄糖等有机物中的化学潜能，经以上4条途径脱氢后(4.1.1小节所述)，通过呼吸链(或称电子传递链)等方式传递，最终可与氧、无机或有机氧化物等氢受体相结合而释放出其中的能量。根据递氢特点尤其是受氢体性质的不同，可把生物氧化区分为呼吸、无氧呼吸和发酵3种类型。

1. 呼吸

1）呼吸的概念

呼吸又称好氧呼吸，是一种最普遍又最重要的生物氧化或产能方式，其特点是底物按常规方式脱氢后，脱下的氢(常以还原力[H]形式存在)经完整的呼吸链(Respiratory Chain，RC)(又称电子传递链(Electron Transport Chain，ETC))传递，最终被外源分子氧接受，产生水并释放出 ATP 形式的能量。这是一种递氢和受氢都必须在有氧条件下完成的生物氧化作用，是一种高效产能方式。

2) 呼吸链及其组成

呼吸链是指位于原核生物细胞膜上或真核生物线粒体膜上的、由一系列氧化还原势呈梯度差的、链状排列的氢(或电子)传递体，其功能是把氢或电子从低氧化还原势的化合物逐级传递给高氧化还原势的分子氧或其他无机、有机氧化物，并使它们还原。在氢或电子的传递过程中，呼吸链通过与氧化磷酸化反应相偶联，造成一个跨膜质子动势，进而推动了 ATP 的合成。

组成呼吸链中传递氢或电子载体的物质，除醌类是非蛋白质类和铁硫蛋白不是酶外，其余都是一些含有辅酶或辅基的酶，其中的辅酶如 NAD^+ 或 $NADP^+$，辅基如 FAD、FMN 和血红素等。呼吸链在真核生物和原核生物中的主要组分类似，氢或电子的传递顺序一般为

$$NAD(P) \rightarrow FP(黄素蛋白) \rightarrow Fe.S(铁硫蛋白) \rightarrow CoQ(辅酶 Q) \rightarrow Cytb$$
$$\rightarrow Cytc \rightarrow Cyta \rightarrow Cyta_3$$

3) 伴随呼吸链的氧化磷酸化过程

氧化磷酸化又称电子传递链磷酸化，是指呼吸链的递氢(或电子)和受氢过程与磷酸化反应相偶联并产生 ATP 的作用。递氢、受氢即氧化过程造成了跨膜的质子梯度差即质子动势，进而质子动势再推动 ATP 酶合成 ATP。氧化磷酸化形成 ATP 的机制目前普遍被认同的理论是化学渗透学说。该学说认为，在氧化磷酸化过程中，通过呼吸链有关酶系的作用，可将底物分子上的质子从膜的内侧传递到膜的外侧，从而造成了膜两侧质子分布不均匀，此即质子动势(质子动力，pH 梯度)H^+ 的由来，也是合成 ATP 的能量来源。通过 ATP 酶的逆反应可把质子从膜的外侧重新输回到膜的内侧，于是在消除质子动势的同时合成了 ATP。

ATP 合成酶合成 ATP 的构象假说或旋转催化假说：ATP 合成酶由基部(埋于线粒体内膜)、头部(伸向膜内)和颈部(头部与基部相连处)三部分组成。头部为 ATP 合成酶的催化中心，它有三个催化亚基(β 亚基)。三个 β 亚基存在三种构象变化：一种有利于 ADP 与 Pi 结合，另一种使结合的 ADP 与 Pi 合成 ATP，第三种则可使 ATP 释放。这三种亚基在跨膜质子梯度即 H^+ 流的推动下，通过转动、构象交替变化，不断合成 ATP。因此 ATP 合成酶就是一架精巧的分子水轮机，其三个 β 亚基即为三个水轮叶片。

2. 无氧呼吸

无氧呼吸又称厌氧呼吸，指一类呼吸链末端的氢受体为外源无机氧化物(少数为有机氧化物)的生物氧化。这是一类在无氧条件下进行的、产能效率较低的特殊呼吸。其特点是底物按常规途径脱氢后，经部分呼吸链递氢，最终由氧化态的无机物或有机物受氢，并完成氧化磷酸化产能反应。根据氢受体的不同，无氧呼吸分成以下几种：

(1) 硝酸盐呼吸。该呼吸又称反硝化作用。硝酸盐在微生物生命活动中具有两种功能：其一是在有氧或无氧条件下所进行的利用硝酸盐作为氮源营养物的还原过程，称为同化性硝酸盐还原作用；其二是在无氧条件下，某些兼性厌氧微生物利用硝酸盐作为呼吸链的最终氢受体，把它还原成亚硝酸、NO、N_2O 直至 N_2 的过程，称为异化性硝酸盐还原作

用，又称硝酸盐呼吸或反硝化作用。这两个还原过程的共同特点是硝酸盐都要通过一种含钼的硝酸盐还原酶将其还原为亚硝酸盐。

（2）硫酸盐呼吸。硫酸盐呼吸是一类称作硫酸盐还原细菌（或反硫化细菌）的严格厌氧菌在无氧条件下获取能量的方式，其特点是底物脱氢后，经呼吸链递氢，最终由末端氢受体硫酸盐受氢，在递氢过程中与氧化磷酸化作用相偶联而获得 ATP。硫酸盐呼吸的最终还原产物是 H_2S。

（3）硫呼吸。硫呼吸是指以无机硫作为呼吸链的最终氢受体并产生 H_2S 的生物氧化作用。

（4）铁呼吸。铁呼吸中呼吸链末端的氢受体是 Fe^{3+}。

（5）碳酸盐呼吸。这是一类以 CO_2 或重碳酸盐作为呼吸链末端氢受体的无氧呼吸，包括产甲烷和产乙酸两类碳酸盐呼吸。

（6）延胡索酸呼吸。延胡索酸是末端氢受体，琥珀酸是其还原产物。

3. 发酵

1）发酵的概念

广义概念：泛指任何利用好氧性或厌氧性微生物来生产有用代谢产物或食品、饮料的一类生产方式。

狭义发酵概念：在无氧等外源氢受体的条件下，底物脱氢后所产生的还原力[H]未经呼吸链传递而直接交某内源性中间代谢物接受，以实现底物水平磷酸化产能的一类生物氧化反应。

2）工科应用拓展——微生物发酵类型

在微生物发酵途径中均有还原型氢供体——$NADH+H^+$ 和 $NADPH+H^+$ 产生，但产生的量并不多，如不及时使它们氧化再生，糖的分解产能将会中断，这样微生物就以葡萄糖分解过程中形成的各种中间产物和最终产物为氢（电子）受体来接受 $NADH+H^+$ 和 $NADPH+H^+$ 的氢（电子），于是产生了各种各样的发酵产物。发酵产物的种类有乙醇发酵、乳酸发酵、丙酸发酵、丁酸发酵、混合酸发酵、丁二醇发酵及乙酸发酵等。具体有如下发酵实例。

（1）酵母型乙醇发酵：EMP 途径。

参与微生物：酵母菌、解淀粉欧文氏菌和胃八叠球菌。涉及：

一型发酵：葡萄糖先经过 EMP 途径→2 分子丙酮酸→乙醛→乙醇；发生条件：pH3.5～4.5，厌氧。

二型发酵：当在培养基中加入亚硫酸氢钠时，酵母菌就变乙醇发酵为甘油发酵。

三型发酵：如果 pH>7.5，乙醛得不到足够的氢而积累，2 分子乙醛之间进行歧化反应，一分子乙醛作为氧化剂被还原生成乙醇，另一分子则作为还原剂被氧化为乙酸，此时氢受体则由磷酸二羟丙酮担任，接受自 3-磷酸甘油脱下的氢而生成 α-磷酸甘油，所以发酵产物有甘油、乙醇和乙酸。

（2）细菌型乙醇发酵：ED 途径。

参与微生物：运动发酵单胞菌等。

利用运动发酵单胞菌等细菌生产酒精，其优点在于：代谢速率高；产物转化率高；菌体生成少；代谢副产物少；发酵温度高。缺点在于：pH 5，弱酸性，较易染菌；耐乙醇力较酵母菌低。

（3）乳酸发酵。

乳酸细菌能利用葡萄糖及其他相应的可发酵的糖产生乳酸，称为乳酸发酵。由于菌种不同，代谢途径不同，生成的产物有所不同。乳酸发酵又分为同型乳酸发酵、异型乳酸发酵和双歧乳酸发酵。

① 同型乳酸发酵：采用 EMP 途径，葡萄糖经 EMP 途径生成的丙酮酸直接作为氢受体被 NADH 和氢离子还原而全部生成乳酸。青贮饲料中的乳链球菌发酵即为此类型，植物乳杆菌等进行的也是该型发酵。

② 异型乳酸发酵：以 PK 途径为基础，发酵终产物中除了乳酸外还有一些乙酸或乙醇和二氧化碳。青贮饲料中短乳杆菌发酵即为异型乳酸发酵。

③ 双歧乳酸发酵：双歧杆菌发酵葡萄糖产生乳酸的一条途径，这种反应中有两种磷酸解酮酶参加反应：

- 果糖-6-磷酸解酮酶催化果糖-6-磷酸，裂解产生乙酰磷酸和丁糖-4-磷酸；
- 木酮糖-5-磷酸解酮酶催化木酮糖-5-磷酸，裂解产生甘油醛-3-磷酸和乙酰磷酸。

（4）丙酮-丁醇发酵：EMP 途径。

丙酮-丁醇发酵主要是使糖转化生成丁醇和丙酮的发酵。菌种为严格厌氧性细菌的丁酸梭菌和丙酮丁醇梭菌，在发酵中可同时产生醋酸、酪酸、乙醇等，并放出 CO_2 和 H_2。从 19 世纪末期发现以来，此发酵类型作为工业生产丙酮的方法很受重视。此发酵类型与酪酸发酵有密切关系。

（5）混合酸和丁二醇发酵：EMP 途径。

该途径涉及沙门氏菌属、埃希氏菌属、志贺氏菌属中的一些细菌，通过发酵葡萄糖生成乳酸、甲酸、乙酸、琥珀酸、乙醇、二氧化碳和氢气等产物。因为产物中有多种酸，故称其为混合酸发酵。肠杆菌属、沙雷氏菌属和欧文氏菌属中一些葡萄糖发酵产物中有大量 2，3-丁二醇、更多 H_2 和 CO_2 及少量乳酸、乙醇等。

4.1.3　自养微生物产 ATP 和产还原力

自养微生物按其最初能源的不同，分为两大类：一类是能对无机物进行氧化而获得能量的微生物，称作化能无机自养型微生物；另一类是能利用日光辐射能的微生物，称作光能自养型微生物。前者生物合成的起始点建立在对氧化程度极高的 CO_2 进行还原（即 CO_2 的固定）的基础上，而后者的起始点则建立在对氧化还原水平适中的有机碳源直接利用的基础上。为此，化能自养型微生物必须从氧化磷酸化所获得的能量中，花费一大部分 ATP，以逆呼吸链传递的方式把无机氢（$H^+ + e^-$）转变成还原力［H］；在光能自养型微生物中，ATP 是通过循环光合磷酸化、非循环光合磷酸化或紫膜光合磷酸化产生的，而还原力［H］则是直接或间接利用这些途径产生的。

1. 化能自养型微生物

化能自养型微生物还原 CO_2 所需要的 ATP 和［H］是通过氧化无机底物而获得的。其产能的途径主要也是借助于经过呼吸链的氧化磷酸化反应，因此，化能自养型菌一般都是好氧菌。无机底物不仅可作为最初能源产生 ATP，而且其中有些底物（如 NH_4^+、H_2S 和 H_2）还可作为无机氢供体。这些无机氢在充分提供 ATP 能量的条件下，可通过逆呼吸链传递的方式形成还原 CO_2 用的还原力[H]。所有还原态无机物中，除了 H_2 的氧化还原电位比 $NAD^+/NADH$ 稍低些外，其余都明显高于它，因此，各种无机底物进行氧化时，都必须按其相应的氧化还原势的位置进入呼吸链，由此必然造成化能自养型微生物呼吸链只具有很低的氧化磷酸化效率（P/O，即呼吸过程中无机磷酸消耗量和氧消耗量的比值）。

与异养型微生物相比，化能自养型微生物的能量代谢主要有三个特点：① 无机底物的氧化直接与呼吸链发生联系，即由脱氢酶或氧化还原酶催化的无机底物脱氢或脱电子后，可直接进入呼吸链传递，这与异养型微生物对葡萄糖等有机底物的氧化要经过多条途径逐级脱氢明显不同；② 呼吸链的组分更为多样化，氢或电子可以从任一组分直接进入呼吸链；③ 产能效率即 P/O 一般要低于化能异养型微生物。

2. 光能自养型微生物

在自然界中，能进行光能营养的生物及其光合作用主要是依赖下面三条典型磷酸化途径进行产能的。

1）循环光合磷酸化

该途径是一种存在于光合细菌中的原始光合作用机制，可在光能驱动下通过电子的循环式传递来完成磷酸化产能反应。其特点是：电子传递途径属循环方式，即在光能驱动下，电子从菌绿素分子上逐出，通过类似呼吸链的循环，又回到菌绿素，其间产生了 ATP；产能（ATP）与产还原力[H]分别进行；还原力来自 H_2S 等无机氢供体；不产生氧。菌绿素受日光照射后形成激发态，由它逐出的电子通过类似呼吸链的传递，即经脱镁菌绿素（BPH）、辅酶 Q、细胞色素 b、细胞色素 c_1、铁硫蛋白和细胞色素 c_2 的循环式传递，重新被菌绿素接受，其间建立了质子动势并产生了 1 个 ATP。此循环还有另一功能，即在供应 ATP 条件下，能使外源氢供体（H_2S、H_2、有机物）逆电子流产生还原力，并由此使光合磷酸化与固定 CO_2 的 Calvin 循环相连接。具有循环光合磷酸化的生物，分类上被放在红螺菌目中，特点是进行不产氧光合作用，即不能利用 H_2O 作为还原 CO_2 时的氢供体，而能利用还原态无机物（H_2S、H_2）或有机物作为还原 CO_2 的氢供体。

2）非循环光合磷酸化

该磷酸化是各种绿色植物、藻类和蓝细菌所共有的利用光能产生 ATP 的磷酸化反应。其特点为：电子的传递途径属非循环式的；在有氧条件下进行；有 PSⅠ 和 PSⅡ 两个光合系统（见图 4-1），其中 PSⅠ 含叶绿素 a，反应中心的吸收光波为"P_{700}"，有利于红光吸收，PSⅡ 含叶绿素 b，反应中心的吸收光波为"P_{680}"，有利于蓝光吸收；反应中可同时产生 ATP（产自 PSⅡ）、还原力[H]（产自 PSⅠ）和 O_2（产自 PSⅡ）；还原力 $NADPH_2$ 中的[H]来自 H_2O 分子的光解产物 H^+ 和电子。在产氧光合作用中，由 H_2O 经光解产生的 (1/2) O_2 可及时释放，而电子则须经 PSⅡ 和 PSⅠ 两个系统接力传递，其中具体的传递体有 PSⅡ 中的 Ph（褐藻素）、Q（质体醌）、Cyt bf（质体蓝素）。在 Cyt bf 和 Pc 间产生 1 个 ATP。在 PSⅠ 系统中，电子经 Fe-S（一种非血红素铁硫蛋白）和 Fd（铁氧还原蛋白）的传递，最终由 $NADP^+$ 接受，于是产生了可用于还原 CO_2 的还原力——$NADPH+H^+$。

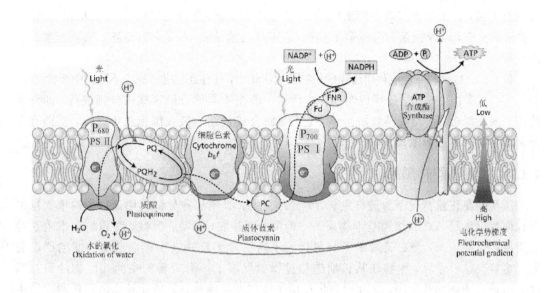

图4-1　*Thermosynechococcus vulcanus* PSⅡ构型及能量传递动力学

3）嗜盐菌紫膜的光介导ATP合成

嗜盐菌在无氧条件下，利用光能所造成的紫膜蛋白上视黄醛辅基构象的变化，可使质子不断驱至膜外，从而在膜两侧建立一个质子动势，再由它来推动ATP酶合成ATP，此即光介导ATP合成。目前认为，细菌的视紫红质的功能与叶绿素相似，能吸收光能，并在光量子的驱动下起质子泵作用。这时，它将反应中产生的质子——逐出细胞膜外，从而使紫膜内外形成一个质子梯度差。根据化学渗透学说，这一梯度差（即质子动势）在驱使H^+通过ATP酶的孔道进入膜内以达到质子平衡时，就会产生ATP。当环境中O_2浓度很低时，嗜盐菌无法利用氧化磷酸化来满足其正常的能量需要，这时若光照条件适宜，它就能合成紫膜，利用紫膜的光介导ATP合成机制获得必要的能量。

4.2　微生物的分解代谢和合成代谢之间的联系概述

分解代谢与合成代谢两者联系紧密，互不可分。连接分解代谢与合成代谢的中间代谢物有12种，它们通过两用代谢途径和代谢回补顺序的方式，解决了微生物和其他生物分解代谢与合成代谢之间的矛盾。

4.2.1　两用代谢途径

凡在分解代谢和合成代谢中均具有功能的代谢途径，称为两用代谢途径。EMP、HMP和TCA循环等都是重要的两用代谢途径。例如，葡萄糖通过EMP途径可分解为2个丙酮酸，反之，2个丙酮酸也可通过EMP途径的逆转而合成1个葡萄糖，此即葡糖异生作用。必须指出的是：

（1）在两用代谢途径中，合成途径并非分解途径的完全逆转，即某一反应的逆反应并不总是由同样的酶进行催化。例如，在葡糖异生作用的合成代谢中，有两个酶与进行分解代谢时不同，即由果糖二磷酸酯酶(而不是磷酸果糖激酶)来催化果糖-1,6-二磷酸至果糖-6-磷酸的反应，以及由葡萄糖-6-磷酸酯酶(而不是己糖激酶)来催化葡萄糖-6-磷酸至葡萄糖的反应。

(2) 在分解代谢与合成代谢途径的相应代谢步骤中，往往还包含了完全不同的中间代谢物。

(3) 在真核生物中，分解代谢和合成代谢一般在不同的分隔区域内分别进行，即分解代谢一般在线粒体、微粒体或溶酶体中进行，而合成代谢一般在细胞质中进行，从而有利于两者可同时有条不紊地运转。

4.2.2　代谢物回补顺序

微生物在正常情况下为进行生长、繁殖的需要，必须从各分解代谢途径中抽取大量中间代谢物以满足其合成细胞基本物质——糖类、氨基酸、嘌呤、嘧啶、脂肪酸和维生素等的需要。这样一来，势必又造成了分解代谢不能正常运转并进而影响产能功能的严重后果。为解决这一矛盾，生物在其长期进化过程中发展了一套完善的中间代谢物的回补顺序。所谓代谢物回补顺序，又称代谢物补偿途径或添补途径，是指能补充两用代谢途径中因合成代谢而消耗的中间代谢物的那些反应。

不同的微生物种类或同种微生物在不同的碳源下有不同的代谢物回补顺序。与 EMP 途径和 TCA 循环有关的回补顺序约有 10 条，它们都围绕着回补 EMP 途径中的磷酸烯醇式丙酮酸(PEP)和 TCA 循环中的草酰乙酸(OA)这两种关键性中间代谢物来进行。

乙醛酸循环又称乙醛酸支路，是 TCA 循环的一条回补途径，可使 TCA 循环不仅具有高效产能功能，而且还兼有可为许多重要生物合成反应提供有关中间代谢物的功能，例如草酰乙酸可合成天冬氨酸，α-酮戊二酸可合成谷氨酸，琥珀酸可合成叶卟啉等。该循环中有两个关键酶——异柠檬酸裂合酶(ICL)和苹果酸合酶(MS)，它们可使丙酮酸和乙酸等化合物源源不断地合成 4C 二羧酸。乙醛酸循环的总反应为

$$2\ 丙酮酸 \rightarrow 琥珀酸 + 2CO_2$$

在乙醛酸循环中，异柠檬酸可通过 ICL 分解为乙醛酸和琥珀酸，而乙醛酸又可通过 MS 的催化而与乙酰-CoA 一起形成苹果酸，于是异柠檬酸跳过了 TCA 循环中的 3 步，直接形成了琥珀酸，且效率比 TCA 高(TCA 中 1 分子异柠檬酸只产生 1 分子 4C 化合物，而乙醛酸循环则可产生 1.5 分子 4C 化合物)。

4.3　微生物合成代谢途径

一切生物所共有的重要物质如糖类、蛋白质、核酸、脂类和维生素等的合成代谢知识是生物化学课程的重点讨论内容，这里不再重复。本节要讨论的只是为微生物所特有的合成代谢类型，它们的种类很多，例如生物固氮，各种结构大分子、细胞贮藏物和很多次生代谢产物的生物合成等。以下我们仅以其中的细菌细胞壁肽聚糖的生物合成、细菌细胞对二氧化碳的固定和生物固氮为经典实例来作较为详细的介绍。

4.3.1　微生物结构大分子——肽聚糖的合成

微生物所特有的结构大分子的种类很多，例如原核生物中的肽聚糖、磷壁酸、脂多糖

以及各种荚膜成分等，真核生物中的葡聚糖、甘露聚糖、纤维素和几丁质等。

肽聚糖是绝大多数原核生物细胞壁所含有的独特成分，它在细菌的生命活动中有着重要的功能。它是许多重要抗生素，如青霉素、头孢霉素、万古霉素、环丝氨酸（恶唑霉素）和杆菌肽等呈现其选择毒力（Selective Toxicity）的物质基础，加之它的合成机制复杂，并在细胞膜外进行最终装配步骤，因此这里就以它为例，来讨论微生物结构大分子是如何合成的。

整个肽聚糖合成过程的步骤极多（近 20 步），根据反应是在细胞质中、细胞膜上还是在细胞膜外进行，可将其划分为三个阶段。

1. 在细胞质中的合成

（1）由葡萄糖合成 N-乙酰葡糖胺和 N-乙酰胞壁酸。

（2）由 N-乙酰胞壁酸合成"PARK"核苷酸这一过程共有 4 步反应，它们都需尿嘧啶二磷酸（UDP）作为糖载体，另外还有合成 D-丙氨酰-D-丙氨酸的 2 步反应，它们可被环丝氨酸（恶唑霉素）抑制。

2. 在细胞膜上的合成

由"PARK"核苷酸合成肽聚糖单体分子是在细胞膜上进行的。由于细胞膜是疏水性的，所以要把在细胞质中合成的亲水性化合物"PARK"核苷酸穿入细胞膜并进一步接上 N-乙酰葡糖胺和甘氨酸五肽"桥"，最后把肽聚糖单体（即双糖肽亚单位）插入到细胞膜外的细胞壁生长点处，这些必须通过一种称作细菌萜醇（Bactoprenol）的类脂载体来运送。

类脂载体是一种含 11 个异戊二烯单位的 C_{55} 类异戊二烯醇，它可通过两个磷酸基与 N-乙酰胞壁酸分子相接，使糖的中间代谢物呈现很强的疏水性，从而使它能顺利通过疏水性很强的细胞膜并转移到膜外。

类脂载体除在肽聚糖的合成中具有重要作用外，还可参与微生物多种胞外多糖和脂多糖的生物合成，例如细菌的磷壁酸、脂多糖，细菌和真菌的纤维素，以及真菌的几丁质和甘露聚糖等。

3. 在细胞膜外的合成

就像装运到建筑工地上的一个个"预制件"被逐个安装到大厦上的适当部位就可组装成一座雄伟壮丽的大厦那样，从焦磷酸类脂载体上脱下来的肽聚糖单体，被运送到细胞膜外正在活跃合成肽聚糖的部位，在那里必须有现成的细胞壁残余（至少含有 6～8 个肽聚糖单体）作为引物，然后，肽聚糖单体与引物分子间先发生转糖基作用（Transglycosylation），使多糖链横向延伸一个双糖单位，然后再通过转肽酶（Transpeptidase）的转肽作用（Transpeptidation），使前后两条多糖链间通过形成甘氨酸五肽"桥"而发生纵向交联。甲乙两肽尾间的五甘氨酸肽桥是这样形成的：通过转肽酶的作用，在甲肽尾五甘氨酸肽的游离氨基端与乙肽尾的第四个氨基酸——D-Ala 的游离羧基间形成一个肽键，从而使两者交联。这时，乙肽尾就从原有的五肽变成正常肽聚糖分子中的四肽尾了。

4.3.2　CO₂ 的固定

各种自养型微生物在其生物氧化（包括氧化磷酸化、发酵和光合磷酸化）中获取的能量主要用于 CO_2 的固定。在微生物中，至今已了解的 CO_2 固定的途径有 4 条，即 Calvin 循环、厌氧乙酰-CoA 途径、逆向 TCA 循环途径和羟基丙酸途径。

1. Calvin 循环

Calvin 循环又称 Calvin-Benson 循环、Calvin-Bassham 循环、核酮糖二磷酸途径或还原性戊糖磷酸循环，是光能自养型微生物和化能自养型微生物固定 CO_2 的主要途径。核酮糖二磷酸羧化酶(Rubisco)和磷酸核酮糖激酶是本途径的两种特有的酶。本循环可分为 3 个阶段：

(1)羧化反应：3 个核酮糖-1,5-二磷酸(Ru-1,5-P)通过核酮糖二磷酸羧化酶将 3 分子 CO_2 固定，形成 6 个 3-磷酸甘油酸(PGA)分子。

(2)还原反应：羧化反应后，立即发生 3-磷酸甘油酸上的羟基还原成醛基的反应(通过逆 EMP 途径进行)。

(3) CO_2 受体的再生：核酮糖-5-磷酸在磷酸核酮糖激酶催化下转变成核酮糖 1,5-二磷酸。

以产生 1 个葡萄糖分子来计算，Calvin 循环的总反应式为

$$6CO_2 + 12NAD(P)H_2 + 18ATP \rightarrow C_6H_{12}O_6 + 12NAD(P) + 18ADP + 18Pi$$

Calvin 循环中，通过反应由 6 分子 CO_2 实际产生了 2 分子甘油醛-3-磷酸，然后可根据生物合成的需要进一步生成细胞的各种其他成分。

2. 厌氧乙酰-CoA 途径

该途径又称为活性乙酸途径。这种非循环式的 CO_2 固定机制主要存在于一些产乙酸菌、硫酸盐还原菌和产甲烷菌等化能自养型细菌中。总反应式为

$$4H_2 + 2CO_2 \rightarrow CH_3COOH + 2H_2O$$

该途径以 H_2 作电子供体，先分别把 $2CO_2$ 还原成乙酸的甲基和羧基。整个反应中的关键酶是 CO 脱氢酶，由它催化 CO_2 还原为 CO 的反应。一个 CO_2 先被还原为 CHO-THF (甲酰四氢叶酸，THF 是一种转移一碳基的重要辅酶)、CH_3-THF(甲基四氢叶酸)，再转变成 CH_3-B_{12}(甲基维生素 B_{12})，另一个 CO_2 在 CO 脱氢酶的催化下，形成 CO 与该酶的复合物 CO-X，然后与 CH_3-B_{12} 一起形成 CH_3-CO-X(乙酰 X)，由它进一步转变成乙酰-CoA后，既可产生乙酸，也可在丙酮酸合成酶的催化下与另一 CO_2 分子结合，形成分解代谢和合成代谢中的关键中间代谢物——丙酮酸。

3. 逆向 TCA 循环途径

此途径又称还原性 TCA 循环。本循环起始于柠檬酸的裂解产物草酰乙酸(4C)，以它作 CO_2 受体，每循环一周掺入两个 CO_2，并还原成可供各种生物合成用的乙酰-CoA(2C)，由它再固定 1 分子 CO_2 后，就可进一步形成丙酮酸、丙糖、己糖等一系列构成细胞所需的重要合成原料。逆向 TCA 循环依赖于 ATP 的柠檬酸裂合酶(该酶可把柠檬酸裂解为乙酰-CoA 和草酰乙酸)。正向进行氧化性 TCA 循环时，由乙酰-CoA 和草酰乙酸合成柠檬酸。

4. 羟基丙酸途径

该途径是少数绿色硫细菌在以 H_2 或 H_2S 作电子供体进行自养生活时所特有的一种 CO_2 固定机制。这类细菌既无 Calvin 循环，也无逆向 TCA 循环途径，而是采用一种称作

羟基丙酸途径的独特途径，把两个 CO_2 分子转变为草酰乙酸。总反应式为

$$2CO_2+4[H]+3ATP\rightarrow 草酰乙酸$$

而关键步骤是羟基丙酸的产生。该途径从乙酰-CoA 开始先后经历 2 次羧化，先形成羟丙酰-CoA，继而产生甲基丙二酰-CoA，再经分子重排变成苹果酰-CoA，最后裂解成乙酰-CoA 和乙醛酸。其中的乙酰-CoA 重新进入固定 CO_2 的反应循环，而乙醛酸则以丝氨酸或甘氨酸中间代谢物的形式为细胞合成提供必要的原料。

4.3.3 生物固氮

生物固氮是指大气中的分子氮通过微生物固氮酶的催化而还原成氨的过程。生物界中只有原核生物才具有固氮能力。

1. 固氮微生物及其种类

目前知道的所有固氮微生物即固氮菌都属原核生物和古生菌类，在分类地位上主要隶属于固氮菌科、根瘤菌科、红螺菌目、甲基球菌科、蓝细菌、芽孢杆菌属、梭菌属中的部分菌种。现将其主要种类汇总如下。

（1）自生固氮菌：一类不依赖于他种生物共生而能独立进行固氮的微生物。

（2）共生固氮菌：必须与他种生物共生在一起才能进行固氮的微生物。

（3）联合固氮菌：必须生活在植物根际、叶面或动物肠道等处才能进行固氮的微生物。

2. 固氮的生化机制

生物固氮是一个具有重大理论意义和实用价值的生化反应过程，因此历来受到研究者的高度重视。

1）生物固氮反应的 6 要素

（1）ATP 的供应。由于 $N\equiv N$ 分子中存在 3 个共价键，故要把这种极端稳固的分子打开就得花费巨大能量。固氮过程中把 N_2 还原成 $2NH_3$ 时消耗的大量 ATP（N_2：ATP＝1：18～24）是由呼吸、厌氧呼吸、发酵或光合磷酸化作用提供的。

（2）还原力[H]及其传递载体。固氮反应中所需大量还原力（N_2：[H]＝1：8）必须以 $NAD(P)H+H^+$ 的形式提供。[H]由低电位势的电子载体铁氧还原蛋白（Fd，一种铁硫蛋白）或黄素氧还原蛋白（Fld，一种黄素蛋白）传递至固氮酶上。

（3）固氮酶。固氮酶是一种复合蛋白，由固二氮酶和固二氮酶还原酶两种相互分离的蛋白构成。固二氮酶是一种含铁和钼的蛋白，铁和钼组成一个称为 FeMoCo 的辅因子，它是还原 N_2 的活性中心。而固二氮酶还原酶则是一种只含铁的蛋白。某些固氮菌处于不同生长条件下时，还可合成其他的固氮酶，称作"替补固氮酶"。

（4）还原底物——N_2。

（5）镁离子的参与。

（6）严格的厌氧微环境。

2）测定固氮酶活力的乙炔还原法

测定固氮酶活力的方法有粗放的微量克氏定氮法、烦琐的同位素法和既灵敏又简便的乙炔还原法等。已知固氮酶除了能催化 $N_2\rightarrow NH_3$ 的反应外，还可催化许多反应，包括

$2H^+ + 2e^- \rightarrow H_2$ 和乙炔→乙烯等反应，在后一反应中，这两种气体量的微小变化也能用气相色谱仪检测出来。由于乙炔还原法的灵敏度高、设备较简单、成本低廉和操作方便，故很快成为固氮实验中的常规方法。

3）固氮的生化途径

目前所知道的生物固氮总反应式为

$$N_2 + 8[H] + 18 \sim 24ATP \rightarrow 2NH_3 + H_2 + 18 \sim 24ADP + 18 \sim 24Pi$$

整个固氮过程主要经历以下几个环节：由 Fd 或 Fld 向氧化型固二氮酶还原酶的铁原子提供 1 个电子，使其还原；还原型的固二氮酶还原酶与 ATP-Mg 结合，改变了构象；固二氮酶在"FeMoCo"的 Mo 位点上与分子氮结合，并与固二氮酶还原酶-Mg-ATP 复合物反应，形成一个 1∶1 的复合物，即完整的固氮酶；在固氮酶分子上，有 1 个电子从固二氮酶还原酶-Mg-ATP 复合物转移到固二氮酶的铁原子上，这时固二氮酶还原酶重新转变成氧化态，同时 ATP 也就水解成 ADP+Pi。通过上述过程连续 6 次的运转，才可使固二氮酶释放出 2 个 NH_3 分子。还原 1 个 N_2 分子，理论上仅需 6 个电子，而实际测定却需 8 个电子，其中 2 个消耗在产 H_2 上。

4）固氮酶的产氢反应

在缺 N_2 环境下，固氮酶可将 H^+ 全部还原为 H_2 释放；在有 N_2 环境下，也只是用 75% 的还原力[H]去还原 N_2，而把另外 25% 的[H]以产 H_2 方式浪费掉。大多数固氮菌中，还存在另一种经典的氢化酶，它能将被固氮酶浪费了的分子氢重新激活，以回收一部分还原力[H]和 ATP。

3. 微生物固氮酶抗氧保护机制

1）好氧性自生固氮菌的抗氧保护机制

（1）呼吸保护。呼吸保护指固氮菌科的菌种能以极强的呼吸作用迅速将周围环境中的氧消耗绰，使细胞周围微环境处于低氧状态，借此保护固氮酶。

（2）构象保护。在高氧分压条件下，固氮酶能形成一个无固氮活性但能防止氧害的特殊构象，称为构象保护。构象保护的原因是存在一种耐氧蛋白即铁硫蛋白Ⅱ，它在高氧条件下可与固氮酶的两个组分形成耐氧的复合物。

2）蓝细菌固氮酶的抗氧保护机制

（1）分化出特殊的还原性异形胞。在具有异形胞分化的蓝细菌中，固氮作用只局限在异形胞中进行。异形胞的体积较一般营养细胞大，细胞外有一层由糖脂组成的片层式的较厚外膜，它具有阻止氧气进入细胞的屏障作用。异形胞内缺乏产氧光合系统Ⅱ，加上脱氢酶和氢化酶的活性高，使异形胞能维持很强的还原态。其中超氧化物歧化酶（SOD）的活性很高，有解除氧毒害的功能。此外，异形胞还有比邻近营养细胞高出 2 倍的呼吸强度，借此可消耗过多的氧并产生固氮必需的 ATP。

（2）非异形胞蓝细菌固氮酶的保护。这些蓝细菌一般缺乏独特保护机制，但却有相应的弥补方法，例如：将固氮作用与光合作用在时间上分隔；束状群体中央处于厌氧环境下的细胞失去能产氧的光合系统Ⅱ，以便于进行固氮反应；提高过氧化物酶和 SOD 的活性以除去有毒过氧化合物。

3）豆科植物根瘤菌固氮酶的抗氧保护机制

根瘤菌在纯培养情况下一般不固氮，只有当严格控制在微好氧条件下时才能固氮。当它们侵入根毛并形成侵入线再到达根部皮层后，会刺激内皮层细胞分裂繁殖，这时根瘤菌会在皮层细胞内迅速分裂繁殖，随后分化为膨大而形状各异、不能繁殖但有很强固氮活性的类菌体。许多类菌体被包在一层类菌体周膜中，维持着一个良好的氧、氮和营养环境。最重要的是此层膜的内外都存在着一种独特的豆血红蛋白。它是一种红色的含铁蛋白，在根瘤菌和豆科植物两者共生时，由双方诱导合成。豆血红蛋白通过氧化态（Fe^{3+}）和还原态（Fe^{2+}）间的变化可发挥"缓冲剂"作用，借以使游离 O_2 维持在低而恒定的水平上，使根瘤中的豆血红蛋白结合 O_2 与游离氧的比率一般维持在 10 000：1 的水平上。

4.3.4　工学应用拓展——微生物次级代谢物的合成

微生物的次级代谢物是指某些微生物生长到稳定期前后，以结构简单、代谢途径明确、产量较大的初生代谢物作前体，通过复杂的次级代谢途径所合成的各种结构复杂的化合物。与初生代谢物不同的是，次级代谢物往往具有分子结构复杂、代谢途径独特、在生长后期合成、产量较低、生理功能不很明确（尤其是抗生素）以及其合成一般受质粒控制等特点。

次级代谢物的种类极多，如抗生素、色素、毒素、生物碱、信息素、动植物生长促进剂以及生物药物素（指一些非抗生素类的、有治疗作用的生理活性物质）等。次级代谢物的化学结构复杂，分属多种类型，如内酯、大环内酯、多烯类、多炔类、多肽类、四环类和氨基糖类等，其合成途径也十分复杂，但各种初生代谢途径，如糖代谢、TCA 循环、脂肪代谢、氨基酸代谢以及团体化合物代谢等仍是次级代谢途径的基础。

微生物次级代谢物合成途径主要有以下 4 条：

（1）糖代谢延伸途径：由糖类转化、聚合产生的多糖类、糖苷类和核酸类化合物进一步转化而形成核苷类、糖苷类和糖衍生物类抗生素；

（2）莽草酸延伸途径：由莽草酸分支途径产生氯霉素等；

（3）氨基酸延伸途径：由各种氨基酸衍生、聚合形成多种含氨基酸的抗生素；

（4）乙酸延伸途径：又可分为 2 条支路，其一是乙酸经缩合后形成聚酮酐，进而合成大环内酯类、四环素类、灰黄霉素类抗生素和黄曲霉毒素，另一分支是经甲羟戊酸途径合成异戊二烯类，进一步合成重要的植物生长刺激素——赤霉素或真菌毒素——隐杯伞素等。

4.4　微生物的代谢调控与发酵生产

由于微生物细胞的体积极小，而所处的环境条件却十分多变，每个细胞要在这样复杂的环境条件下求得生存和发展，就必须具备一整套发达的代谢调节系统，因而从细胞水平上来看，微生物的代谢调节能力要超过复杂的高等动植物。有人估计，在大肠杆菌细胞中，同时存在着 2500 种左右的蛋白，其中上千种是催化正常新陈代谢的酶。如果细胞平均使用蛋白质，由于每个细菌细胞的体积只够装约 10 万个蛋白质分子，所以每种酶平均分配不到 100 个分子中。在长期进化过程中，微生物发展出一整套十分有效的代谢调节方式，巧妙地解决了这一矛盾。例如，在每种微生物的遗传因子上，虽然潜藏着合成各种分解酶的能力，但是除了一部分是属于经常以较高浓度存在的组成酶（Constitutive Enzyme）外，大量的都是属于只有当其分解底物或有关诱导物存在时才合成的诱导酶（Induced Enzyme 或 Inducible Enzyme）。据估计，诱导酶的总量约占细胞总蛋白含量的 10 ％。通过代谢调节，微生物可最经济地利用其营养物，合成出能满足自己生长、繁殖所需要的一切中间代谢物，并做到既不缺乏也不剩余任何代谢物的高效"经济核算"。微生物细胞的代谢调节方式很多，例如可调节营养物质透过细胞膜而进入细胞的能力，通过酶的定位以限制它与相应底物接近，以及调节代谢流等。其中以调节代谢流的方式最为重要，它包括两个方面：一是"粗调"，即调节酶的合成量；二是"细调"，即调节现成酶分子的催化活力。两者往往密切配合和协调，以达到最佳调节效果。利用微生物代谢调控能力的自然缺损或通过人为方法获得突破代谢调控的变异菌株，可为发酵工业提供生产有关代谢产物的高产菌株。有关的实际例子将在本节后面部分进行介绍。以下将以原核生物为对象来讨论微生物的代谢调节及其相关工业应用。

4.4.1　酶合成的调节

酶合成的调节是一种通过调节酶的合成量进而调节代谢速率的调节机制，这是一种在基因水平上（在原核生物中主要在转录水平上）的代谢调节。凡能促进酶生物合成的现象，称为诱导（Induction），而能阻碍酶生物合成的现象，则称为阻遏（Repression）。与上述调节酶活性的反馈抑制等相比，调节酶的合成（即产酶量）而实现代谢调节的方式是一类较间接而缓慢的调节方式，其优点是通过阻止酶的过量合成，有利于节约生物合成的原料和能量。在正常代谢途径中，酶活性调节和酶合成调节两者是同时存在且密切配合、协调进行的。

1. 酶合成调节的类型

1）诱导

根据酶的生成与环境中所存在的该酶底物或其有关物的关系，可把酶划分成组成酶和诱导酶两类。组成酶是细胞固有的酶类，其合成是在相应的基因控制下进行的，它不因分解底物或其结构类似物的存在而受影响，例如 EMP 途径的有关酶类。诱导酶则是细胞为适应外来底物或其结构类似物而临时合成的一类酶，例如 E.coli 在含乳糖培养基中所产生的 β-半乳糖苷酶和半乳糖苷渗透酶等。能促进诱导酶产生的物质称为诱导物（Inducer），它可以是该酶的底物，也可以是难以代谢的底物类似物或是底物的前体物质。例如，能诱导 β-半乳糖苷酶的除了其正常底物——乳糖外，不能被其利用的异丙基-β-D-硫代半乳糖苷（IPTG，Isopropyl β-D-Thiogalactoside）也可诱导，且其诱导效果要比乳糖高。例如，在 E.coli培养基中，加入 IPTG 后，其 β-半乳糖苷酶的活力可突然提高 1000 倍。

酶的诱导合成又可分为两种：一个叫同时诱导，即当诱导物加入后，微生物能同时或几乎同时诱导几种酶的合成，它主要存在于短的代谢途径中，例如将乳糖加入到 E.coli 培养基中后，即可同时诱导出 β-半乳糖苷透性酶、β-半乳糖苷酶和半乳糖苷转乙酰酶的合成；另一个称为顺序诱导，即先合成能分解底物的酶，再依次合成分解各中间代谢物的酶，以达到对较复杂代谢途径的分段调节。

2）阻遏

在微生物的代谢过程中，当代谢途径中某末端产物过量时，除可用前述的反馈抑制的方式来抑制该途径中关键酶的活性以减少末端产物的生成外，还可通过阻遏作用来阻碍代谢途径中包括关键酶在内的一系列酶的生物合成，从而更彻底地控制代谢和减少末端产物的合成。阻遏作用有利于生物体节省有限的养料和能量。阻遏的类型主要有分解代谢物阻遏和末端代谢物阻遏两种。

（1）分解代谢物阻遏（Catabolite Repression）。

这种阻遏指细胞内同时有两种分解底物（碳源或氮源）存在时，利用快的那种分解底物会阻遏利用慢的分解底物的有关酶合成的现象。现在知道，分解代谢物的阻遏作用，并非由于碳源本身直接作用的结果，而是碳源（或氮源等）在其分解过程中所产生的中间代谢物所引起的阻遏作用的结果。因此，分解代谢物的阻遏作用，就是指代谢反应链中，某些中间代谢物或末端代谢物的过量累积而阻遏代谢途径中一些酶合成的现象。

例如，有人将 *E.coli* 培养在含乳糖和葡萄糖的培养基上，发现该菌可优先利用葡萄糖，并于葡萄糖耗尽后才开始利用乳糖，这就产生了在两个对数生长期中间隔开一个生长延滞期的"二次生长现象"（Diauxie 或 Biphasic Growth）。其原因是，葡萄糖的存在阻遏了分解乳糖酶系的合成。这一现象又称葡萄糖效应。此外，用山梨醇或乙酸来代替上述乳糖时，也有类似的结果。由于这类现象在其他代谢中（例如铵离子的存在可阻遏微生物对精氨酸的利用等）普遍存在，因此人们索性把类似葡萄糖效应的阻遏统称为分解代谢物阻遏。

（2）末端代谢物阻遏（End Product Repression）。

这种阻遏指由某代谢途径末端代谢物的过量累积而引起的阻遏。对直线式反应途径来说，末端代谢物阻遏的情况较为简单，即代谢物作用于代谢途径中的各种酶，使之合成受阻遏，例如精氨酸的生物合成途径。

对分支代谢途径来说，情况就较复杂。每种末端代谢物仅专一地阻遏合成它的那条分支途径的酶。代谢途径分支点以前的"公共酶"仅受所有分支途径末端代谢物的阻遏，此即称为多价阻遏作用（Multivalent Repression）。也就是说，任何单独一种末端代谢物的存在，都没有产生阻遏作用，只有当所有末端代谢物都同时存在时，才能发挥出阻遏功能。芳香族氨基酸、天冬氨酸族和丙酮酸族氨基酸的生物合成中的反馈阻遏，就是最典型的例子。末端代谢物阻遏在代谢调节中有着重要的作用，它可保证细胞内各种物质维持适当的浓度。例如，在嘌呤、嘧啶和氨基酸的生物合成中，它们的有关酶类就受到末端代谢物阻遏的调节。

2. 酶合成调节的机制

目前认为，由 J.Monod 和 F.Jacob（1961）提出的操纵子假说可以较好地解释酶合成的诱导和阻遏现象。在进行正式讨论前，有必要对若干相关名词先作一些介绍。

1）名词解释

（1）操纵子（Operon）。

操纵子指的是一组功能上相关的基因，它是由启动基因（Promoter Gene）、操纵基因（Operator Gene）和结构基因（Structural Gene）三部分组成的。其中，启动基因是一种能被依赖于 DNA 的 RNA 多聚酶所识别的碱基顺序，它既是 RNA 多聚酶的结合部位，也是转录的起始点；操纵基因是位于启动基因和结构基因之间的一段碱基顺序，能与阻遏物（一种调节蛋白）相结合，以此来决定结构基因的转录是否能进行；结构基因则是决定某一多肽的 DNA 模板，可根据其上的碱基顺序转录出对应的 mRNA，然后再通过核糖体转译出相应的酶。一个操纵子的转录，就合成了一个 mRNA 分子。操纵子分两类，一类是诱导型操纵子，只有当存在诱导物（一种效应物）时，其转录频率才最高，并随之转译出大量诱导酶，出现诱导现象，例如乳糖、半乳糖和阿拉伯糖分解代谢的操纵子等；另一类是阻遏型操纵子，只有当缺乏辅阻遏物（一种效应物）时，其转录频率才最高。由阻遏型操纵子所编码的酶的合成，只有通过去阻遏作用才能启动，例如精氨酸、组氨酸和色氨酸合成代谢的操纵子等。

（2）效应物（Effector）。

效应物是一类低分子量的信号物质（如糖类及其衍生物、氨基酸和核苷酸等），包括诱导物（Inducer）和辅阻遏物（Corepressor）两种，它们可与调节蛋白相结合以使后者发生变构作用，并进一步提高或降低与操纵基因的结合能力。

（3）调节基因（Regulatory Gene）。

调节基因是用于编码组成型调节蛋白的基因，一般位于相应操纵子的附近。

（4）调节蛋白（Regulatory Protein）。

调节蛋白是一类变构蛋白，它有两个特殊位点，一个位点可与操纵基因结合，另一位点则可与效应物相结合。当调节蛋白与效应物结合后，就发生变构作用。有的调节蛋白在其变构后可提高与操纵基因的结合能力，有的则会降低其结合能力。调节蛋白可分为两种，一种称为阻遏物（Repressor），它能在没有诱导物时与操纵基因相结合；另一种则称为阻遏物蛋白（Aporepressor），它只能在辅阻遏物存在时才能与操纵基因相结合。

2）两种操纵子诱导机制

（1）乳糖操纵子的诱导机制。

E.coli 乳糖操纵子（Lactoseoperon，Lac 操纵子）由 Lac 启动基因、Lac 操纵基因和三个结构基因组成。三个结构基因分别编码 β-半乳糖苷酶、渗透酶和转乙酰基酶。乳糖操纵子是负调节（Negative Control）的代表，因在缺乏乳糖等诱导物时，其调节蛋白（即 Lac 阻遏物）一直结合在操纵基因上，抑制着结构基因上转录的进行。当有诱导物——乳糖存在时，乳糖与 Lac 阻遏物相结合，后者发生构象变化，结果降低了 Lac 阻遏物与操纵基因间的亲和力，使它不能继续结合在操纵子上。操纵子的"开关"打开后，转录、转译就可顺利进行了。当诱导物耗尽后，Lac 阻遏物可再次与操纵基因相结合，这时转录的"开关"被关闭，酶就无法合成，同时，细胞内已转录好的 mRNA 也迅速地被核酸内切酶所水解，所以细胞内酶的合成速度急剧下降。如果通过诱变方法使之发生 Lac 阻遏物缺陷突变，就可获得解除调节，即在无诱导物时也能合成 β-半乳糖苷诱导酶的突变株。

Lac 操纵子还受到另一种调节即正调节（Positive Control）的控制。这就是当调节蛋白 Crp（cAMP 受体蛋白）或 Cap（降解物激活蛋白）直接与启动基因结合时，RNA 多聚酶才能连接到 DNA 链上开始转录。Crp 与 cAMP（环化 AMP）的相互作用，会提高 Crp 与启动基因的亲和性。葡萄糖会抑制 cAMP 的形成，从而阻遏 Lac 操纵子的转录。

（2）色氨酸操纵子的末端产物阻遏机制。

色氨酸操纵子的阻遏是对合成代谢酶类进行正调节的例子。在合成代谢中，催化氨基酸等小分子末端产物合成的酶应随时存在于细胞内，因此，在细胞内这些酶的合成应经常处于消阻遏状态；相反，在分解代谢中的 β-半乳糖苷酶等则应经常处于阻遏状态。

E.coli 色氨酸操纵子也是由启动基因、操纵基因和结构基因三部分组成的。启动基因位于操纵子的开始处；结构基因上有 5 个基因，分别为"分支酸→邻氨基苯甲酸→磷酸核糖邻氨基苯甲酸→羧苯氨基脱氧核糖磷酸→吲哚甘油磷酸→色氨酸"途径中的 5 种酶编码。其调节基因（trpR）远离操纵基因，编码一种称作阻遏物蛋白的效应物蛋白。当存在色氨酸时，色氨酸起着辅阻遏物的作用。因其与阻遏物蛋白有极高的亲和力，故两者间形成了一个完全阻遏物（Holorepressor），用以阻止结构基因的转录。反之，当降低色氨酸浓度时，就会导致这一完全阻遏物的解离，使操纵基因的"开关"打开，因此结构基因的 mRNA 又可正常合成。所以，色氨酸操纵子的末端代谢物阻遏是一种正调节。

4.4.2　酶活性的调节

酶活性的调节是指在酶分子水平上的一种代谢调节，它是通过改变现成的酶分子活性来调节新陈代谢速率的，包括酶活性的激活和抑制两个方面。酶活性的激活是指在分解代谢途径中，后面的反应可被较前面的中间产物所促进，例如 Streptococcus faecalis（粪链球菌）的乳酸脱氢酶活性可被果糖-1,6-二磷酸所促进，Neurospora crassa（粗糙脉孢菌）的异柠檬酸脱氢酶的活性会受柠檬酸促进等。酶活性的抑制主要是反馈抑制（Feedback Inhibition），它主要表现在某代谢途径的末端产物（即终产物）过量时，这个产物可反过来直接抑制该途径中第一个酶的活性，促使整个反应过程减慢或停止，从而避免末端产物的过多累积。反馈抑制具有作用直接、效果快速以及当末端产物浓度降低时又可重新解除等优点。

1. 反馈抑制的类型

1）直线式代谢途径中的反馈抑制

这是一种最简单的反馈抑制类型。例如 E.coli 在合成异亮氨酸时，因合成产物过多可抑制途径中第一个酶——苏氨酸脱氨酶的活性，从而使 α-酮丁酸及其后一系列中间代谢物都无法合成，最终导致异亮氨酸合成的停止；另外，Corynebacterium glutamicum（谷氨酸棒杆菌）利用谷氨酸合成精氨酸也是直线式反馈抑制的典型例子。

2）分支代谢途径中的反馈抑制

在分支代谢途径中，反馈抑制的情况较为复杂。为避免在一个分支上的产物过多时不致同时影响另一分支上产物的供应，微生物已发展出多种调节方式。

（1）同功酶调节。同功酶（Isoenzyme）又称同工酶，是指能催化相同的生化反应，但酶蛋白分子结构有差异的一类酶，它们虽同存于一个个体或同一组织中，但在生理、免疫和理化特性上却存在着差别。同功酶的主要功能是代谢调节。在一个分支代谢途径中，如果在分支点以前的一个较早的反应是由几个同功酶所催化的，则分支代谢的几个最终产物往往分别对这几个同功酶发生抑制作用。

通过同功酶进行反馈抑制的实例很多，例如在 E.coli 的赖氨酸和苏氨酸合成中，天冬氨酸激酶Ⅰ和同型丝氨酸脱氢酶Ⅰ可被苏氨酸所抑制；天冬氨酸激酶Ⅲ可被赖氨酸所抑制。

(2) 协同反馈抑制(Concerted Feed Back Inhibition)。这种抑制指分支代谢途径中的几个末端产物同时过量时才能抑制共同途径中的第一个酶的一种反馈调节方式。例如 *Corynebacterium glutamicum* 或 *Bacillus polymyxa*(多黏芽孢杆菌)在合成天冬氨酸族氨基酸时，天冬氨酸激酶受赖氨酸和苏氨酸的协同反馈抑制，如果仅苏氨酸或赖氨酸过量，并不能引起抑制作用。

(3) 合作反馈抑制(Cooperative Feed Back Inhibition)。这种抑制又称增效反馈抑制，系指两种末端产物同时存在时，可以起着比一种末端产物大得多的反馈抑制作用。例如，AMP 和 GMP 虽可分别抑制 PRPP(磷酸核糖焦磷酸酶)，但两者同时存在时抑制效果却要大得多。

(4) 累积反馈抑制(Cumulative Feed Back Inhibition)。这种抑制是指每一分支途径的末端产物按一定百分率单独抑制共同途径中前面的酶，所以当几种末端产物共同存在时，它们的抑制作用是累积的。各末端产物之间既无协同效应，亦无拮抗作用。

累积反馈抑制最早在 *E.coli* 的谷氨酰胺合成酶调节中被发现，该酶受 8 个最终产物的累积反馈抑制，只有当它们同时存在时，酶活力才被全部抑制。如色氨酸单独存在时，可抑制酶活力的 16%，CTP 为 14%，氨基甲酰磷酸为 13%，AMP 为 41%。这 4 种末端产物同时存在时，酶活力的抑制程度可这样计算：色氨酸先抑制 16%，剩下的 84% 又被 CTP 抑制掉 11.8%(即 84%×14%)；留下的 72.2% 活性中，又被氨基甲酰磷酸抑制掉 9.4%(即 72.2%×13%)，还剩余 62.8%；这 62.8% 再被 AMP 抑制掉 25.8%(即 62.8×41%)，最后只剩下原活力的 37%。当 8 个产物同时存在时，酶活力才被全部抑制。

(5) 顺序反馈抑制(Sequential Feed Back Inhibition)。如我们将顺序反馈抑制的过程设置为 a、b、c、d、e、f 和 g，那么当 e 过多时，可抑制 c→d，这时由于 c 的浓度过大而促使反应向 f、g 方向进行，结果又造成了另一末端产物 g 浓度的增高。由于 g 过多就抑制了 c→d→e→f，结果造成 c 的浓度进一步增高。c 过多又对 a→b 间的酶发生抑制，从而达到了反馈抑制的效果。这种通过逐步有顺序的方式达到的调节，称为顺序反馈抑制。这一现象最初是在研究枯草杆菌的芳香族氨基酸生物合成时被发现的。

2. 反馈抑制的机制

从以上阐述中可以看出，尽管反馈抑制的类型极多，但其主要的作用方式在于最终产物对反应途径中第一个酶即变构酶(Allosteric Enzyme)或调整酶(Regulatory Enzyme)的抑制。有关一些氨基酸或核苷酸等小分子末端产物对变构酶的作用机制，尽管还了解得不多，但目前普遍认为，它可用变构酶的理论来解释。

这种理论认为，变构酶是一种变构蛋白，它具有两个或两个以上的立体专一性不同的接受部位。其中之一是能与底物结合并具有生化催化活性的部位，称作活性中心；另一个是能与一个不能作底物的代谢产物——效应物(Effector)相结合的变构部位，也称调节中心。酶与效应物间的结合，可引起变构酶分子发生明显而又可逆的结构变化，进而引起活性中心的性质发生改变。有的效应物能促进活性中心对底物的亲和力，就被称为活化剂；而有的效应物例如一系列反应途径的末端产物，则会降低活性中心对底物的亲和力，就被称作抑制剂。

变构酶在代谢调节中的功能，除了对同一合成途径中的反馈抑制之外，还具有协调不同代谢途径的功能。这是因为，变构酶除了能与它的专一底物和同一途径代谢产物相结合外，还能与其他代谢途径的产物相结合，从而受到该代谢途径产物的活化或抑制。

总之，反馈抑制是极其重要的，其机制除变构酶和前述的同功酶外，还存在多种其他方式，这些都是有待进一步研究和阐明的问题。

4.4.3　深度科研拓展——微生物代谢调控途径机制

在发酵工业中，控制微生物生理状态以达到高产的环境条件很多，如营养物类型和浓度、氧的供应、pH 的调节和表面活性剂的存在等。这里要讨论的则是另一类方式，即如何控制微生物的正常代谢调节机制，使其累积更多为人们所需要的有用代谢产物。由于一些抗生素等次生代谢产物的代谢调控十分复杂且目前还不够清楚，因此，下面所举的例子都是一些小分子主流代谢产物，主要分为三方面进行介绍。

1. 应用营养缺陷型菌株解除正常的反馈调节

在直线式的合成途径中，营养缺陷型突变株只能累积中间代谢物而不能累积最终代谢物。但在分支代谢途径中，通过解除某种反馈调节，就可以使某一分支途径的末端产物得到累积。

1）赖氨酸发酵

在许多微生物中，可用天冬氨酸为原料，通过分支代谢途径合成出赖氨酸、苏氨酸和甲硫氨酸。赖氨酸是一种重要的必需氨基酸，在食品、医药和畜牧业中需要量很大。但在代谢过程中，一方面由于赖氨酸对天冬氨酸激酶（AK）有反馈抑制作用，另一方面由于天冬氨酸除用于合成赖氨酸外，还要作为合成甲硫氨酸和苏氨酸的原料，因此，在正常的细胞内，就难以累积较高浓度的赖氨酸。

为了解除正常的代谢调节以获得赖氨酸的高产菌株，工业上选育了 *Corynebacterium glutamicum*（谷氨酸棒杆菌）的高丝氨酸缺陷型菌株作为赖氨酸的发酵菌种。这个菌种由于不能合成高丝氨酸脱氢酶（HSDH），故不能合成高丝氨酸，也不能产生苏氨酸和甲硫氨酸，在补给适量高丝氨酸（或苏氨酸和甲硫氨酸）的条件下，在含有较高糖分和铵盐的培养基上，能产生大量的赖氨酸。

2）肌苷酸（IMP）的生产

肌苷酸是重要的呈味核苷酸，它是嘌呤核苷酸生物合成过程中的一个中间代谢物。只有选育一个产生在 IMP 转化为 AMP 或 GMP 的几步反应中的营养缺陷型菌株，才可能累积 IMP。一个腺苷酸琥珀酸合成酶缺失的腺嘌呤缺陷型菌株，如果在其培养基中补充少量 AMP，就可正常生长并累积 IMP。当然，假如补充量太大，反而会引起对酶的反馈抑制。

2. 应用抗反馈调节的突变株解除反馈调节

抗反馈调节突变菌株，就是指一种对反馈抑制不敏感或对阻遏有抗性的组成型菌株，或兼而有之的菌株。在这类菌株中，因其反馈抑制或阻遏已解除，或是反馈抑制和阻遏已同时解除，所以能分泌大量的末端代谢产物。

例如，当把 *Corynebacterium crenatum*（钝齿棒杆菌）培养在含苏氨酸和异亮氨酸的结构类似物 AHV（α-氨基-β-羟基戊酸）的培养基上时，由于 AHV 可干扰该菌的高丝氨酸脱氢酶、苏氨酸脱氢酶以及二羧酸脱水酶的合成，所以抑制了该菌的正常生长。如果采用诱变(如用亚硝基胍作为诱变剂)后所获得的抗 AHV 突变株进行发酵，就能分泌较多的苏氨酸和异亮氨酸。这是因为，该突变株的高丝氨酸脱氢酶或苏氨酸脱氢酶和二羧酸脱水酶的结构基因发生了突变，故不再受苏氨酸或异亮氨酸的反馈抑制，于是就有大量的苏氨酸和异亮氨酸的累积。如进一步再选育出甲硫氨酸缺陷型菌株，则其苏氨酸产量还可进一步提高，原因是甲硫氨酸合成途径上的两个反馈阻遏也被解除了。

3. 控制细胞膜的渗透性

微生物的细胞膜对于细胞内外物质的运输具有高度选择性。细胞内的代谢产物常常以很高的浓度累积着，并自然地通过反馈阻遏限制了它们的进一步合成。采取生理学或遗传学方法，可以改变细胞膜的透性，使细胞内的代谢产物迅速渗漏到细胞外。这种解除末端产物反馈抑制作用的菌株，可以提高发酵产物的产量。

1) 通过生理学手段控制细胞膜的渗透性

在谷氨酸发酵生产中，生物素的浓度对谷氨酸的累积有着明显的影响，只有把生物素的浓度控制在亚适量情况下，才能分泌出大量的谷氨酸。生物素影响细胞膜渗透性的原因，是由于它是脂肪酸生物合成中乙酰 CoA 羧化酶的辅基，该酶可催化乙酰 CoA 的羧化并生成丙二酸单酰 CoA，进而合成细胞膜磷脂的主要成分——脂肪酸。因此，控制生物素的含量就可以改变细胞膜的成分，进而改变膜的透性和影响谷氨酸的分泌。

当培养液内生物素含量很高时，只要添加适量的青霉素也有提高谷氨酸产量的效果。其原因是青霉素可抑制细菌细胞壁肽聚糖合成中转肽酶的活性，结果引起其结构中肽桥间无法进行交联，造成细胞壁的缺损。这种细胞的细胞膜在细胞膨压的作用下，有利于代谢产物的外渗，因此降低了谷氨酸的反馈抑制并提高了产量。

2) 通过细胞膜缺损突变控制其渗透性

应用谷氨酸产生菌的油酸缺陷型菌株，在限量添加油酸的培养基中，也能因细胞膜发生渗漏而提高谷氨酸的产量。这是因为油酸是一种含有一个双键的不饱和脂肪酸(十八碳烯酸)，它是细菌细胞膜磷脂中的重要脂肪酸。油酸缺陷型突变株因其不能合成油酸而使细胞膜缺损。

另一种可以利用石油发酵产生谷氨酸的 *Corynebacterium hydrocarbolastus*(解烃棒杆菌)的甘油缺陷型突变株，由于缺乏 α-磷酸甘油脱氢酶，故无法合成甘油和磷脂。其细胞内的磷脂含量不到亲株含量的一半，但当供应适量甘油($200\ \mu g/mL$)时，菌体即能合成大量谷氨酸($72\ g/L$)，且不受高浓度生物素或油酸的干扰。

复 习 思 考 题

1. 什么叫生物氧化？试分析非生物性的氧化(燃烧)与生物氧化间的异同。
2. 在化能异养微生物的生物氧化中，其基质脱氢和产能途径主要有哪几条？试比较各途径的主要特点。

3. 试述 EMP 途径在微生物生命活动中的重要性。

4. 试述 HMP 途径在微生物生命活动中的重要性。

5. 细菌的呼吸链与真核生物的呼吸链有何不同？

6. 试从狭义和广义两方面来说明发酵的概念。

7. 试图示异型乳酸发酵的代谢途径。

8. 细菌的酒精发酵途径如何？它与酵母菌的酒精发酵有何不同？细菌的酒精发酵有何优缺点？

9. 在化能自养细菌中，硝酸细菌是如何获得其生命活动所需的 ATP 和还原力[H]的？

10. 既然固氮酶在有氧条件下会丧失其催化活性，为何多数固氮菌（包括蓝细菌）却都是好氧菌？试简述不同类型好氧固氮菌的抗氧机制。

11. 反馈抑制的本质是什么？分支代谢途径中存在哪些主要的反馈抑制类型？

12. 试图示并解释色氨酸操纵子的末端产物阻遏机制。

第5章 微生物的生长繁殖及工程控制

第5章 课件

微生物不论其在自然条件下还是在人工条件下发挥作用，都是"以数取胜"或是"以量取胜"的。生长、繁殖就是保证微生物获得巨大数量的必要前提。可以说，没有一定数量的微生物就等于没有微生物的存在。一个微生物细胞在合适的外界环境条件下，不断地吸收营养物质，并按其自身的代谢方式进行新陈代谢。如果同化作用的速度超过了异化作用，则其原生质的总量(重量、体积、大小)就不断增加，于是出现了个体的生长现象。如果这是一种平衡生长，即各细胞组分是按恰当的比例增长时，则达到一定程度后就会发生繁殖，从而引起个体数目的增加，这时，原有的个体已经发展成一个群体。随着群体中各个个体的进一步生长，就引起了这一群体的生长，这可以其重量、体积、密度或浓度作指标来衡量。

所以关于细菌繁殖便有了以下结论：个体生长→个体繁殖→群体生长；群体生长＝个体生长＋个体繁殖。除了特定的目的以外，在微生物的研究和应用中，只有群体的生长才有实际意义，因此，在微生物学中提到的"生长"，均指群体生长。这一点与研究大生物时有所不同，需要读者们进行区分。

微生物的生长繁殖是其在内外各种环境因素相互作用下的综合反映，因此，生长繁殖情况就可作为研究各种生理、生化和遗传等问题的重要指标；同时，微生物在生产实践中的各种应用或是对致病、霉腐微生物的防治，也都与它们的生长繁殖和抑制紧密相关。所以有必要对微生物的生长繁殖及其控制的规律作较详细的介绍。

5.1 微生物的生长规律

5.1.1 细菌的个体生长和同步生长

1. 细菌个体生长概述

1) 单个细菌染色体 DNA 的复制和分离

细菌染色体复制过程主要基于 Jacob 的复制子假说。其主要特点在于：连续复制(在细菌个体细胞生长的过程中，染色体以双向的方式进行连续的复制，在细胞分裂之前除了完成染色体的复制外，还开始了两个子细胞 DNA 分子的复制)和分离(复制起点附着在质膜上，随着膜的生长和细胞的分裂，两个基因组分离到两个子细胞中)。

2) 单个细菌的细胞壁扩增

细胞壁扩增位点根据微生物的不同而存在不同，简单归纳为如下几类：

(1) 杆菌。在生长过程中，新合成的肽聚糖在新老细胞壁中呈间隔分布，即肽聚糖不是在一个位点而是在多个位点插入的。

(2) 球菌。在生长过程中，新合成的肽聚糖固定在赤道板附近插入，导致新老细胞壁能明显地分开，原来的细胞壁被推向两端。肽聚糖短肽中第三个氨基酸是含有两个氨基的氨基酸，它通过本身的氨基与另一个肽聚糖短肽中的第四个氨基酸的羧基相连接形成肽键，使之形成一个整体。新合成的肽聚糖可以通过本身的二氨基氨基酸的氨基连到原来的细胞壁肽聚糖短肽中的第四个氨基酸的羧基上，或通过新合成的肽聚糖短肽中第四个氨基酸的羧基连到原来细胞内肽聚糖短肽中的第三个二氨基氨基酸的游离氨基上，导致细胞壁肽聚糖的扩增。

3）细菌的分裂与调节

细菌的繁殖方式主要有无性繁殖（裂殖，是最主要形式）、出芽生殖（生丝微菌）、劈裂生殖（节杆菌 V 型）以及有性繁殖。

对细菌繁殖方式中最为普遍的裂殖的分裂调节过程的简单描述是：染色体 DNA 复制；细胞质膜内陷；新合成的肽聚糖插入，导致横隔壁向心生长，最后在中心汇合；完成一次分裂，将一个细菌分裂成两个。

其分裂生长调节主要有四个步骤，转肽酶和 D.D 羧肽酶的活性比在生长和分裂两个步骤中起着重要作用。转肽酶可以催化两个肽聚糖短肽链的连接，D.D 羧肽酶则用以催化肽聚糖的五肽转变成四肽并放出一个丙氨酸。当转肽酶活性比羧肽酶活性高时，新合成的肽聚糖中四肽单位比五肽单位的比率低，有利于细胞壁扩增，导致细菌生长；当转肽酶活性比羧肽酶活性低时，新合成的肽聚糖中四肽单位比五肽单位的比率高，细胞壁合成部位中四肽单位数量多，可以接受更多新合成的肽聚糖，有利于横隔壁形成，导致细胞分裂。

2. 细菌同步生长及其试验方法

微生物在生长过程中，微小的细胞内同样发生着阶段性的极其复杂的生物化学变化和细胞学变化。目前使用的研究某一细胞的这类变化的方法，包括电子显微镜观察细胞的超薄切片和使用同步培养技术，即设法使某一群体中的所有个体细胞尽可能都处于同样的细胞生长和分裂周期中，然后通过分析此群体在各阶段的生物化学特性变化，来间接了解单个细胞的相应变化规律。这种通过同步培养的手段而使细胞群体中各个体处于分裂步调一致的生长状态，称为同步生长。

获得微生物同步生长的方法主要有两类：

(1) 环境条件诱导法。该方法主要包括用氯霉素抑制细菌蛋白质合成，细菌芽孢诱导发芽，藻类细胞的光照、黑暗控制，用 EDTA 或离子载体处理酵母菌以及短期热休克法等。

(2) 机械筛选法。该方法主要利用处于同一生长阶段细胞的体积、大小的相同性，用过滤法、密度梯度离心法或膜洗脱法收集同步生长的细胞。其中膜洗脱法较有效和常用，此方法根据某些滤膜可吸附与该滤膜相反电荷细胞的原理，让非同步细胞的悬液流经此膜，于是一大群细胞被牢牢吸附（见图 5 - 1），然后将滤膜翻转并置于滤器中，其上慢速流下新鲜培养液，最初流出的是未吸附的细胞，不久，吸附的细胞开始分裂，在分裂后的两个子细胞中，一个仍吸附在滤膜上，另一个则被培养液洗脱。若滤膜面积足够大，只要收集刚滴下的子细胞培养液即可获得满意的同步生长的细胞。

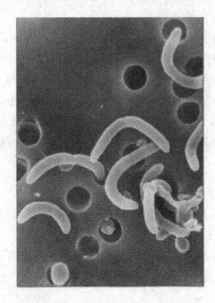

图 5-1　电镜下的硝酸纤维素滤膜上同步生长的微生物

5.1.2　细菌群体生长繁殖及其相关数学模型

将细菌接种到均匀的液体培养基后，细菌以二分裂法繁殖，分裂后的子细胞具有生活能力，在不补充营养物质或移去培养物，保持整个培养液体积不变的条件下，以时间为横坐标，以菌数为纵坐标，根据不同培养时间里细菌数量的变化，可以做出一条反映细菌在整个培养期间菌数变化规律的曲线，这就是微生物的典型生长曲线(Growth Curve)。

根据微生物的生长速率常数(Growth Rate Constant)，即每小时的分裂代数的不同，一般可把典型生长曲线粗分为调整期、对数期、稳定期和衰亡期等四个时期，对应图 5-2 所示的 Ⅰ～Ⅳ。

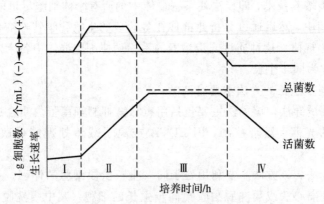

图 5-2　微生物典型生长曲线

1. 调整期(Lag Phase)

调整期又称停滞期、延滞期或适应期，指少量微生物接种到新培养液中后，在开始培养的一段时间内细胞数目不增加的时期。该时期有几个特点：

（1）生长速率常数等于零。

（2）细胞形态变大或增长，许多杆菌可长成长丝状。例如，*Bacillus megaterium*（巨大芽孢杆菌）在接种的当时，细胞长为 3.4 μm；培养至 3.5 小时时，其长为 9.1 μm；至 5.5 小时时，可达 19.8 μm。

（3）细胞内 RNA 尤其是 rRNA 含量增高，原生质呈嗜碱性。

（4）合成代谢活跃，核糖体、酶类和 ATP 的合成加快，易产生诱导酶。

（5）对外界不良条件例如 NaCl 溶液浓度、温度和抗生素等化学药物的反应敏感。

影响调整期长短的因素很多，除菌种外，主要有三点。

（1）接种龄。接种龄即"种子"（Inoculum）的群体生长年龄，亦即它处在生长曲线上的哪一个阶段。这是一种生理年龄。实验证明，如果以对数期接种龄的"种子"接种，则子代培养物的延滞期就短；反之，如以延滞期或衰亡期的"种子"接种，则子代培养物的延滞期就长；如果以稳定期的"种子"接种，则延滞期居中。

（2）接种量。接种量的大小明显影响延滞期的长短。一般来说，接种量大，则延滞期短，反之则长。因此，在发酵工业上，为缩短不利于提高发酵效率的延滞期，一般采用1/10的接种量。

（3）培养基成分。接种到营养丰富的天然培养基中的微生物，要比接种到营养单调的组合培养基中的延滞期短。所以，在发酵生产中，常使发酵培养基的成分与种子培养基的成分尽量接近。

调整期的出现，可能是因为微生物接种到新鲜培养液的细胞中后，一时还缺乏分解或催化有关底物的酶，或是缺乏充足的中间代谢物。为产生诱导酶或合成有关的中间代谢物，就需要有一段适应期，于是出现了生长的延滞期。

2. 对数期（Logarithmic Phase）

对数期又称指数期，是指在生长曲线中紧接着延滞期的、细胞以几何级数速度分裂的一段时期。指数期有以下几个特点：

（1）生长速率常数 R 最大，因而细胞每分裂一次所需的代时 G（增代时间，Generation Time）或原生质增加一倍所需的倍增时间（Doubling Time）最短。

（2）细胞进行平衡生长，菌体内各种成分最为均匀。

（3）酶系活跃，代谢旺盛。

在指数生长期中，有三个参数最为重要。以下是这三个参数的相关数学计算推导。

（1）繁殖代数（n）：

$$x_2 = x_1 \cdot 2^n \rightarrow \lg x_2 = \lg x_1 + n\lg 2 \rightarrow n = \frac{\lg x_2 - \lg x_1}{\lg 2} = 3.322(\lg x_2 - \lg x_1)$$

（2）生长速率常数（R）：

$$R = \frac{n}{t_2 - t_1} = \frac{3.322(\lg x_2 - \lg x_1)}{t_2 - t_1}$$

（3）代时（G）：

$$G = \frac{1}{R} = \frac{t_2 - t_1}{3.322(\lg x_2 - \lg x_1)}$$

影响对数期微生物增代时间的因素很多，主要有如下几点：

① 不同菌种的代时差别极大。

② 同一种细菌，在营养物丰富的培养基中生长，其代时较短，反之则长。

③ 营养物的浓度可影响微生物的生长速率和总生长量。在营养物浓度很低的情况下，营养物的浓度才会影响生长速率，随着营养物浓度的逐步增高，生长速率不受影响，而只影响最终的菌体产量。如果进一步提高营养物的浓度，则生长速率和菌体产量两者均不受影响。凡是处于较低浓度范围内，可影响生长速率和菌体产量的营养物，就称为生长限制因子。

④ 营养物温度。温度对微生物的生长速率有极其明显的影响。

对数期的微生物因其整个群体的生理特性较一致，细胞成分平衡发展且生长速率恒定，故可作为代谢、生理等研究的良好材料，是增殖噬菌体的最适宿主菌龄，也是发酵生产中用作"种子"的最佳种龄。

3. 稳定期(Stationary Phase)

该时期又称恒定期或最高生长期。其特点是生长速率常数 R 等于 0，即处于新繁殖的细胞数与衰亡的细胞数相等，或正生长与负生长相等的动态平衡之中。这时的菌体产量达到了最高点，而且菌体产量与营养物质的消耗间呈现出一定的比例关系，这一关系可用生长产量常数 Y(或称生长得率)来表示：

$$Y = \frac{X - X_0}{C_0 - C} = \frac{X - X_0}{C_0}$$

式中，X 为稳定期的细胞干重(g/mL 培养液)，X_0 为刚接种时的细胞干重，C_0 为限制性营养物的最初浓度(g/mL)，C 为稳定期时限制性培养物的浓度(由于计算 Y 时必须有一限制性营养物，所以 C 应等于零)。

进入稳定期时，细胞内开始积聚糖原、异染颗粒和脂肪等内含物；芽孢杆菌一般在这时开始形成芽孢；有的微生物在这时开始以初生代谢物作前体，通过复杂的次生代谢途径合成抗生素等对人类有用的各种次生代谢物(又称稳定期产物)。

稳定期到来的原因是：营养物尤其是生长限制因子的耗尽；营养物的比例失调，酸、醇、毒素或 H_2O_2 等有害代谢产物的累积；pH、氧化还原势等物理、化学条件越来越不适宜。稳定期是以生产菌体或与菌体生长相平衡的代谢产物，例如单细胞蛋白、乳酸等为目的的一些发酵生产的最佳收获期，也是对某些生长因子例如维生素和氨基酸等进行生物测定的必要前提。此外，对稳定期到来的原因所进行的研究，还促进了连续培养技术的设计和研究。

4. 衰亡期(Decline Phase 或 Death Phase)

在衰亡期中，个体死亡的速度超过新生的速度，因此，整个群体就呈现出负生长(R 为负值)。在该时期，细胞形态多样，例如会产生很多膨大、不规则的退化形态；有的微生物因蛋白水解酶活力的增强而发生自溶(Autolysis)；有的微生物在这时产生或释放对人类有用的抗生素等次生代谢产物；在芽孢杆菌中，芽孢释放往往也发生在这一时期。

产生衰亡期的原因主要是外界环境对继续生长越来越不利，从而引起细胞内的分解代谢大大超过合成代谢，继而导致菌体死亡。

5.1.3　真核微生物的生长繁殖概述

1. 霉菌的生长繁殖

1) 无性孢子繁殖

无两性细胞结合，只是营养细胞的分裂或营养菌丝的分化(切割)而形成新个体的过程称为无性孢子繁殖。无性孢子有厚垣孢子、节孢子、分生孢子、孢囊孢子等(见图 5-3)。

图 5-3　霉菌包囊孢子及分生孢子的电镜照

2) 有性孢子繁殖

两个性细胞结合产生新个体的过程称为有性孢子繁殖。繁殖过程主要有如下几个步骤：

(1) 质配：两个性细胞结合，细胞质融合，成为双核细胞，每个核均含单倍染色体$(n+n)$；

(2) 核配：两个核融合，成为二倍体接合子核，此时核的染色体数是二倍$(2n)$；

(3) 减数分裂：具有双倍体的细胞核经过减数分裂，核中的染色体数目又恢复到单倍体状态。

3) 霉菌有性孢子繁殖的特点

霉菌有性孢子繁殖的特点主要有下述几点：

(1) 霉菌的有性繁殖不如无性繁殖那么普遍，多发生在特定条件下，往往在自然条件下较多，在一般培养基上不常见；

(2) 有性繁殖方式因菌种不同而异，有的两条营养菌丝就可以直接结合，有的则由特殊的性细胞(性器官)——配子囊或由配子囊产生的配子来相互交配，形成有性孢子；

(3) 核配后一般立即进行减数分裂，因此菌体染色体数目为单倍，双倍体只限于接合子；

(4) 霉菌的有性繁殖存在同宗配合和异宗配合两种情况；

(5) 霉菌的有性孢子包括卵孢子、接合孢子、子囊孢子等。

卵孢子由大小不同的配子囊结合后发育而成。小型的配子囊称为雄器，大型的配子囊称为藏卵器。藏卵器内有一个或数个称为卵球的原生质团，它相当于高等生物的卵。当雄器与藏卵器配合时，雄器中的细胞质和细胞核通过受精管进入藏卵器，并与卵球结合，受精卵球生出外壁，发育成卵孢子。

接合孢子是由菌丝生出的结构基本相似、形态相同或略有不同的两个配子囊接合而成的。接合孢子的形态：厚壁、粗糙、黑壳。接合过程：两个相邻的菌丝相遇，各自向对方生出极短的侧枝，称为原配子囊。原配子囊接触后，顶端各自膨大并形成横隔，分隔形成两个配子囊细胞，配子囊下的部分称为配子囊柄。然后相接触的两个配子囊之间的横隔消失，发生质配、核配，同时外部形成厚壁，即成接合孢子。根据产生接合孢子的菌丝来源或亲和力的不同，可分为：

① 同宗配合：菌体自身可孕，不需要别的菌体帮助而能独立进行有性生殖。当同一菌体的两根菌丝甚至同一菌丝的分枝相互接触时，便可产生接合孢子。

② 异宗配合：菌体自身不孕，需要借助别的可亲和菌体的不同交配型来进行有性生殖，即它需要两种不同菌系的菌丝相遇才能形成接合孢子。

子囊孢子是在子囊内形成的有性孢子。子囊是两性细胞接触以后形成的囊状结构。子囊有球形、棒形、圆筒形、长方形等，因种而异。子囊内孢子通常有 $1\sim8$ 个。子囊孢子的形状、大小、颜色也各不相同。不同的霉菌形成子囊的方式不同，最简单的是两个营养细胞结合形成子囊，细胞核分裂形成子核，每一子核形成一个子囊孢子。

4）生活史

霉菌的无性繁殖阶段简要概括如下：菌丝体（营养体）在适宜的条件下产生无性孢子，无性孢子萌发形成新的菌丝体，多次重复。霉菌的有性繁殖阶段简要概括如下：在发育后期，在一定条件下，在菌丝体上分化出特殊性器官（细胞），或两条异性营养菌丝进行接合、质配、核配、减数分裂后形成单倍体孢子，再萌发形成新的菌丝体。有一些霉菌，至今尚未发现其生活史中有有性繁殖阶段，这类真菌称为半知菌。

2. 酵母菌的生长繁殖

1）无性繁殖

（1）芽殖。芽殖为酵母菌主要的无性繁殖方式，即成熟细胞长出一个小芽，到一定程度后脱离母体继续长成新个体。酵母菌出芽繁殖时，子细胞与母细胞分离，在子、母细胞壁上都会留下痕迹。在母细胞的细胞壁上出芽并与子细胞分开的位点称为出芽痕（见图5-4），子细胞细胞壁上的位点称为诞生痕。由于多重出芽，酵母菌细胞表面有多个小突起。一个酵母菌能形成的芽数是有限的，平均为24个。根据酵母菌细胞表面留下芽痕的数目，就可确定某细胞产生过的芽体数，因而可估计该细胞的菌龄。出芽方式有单极出芽、双极出芽、多极出芽。环境适宜时，可出现假菌丝。

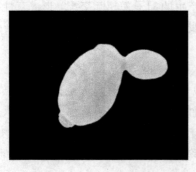
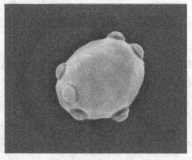

图5-4　出芽生殖过程中啤酒酵母（左）及面包酵母的出芽痕（右）

（2）裂殖。少数酵母菌可以像细菌一样分裂而繁殖，例如裂殖酵母菌。

2）有性繁殖

酵母菌以形成子囊和子囊孢子的形式进行有性繁殖。一般是邻近的两个性别不同的细胞各自伸出一根管状的原生质突起，随即相互接触、局部融合并形成一个通道，再经过质配、核配形成双倍体细胞——接合子；接合子进行减数分裂，形成 4 个或 8 个子核，每一个子核和周围的细胞质一起，在其表面形成孢子壁后就形成子囊孢子。形成子囊孢子的细胞称为子囊。一般一个子囊可产生 4~8 个子囊孢子。孢子的数目、大小、形状因种而异。酵母菌中尚未发现其具有有性繁殖阶段的被称为假酵母菌。

3）酵母菌的生活史

酵母菌上代个体经一系列生长、发育阶段而产生下一代个体的全部过程，称为该生物的生活史或生命周期。各种酵母菌的生活史可分为三种类型：单倍体型、双倍体型和单双倍体型。

单倍体型以八孢裂殖酵母菌为代表，其特点在于：营养细胞是单倍体；无性繁殖以裂殖方式进行；八孢裂殖酵母菌的双倍体细胞不能独立生活，因为双倍体阶段短，一经生成立即减数分裂。

双倍体型以路德类酵母菌为代表，其特点为：营养体为双倍体，不断进行芽殖；双倍体营养阶段长；单倍体的子囊孢子在子囊内发生接合；路德类酵母菌单倍体阶段仅以子囊孢子形式存在，故不能独立生活。

单双倍体型以啤酒酵母菌为代表，其特点是：单倍体营养细胞和双倍体营养细胞均可进行芽殖；营养体既可以单倍体形式也可以双倍体形式存在；在特定条件下进行有性生殖。单倍体和双倍体两个阶段同等重要，形成世代交替。

5.1.4　微生物的连续培养及工科微生物学应用

连续培养（Continuous Culture）又称开放培养（Open Culture），是相对于上述绘制典型生长曲线时所采用的那种单批培养（Batch Culture）或密闭培养（Closed Culture）而言的。

连续培养是在研究典型生长曲线的基础上，通过认识稳定期到来的原因，并采取相应的有效措施而实现的。具体地说，当微生物以单批培养的方式培养到指数期的后期时，一方面以一定速度连续流进新鲜培养基，并立即搅拌均匀，另一方面，利用溢流的方式，以同样的流速不断流出培养物。这样，培养物就达到动态平衡，其中的微生物可长期保持在指数期的平衡生长状态和稳定的生长速率上。以下仅对控制方式和使用目的不同的两种连续培养器的原理作一简单介绍（见表 5-1）。

表 5-1　恒浊器和恒化器的特点比较

装　置	控制对象	培养基	培养基流速	生长速率	产　物	应用范围
恒浊器	菌体密度 （内控制）	无限制生 长因子	不恒定	最高	大量菌体或 与菌体形成相 平衡的产物	生产为主
恒化器	培养基流速 （外控制）	有限制生 长因子	恒定	低于最高	不同生长速 率的菌体	实验室为主

1. 恒浊器(Turbidostat)

恒浊器是根据培养器内微生物的生长密度,借助光电控制系统来控制培养液流速,以取得菌体密度高、生长速度恒定的微生物细胞的连续培养器。在这一系统中,当培养基的流速低于微生物生长速度时,菌体密度增高,这时通过光电控制系统的调节,可促使培养液流速加快,反之亦然,并以此来达到恒密度的目的。因此,这类培养器的工作精度是由光电控制系统的灵敏度来决定的。

在恒浊器中的微生物,始终能以最高生长速率进行生长,并可在允许范围内控制不同的菌体密度。在生产实践中,为了获得大量菌体或与菌体生长相平衡的某些代谢产物如乳酸、乙醇,都可以利用恒浊器。

2. 恒化器(Chemostat 或 Bactogen)

恒化器与恒浊器相反,它是一种设法使培养基流速保持不变,并使微生物始终在低于其最高生长速率条件下进行生长繁殖的一种连续培养装置。因而可将恒化器称为外控制式的连续培养装置。可以设想,在恒化器中,一方面菌体密度会随时间的增长而增高,另一方面,限制生长因子的浓度又会随时间的增长而降低,两者互相作用的结果,使得微生物的生长速率正好与恒速流入的新鲜培养基流速相平衡。这样,既可获得一定生长速率的均一菌体,又可获得虽低于最高菌体产量,却能保持稳定菌体密度的菌体。

按照培养器的级数,可把连续培养器分成单级连续培养器与多级连续培养器两种。上面已经提出,如果某微生物代谢产物的产生速率与菌体生长速率相平衡,就可以采用单级恒浊器来进行研究或生产。相反,如果要生产的恰恰是与菌体生长不平衡的那些发酵产物,例如丙酮、丁醇等,就应根据两者的产生规律,设计与其相适应的多级连续培养装置(各级间相互串联)。

3. 工学应用拓展——两级连续培养的必要性和优势

现以丙酮丁醇的发酵生产为例来说明采用两级连续培养的必要性和优点。

丙酮丁醇生产菌 Clostridum acetobutylicum(丙酮丁醇梭菌)的生长可分两个阶段:前期较短,以产菌体为主,生长温度以 37℃为宜;后期较长,以产溶剂为主,温度以 33℃为宜。根据这一特点,有人设计了一个两级连续发酵装置。第一级保持 37℃,pH 4.3,培养液的稀释率为 0.125/小时(即流速控制成 8 小时更换一次容器内的培养液),第二级为33℃,pH 4.3,稀释率为 0.04/小时(即 25 小时更换培养液一次)。利用这样的装置可在一年多的时间内连续运转,并达到较单级连续培养好得多的生产效益。在我国,早在 20 世纪60 年代,就已采用高效率的多级连续发酵法大规模地生产丙酮、丁醇等溶剂。

连续培养如用于生产实践中,就称为连续发酵(Continuous Fermentation)。连续发酵与单批发酵相比有许多优点:高效,它简化了装料、灭菌、出料、清洗发酵罐等许多单元操作,从而减少了非生产时间和提高了设备的利用率;自控,便于利用各种仪表进行自动控制;产品质量较稳定;生长与代谢产物形成的两种类型节约了大量动力、人力、水和蒸汽,且使水、汽、电的负荷均匀合理。

与一切事物一样,连续培养或连续发酵也有其缺点,最主要的是菌种易于退化。可以设想,处于如此长期高速繁殖下的微生物,即使其自发突变概率极低,也无法避免变异的发生,尤其无法避免比原生产菌株生长速率高、营养要求低和代谢产物少的负变类型发生。其次是易遭杂菌污染。可以想象，在长期运转中，要保持各种设备无渗漏，尤其是通气系统不出任何故障，是极其困难的。因此，所谓"连续"是有时间限制的，一般可达数月至一二年。此外，在连续培养中，营养物的利用率一般亦低于单批培养。

在生产实践上，连续培养技术已广泛应用于酵母菌体的生产、乙醇、乳酸和丙酮、丁醇等的发酵，以及用假丝酵母(*Candida*)进行石油脱蜡或是污水处理中。国外还把微生物连续培养的原理扩大运用于提高浮游生物的产量，并收到了良好的效果(在 25℃下，日产量可比原有方法提高一倍)。

5.2 影响微生物生长繁殖的主要因素

影响微生物生长的外界因素很多，除第 4 章已讲过的营养条件外，还有许多物理因素。在这里，我们仅讨论其中最主要的氧、温度和 pH 值三项。

5.2.1 氧及与氧有关的微生物

地球上的整个生物圈都被大气层包围着。以体积计，氧气约占空气的 1/5，氮气约占 4/5。因此，氧对微生物的生命活动有着极其重要的影响。按照微生物与氧的关系，可把它们分成好氧菌(Aerobe)和厌氧菌(Anaerobe)两个大类，并继续细分为以下五类。

1. 专性好氧菌(Strictaerobe)

专性好氧菌必须在有分子氧的条件下才能生长。它们有完整的呼吸链，以分子氧作为最终氢受体，细胞含超氧化物歧化酶(Super Oxide Dismutase，SOD)和过氧化氢酶(Catalase，CAT)。绝大多数真菌和许多细菌都是专性好氧菌，例如 *Pseudomon asaeruginosa*(铜绿假单胞菌，又称绿脓杆菌)和 *Coeynebacterium diphtheriae*(白喉棒杆菌)等。

2. 兼性厌氧菌(Facultativeaerobe)

兼性厌氧菌在有氧或无氧条件下均能生长，但在有氧情况下生长得更好。这种菌类在有氧时靠呼吸产能，无氧时借发酵或无氧呼吸产能。其细胞含 SOD 和 CAT。许多酵母菌和许多细菌都是兼性厌氧菌。例如 *Saccharomy cescerevisiae*(酿酒酵母菌)，肠杆菌科的各种细菌，包括 *E.coli*、*Enterobacter aerogenes*(产气肠杆菌，旧称产气气杆菌或产气杆菌)和 *Proteus vulgaris*(普通变形杆菌)等都是常见的兼性厌氧微生物。

3. 微好氧菌(Microaerophilic Bacteria)

该类微生物只能在较低的氧分压(0.01~0.03 Pa，而正常大气中的氧分压为 0.2 Pa)下才能正常生长。它们也通过呼吸链并以氧为最终氢受体而产能。例如 *Vibriocholerae*(霍乱弧菌)、一些 *Hydrogenomonas*(氢单胞菌属)、*Zymomonas*(发酵单胞菌属)以及少数 *Bacteroides*(拟杆菌属)的种等都是微好氧菌。

4. 耐氧菌(Aerotolerantanaerobe)

耐氧菌是一类可在分子氧存在下进行厌氧生活的厌氧菌，即它们的生长不需要氧，分子氧对它也无毒害。它们不具有呼吸链，仅依靠专性发酵获得能量。其细胞内存在 SOD 和过氧化物酶，但缺乏过氧化氢酶。一般的乳酸菌多数是耐氧菌，例如 *Streptococcus lactis*(乳链球菌)、*Streptococcus faecalis*(粪链球菌)、*Lactobacillus lactis*(乳酸乳杆菌)以

及 *Leuconostoc mesenteroides*（肠膜明串珠菌）等。乳酸菌以外的耐氧菌有 *Butyribacterium rettgeri*（雷氏丁酸杆菌）等。

5. 厌氧菌（Anaerobe）

1）厌氧菌的独有特点

厌氧菌主要有以下几个特点：分子氧对它们有毒，即使短期接触空气，也会抑制其生长甚至致死；在空气或含 10% CO_2 的空气中，它们在固体或半固体培养基的表面上不能生长，只有在其深层的无氧或低氧化还原势的环境下才能生长；其生命活动所需能量是通过发酵、无氧呼吸、循环光合磷酸化或甲烷发酵等提供的；细胞内缺乏 SOD 和细胞色素氧化酶，大多数还缺乏过氧化氢酶。常见的厌氧菌有 *Clostridium*（梭菌属）、*Bacteroides*（拟杆菌属）、*Fusobacterium*（梭杆菌属）、*Bifidobacterium*（双歧杆菌属）、*Eubacterium*（优杆菌属）、*Peptococcus*（消化球菌属）、*Butyrivibrio*（丁酸弧菌属）、*Desulfovibrio*（脱硫弧菌属）、*Veillonella*（韦荣氏球菌属）以及各种光合细菌和产甲烷菌等。其中产甲烷菌的绝大多数种都是极端厌氧菌。

2）厌氧菌的氧毒害机制

在微生物世界中，绝大多数种类都是好氧菌或兼性厌氧菌。厌氧菌的种类相对较少，但近年来已找到越来越多的厌氧菌。关于厌氧菌的氧毒害机制从 20 世纪初起已陆续有人提出，但直到 1971 年在 Mccord 和 Fridovich 提出 SOD 的学说后，才有了进一步的认识。他们认为，五类与氧关系不同的微生物，其厌氧菌因缺乏 SOD 而易被生物体内极易产生的超氧阴离子自由基（O^{2-}）毒害致死。

超氧阴离子自由基是活性氧的形式之一，因有奇数电子，故带负电荷。它既有分子性质，又有离子性质。其反应力极强，性质极不稳定，在细胞内可破坏各种重要生物高分子和膜，也可形成其他活性氧化物，故对生物体十分有害。在体内，超氧阴离子自由基可由酶促（如黄嘌呤氧化酶）或非酶促方式形成，即：$O_2 + e \rightarrow O^{2-}$（·$O^{2-}$）。

生物在其长期进化过程中，早就发展出去除超氧阴离子自由基等各种有害的活性氧的机制。一切好氧生物都具有 SOD 就是最重要的方式之一。好氧生物因为有 SOD，因此剧毒的 O^{2-} 就被歧化成毒性稍低的 H_2O_2，在过氧化氢酶的作用下，H_2O_2 再变成无毒的 H_2O。厌氧菌因为不能合成 SOD，所以根本无法使 O^{2-} 歧化成 H_2O_2，因此，在有氧存在时，它们体内形成的 O^{2-} 就使自身受到毒害。

已有实验证明，原来是兼性厌氧的 *E.coli*，如果让它发生缺乏 SOD 的突变，它就变成一种短期接触氧就被杀死的"严格厌氧菌"了。

近年来，发现 SOD 在清除生物体内的超氧阴离子自由基的同时，还具有防治人体衰老、抗癌、防白内障、治疗放射病和肺气肿以及解除苯中毒等一系列疗效，所以正在通过直接从动物血液或微生物中提取，或是用遗传工程等手段将 SOD 基因导入受体菌等方法来开发这种新型的医疗用酶。此外，还在用化学修饰的方法努力延长 SOD 在体内的半衰期（未修饰的 SOD 在体内的半衰期仅有 6 分钟），以尽快达到实用的目的。

5.2.2　温度

由于微生物的生命活动是由一系列生物化学反应组成的，而这些反应受温度的影响极为明显，因此，温度是影响微生物生长的最重要的因素之一。这里要讨论的是在微生物生长范围内的各种温度。与其他生物一样，任何微生物的生长温度尽管有宽有窄，但总有最低生长温度、最适生长温度和最高生长温度这三个重要指标，这就是生长温度的三基点。如果将微生物作为一个整体来看，它的温度三基点是极其宽的。对某一具体微生物来说，有的生长温度很宽，有的则很窄，这与它们长期生存的生态环境是否有较稳定的温度有很大关系。例如，一些生活在土壤中的芽孢杆菌，它们是宽温微生物（15～40℃）；$E.coli$ 既可在人体大肠中生活，也可在体外环境中生活，故也是宽温微生物（10～47.5℃）；而专性寄生在人体泌尿生殖道中的 $Neisseria\ gonorrhoeae$（淋病奈瑟氏球菌）则是窄温微生物（36～40℃）。

1. 最适生长温度及其实践意义

最适生长温度有时也简称为"最适温度"，其意义是某菌分裂代时最短或生长速率最高时的培养温度。但是，对同一微生物来说，其不同的生理生化过程有着不同的最适温度，也就是说，最适生长温度并不等于生长量最高时的培养温度，也不等于发酵速度最高时的培养温度或累积代谢产物量最高时的培养温度。对不同生理、代谢过程的相应最适温度的研究，有着重要的实践意义。例如，国外曾报道在 $Penicillium\ chrysogenum$（产黄青霉）165 小时的青霉素发酵过程中，运用了有关规律，即根据不同生理代谢过程的温度特点分四段控制其培养温度，即：0 小时→5 小时→40 小时→125 小时→165 小时，结果其青霉素产量比自始至终进行 30℃ 恒温培养的对照提高了 14.7%。

2. 深度科研拓展——温度对微生物的影响表现

温度对微生物的影响具体表现在：影响酶活性，温度变化影响酶促反应速率，最终影响细胞合成；影响细胞膜的流动性，温度高，流动性大，有利于物质的运输，温度低，流动性降低，不利于物质的运输，因此，温度变化影响营养物质的吸收与代谢产物的分泌；影响物质的溶解度，对生长有影响。

当环境温度低于微生物的最适生长温度时，微生物的生长繁殖停止，当微生物的原生质结构并未破坏时，不会很快造成死亡并能在较长时间内保持活力，当温度提高时，可以恢复正常的生命活动。低温保藏菌种就是利用这个原理。一些细菌、酵母菌和霉菌的琼脂斜面菌种通常可以长时间地保藏在 4℃ 的冰箱中。当温度过低，造成微生物细胞冻结，有的微生物会死亡，有些则并不死亡。造成死亡的原因主要涉及如下机理：

（1）冻结时细胞水分变成冰晶，冰晶对细胞膜产生机械损伤，膜内物质外漏。

（2）冻结过程造成细胞脱水。冻结速度对冰晶形成有很大影响。缓慢冻结，形成的冰晶大，对细胞损伤大；快速冻结，形成的冰晶小、分布均匀，对细胞的损伤小。因此，利用快速冻结可以对一些菌种进行冻结保藏。一般情况下在菌悬液中再加一些甘油、糖、牛奶、保护剂等可对菌种进行长期保藏。

嗜冷微生物在低温下生长的机理目前还不清楚，据推测有两种原因：

（1）它们体内的酶能在低温下有效地催化，在高温下酶活性丧失。

（2）细胞膜中的不饱和脂肪酸含量高，低温下也能保持半流动状态，可以进行物质的传递。

微生物的耐热性差异也是极大的，比如微生物嗜热菌比其他类型的菌体抗热，有芽孢的细菌比无芽孢的菌抗热，微生物的繁殖结构比营养结构抗热性强，老龄菌比幼龄菌抗热。嗜热微生物在高温下生长的机理目前较为公认的有如下三点：

（1）酶蛋白以及核糖体有较强的抗热性；

（2）核酸具有较高的热稳定性（核酸中 G＋C 含量高（tRNA），可提供形成氢键，增加热稳定性）；

（3）细胞膜中饱和脂肪酸含量高，较高温度下能维持正常的液晶状态。嗜热微生物的特点是：生长速度快，合成大分子迅速，可及时修复高温对其造成的分子损伤。

因此，嗜热菌在减少能源消耗、减少染菌、缩短发酵周期等方面具有一定的优势。

5.2.3　pH 值

pH 这一符号表示某溶液中氢离子浓度的负对数值。纯水的氢离子浓度是 $7\sim10$ mol/L，因此其 pH 值为 7。凡 pH 值小于 7 者都呈酸性，大于 7 者呈碱性。每差一级，其离子浓度就相差 10 倍。微生物作为一个总体来说，其生长的 pH 值范围极广（pH $1\sim14$），有少数种类还可超出这一范围，绝大多数种类都生长在 pH $5\sim9$ 之间。

1. 与 pH 值相关的微生物分类

与温度的三基点相类似，对不同生物的生长 pH 值来说，也存在最高、最适与最低三个数值。凡其最适生长 pH 值偏于碱性范围内的微生物，有的是嗜碱性的，称为嗜碱微生物（Basophile），例如硝化细菌、尿素分解菌、根瘤菌和放线菌等；有的是不一定要在碱性条件下生活，但能耐较碱的条件，称为耐碱微生物（Basotolerant Microorganism），如若干链霉菌等。生长 pH 值偏于酸性范围内的微生物也有两类，一类是嗜酸微生物（Acidophile），例如 *Thiobacillus*（硫杆菌属）等；另一类是耐酸微生物（Acidotolerant Microorganism），如乳酸杆菌、醋酸杆菌、许多肠杆菌和假单胞菌等。一般来说，多数真菌是嗜酸的（pH 5），而多数放线菌则是嗜碱的（pH 8）。

2. 微生物的最适 pH 值及实践应用

除了不同种类的微生物有其最适的生长 pH 值外，同一微生物在其不同的生长阶段和不同的生理、生化过程中，也有不同的最适 pH 值要求，这对发酵生产中的 pH 值的控制尤为重要。例如，*Aspergillus niger*（黑曲霉）在 pH $2\sim2.5$ 范围有利于产柠檬酸，在 pH $2.5\sim6.5$ 范围以菌体生长为主，而在 pH 7 左右时，则以合成草酸为主。又如，*Clostridium acetobutylicum*（丙酮丁醇梭菌）在 pH $5.5\sim7.0$ 范围内，以菌体生长繁殖为主，而在 pH $4.3\sim5.3$ 范围内才进行丙酮丁醇发酵。抗生素生产菌也有同样的情况。

虽然微生物的外环境中的 pH 值变化很大，但其内环境中的 pH 值却相当稳定，一般都接近中性。这样，就免除了 DNA、ATP 和叶绿素等重要成分被酸破坏，或 RNA、磷脂类等被碱破坏。一般胞内酶的最适 pH 值都接近中性，而周质空间中的酶和胞外酶的最适 pH 值则较接近环境的 pH 值。pH 值除了对细胞发生直接影响之外，还对细胞产生不同的间接影响，例如影响培养基中营养物质的离子化程度，从而影响微生物对营养物质的吸收，影响环境中有害物质对微生物的毒性，以及影响代谢反应中各种酶的活性等。

3. 应用拓展——发酵工程和 pH 值之间的重要关系

微生物在其生命活动过程中，会改变外界环境的 pH 值，这就是通常遇到的培养基的原始 pH 值在培养微生物过程中会时时发生改变的原因。在一般培养过程中，变酸与变碱两种过程往往以前者占优势，因此，随着培养时间的延长，一般培养基会变得较酸。当然，上述过程与培养基的碳氮比有极大的关系。碳氮比高的培养基，例如培养各种真菌的培养基，经培养后其 pH 值值常会明显下降；相反，碳氮比低的培养基，例如培养一般细菌的培养基，经培养后，其 pH 值常会明显上升。

由于在微生物培养过程中培养基的 pH 值会发生变化，而对发酵生产来说，这种变化往往对生产并不有利，因此，在微生物培养过程中，如何及时调节合适的 pH 值就成了发酵生产中的一项重要措施。总结生产中的经验，可把这类调节措施区分成"治标"和"治本"两大类。前者是指根据表面现象而进行直接、快速但不能持久的调节；后者则是指根据内在机制所采用的间接、缓效但能发挥较持久作用的调节。酸碱添加剂的抑菌机理具体举例如下。

酸类物质无机酸：与 H^+ 浓度成正比的高氢离子浓度，可引起菌体表面蛋白的变性和核酸的水解，并破坏酶类的活性。

有机酸：与不电离的部分成正比，故有时有机酸的抑菌效果大于无机酸。作为食品防腐剂的有机酸如苯甲酸和水杨酸，可与微生物细胞中的成分发生氧化作用，从而抑制微生物的生长。

碱类物质：强碱可引起蛋白质、核酸大分子变性、水解，以杀死或抑制微生物。食品工业中常用石灰水、NaOH、Na_2CO_3 等作为机器、工具以及冷藏库的消毒剂。

5.3　微生物的培养、保藏及工程应用

在了解了微生物生长规律及影响微生物生长的主要因素的基础上，应进一步知道，在实验室或在生产实践中究竟可采取何种科学方法来保证所需微生物的大量繁殖，并进而产生大量有益代谢产物。为此，这里将从历史和现状的角度把较有代表性的微生物培养方法及装置作一简要介绍，以期读者能获得一个较系统和较全面的认识。一个良好的培养装置，应在提供丰富而均匀的营养物质的基础上，能保证微生物获得适宜的温度和绝大多数微生物所必需的良好通气条件（只有少数厌氧菌例外）；此外，还要为微生物提供一个适宜的物理化学条件和严防杂菌的污染等。

微生物培养技术的发展主要有这样几个特点：从少量培养发展到大规模培养；从浅层培养发展到厚层（固体）或深层（液体）培养；从以固体培养技术为主发展到以液体培养技术为主；从静止式液体培养发展到通气搅拌式的液体培养；从单批培养发展到连续培养以至多级连续培养；从利用分散的微生物细胞发展到利用固定化的细胞集团；从单纯利用微生物细胞到大量培养、利用高等动、植物细胞；从单菌发酵发展到混菌发酵；从利用野生菌种发展到利用变异株以及"工程菌"等。

5.3.1　实验室培养法

1. 固体培养

1）好氧菌的培养

好氧菌的培养主要有试管斜面、培养皿平板及较大型的克氏扁平、茄子瓶等的平板培

养方法。

2) 厌氧菌的培养

培养厌氧菌除了需要特殊的培养装置以外，还要配制特殊的培养基。在这种培养基里，除了要满足六种营养要素外，还要加入还原剂和氧化还原势的指示剂。用固体培养基培养厌氧菌的方法主要有：

（1）高层琼脂柱。将加有还原剂的固体或半固体培养基装入试管中，以培养相应的厌氧菌。在这种培养基中，越是深层，其氧化还原势越低，因而越有利于厌氧菌的生长。

（2）Hungate 滚管技术。1950 年，美国著名微生物学家 R.E.Hungate 因分离瘤胃微生物和产甲烷菌等严格厌氧菌的需要，设计了一种具有划时代意义的严格厌氧技术——Hungate 滚管技术（Hungateroll Tube Technique）。其主要原理是利用除氧铜柱来制备高纯氮，并用高纯氮驱除小环境中的空气，使培养基的配制、分装、灭菌和贮存，以及菌种的接种、培养、观察、分离、移种和保藏等过程始终处于高度无氧条件下，从而保证了这类严格厌氧菌的存活。用这种方法制备成的培养基称为预还原无氧灭菌培养基（Prereduce Danaerobic Allysterilized Medium，PRAS 培养基）。在进行产甲烷菌等严格厌氧菌的分离时，可用 Hungate 的"无氧操作"把菌液稀释，并接种到融化后的 PRAS 琼脂培养基中，然后将此试管用丁基橡胶塞严密塞住后平放，置冰浴中均匀滚动，使含菌培养基布满在试管的内表面上，犹如好氧菌在培养皿平板表面一样，最后长出许多单菌落。滚管技术的优点是：① 试管口与空气接触面积小；② 经滚动后，试管的内表面上有大面积的固体培养基可供长出单菌落。

（3）厌氧培养皿。该培养皿主要用于厌氧培养。培养皿有几种设计，有的利用皿盖去创造一个狭窄空间，加上还原性培养基的使用而达到无氧培养的目的；有的则利用皿底有两个相互隔开的空间，其中之一放焦性没食子酸，另一则放 NaOH 溶液，待在皿盖平板上接入待培养的厌氧菌后，立即密闭之，经摇动，使焦性没食子酸与 NaOH 溶液接触，发生吸氧反应，从而造成无氧环境。

（4）厌氧罐（Anaerobicjar）技术。厌氧罐技术是一种常规的不很严格的厌氧技术，可用于培养多数厌氧菌。在罐内一般可放 10 个常用的培养皿（直径 9 cm）或任何液体培养的试管。厌氧罐的类型很多，但一般都有一个用聚碳酸酯制成的透明罐体，上有一个可用螺旋夹紧密夹牢的罐盖，盖内的中央有一不锈钢丝织成的网袋，内放钯催化剂；罐内还放一含美蓝的氧化还原指示剂。使用时，先装入待培养的对象，然后密闭罐盖，接着可采用抽真空→灌氮→抽真空→灌氮→抽真空→灌混合气（N_2：CO_2：H_2＝80：10：10，V/V）的措施，使罐内少量剩余氧在钯催化剂的作用下，被灌入的混合气中的 H_2 还原成水，从而造成很高的无氧状态。这时指示剂美蓝被还原成无色。

（5）厌氧手套箱（Anaerobicglove Box）技术。厌氧手套箱是 20 世纪 50 年代末问世的用于研究严格厌氧菌的重要装置。箱内既可通过塑料手套进行种种操作，又可进行恒温培养。箱体结构严密，箱内一般充以 85% N_2、5% CO_2 和 10% H_2，同时以钯催化剂催化除 O_2，使箱内始终维持严格无氧状态。物件可通过有密闭装置的交换室进出箱体。

上述的厌氧手套箱技术、Hungate 滚管技术和厌氧罐技术已成为现代研究厌氧菌最有效的三项基本技术。

2. 液体培养

1) 好氧菌的培养

由于大多数微生物都是好氧菌，且微生物只能利用溶于水中的氧，所以，如何保证在培养液中有较高的溶解氧浓度就显得特别重要。

在 20℃常压下达到平衡时，氧在水中的溶解度仅为 6.2 mL/L(0.28 mmol)。这些氧只能保证氧化 8.3 mg(即 0.046 mmol)葡萄糖，仅相当于培养基中常用葡萄糖浓度的 1‰。除葡萄糖外，培养基中的无机或有机养料一般都可保证微生物使用几小时至几天，因此对好氧菌来说，生长的限制因子几乎总是氧的供应。在微生物处于浅层培养液时，氧才不至于成为限制因子。在进行液体培养时，一般可通过增加液体与氧的接触面积或提高氧分压来提高溶氧速率，具体措施有：

(1) 浅层液体培养；

(2) 利用往复式或旋转式摇床(Shaker)对三角瓶培养物作振荡培养；

(3) 在深层液体培养器的底部通入加压空气，并用气体分布器使其以小气泡形式均匀喷出；

(4) 对培养液进行机械搅拌，并在培养器的壁上设置阻挡装置。

在实验室进行好氧菌培养的具体方法有以下几类：

(1) 试管液体培养装液量可多可少。此法的通气效果一般均不够理想，仅适合培养兼性厌氧菌。

(2) 三角瓶浅层培养。在静止状态下，三角瓶内的通气状况与其中装液量和棉塞通气程度对微生物的生长速度和生长量有很大影响。此法一般也仅适宜培养兼性厌氧菌。

(3) 摇瓶培养，即将三角瓶内培养液用 8 层纱布包住瓶口，以取代一般的棉花塞，同时降低瓶内的装液量，把它放到往复式或旋转式摇床上作有节奏的振荡，以达到提高溶氧量的目的。此法是荷兰的 A.J.Kluyver 等人 1933 年最早试用的，目前仍广泛地用于菌种的筛选以及生理、生化和发酵等试验中。

(4) 台式发酵罐。罐的体积一般为几升至几十升，并有多种自动控制和记录装置。现成的商品种类很多，用作发酵研究十分方便。

2) 厌氧菌的培养

在实验室中，用液体培养基培养厌氧菌时，一般采用加有有机还原剂(如巯基乙酸、半胱氨酸、维生素 C 或庖肉等)或无机还原剂(铁丝等)的深层液体培养基，并在其上封以凡士林-石蜡层，以保证它们的氧化还原电位(e_h)达到 $-150 \sim 420$ mV 的范围。如果能将其放入前述的厌氧罐或厌氧手套箱中培养，则效果会更好。

5.3.2　菌种保藏应用理论及技术

1. 菌种保藏的起因——菌种的衰退与活化

在自然情况下，个别的适应性变异通过自然选择就可保存和发展，最后成为进化的方向；在人为条件下，人们也可以通过人工选择法去有意识地筛选出个别的正变体用于生产实践中。相反，如不自觉、认真地去进行人工选择，大量的自发突变菌株就会趁机泛滥，最后导致菌种的衰退(Degeneration)。长期接触菌种的实际工作人员都有这样的体会，即如果对菌种工作长期放任自流，不搞纯化、活化(Rejuvenation)和育种，反映到生产上就会出现持续的低产、不稳产。这说明菌种的生产性状也是不进则退的。

菌种的衰退是发生在细胞群体中的一个由量变到质变的逐步演变过程。开始时，在一个大群体中仅个别细胞发生负变，这时如不及时发现并采取有效措施，而一味移种传代，则群体中这种负变个体的比例逐步增大，最后让它们占了优势，从而使整个群体表现出严重的衰退。所以，在开始时所谓"纯"的菌株，实际上其中已包含着一定程度的不纯因素；同样，到了后来，整个菌种虽已"衰退"了，但也是不纯的，即其中还有少数尚未衰退的个体存在着。在了解菌种衰退的实质后，就有可能提出防止衰退和进行菌种活化的对策了。

狭义的活化仅是一种消极的措施，它指的是在菌种已发生衰退的情况下，通过纯种分离和测定生产性能等方法，从衰退的群体中找出少数尚未衰退的个体，以达到恢复该菌原有典型性状的一种措施；而广义的活化则应是一项积极的措施，即在菌种的生产性能尚未衰退前就经常有意识地进行纯种分离和生产性能的测定工作，以期菌种的生产性能逐步有所提高。所以，这实际上是一种利用自发突变（正变）不断从生产中进行选种的工作。

在实践中，有关防止菌种衰退和进行活化的工作已累积了很多经验，主要有以下几个方面。

1) 衰退的防止

(1) 控制传代次数。尽量避免不必要的移种和传代，并将必要的传代降低到最低限度，以减少自发突变的概率。前已述及，微生物都存在着自发突变，而突变都是在繁殖过程中发生或表现出来的。有人指出，DNA 复制过程中，碱基发生差错的概率低于 5×10^{-4}，一般自发突变率为 $10^{-9} \sim 10^{-8}$。由此可以看出，菌种的传代次数越多，产生突变的概率就越高，因而发生衰退的机会也就越多。所以，不论在实验室还是在生产实践中，必须严格控制菌种的传代（即移种）次数，而采用良好的菌种保藏方法（见后），就可大大减少不必要的移种和传代次数。

(2) 创造良好的培养条件。在实践中，有人发现如创造一个适合原种的生长条件，就可在一定程度上防止菌种衰退。例如，在赤霉素生产菌 *Gebberella fujikuroi* 的培养基中，加入糖蜜、天冬酰胺、谷氨酰胺、$5'$-核苷酸或甘露醇等丰富营养物后，有防止菌种衰退的效果；在 *Aspergillus terricola*（栖土曲霉）的培养中，有人曾用改变培养温度的措施，即将温度从 $28 \sim 30\,℃$ 提高到 $33 \sim 34\,℃$ 来防止它产孢子能力的衰退。

(3) 利用不同类型的细胞进行接种传代。在放线菌和霉菌中，由于它们的菌丝细胞常含几个核甚至是异核体，因此用菌丝接种就会出现不纯和衰退，而孢子一般是单核的，用于接种时就没有这种现象发生。有人在实践上创造了用灭过菌的棉团轻巧地对"5406"抗生菌进行斜面移种，由于避免了菌丝的接入，因而达到了防止菌种衰退的效果；又有人发现，*Aspergillus nidulans*（构巢曲霉）如以其分子孢子传代就易退化，而改用子囊孢子移种则不易退化。

（4）采用有效的菌种保藏方法。在用于工业生产的菌种中，重要的性状都属于数量性状，而这类性状恰是最易退化的。即使在较好的保藏条件下，还是存在这种情况。例如，链霉素生产菌——*Streptomyces griseus*（灰色链霉菌）以冷冻干燥孢子形式经过 5 年的保藏，在菌群中衰退菌落的数目有所增加，而在同样情况下，另一菌株 773 只经过 23 个月就降低了 23% 的活性。即使在 −20℃ 下进行冷冻保藏，经 12~15 个月后，上述 773 菌株和另一种环丝氨酸生产菌 908 菌株的效价水平还是有明显降低。由此说明有必要研究和采用更有效的保藏方法来防止菌种生产性状的衰退。

2）菌种的活化

（1）纯种分离。通过纯种分离，可把退化菌种的细胞群体中一部分仍保持原有典型性状的单细胞分离出来，经过扩大培养，就可恢复原菌株的典型性状。常用的分离纯化的方法很多，大体上可将它们归纳成两类：一类较粗放，一般只能达到"菌落纯"的水平，即从种的水平来说是纯的，例如在琼脂平板上进行划线分离、表面涂布或将菌液与尚未凝固的琼脂培养基混匀后再浇注并铺成平板等方法以获得单菌落；另一类是较精细的单细胞或单孢子分离方法，它可以达到细胞纯即"菌株纯"的水平。这类方法的具体操作种类很多，既有简便的利用培养皿或凹玻片等作分离小室的方法，也有利用复杂的显微操纵装置进行分离的方法。如果遇到不长孢子的丝状真菌，则可用无菌小刀切取菌落边缘稀疏的菌丝尖端进行分离移植，也可用无菌毛细管插入菌丝尖端，截取单细胞来进行纯种分离。

（2）通过宿主体内生长进行活化。对于寄生性微生物的退化菌株，可通过接种至相应的昆虫或动、植物宿主体内的措施来提高它们的致病性。例如，经过长期人工培养的 *Bacillus thuringiensis*（苏云金芽孢杆菌），会发生毒力减退和杀虫效率降低等现象。这时，可用已衰退的菌株去感染菜青虫等的幼虫（相当于一种活的选择性培养基），然后可从病死的虫体内重新分离出典型的产毒菌株。如此反复进行多次，就可提高菌株的杀虫效率。

（3）淘汰已衰退的个体。有人曾对 *Streptomyces microflavus*"5406"抗生菌的分生孢子采用 −30~−10℃ 的低温处理 5 至 7 天，使其死亡率达到 80%。结果发现，在抗低温的存活个体中，留下了未退化的健壮个体，从而达到了活化的目的。

以上综合了在实践中收到一定效果的防止菌种生产性状衰退和达到活化的某些经验。但是，必须强调指出的是，在使用这类措施之前，还得仔细分析和判断一下自己的菌种究竟是发生了衰退，还是仅属一般性的表型改变（饰变），甚至仅是一般的杂菌污染。只有对症下药，才能使活化工作奏效。

2. 菌种的保藏

1）菌种保藏的意义及机构

菌种是一个国家所拥有的重要生物资源，菌种保藏（Preservation）是一项重要的微生物学基础工作。菌种保藏机构的任务是在广泛收集实验室和生产菌种、菌株（包括病毒株甚至动、植物细胞株和质粒等）的基础上，将它们妥善保藏，使之达到不死、不衰、不乱以及便于研究、交换和使用的目的。为此，在国际上一些工业较发达的国家中都设有相应的菌种保藏机构。例如，中国微生物菌种保藏委员会（CCCCM）、美国典型菌种保藏中心（ATCC）、美国的"北部地区研究实验室"（NRRL）、荷兰的霉菌中心保藏所（CBS）、英国的国家典型菌种保藏所（NCTC）、俄罗斯的微生物保藏所（UCM）以及日本的大阪发酵研究所（IFO）等都是有关国家有代表性的菌种保藏机构。

2）菌种保藏基本方法

菌种保藏的具体方法很多，原理却大同小异。首先要挑选典型菌种（Type Culture）的优良纯种，最好采用它们的休眠体（如分生孢子、芽孢等）；其次，还要创造一个适合其长期休眠的环境条件，诸如干燥、低温、缺氧、避光、缺乏营养，并添加保护剂或酸度中和剂等。一种良好的保藏方法，首先应能保持原菌的优良性状不变，同时还须考虑方法的通用性和操作的简便性。具体的菌种保藏方法很多，其原理和应用范围各有侧重，优缺点也有所差别。在我国，菌种保藏一般用三种方法进行：① 固体培养基斜面上定期移植法（5℃下保藏）；② 石蜡油封藏法（室温下保藏）；③ 冷冻干燥保藏法（10℃下保藏）。此外，对放线菌还另加砂土法保藏，对丝状真菌则另加麦麸皮法保藏等。

在国际著名的美国 ATCC（American Type Culture Collection）中，目前仅采用两种最有效的方法，即保藏期一般达 5～15 年的冷冻干燥保藏法和保藏期一般达 20 年以上的液氮保藏法，以达到最大限度地减少传代次数和避免菌种衰退的目的。

3）菌种保藏注意因素

（1）水分。水分对生化反应和一切生命活动至关重要，因此，干燥尤其是深度干燥，在保藏中占有首要地位就不言而喻了。五氧化二磷、无水氯化钙和硅胶是良好的干燥剂，当然，高度真空还可同时达到驱氧和深度干燥的双重目的。

（2）温度（低温）。除水分外，低温乃是保藏中的另一重要条件。微生物生长的温度低限约为-30℃，但在水溶液中能进行酶促反应的温度低限则在-140℃左右。这或许就是为什么在有水分的条件下，即使把微生物保藏在较低的温度下，还是难以较长期地保藏它们的一个主要原因。在低温保藏中，细胞体积较大者一般要比较小者对低温更为敏感，而无细胞壁者则比有细胞壁者敏感。其原因同低温会使细胞内的水分形成冰晶，从而引起细胞结构尤其是细胞膜的损伤有关。如果放到低温（不是一般冰箱）下进行冷冻时，适当采用速冻的方法，可因产生的冰晶小而减少对细胞的损伤。当从低温下移出并开始升温时，冰晶又会长大，故快速升温也可减少对细胞的损伤。当然，不同微生物的最适冷冻速度和升温速度也是不同的。例如，酵母菌的冷冻速度以每分钟 10℃为宜，而红细胞则相应地为每分钟 2000℃。冷冻时的介质对细胞损伤与否也有显著的影响。例如，0.5 mol/L 左右的甘油或二甲亚砜可透入细胞，并通过减弱强烈的脱水作用而保护细胞；大分子物质如糊精、血清白蛋白、脱脂牛奶或聚乙烯吡咯烷酮（PVP）虽不能透入细胞，但可能是通过与细胞表面结合的方式而能够防止细胞膜受冻伤。在实践中，发现用较低的温度进行保藏时效果更为理想，如液氮温度（-195℃）比干冰温度（-70℃）好，-70℃又比-20℃好，而-20℃则比 4℃好。

4）菌种保藏原理

菌种保藏原理是这样的：当菌种保藏单位收到合适菌种时，先将原种制成若干液氮保藏管作为保藏菌种，然后再制一批冷冻干燥保藏菌种作为分发用。经 5 年后，假定第一代（原种）的冷冻干燥保藏菌种已分发完毕，就再打开一瓶液氮保藏原种，这样下去，至少在 20 年内，凡获得该菌种的用户，至多只是原种的第二代，可以保证所保藏和分发菌种的原有性状。

5.3.3　工科应用拓展——微生物培养装置

1. 固体培养

1）好氧菌的曲法培养

在生产实践上，好氧菌的固体培养方法都是将接过种的固体基质薄薄地摊铺在容器表面，这样，既可使微生物获得充分的氧气，又可让微生物在生长过程中产生的热量及时释放，这就是曲法培养的基本原理。

根据制曲的容器形状和规模的大小，可把各种制曲方法分成瓶曲、袋曲（用塑料袋制曲）、盘曲（用木盘制曲）、帘子曲（用竹帘子制曲）、转鼓曲（将木质空心转鼓不断转动制曲）和通风曲等。其中的通风曲是机械化程度和生产效率较高的现代化制曲设备。它一般由一个面积在 10 m² 左右的曲槽组成，曲槽上有曲架和用适当材料编织成的筛板，其上可摊一层较厚（30 cm 左右）的曲料，曲架下部不断通以低温、潮湿的新鲜过滤空气，以此来进行半无菌的固体培养。我国的酱油厂一般都用此法制曲。

2）厌氧菌的堆积培养法

生产实践中对厌氧菌进行固体培养的例子还不多见。在白酒生产中，一向用大型深层地窖进行堆积式的固体发酵，虽然其中的酵母菌是兼性厌氧菌，但也可以算作是厌氧固体发酵的例子。

2. 液体培养

1）好氧菌的培养

（1）浅盘培养（Shallowpan Cultivation）。这是一种用较大型的盘子对微生物进行浅层液体静止培养的方法。在早期青霉素发酵和柠檬酸发酵中，均使用过浅盘培养。此法因存在劳动强度大、生产效率低和产品易污染等缺点而难以推广。

（2）利用发酵罐作深层液体培养。这种培养方法是近代发酵工业中最典型的培养方法。它的发明在微生物培养技术的发展过程中具有革命性的意义。发酵罐（Fermenter）是一种钢质圆筒形直立容器，有扁球形的底和盖，其高与直径之比一般为 1：2～2.5。容积可大可小，大型发酵罐的容积为 50～500 m³，最大的为英国用于甲醇蛋白生产的巨型发酵罐，其有效容积达 1500 m³。发酵罐的主要作用是要为微生物提供丰富而均匀的养料，良好的通气和搅拌，适宜的温度和酸碱度，并能确保防止杂菌的污染。为此，除了罐体有合理的结构（见图 5－5）外，还要有一套必要的附属装置，例如培养基配制系统、蒸气灭菌系统、空气压缩和过滤系统以及发酵产物的后处理系统，俗称"下游工程"（Down Stream Processing）等。

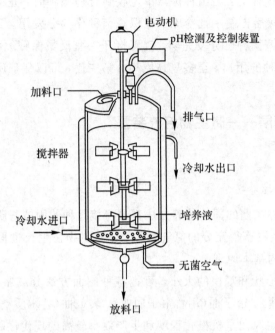

图 5-5 典型发酵罐结构

在生产上，除了上述的典型发酵罐外，还有各种连续发酵的装置和近年来发展起来的各种固定化细胞生物反应器，可用于好氧菌的深层液体培养。

2）厌氧菌大规模的液体培养装置

迄今为止，能作为大规模液体培养的厌氧菌仅局限于 *Clostridiumaceto butylicum*（丙酮丁醇梭菌）的丙酮丁醇发酵一种。由于该菌是严格厌氧菌，故不但可省略通气、搅拌设备，简化工艺过程，还能大大节约能源的消耗，并且其体积一般可明显大于有通气、搅拌设备的发酵罐（国际上厌氧发酵罐的体积可达到 2000 m^3），从而提高了生产效率。此外，这种厌氧发酵罐还有利于推行连续发酵作业。

5.4 测定微生物生长繁殖的常用技术方法

既然生长意味着原生质含量的增加，那么测定生长的方法也就直接或间接地以此为根据，而测定繁殖则要建立在计数这一基础上。

5.4.1 测定生长量

测定生长量的方法很多，适用于一切微生物。以下简单介绍几种测定微生物生长量的常用方法。

1. 直接法

（1）测体积。这是一种很粗放的方法，用于初步比较用。例如把待测培养液放在刻度离心管中作自然沉降或进行一定时间的离心,然后观察其体积等。

（2）称干重。干重可用离心法或过滤法测定,一般干重为湿重的 $10\%\sim20\%$。在离心法中,将待测培养液放入离心管中,用清水离心洗涤 1 至 5 次后,进行干燥。干燥温度可采用 $105℃$、$100℃$ 或红外线烘干,也可在较低的温度（$80℃$ 或 $40℃$）下进行真空干燥,然后称干重。以细菌为例,一个细胞一般重约 $10^{-12}\sim10^{-13}$ g。

（3）过滤法。丝状真菌可用滤纸过滤,而细菌则可用醋酸纤维膜等滤膜进行过滤。过滤后,细胞可用少量水洗涤,然后在 $40℃$ 下真空干燥,称干重。以大肠杆菌为例,在液体培养物中,细胞的浓度可达 2×10^9 个/mL。100 mL 培养物可得 $10\sim90$ mg 干重的细胞。

2. 间接法

（1）比浊法。细菌培养物在其生长过程中,原生质含量的增加,会引起培养物混浊度的增高。最古老的比浊法采用 Mcfarland 比浊管,即用不同浓度的 $BaCl_2$ 与稀 H_2SO_4 配制成 10 支试管,其中形成的 $BaSO_4$ 有 10 个梯度,分别代表 10 个相对的细菌浓度（预先用相应的细菌测定）。某一未知浓度的菌液只要在透射光下用肉眼与某一比浊管进行比较,如果两者透光度相当,即可目测出该菌液的大致浓度。

如果要作精确测定,则可用分光光度计进行,在可见光的 $450\sim650$ nm 波段内均可测定。为了对某一培养物内的菌体生长作定时跟踪,可采用不必取样的侧臂三角烧瓶来进行。测定时,只要把瓶内的培养液倒入侧臂管中,然后将此管插入特制的光电比色计比色座孔中,即可随时测出生长情况,而不必取用菌液。

（2）生理指标法。与生长量相平衡的生理指标很多,它们都可用作生长测定中的相对值。

① 测含氮量。大多数细菌的含氮量为其干重的 12.5%,酵母菌为 7.5%,霉菌为 6.0%。根据其含氮量再乘以 6.25,即可测得其粗蛋白的含量（因其中包括了杂环氮和氧化型氮）。测定含氮量的方法很多,如用硫酸、过氯酸、碘酸或磷酸等的消化法和 Dumas 测氮气法。后一方法是将样品与氧化铜混合,在 CO_2 气流中加热后产生氮气,将氮气收集在呼吸计中,用 KOH 吸去 CO_2 后即可测出氮气量。

② 测含碳量。将少量（干重为 $0.2\sim2.0$ mg）生物材料混入 1 mL 水或无机缓冲液中,再将 2 mL 的 2% 重铬酸钾溶液在 $100℃$ 下加热 30 分钟,冷却后,加水稀释至 5 mL,然后在 580 nm 波长下读取光密度值（用试剂作空白对照,并用标准样品作标准曲线）,即可推算出含碳量。

③ 其他测定指标。磷、DNA、RNA、ATP、DAP（二氨基庚二酸）和 N-乙酰胞壁酸等的含量,以及产酸量、产气量、产 CO_2 量（用标记葡萄糖作基质）、耗氧量、黏度和产热量等指标,都可用于生长量的测定。

5.4.2　计繁殖数

计繁殖数与测定生长量不同,一定要计算微生物的个体数目,所以计繁殖数只适宜于单细胞状态的微生物或丝状微生物所产生的孢子。

1. 直接法

直接法就是指在显微镜下直接观察细胞并进行计数的方法,所得的结果是包括死细胞在内的总菌数。

（1）比例计数法。该方法是一种很粗的计数方法。将已知颗粒（如霉菌孢子或红细胞等）浓度的液体与一待测细胞浓度的菌液按一定比例均匀混合，在显微镜视野中数出各自的数目，然后求出未知菌液中的细胞浓度。

（2）血球板计数法。该方法是用来测定一定容积中的细胞总数目的常规方法。现在随着科技的进步，机械化人工智能也逐步进入微生物计数实验室中，通过电脑识别进行菌落准确计数也成为当今实验室的常用方法（见图 5-6）。

图 5-6 自动计数仪进行平板菌落计数图

2. 间接法

活菌计数法，是根据活细胞通过生长繁殖会使液体培养基混浊，或在平板培养基表面形成菌落的原理而设计的方法。在这里我们以经典液体稀释法为例进行详细讲解。

对未知菌样做连续的 10 倍系列稀释。根据估计数，从最适宜的 3 个连续的 10 倍稀释液中各取 5 mL 试样，接种到 3 组共 15 支装有培养液的试管中（每管接入 1 mL）。经培养后，记录每个稀释度出现生长的试管数，然后查 MPN（Most Probable Number，最大可能数量）表（见表 5-2），再根据样品的稀释倍数就可计算出其中的活菌含量。

表 5-2 常用微生物 MPN

微生物生理群	培养基	常用稀释度	常用重复次数	培养时间/天	主要检查方法
氨化细菌	蛋白胨氨化培养基	$10^{-9} \sim 10^{-6}$	4	7	根据培养液加奈氏试剂后是否出现棕色或褐色，确定是否产生氨
亚硝酸细菌	铵盐培养基	$10^{-7} \sim 10^{-2}$	3	14	培养液加格利斯试剂 I 及 II，出现绛红色证明有 NO^{-2} 生成；或在培养中加锌碘淀粉试剂及体积比值为 20% 的 H_2SO_4，若出现蓝色，证明有 NO^{-3} 生成

续表

微生物生理群	培养基	常用稀释度	常用重复次数	培养时间/天	主要检查方法
硝酸细菌	亚硝酸盐培养基	$10^{-6} \sim 10^{-2}$	3	14	根据培养液加入浓硫酸及二苯胺试剂后是否出现蓝色,确定是否有 NO_3^- 生成
反硝化细菌	反硝化细菌培养基	$10^{-8} \sim 10^{-4}$	3	14	根据杜氏小管有无气体,确定有无 N_2 生成;利用格利斯试剂 I 及 II 和二苯胺试剂、浓硫酸检测有无 NO_2^- 生成及有无 NH_3 存在,判断反硝化作用的进行情况
好气性自生固氮菌	阿须贝无氮培养基	$10^{-6} \sim 10^{-2}$	3	$7 \sim 14$	根据培养液表面与滤纸接触处有无褐色或黏液状菌膜生成,判断有无好气性自生固氮菌生长
好气性纤维素分解菌	赫奇逊噬纤维培养基	$10^{-5} \sim 10^{-1}$	3	14	根据各试管中滤纸条上有无黄色或橘黄色菌斑出现及滤纸断裂状况,确定有无好气性纤维素分解菌的生长
兼气性纤维素分解菌	兼气性纤维素分解细菌培养基	$10^{-5} \sim 10^{-1}$	3	$14 \sim 21$	根据各试管中滤纸条上有无穿洞、破裂、完全分解情况,确定有无兼气性纤维素分解细菌的生长
硫化细菌	硫化细菌培养基	$10^{-8} \sim 10^{-2}$	3	$21 \sim 23$	在每管培养液中加入 $10g/L$ 的 $BaCL_2$ 溶液2滴,如有白色沉淀出现,则证明有硫化菌活动
反硫化细菌	斯塔克反硫化细菌培养基	$10^{-7} \sim 10^{-2}$	3	$21 \sim 30$	根据培养液试管底部、管壁有无黑色沉淀出现,判断有无反硫化细菌活动

5.5 控制微生物生长繁殖的理化因素

我们生活的环境中到处都有各种各样的微生物存在着,其中有一部分是对人类有害的微生物。它们通过气流、相互接触或人工接种等方式,传播到合适的基质或生物对象上而造成种种危害。例如,食品和工农业产品的霉腐变质,实验室中微生物或动植物组织、细胞纯培养物的污染,培养基或生化试剂的染菌,微生物工业发酵中的杂菌污染,以及人体和动植物受病原微生物的感染而患各种传染病等。对这些有害微生物应采取有效的理化措施来抑制或消灭它们。

5.5.1 微生物生长控制基本知识

1. 灭菌(Sterilization)

采用强烈的理化因素使任何物体内外部的一切微生物永远丧失其生长繁殖能力的措施,称为灭菌,例如各种高温灭菌措施等。灭菌实质上可分杀菌(Bacteriocidation)和溶菌(Bacteriolysis)两种。前者指菌体虽死,但形体尚存;后者则指菌体杀死后,其细胞发生溶化、消失的现象。

2. 消毒(Disinfection)

从字义上来看,消毒就是消除毒害,这里的"毒害"就是指传染源或致病菌的意思。英文中的"Disinfection"也是"消除传染"的意思。所以,消毒是一种采用较温和的理化因素,仅杀死物体表面或内部一部分对人体有害的病原菌,而对被消毒的物体基本无害的措施。例如一些常用的对皮肤、水果、饮用水进行药剂消毒的方法,对啤酒、牛奶、果汁和酱油等进行消毒处理的巴氏消毒法,等等。

3. 防腐(Antisepsis)

防腐就是利用某种理化因素完全抑制霉腐微生物的生长繁殖,从而达到防止食品等发生霉腐的措施。防腐的措施很多,主要有:

(1)防腐剂。在有些食品、调味品、饮料或器材中,可以加入适量的防腐剂以达到防霉腐的目的。例如,酱油中常以苯甲酸来防腐;墨汁中可加入尼泊金作防腐剂;化妆品可加入山梨酸、脱氢醋酸等来防腐;食品和饲料可加入二甲基延胡索酸(DMF)来防腐等。

(2)高酸度。用高酸度也可达到防腐的目的。泡菜就是利用乳酸菌的厌氧发酵使新鲜蔬菜产生大量乳酸,借以达到抑制杂菌和长期保藏的目的。

(3)高渗。通过盐腌和糖渍等高渗措施来保存各种食物,是在民间流传已久的防腐方法,比如北方人经常腌制的泡菜主要就是遵循无菌及高渗的原理制作的。

(4)干燥。采用晒干或红外线干燥等方法对粮食、食品等进行干燥保藏是最常见的防止霉腐的方法。此外,在密封条件下,用石灰、无水氯化钙、五氧化二磷、浓硫酸、氢氧化钾或硅胶等作吸湿剂,也可很好地达到食品、药品和器材等长期防霉腐的目的。

(5)低温。利用4℃以下的各种低温(0℃、−20℃、−70℃、−196℃等),保藏食物、药品和菌种等。

（6）缺氧。近年来，已采用在密闭容器中加入除氧剂来有效地防止食品和粮食等的霉腐、变质，并达到保鲜的目的。除氧剂的种类很多，主要原料是铁粉，再加上一定量的辅料和填充剂。它对新鲜食品具有良好的保鲜功能。

4. 化疗（Chemotherapy）

化疗即化学治疗。它是利用具有高度选择毒力（Selective Toxicity，即对病原菌具有高度毒力而对宿主无显著毒性）的化学物质来抑制宿主体内病原微生物的生长繁殖，借以达到治疗该传染病的一种措施。用于化疗目的的化学物质称为化学治疗剂（Chemotherapeutant）。最重要的化学治疗剂如各种抗生素、磺胺类药物和中草药中的有效成分等。

5.5.2　物理因素的代表

物理杀菌因素的种类很多，例如高温、辐射、超声波和激光等，现以最常用的高温作为代表，进行较详细的介绍。

1. 高温杀菌作用的种类

该方法的杀菌效应的温度范围较广。高温的致死作用，主要是由于它使微生物的蛋白质和核酸等重要生物高分子发生变性、破坏，例如它可使核酸发生脱氨、脱嘌呤或降解，以及破坏细胞膜上的类脂质成分等。湿热灭菌要比干热灭菌更有效，这一方面是由于湿热易于传递热量，另一方面是由于湿热更易破坏保持蛋白质稳定性的氢键等结构，从而加速其变性。在实践中行之有效的高温灭菌或消毒的方法主要有以下几种。

1）干热灭菌法（Dry Heat Sterilization）

干热灭菌法的操作步骤十分简单，主要将金属制品或清洁玻璃器皿放入电热烘箱内，在 150～170℃下维持 1～2 小时，即可达到彻底灭菌的目的。在这种条件下，可使细胞膜破坏、蛋白质变性、原生质干燥，以及各种细胞成分发生氧化。灼烧（Incineration 或 Combustion）是一种最彻底的干热灭菌方法，但它只能用于接种环、接种针等少数对象的灭菌。

2）湿热灭菌法（Moist Heat Sterilization）

湿热灭菌法比干热灭菌法更有效。多数细菌和真菌的营养细胞在 60℃ 左右处理 5～10 分钟后即可杀死。酵母菌和真菌的孢子稍耐热些，要用 80℃ 以上的温度处理才能杀死。而细菌的芽孢最耐热，一般要在 120℃ 下处理 15 分钟才能杀死。湿热灭菌法主要分为常压法和加压法两种。

（1）常压法，包括以下三种具体方法：

① 巴氏消毒法（Pasteurization）。该方法是用于牛奶、啤酒、果酒和酱油等不能进行高温灭菌的液体的一种消毒方法，其主要目的是杀死其中无芽孢的病原菌（如牛奶中的结核杆菌或沙门氏菌），而又不影响它们的风味。巴氏消毒法是一种低温消毒法，具体的处理温度和时间各有不同，一般在 60～85℃ 下处理 15 秒至 30 分钟。具体的方法可分两类：第一类是较老式的，称为低温维持法（Low Temperature Holding Method），例如在 63℃ 下保持 30 分钟可进行牛奶消毒；另一类是较新式的，称为高温瞬时法（High Temperature

Short Time Method），用于牛奶消毒时只要在 72℃下保持 15 秒钟即可。据报道，不管用低温维持法还是高温瞬时法，都不能杀灭引起 Q 热的病原体——*Coxiella burnetii*（伯氏考克斯氏体，是一种立克次氏体）。

② 煮沸消毒法（Boiling Disinfection）。煮沸消毒一般用于饮用水的消毒、常规器械消毒等（100℃下数分钟）。

③ 间歇灭菌法（Fractional Sterilization 或 Tyndallization）。此方法又称丁达尔灭菌法或分段灭菌法，适用于不耐热培养基的灭菌。方法是：将待灭菌的培养基在 80～100℃下蒸煮 15～60 分钟，以杀死其中所有微生物的营养细胞，然后置室温或 37℃下保温过夜，诱导残留的芽孢发芽，第二天再以同法蒸煮和保温过夜，如此连续重复 3 天，即可在较低温度下达到彻底灭菌的效果。例如，培养硫细菌的含硫培养基就应该用间歇灭菌法灭菌，因为其中的元素硫经常规的加压灭菌（121℃）后会发生熔化，而在 99～100℃的温度下则呈结晶形。

（2）加压法——湿热灭菌法的延伸应用，包括以下两种具体方法：

① 常规加压灭菌法（Normal Autoclaving）。这是一种应用最为广泛的灭菌方法。其原理十分简单：将待灭菌的物件放置在盛有适量水的加压蒸汽灭菌锅（或家用压力锅）内，把锅内的水加热煮沸，并把其中原有的空气彻底驱尽后将锅密闭，再继续加热就会使锅内的蒸气压逐渐上升，从而使温度上升到 100℃以上。为达到良好的灭菌效果，一般要求温度应达到 121℃（压力为 1 kg/cm² 或 15 磅/英寸²），时间维持 15～20 分钟，也可采用在较低的温度（115℃，即 0.7 kg/cm² 或 10 磅/英寸²）下维持 35 分钟的方法。此法适用于一切微生物学实验室、医疗保健机构或发酵工厂中对培养基及多种器材、物料的灭菌。

② 连续加压灭菌法（Continuous Autoclaving）。此法在发酵行业里也称"连消法"，只在大规模的发酵工厂中作培养基灭菌用。其主要操作是将培养基在发酵罐外连续不断地进行加热、维持和冷却，然后才进入发酵罐。培养基一般在 135～140℃下处理 5～15 s。这种灭菌方法有很多优点：

a. 因采用高温瞬时灭菌，故既可杀灭微生物，又可最大限度地减少营养成分的破坏，从而提高了原料的利用率。例如，在抗生素发酵中，它比以往的"实罐灭菌"（120℃，30 分钟）提高产量 5%～10%。

b. 由于总的灭菌时间较分段灭菌法明显减少，所以缩短了发酵罐的占用周期，从而提高了它的利用率。

c. 由于蒸汽负荷均匀，故提高了锅炉的利用率。

d. 适宜于自动化操作。

e. 降低了操作人员的劳动强度。

2. 影响加压蒸汽灭菌效果的因素

1）灭菌物体含菌量的影响

不同的微生物个体（包括营养体和孢子）的耐热性是有差别的，所以，灭菌物体中的含菌量越高，杀死最后一个个体所需的时间就越长。在实践中，由天然原料尤其是麸皮等植物性原料配成的培养基一般含菌量较高，而用纯粹化学试剂配制成的组合培养基含菌量低，所以灭菌的温度和时间也应有差别。

2）灭菌锅内空气排除程度的影响

加压蒸汽灭菌法的原理是在驱尽锅内空气的前提下，通过加热把密闭锅内纯水蒸气的压力升高而使水蒸气温度相应提高，也就是说是依靠温度而不是压力来达到灭菌目的的。因此，在一切利用加压蒸汽灭菌法的场合下，必须做到彻底排除灭菌锅内的残余空气。

要检验灭菌锅内空气的排除度，可采用多种方法。最好的办法是在灭菌锅上同时装上压力表和温度计，其次是将待测气体通过橡胶管引入深层冷水中，如只听到"扑扑"声而未见有气泡冒出，就可证明锅内已是纯蒸汽了。还有一些方法只能在灭菌后才知道当时的灭菌温度是多少。例如，在灭菌的同时，加入耐热性较强的试验菌种 *Bacillus stearothermophilus*（嗜热脂肪芽孢杆菌），经培养后，看看它是否被杀死；加入硫黄（熔点 115℃）、乙酰替苯胺（116℃）或脱水琥珀酸（120℃）等结晶，看其是否熔化；等等。

3）灭菌对象 pH 的影响

灭菌对象的 pH 对灭菌效果有较大的影响。pH 值为 6.0~8.0 时，微生物较不易死亡；pH 值小于 6.0 时，最易引起死亡。

4）灭菌对象的体积

灭菌对象体积的大小会影响热的传导速率。盛放培养液的玻璃器皿，其体积大小对灭菌效果的影响甚为明显。因此，在实验室工作中，要防止用常规的压力和时间在加压灭菌锅内进行大容量培养基的灭菌。

5）加热与散热速度

在加压灭菌时，一般只注意达到所需压力后的维持时间。事实上，在达到该压力前（即"上磅前"）的预热速度有快有慢，在达到灭菌要求后散热的速度（即"下磅"速度）也有快有慢，这两段时间对灭菌效果和培养基成分也会有影响。为了使科学研究的结果有良好的重演性，在灭菌操作中对这些技术细节都应加以注意。

3. 高温对培养基成分的有害影响

在加压蒸汽灭菌时，高温尤其是长时间的高温除对培养基中的淀粉成分有促进糊化和水解等少数有利影响外，还会对培养基成分产生很多不利的影响。消除有害影响的措施很多，主要有：

（1）采用特殊加热灭菌法。例如，对易破坏的含糖培养基进行灭菌时，应先将糖液与其他成分分别灭菌后再合并；对含 Ca^{2+} 或 Fe^{3+} 的培养基与磷酸盐先作分别灭菌，然后再混合，就不易形成磷酸盐沉淀；对含有在高温下易被破坏成分的培养基（如含糖组合培养基）可进行低压灭菌（在 112℃ 即 0.57 kg/cm^2 或 8 磅/英寸² 下灭菌 15 分钟）或间歇灭菌；在大规模发酵工业中，可采用连续加压灭菌法进行培养基的灭菌；等等。

（2）过滤除菌法。对培养液中某些不耐热的成分可采用过滤除菌法"灭菌"，例如使用滤膜过滤装置、烧结玻璃滤板过滤器、石棉板过滤器（Seitz 滤器）、素烧瓷过滤器（Chamberland滤烛）以及硅藻土过滤器（Berkefeld 滤烛）等。过滤除菌的缺点是无法去除其中的病毒和噬菌体。

（3）其他方法。在配制培养基时，为避免发生沉淀，一般应按配方逐一加入各种成分。另外，加入 0.01% EDTA（乙二胺四乙酸）或 0.01% NTA（氮川三乙酸）等螯合剂到培养基中，可防止金属离子发生沉淀。最后，还可以用气体灭菌剂如氧化乙烯等对个别成分进行灭菌处理。

5.5.3 化学杀菌剂或抑菌剂

1. 表面消毒剂

表面消毒剂是指对一切活细胞都有毒性，不能用作活细胞内的化学治疗用的化学药剂。常用表面消毒剂的种类很多，它们的杀菌强度各不相同，但几乎都有一个共同规律，即当其在极低浓度时，常常会对微生物的生命活动起刺激作用，随着浓度逐渐增高，就相继出现抑菌和杀菌作用，因而形成一个连续的作用谱。为比较各种表面消毒剂的相对杀菌强度，常采用在临床上最早使用的消毒剂——石炭酸作为比较的标准，并提出了石炭酸系数这一指标。所谓石炭酸系数，指在一定时间内被试药剂能杀死全部供试菌的最高稀释度与达到同效的石炭酸的最高稀释度的比率。一般规定处理时间为 10 分钟，而供试菌定为 *Salmonella typhi*（伤寒沙门氏菌）。例如，某甲药剂以 1∶300 的稀释度在 10 分钟内杀死所有供试菌，而达到同效的石炭酸的最高稀释度为 1∶100，则该药剂的石炭酸系数（P.C.Phenolcoefficient）等于 3。由于各种消毒剂的杀菌机制各不相同，故石炭酸系数仅有一定的参考价值。几类常用化学消毒剂对微生物的相对药效见表 5-3。

表 5-3　几类常用化学消毒剂对微生物的相对药效

名　称	效力	使 用 范 围	注 意 事 项
碘酊	高效	2%碘伏：皮肤消毒，擦后待干，再用 70%乙醇脱碘	① 不能用于黏膜的消毒 ② 对金属有腐蚀性 ③ 对碘过敏者禁用
过氧乙酸	高效	① 0.2%溶液：手的消毒，浸泡 1～2 min；物体表面擦拭消毒或浸泡 10 min ② 0.5%溶液：餐具消毒，浸泡 30～60 min ③ 1%～2%溶液：室内空气消毒，8 mL/m³ ④ 1%溶液：体温计消毒，浸泡 30 min	① 易氧化分解，应现配现用 ② 对金属有腐蚀性 ③ 高浓度有刺激性及腐蚀性，配制时须戴口罩和橡胶手套 ④ 存放于避光、阴凉处，防高温引起爆炸
戊二醛	高效	2%碱性戊二醛：浸泡不耐高温的金属器械、医学仪器、内镜等，消毒需 10～30 min，灭菌需 7～10 h	① 每周过滤一次，每 2～3 周更换消毒液一次 ② 浸泡金属类物品时，应加入 0.5%亚硝酸盐防锈 ③ 内镜连续使用，需间隔消毒 10 min，每天使用前后各消毒 30 min，消毒后用冷开水冲洗 ④ 碱性戊二醛稳定性差，应现配现用

名　称	效力	使用范围	注意事项
含氯消毒剂（常用的有漂白粉、漂白粉精、氯胺T、二氯异氰脲酸钠等）	中、高效	① 0.5％漂白粉溶液、0.5％～1％氯胺溶液：餐具、便器等浸泡 30 min ② 1％～3％漂白粉溶液、0.5％～3％氯胺溶液：喷洒或擦拭地面、墙粉及物品表面 ③ 干粉：消毒排泄物，如漂白粉与粪类以 1∶5 用量搅拌后，放置 2h；尿液 100 mL 加漂白粉 1 g，放置 1 h	① 保存于密闭、阴凉、干燥、通风处，以减少游离氯的丧失 ② 配制的溶液性质不稳定，应现配现用 ③ 对金属有腐蚀性 ④ 有腐蚀及漂白作用，不宜用于有色衣服及油漆家具的消毒
乙醇	中效	① 70％～75％乙醇：皮肤消毒 ② 95％乙醇：燃烧灭菌 ③ 用于物品表面和某些医疗器械的消毒	① 易挥发，需加盖保存，并定期测试，保持有效浓度 ② 有刺激性，不用于黏膜及创面消毒 ③ 易燃，应加盖置于阴凉、避火处
碘伏	中效	① 0.5％～1.0％有效碘溶液：注射部位皮肤消毒，涂擦 2 遍 ② 0.1％有效碘溶液：体温计消毒，浸泡 30 min 后用冷开水冲净擦干即可 ③ 0.05％有效碘溶液：黏膜及创面消毒	① 应避光密闭保存，放阴凉处，并防潮 ② 稀释后稳定性较差，宜现配现用 ③ 消毒皮肤后不宜用乙醇脱碘
苯扎溴铵（新洁尔灭）	低效	① 0.01％～0.05％溶液：黏膜消毒 ② 0.1％～0.2％溶液：皮肤消毒，也可用于浸泡、喷洒、擦拭污染物品，作用时间 25～30 min	① 阴离子表面活性剂如肥皂、洗衣粉等对其有拮抗作用，不宜合用 ② 不能用作灭菌器械保存 ③ 应现配现用 ④ 对铝制品有破坏作用，不可用铝制品盛装
氯已定（洗必泰）	低效	① 0.02％溶液：手的消毒，浸泡 30 min ② 0.05％溶液：创面的消毒 ③ 0.05％～0.1％溶液：冲洗阴道、膀胱或擦洗外阴部	① 不能与肥皂、洗衣粉等阴离子表面活性剂混合使用 ② 冲洗消毒时，若创面化脓，应延长冲洗时间

注：

高效：能杀灭一切微生物，包括芽孢。

中效：能杀灭除芽孢以外的细菌繁殖体、结核杆菌、病毒。

低效：能杀灭细菌繁殖体、部分真菌和亲脂性病毒，不能杀灭结核杆菌、亲水性病毒和芽胞。

高浓度的碘、含氯消毒剂属高效消毒剂，低浓度的属于中效消毒剂。

2. 抗代谢药物的代表——磺胺类药物

1934年，德国I.G.Farben染料厂的G.Domagk对各种偶氮染料进行抗菌试验，结果发现将一种红色染料——"百浪多息"(Prontosil, 4-磺酰胺-2′, 4′-二氨基偶氮苯)给白鼠作静脉注射后，可治疗其因*Streptococcus*(链球菌属)和*Staphylococcus*(葡萄球菌属)细菌所引起的感染，但在体外却无作用。1935年，又发现"百浪多息"可治疗人的链球菌病及儿童的丹毒症。接着，法国的Trefouel和英国的Fuller等人认为"百浪多息"在体内可转化为具有制菌活性的磺胺(P-氨基苯磺酰胺)。"百浪多息"的结构如图5-7所示。

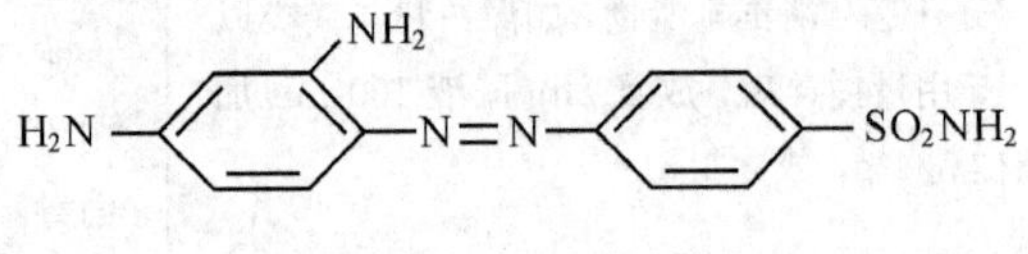

$$H_2N—\underset{NH_2}{\bigcirc}—N=N—\bigcirc—SO_2NH_2$$

图5-7　"百浪多息"的结构

此后，磺胺就成了在青霉素应用前治疗许多细菌性传染病的最有效的化学治疗剂，尤其在治疗*Streptococcus hemolyticus*(溶血链球菌)、*S.pneumoniae*(肺炎链球菌)(在美国多称为*Diplococcus pneumoniae*(肺炎双球菌))、*Shigella dysenteriae*(痢疾志贺氏菌)、*Brucella*(布鲁氏菌属)、*Neisseria*(奈瑟氏球菌属)以及*Staphylococcus aureus*(金黄色葡萄球菌)等引起的各种传染病时，效果更为显著。

1940年，Wood和Fildes研究了磺胺的作用机制，并阐明因为它的结构与细菌的生长因子——对氨基苯甲酸(Para Amino Benzoic Acid, PABA)高度相似，因而两者发生了竞争性拮抗作用，如图5-8所示。最后，美国的Lederle实验室的学者发现PABA是叶酸的一个组分。

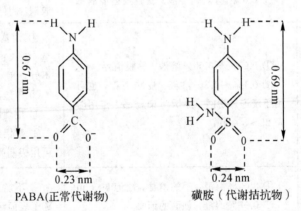

图5-8　PABA与磺胺

不少细菌要求外界提供PABA作为生长因子以合成其代谢中必不可少的重要辅酶——转移一碳基的四氢叶酸。现将其合成过程及代谢拮抗物磺胺和磺胺增效剂三甲基苄二氨嘧啶(Trimethoprin, TMP, 1959年发现)讲解如下。TMP是细菌二氢叶酸的还原酶抑制剂，属磺胺增效药。磺胺会抑制2-氨-4-羟-7,8-二氢蝶啶酰焦磷酸与PABA的缩合反应。这是由于磺胺是PABA的结构类似物，可与PABA发生竞争性拮抗作用，即二氢蝶酸合成酶也可利用磺胺作底物，使某些磺胺分子与 2-氨-4-羟-7，8-二氢蝶啶酰焦磷酸缩合，形成一个 2-氨-4-羟-7，8-二氢蝶酸的类似物（即"假二氢叶酸"）。这样，就使那些能利用二氢蝶啶和 PABA 合成叶酸的细菌无法合成叶酸，于是生长受到抑制。另外，TMP 能抑制二氢叶酸还原酶，使二氢叶酸无法还原成四氢叶酸。这样，TMP 就增强了磺胺的抑制效果。在细菌合成四氢叶酸过程中，磺胺与 TMP 的双重阻断在防治有关细菌性传染病中起了一个"双保险"的作用。

在上述内容可以知道为什么磺胺药对人无毒，而对某些病原菌却有高度抑制作用，即它们呈现高度选择毒力的原因了。人类因为没有二氢蝶酸合成酶、二氢叶酸合成酶和二氢叶酸还原酶，故不能利用外界提供的 PABA 自行合成四氢叶酸，亦即必须在营养物中直接提供四氢叶酸，因而对二氢蝶酸合成酶的竞争性抑制剂——磺胺不敏感。对病原微生物来说，凡有二氢蝶酸合成酶即需以 PABA 做原料自行合成四氢叶酸的致病菌，最易受磺胺的抑制，例如上述一些链球菌等就属于这种情况；凡无该酶而需提供四氢叶酸作为生长因子的致病菌，则不受磺胺抑制。

另外，从上述磺胺作用机制中还可解释很多有关磺胺药的药效降低甚至失效现象。由于磺胺药是因其结构与 PABA 类似而呈现的竞争性抑制，所以只有当环境中的磺胺浓度高于 PABA 时才有抑制作用。凡在含有大量 PABA 或二氢叶酸的部位（例如伤口、烧伤等处），就能解除磺胺对病原菌的抑制作用；凡在磺胺作用的同时，加入大量 PABA、二氢蝶酸、二氢叶酸、四氢叶酸或嘌呤、嘧啶、核苷酸、丝氨酸、甲硫氨酸等一碳基转移产物，也可解除其抑制。上述事实还可说明，当磺胺敏感菌株变成抗药性菌株时，如果不是变成缺二氢蝶酸合成酶的突变株，那么一般会变成能合成大量 PABA 的突变株。

3. 抗生素类药物

抗生素是一类最重要的化学治疗剂。自从第一种抗生素——青霉素于 20 世纪 40 年代初问世以来，至今已寻找到 9000 多种新的抗生素和合成过 70 000 多种半合成抗生素，但其中只有 50～60 种是临床上常用的抗生素。链霉素的发现者 S.A.Waksman（1942）曾对抗生素下过这样的定义："抗生素是微生物在新陈代谢过程中产生的具有抑制他种微生物生长活动、甚至杀灭他种微生物的低浓度的化学物质。"从现代的观念来看，上述定义应有所发展。首先，抗生素产生者已不仅是微生物，而应扩大为整个生物界；其次，抗生素的抑制对象也早已越出微生物的界限，除一般微生物外，还包括病毒、癌细胞、寄生虫、红蜘蛛和螨类等多种生物；第三，随着抗生素研究的发展，抗生素已不局限于新陈代谢过程中产生的化学物质，还应包括用生物加上化学或生物化学方法合成的、各种疗效更好的半合成抗生素。因此，目前可以认为：抗生素是生物在其生命活动过程中产生的一种次生代谢产物或其人工衍生物，它们在很低浓度时就能抑制或影响他种生物的生命活动，因而可用作优良的化学治疗剂。

抗生素的种类很多，其作用机制和制菌谱各异，应用范围广泛。在这里，我们着重根据它们的作用机制和抑菌谱（见图 5-9）对其进行简单的介绍，以期读者对抗生素有一个初步的认识。

随着抗生素的广泛应用，微生物对它们的耐药性及不少抗生素的副作用等问题陆续暴

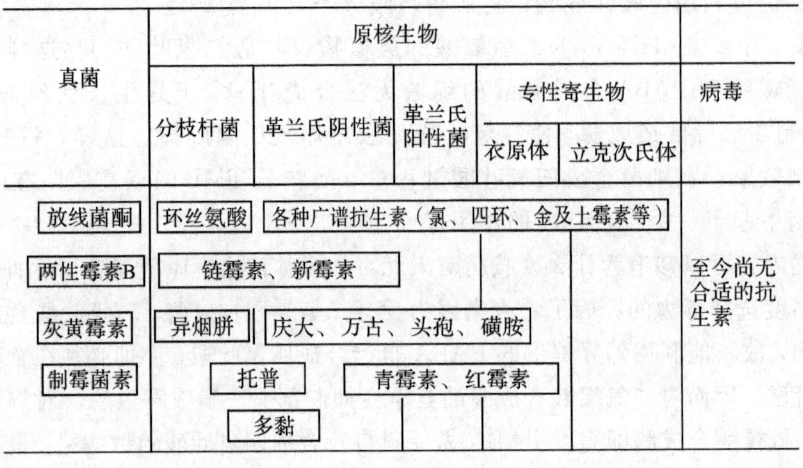

真菌	原核生物					病毒
	分枝杆菌	革兰氏阴性菌	革兰氏阳性菌	专性寄生物		
				衣原体	立克次氏体	
放线菌酮	环丝氨酸	各种广谱抗生素（氯、四环、金及土霉素等）				至今尚无合适的抗生素
两性霉素B	链霉素、新霉素					
灰黄霉素	异烟肼	庆大、万古、头孢、磺胺				
制霉菌素	托普	青霉素、红霉素				
	多黏					

图 5-9 抗生素抑菌谱

露出来。为解决这些问题，除了更广泛地筛选新的有效抗生素外，一条重要途径是对各种天然抗生素的结构进行化学改造，凡经这类改造后的抗生素，称为半合成抗生素，例如半合成青霉素、半合成头孢菌素、半合成四环素类、半合成利福霉素和半合成卡那霉素等。

复习思考题

1. 什么叫生长？什么叫繁殖？它们间的关系如何？

2. 计算微生物的繁殖数时，常用哪些方法？试简述其操作，并比较各种方法的优劣。

3. 什么叫生长曲线？单细胞微生物的典型生长曲线可分几期？其划分的依据是什么？

4. 指数生长期有何特点？处于此期的微生物有何实际应用？

5. 什么叫生长速率常数(R)？什么叫代时(G)？什么叫倍增时间？如何计算这些参数？

6. 什么叫连续培养？什么叫连续发酵？提出连续培养的根据是什么？

7. 什么是恒浊器？什么是恒化器？

8. 在发酵生产过程中，是否要求整个培养过程始终保持同样的温度、通气量和pH值？为什么？

9. 什么叫发酵罐？试用简图表示并注明其主要构造和运转要点。

10. 试比较杀菌(灭菌)、消毒、防腐和化疗的异同，并举例说明之。

11. 抗生素对微生物作用的机制有几种？举例说明之。

12. 何谓菌种活化？如何达到活化？

13. 现有的微生物保藏法可分几类？简述其各自的优缺点。

第 6 章　病毒学基础

第 6 章　课件

病毒是一类由核酸和蛋白质等少数几种成分组成的超显微"非细胞生物"，其本质是一种只含 DNA 或 RNA 的遗传因子，它们能以感染态和非感染态两种状态存在。在宿主体内时病毒呈感染态(活细胞内专性寄生)，依赖宿主的代谢系统获取能量、合成蛋白质和复制核酸，然后通过核酸与蛋白质的装配而实现其大量繁殖。

具体地说，病毒的特性有：形体极其微小，一般都能通过细菌滤器，故必须在电镜下才能观察；没有细胞构造，其主要成分仅为核酸和蛋白质两种，故又称为"分子生物"；每一种病毒只含一种核酸，不是 DNA 就是 RNA；既无产能酶系，也无蛋白质和核酸合成酶系，只能利用宿主活细胞内现成代谢系统合成自身的核酸和蛋白质组分；以核酸和蛋白质等"元件"的装配实现其大量繁殖；在离体条件下，能以无生命的生物大分子状态存在，并可长期保持其侵染活力；对一般抗生素不敏感，但对干扰素敏感；有些病毒的核酸还能整合到宿主的基因组中，并诱发潜伏性感染。

由于病毒是专性活细胞内的寄生物，因此，凡在有细胞的生物生存之处，都有与其相对应的病毒存在，这就是病毒种类多样性的原因。至今，各种生物中都发现有各种相应的病毒存在。病毒与人类的关系密切，如病毒病；发酵工业中的噬菌体(细菌病毒)污染，生物防治剂、生物学基础研究和基因工程中的重要材料或工具都有病毒的参与。

6.1　病毒概述

正如绪论所说，由于人类视觉及科学技术所限，形体越小的生物就越不易被发现。因此，在生物界中，微生物的发现比动、植物迟得多；在微生物中，细菌发现得较迟，病毒更迟；在病毒中，类病毒、拟病毒和朊病毒等亚病毒的发现最迟。人类对病毒的认识过程主要经历了以下几个阶段。

6.1.1　前期发展

在人类知道病毒存在之前，早已在与病毒引起的种种疾病打交道了。公元前 1500 年左右，在 18 代埃及王朝时代，有一幅浅浮雕清楚地刻着一个带有一条萎缩腿的祭司，这是患过瘫痪性脊髓灰质炎的人的特有标志(见图 6-1)；古希腊哲学家 Aristotle 早在公元前 4 世纪就描述过狂犬病的症状；公元前 2 至 3 世纪，在我国和印度都记载过天花；17 世纪西欧的郁金香热，后来知道主要是由于郁金香花叶病毒使其花瓣呈现美丽的杂色之故，这可能就是最早发现的植物病毒病(见图 6-2)。

图 6-1 1500BC 埃及孟非思壁画中长老患瘫痪性脊髓灰质炎

图 6-2 病毒侵染(左)对花瓣颜色的影响

6.1.2 病毒的发现

人类初步认识病毒的存在,是在 19 世纪末期。1886 年德国的 A.Mayer 在荷兰发现烟草上出现深浅相间的绿色区域,他称之为烟草花叶病,随之又用实验证实了它具有传染性。1892 年俄国植物病理学家 D.Ivanovsky 研究了烟草花叶病的病原,认为它是一种能通过细菌滤器的"细菌毒素"或极小的"细菌"。1898 年荷兰学者 M.W.Beijerinck 独立进行了烟草花叶病病原体的研究,首次提出其病原是一种"传染性的活性液体"或称"病毒"。从此,现代病毒学的历史被揭开了。此后,许多学者陆续发现了各种植物病毒、动物病毒和细菌病毒——噬菌体(见图 6-3)。例如,1898 年 Loeffler 和 Frosch 在牛的淋巴液中发现了口蹄疫病毒,后来许多学者又陆续发现了一系列新的动、植物的"滤过性病毒"(Filtrablevirus)病,如黄热病(1902)、狂犬病、鸡 Rous 肉瘤病(1908)、兔黏液瘤病、黄瓜花叶病以及马铃薯 x 病等。1915 年和 1917 年，F.W.Twort 和 F.H.Dherelle 还分别发现了 *Shigella dysenteriae*（痢疾志贺氏菌）的噬菌体。

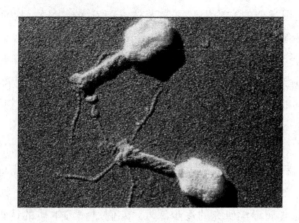

图 6-3　噬菌体电镜结构图

6.1.3　病毒粒子的分析时期

1935 年美国的 Stanley 首次提纯并结晶了烟草花叶病毒（Tobacco Mosaic Virus，TMV），从而使人们对病毒化学本质的认识有了重大突破（见图 6-4），并为病毒的深入研究开辟了广阔的道路。接着，Bawden 等进一步揭示了 TMV 的化学本质并不是纯蛋白，而是核蛋白。20 世纪 30 年代初人们发明了电子显微镜，德国的 Kausche 等（1940）首先用电子显微镜观察到 TMV 的杆状外形。电镜技术在病毒学中的应用，从多方面大大促进了它的发展。

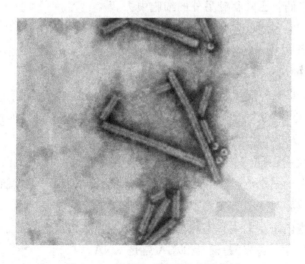

图 6-4　烟草花叶病毒电镜结构图

6.1.4　病毒的分子时期

Hershey 和 Chase 于 1952 年利用同位素证实噬菌体的遗传物质仅仅是 DNA 的著名实验，开创了病毒分子生物学的先声。接着，Franenkelconrat 等（1955）又完成了 TMV 的核酸和蛋白质的体外拆开和重建实验；Anderer(1960)弄清了 TMV 衣壳蛋白亚基的氨基酸排列顺序；1965 年美国科学家 Spiegelman 第一次在体外用无细胞体系复制 *E.coli* 的 RNA 噬菌体成功，接着又用类似的方法复制了噬菌体 φX174 的 DNA，从而打破了病毒必须在活体内才能增殖的传统观念；Baltimore 和 Temin(1970)在单链 RNA 病毒中发现的反转录酶及其致癌作用，对病毒学、肿瘤学、分子遗传学和分子生物学有着重大的推动作用。自 1971 年起人们陆续发现了各种亚病毒——类病毒(Diener，1971)、朊病毒(Prusiner，1982)和拟病毒(Gibbs，1983)。几乎与此同时，人们利用先进的分子生物学方法逐一测定了 RNA 噬菌体 MS2(Fiers，1976)、DNA 噬菌体 φX174(Sanger，1977)、类病毒(马铃薯纺锤形块茎类病毒 PSTV、GROSS，1978)和动物病毒 SV40(Fiers，1978)的核酸一级结构。至今，病毒作为遗传工程中外源基因载体的研究正在扩大和深入，由此将为人类带来无法预料的经济效益和社会效益。此外，病毒学与人类保健、畜牧兽医、植物保护和发酵工业的关系亦日见重要。随着病毒学研究的逐步深入，人们对病毒本质的认识也不断深化，这可从病毒定义的发展中得到证明。以下将病毒分子时期的重大试验发现简单罗列如下，以便读者进行掌握理解。

(1) Luria(1953)："病毒是能侵入特定的活细胞内，且只能在这样的细胞内繁殖的亚显微实体。"

(2) Lwoff(1957)："病毒是具有感染性的、严格地寄生于细胞内的、潜在的致病实体：① 只有一种核酸；② 只增殖遗传物质；③ 不能生长和进行二等分裂；④ 无 Lipmann 系统（即产生能量的酶系统）。"

(3) Luria(1959)："病毒是遗传物质的单元，在它们进行繁殖的细胞内，能够生物合成专一性结构，以使它们自己转移到另外的细胞中去。"

(4) Lwoff(1966)："病毒区别于其他生物的主要特征是：① 只含有一种核酸，或是 DNA 或是 RNA；② 以其遗传物质——核酸进行复制；③ 不能生长也不能进行二等分裂；④ 不含有能量代谢的酶；⑤ 没有自身的核糖体。"

(5) Luria 等(1967)："病毒是这样的实体，即它们的基因组是利用细胞的合成机构在活细胞内进行复制的核酸单元，并合成能使病毒基因组转移到其他细胞中去的专一性因子。"

从以上数个历史阶段的定义中可以看出，病毒与其他生物的最大区别在于：

(1) 非细胞的大分子结构，并由此衍生出无产能代谢系统、无核糖体、无个体生长现象、无二等分裂繁殖和对一般抗生素不敏感等特征；

(2) 专性活细胞内寄生的生物态和在细胞外非生物态相互交替；

(3) 一种病毒只含一种核酸，不是 DNA 就是 RNA。

由于亚病毒尤其是其中朊病毒的发现，对病毒下定义更难了。因此我们仅对病毒（即"真病毒"）下如下定义：病毒是一类超显微的非细胞生物，每一种病毒只含有一种核酸；它们只能在活细胞内营专性寄生，靠其宿主代谢系统的协助来复制核酸、合成蛋白质等组分，然后再进行装配而得以增殖；在离体条件下，它们能以无生命的化学大分子状态长期存在并保持其侵染活性。

6.2　病毒的结构和功能

具体来说，病毒(均指"真病毒")有这样几个特点：形体极其微小，必须在电子显微镜下才能观察，一般都可通过细菌滤器；没有细胞构造，故也称为分子生物；其主要成分仅是核酸和蛋白质两种；每一种病毒只含有一种核酸，不是 DNA 就是 RNA；既无产能酶系也无蛋白质合成系统；在宿主细胞协助下，通过核酸的复制和核酸蛋白装配的形式进行增殖，不存在个体的生长和二等分裂等细胞繁殖方式；在宿主的活细胞内营专性寄生；在离体条件下，能以无生命的化学大分子状态存在，并可形成结晶；对一般抗生素不敏感，但对干扰素敏感。

由于病毒是专性活细胞内寄生物，因此，凡有生物生存之处，都有其相应的病毒存在。当前对病毒的研究正在迅速开展，因此已知病毒的数量是一个正在急剧上升的变数，今后必将继续增加。从理论上来分析，在自然界存在的病毒总数应大大高于一切细胞生物的总和。随着科技的发展和对病毒认知的深入，新发现的病毒数量越来越多，种类越来越复杂，需要更科学、更细化的能够体现病毒起源和遗传关系的病毒分类系统，为此，1966 年成立了国际病毒命名委员会(International Committee on Nomenclature of Viruses，ICNV)。ICNV 在 1973 年更名为国际病毒分类委员会(International Committee on Taxonomy of Viruses，ICTV)。在 ICTV 1971 年发表的第一次病毒分类报告中，仅包括 290 个病毒种，分为 43 个属、2 个科，此后陆续于 1976 年、1979 年、1982 年、1991 年、1995 年、1999 年、2005 年、2009 年、2017 年发布了第二到第十次病毒分类报告，涵盖的病毒种有 4853 个，将这个庞大的群体划分为 803 个属、46 个亚科、131 个科、9 个目。

由于病毒是活细胞内的寄生物，因此，如果它的宿主是人或对人类有益的动、植物和微生物，就会给人类带来巨大损害。反之，如它们所寄生的对象是对人类有害的动、植物或微生物，则会对人类带来巨大的利益。

6.2.1　病毒的形态构造和化学组分

1. 病毒的大小

绝大多数病毒是能通过细菌滤器的微小颗粒，因此，必须通过电子显微镜才能观察其具体形态和大小。测量病毒大小的单位是纳米(nm，即 10^{-9} m)。由于电镜技术的发展，尤其是金属投影、磷钨酸与醋酸氧铀负染色法和 X 射线衍射技术等的广泛应用，人们对病毒的形态和显微结构的研究达到了一个新的水平。粗略地说，多数病毒粒子的直径在 100 nm 上下。最大的病毒如牛痘苗病毒的直径已超过 250 nm，它们通过吉姆萨、维多利亚蓝、荧光染料或镀银法等染色后，可在光学显微镜下观察，而一些最小病毒却比血清白蛋白的分子(22 nm)还小，与马血红蛋白分子(3×15 nm)和卵清蛋白分子(2.5×10 nm)相差无几。

2. 形态

1) 典型病毒粒子的构造

由于病毒是非细胞生物，故单个病毒个体不能称作"单细胞"，这样就产生了病毒粒子

(Virion，即病毒体)的名词。病毒粒子有时也称为病毒颗粒(Virus Particle)，是指成熟的、结构完整的单个病毒。病毒粒子的主要成分是核酸和蛋白质。核酸位于病毒粒子的中心，构成了它的核心(Core)或基因组(Genome)；蛋白质包围在核心周围，构成了病毒粒子的衣壳(Capsid)。衣壳是病毒粒子的主要支架结构和抗原成分，对核酸有保护作用。衣壳是由许多在电镜下可辨别的形态学亚单位——衣壳粒(Capsomere 或 Capsomer)构成的。核心和衣壳合在一起称为核衣壳(Nucleocapsid)，它是任何病毒(指"真病毒")所必须具备的基本结构。有些较复杂的病毒，在其核衣壳外还被一层由类脂或脂蛋白组成的包膜(Envelope)包裹着。有时，包膜上还长有刺突(Spike)等附属物。包膜实际上是来自宿主细胞膜的但被病毒改造成具有其独特抗原特性的膜状结构，故易被乙醚等脂溶剂所破坏。以 HIV 病毒为例，病毒粒子的结构见图 6-5。

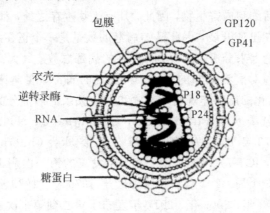

图 6-5 HIV病毒经典结构举例

2) 病毒粒子的对称体制

根据病毒的化学分析、X 射线衍射研究、电子显微镜观察，并与立体几何模型相结合的研究后发现，由相同的蛋白质亚基——衣壳粒装配而成的病毒粒子，通常只形成螺旋对称和二十面体对称(即等轴对称)两种体制，前者能使核酸与蛋白质亚基间的接触更为紧密，后者则特别有利于核酸分子以高度卷曲的形式包裹在小体积的衣壳中。另有一些结构较复杂的病毒，其衣壳的特点无非是螺旋对称和二十面体对称相结合而已，故称其为复合对称。

3) 病毒的群体形态

病毒粒子虽是无法用光学显微镜观察的亚显微颗粒，但当它们大量聚集在一起并使宿主细胞发生病变时，就可用光学显微镜加以观察，例如动、植物细胞中的病毒包涵体(Inclusion Body)；有的还可用肉眼看到，例如噬菌体的噬菌斑(Plaque)等。因为它们有点类似于细菌等的菌落，故这里就以"病毒的群体形态"为题来加以介绍。

(1) 噬菌斑。将少量噬菌体与大量宿主细胞混合后，将此混合液与 45℃ 左右的琼脂培养基在培养皿中充分混匀，铺平后培养。经数小时至 10 余小时后，在平板表面布满宿主细胞的菌苔上，可以用肉眼看到一个个透亮不长菌的小圆斑，这就是噬菌斑。每一个噬菌斑一般是由无数噬菌体粒子形成的。当一个噬菌体侵染一个敏感细胞后，不久即释放出一群子代噬菌体，它们通过琼脂层的扩散又侵染周围的宿主细胞，并引起它们裂解，如此经过多次重复，就出现了一个由无数噬菌体粒子构成的群体——噬菌斑。由此可见，噬菌斑的形成与细菌菌落的形成有点相似，所不同的只是噬菌斑更像一个"负菌落"。噬菌斑的形成可用于检出、分离、纯化噬菌体和进行噬菌体的计数，有关内容详见本章中的"噬菌体效价的测定"。

（2）枯斑。枯斑是植物叶片上的植物病毒群体。美国病毒学家 Holmes（1929 年）最早发明用枯斑法测定烟草花叶病毒（TMV）的数目。方法是把试样与少许金刚砂相混，然后在烟叶上轻轻摩擦，2 至 3 天后，叶子上出现的局部坏死灶即枯斑。

（3）空斑和病斑。为进行有活性的动物病毒粒子的计数，在噬菌斑技术的启发下，Dulbecco 和 Vogt（1953）发明了单层动物细胞上的病毒空斑计数法。在覆盖一薄层琼脂的一片单层细胞上，如某一细胞感染有病毒，则增殖后的病毒粒子只能扩散至邻近的细胞，最终形成一个与噬菌斑类似的空斑。如果用中性红等活性染料加以染色，不但可以区分活细胞和死细胞，而且可使空斑更为清晰。如果单层细胞受肿瘤病毒感染，则会产生细胞剧增，这种有点类似于菌落的病灶就只能称为病斑了。

（4）包涵体。在某些感染病毒的宿主细胞内，出现光学显微镜下可见的大小、形态和数量不等的小体，称为包涵体（见图 6-6）。它们多数位于细胞质内，具嗜酸性；少数位于细胞核内，具嗜碱性；也有在细胞质和细胞核内都存在的类型。根据包涵体的特点，可把它们分成以下四种类型：

① 包涵体是病毒的聚集体。例如，在感染了昆虫的核型多角体病毒（NPV）和质型多角体病毒（CPV）的宿主细胞中所形成的蛋白质包涵体，其内含有大量的病毒粒子；少数动物病毒如腺病毒和呼肠孤病毒引起的包涵体，是病毒粒子的聚集体；少数植物病毒如烟草花叶病毒引起的包涵体，也是病毒粒子的聚集体。

② 大多数由动物病毒引起的包涵体，是病毒的合成部位。

③ 包涵体是病毒蛋白和与病毒感染有关的蛋白质，例如许多由植物病毒聚集形成的包涵体。

④ 非病毒性包涵体是指某些化学因子由于细菌感染也可引起包涵体的形成，这就不是"病毒的群体形态"了。

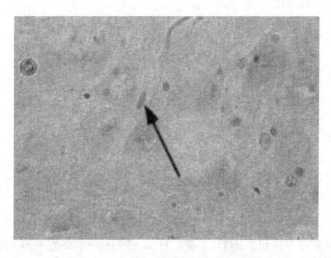

图 6-6　狂犬病毒包涵体电子显微镜图

在实践上，病毒的包涵体主要有两类应用。其一用于病毒病的诊断。由于许多由病毒引起的包涵体具有其特定的形态、构造和特性，故可用作鉴定相应病毒的一种手段。例如，同属于马铃薯 Y 族病毒的烟草蚀纹病毒和马铃薯 Y 病毒，两者虽在形态上极其相似，但它们所引起的包涵体的形态却截然不同，前者为三角形，后者为矩形。又如，在病毒感染的动物细胞内有六种比较重要的包涵体，都有助于相应病毒病的诊断。这六种包涵体是痘苗病毒引起的细胞质内嗜酸性的 Guarnieri 氏体，单纯疱疹病毒引起的细胞核内嗜酸性的 Cowdry 氏 α 型小体，呼肠孤病毒引起的核周围细胞质内嗜酸性包涵体，腺病毒引起的核内嗜碱性包涵体，狂犬病毒引起的细胞质内嗜酸性的 Negri 氏体，以及麻疹病毒引起的细胞核和细胞质内的嗜酸性包涵体等。如上所述，由于不是所有的病毒都能形成包涵体，加上若干非病毒的因子也可形成包涵体状结构，所以，包涵体只能是病毒病的辅助诊断指标。其二用于生物防治。由于在昆虫的核型多角体病毒和质型多角体病毒所引起的包涵体内都含有大量活性病毒，因此包涵体可用于生产生物防治剂。

3. 三类典型形态的病毒

1）二十面体对称的代表——腺病毒（Adenovirus）

腺病毒是一种动物病毒，于 1953 年首次从手术切除的小儿扁桃体中分离到。它可侵染呼吸道、眼结膜和淋巴组织，是急性咽类、眼结膜炎、流行性角膜结膜炎和病毒性肺炎等的病原体。腺病毒的种类很多，它们的自然宿主有人、猴、牛、犬、鼠、鸟和蛙等多种。

如图 6-7 所示，腺病毒的外形呈典型的二十面体，粗看像"球状"，没有包膜，直径为 70～80nm。它有 12 个角、20 个面和 30 条棱。衣壳由 252 个衣壳粒组成，即：称作五邻体（Penton）的衣壳粒 12 个（分子量各为 70 000 Da），分布在 12 个顶角上；称作六邻体（Hexon）的衣壳粒 240 个（分子量各为 120 000 Da），均匀分布在 20 个面上。每个五邻体上突出一根末端带有顶球的蛋白纤维，称为纤突（刺突）。腺病毒的核心是由线状双链 DNA（dsDNA）构成的。所有的腺病毒，不管它们的天然宿主和血清型是什么，其基因组的大小都约为 36 500 个核苷酸对。

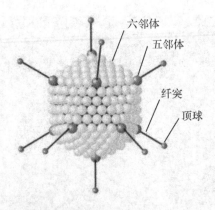

图 6-7 腺病毒的模式构造

腺病毒只能培养在人的组织细胞（羊膜、Hela 或 Hep-2 细胞株等）上，尤其适合长在人胎肾组织细胞上，不能在鸡胚上生长。腺病毒在宿主的细胞核中进行增殖和装配，并能使宿主细胞形成包涵体。

2）螺旋对称的代表——烟草花叶病毒（TMV）

烟草花叶病毒在病毒学发展史上有其独特的地位。它是人类发现最早、研究最深入和了解最清楚的一种病毒。其形态构造见图 6-8。

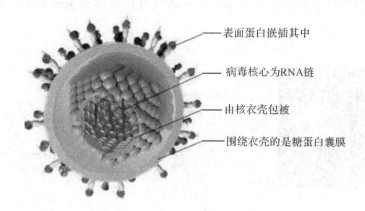

图 6-8　烟草花叶病毒的形态构造

TMV 呈直杆状，长 300 nm，宽 15 nm，中空（内径为 4 nm）。TMV 含 95％蛋白质和 5％单链 RNA(ssRNA)。它共有 2130 个呈皮鞋状的蛋白亚基（衣壳粒）。每个亚基由 158 个氨基酸组成，分子量为 17 500。亚基以逆时针方向螺旋排列，共 130 圈（每圈长 2.3 nm，有 16.33 个亚基）。ssRNA 由 6390 个核苷酸单位组成，分子量为 2×10^{6}，它距轴中心 4 nm，以相等的螺距盘绕于蛋白质外壳内，每 3 个核苷酸与一个蛋白亚基相结合，因此每圈有 49 个核苷酸。由于 TMV 的核酸由最合适的蛋白质包裹，因此其结构极其稳定。有人报道 TMV 的抽提物在室温下放置 50 年后仍有感染力。

对 TMV 的基础研究大大促进了病毒学理论的发展。TMV 是烟草、菜豆等经济作物的病原体，危害甚大。近年来，有人试验用无毒的"工程 TMV"作为番茄、马铃薯等茄科植物的疫苗，以期让这些作物通过接种"牛痘"的方式来预防花叶病，取得了初步结果。

3）复合对称的代表——T 偶数噬菌体

大肠杆菌的 T 偶数（Eventype）噬菌体共有三种，即 T2、T4 和 T6，在自然界分布极广。它们是病毒学和分子遗传学研究中的极好材料，因此人类对它们的了解极其深刻。尤其是 T4，早已有了十分清晰的电镜照片和最完整的基因组图。

T4 的模式结构见图 6-9。由图可知，T4 由头部、颈部和尾部三个部分构成。由于头部呈二十面体对称而尾部呈螺旋对称，故它是一种复合对称结构。头部长 95 nm，宽 65 nm，在电镜下呈椭圆形二十面体。其衣壳由 8 种蛋白质组成，蛋白质含量占 76％～81％。每个衣壳粒的直径为 6 nm，共有 212 个衣壳粒。头部内的核心是线状 dsDNA。头部与尾部相连处有一构造简单的颈部，由颈环和颈须构成。颈环为一六角形的盘状构造，直径为 37.5 nm。有 6 根颈须自颈环上发出，其功能是裹住吸附前的尾丝。尾部由尾鞘、尾管、基板、刺突和尾丝五部分组成。尾鞘长 95 nm，是一个由 144 个分子量各为 55 000 的衣壳粒缠绕而成的 24 环螺旋。尾管长 95 nm，直径为 8 nm，其中央孔道直径为 2.5～3.5 nm，这是头部核酸注入宿主细胞时的必经之路。尾管亦由 24 环螺旋组成，正好与尾鞘上的 24 个螺旋环相对应。尾部的基板与颈环一样，是由六角形盘状物构成的，中空。基板的直径为 30.5 nm，上长着 6 根尾丝和 6 个刺突。刺突长为 20 nm，有吸附功能。尾丝长为 140 nm，折成等长的两段，直径为 2 nm。尾丝是由两种分子量较大的蛋白质和 4 种分子量较小的蛋白质分子构成的，它具有专一地吸附在敏感宿主细胞表面相应受体上的功能。

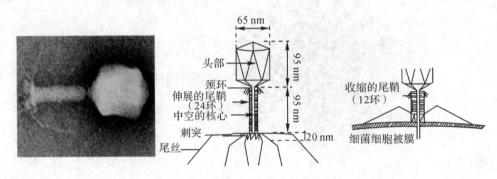

图 6-9 大肠杆菌 T4 噬菌体的电镜图及模式图

T 偶数噬菌体虽呈蝌蚪状，但却是通过尾部的尾丝来吸附。尾丝吸附后，会使基板受到构型的刺激，接着尾鞘蛋白发生收缩，使尾管插入宿主细胞。尾鞘收缩时，其 144 个蛋白亚基发生复杂的移位效应，使原有尾鞘的长度缩成一半，因此与肌纤维蛋白的收缩十分相似。

4. 病毒的核酸

核酸是病毒粒子中最重要的成分，它是病毒遗传信息的载体和传递体，因此是病毒生命活动的主要物质基础。病毒核酸的类型很多，它为病毒的分类提供了可靠的分子基础。病毒核酸的类型可从以下几点来区分：

（1）是 DNA 还是 RNA；

（2）是单链（single strand，ss）结构还是双链（double strand，ds）结构；

（3）呈线状还是环状；

（4）是闭环还是缺口环；

（5）基因组是单组分、双组分、三组分还是多组分。

此外，还可对核酸进行更细致的分析和比较。病毒的核酸类型是极其多样的，历史证明，往往暂时还属空缺的核酸类型，不久将一一得到填补。总的来说，动物病毒以线状的 dsDNA 和 ssRNA 为多，植物病毒以 ssRNA 为主，噬菌体以线状的 dsDNA 居多，而至今发现的真菌病毒都是 dsRNA，藻类病毒则都是 dsDNA。

6.2.2 病毒的种类及其繁殖方式

病毒的种类很多，它们的繁殖方式既有共性又有各自的特点。以下介绍植物病毒、脊椎动物病毒和昆虫病毒的概貌和它们独特的繁殖方式，重点介绍噬菌体的种类及繁殖方式。

1. 植物病毒

1）植物病毒概述

植物病毒大多为 ssRNA 病毒，基本形态为杆状、丝状和球状（二十面体），一般无包膜。植物病毒对宿主的专一性通常较差，如 TMV 就可侵染十余科、百余种草本和木本植物。已知的植物病毒有 700 余种(1989 年)，绝大多数的种子植物，尤其是禾本科、葫芦科、豆科、十字花科和蔷薇科植物都易患病毒病。其症状为：

(1) 因叶绿体被破坏或不能合成叶绿素，叶片发生花叶、黄化或红化症状；

(2) 植株发生矮化、丛枝或畸形；

(3) 形成枯斑或坏死。

植物病毒的增殖过程与噬菌体相似，但在具体细节上有许多差别。植物病毒一般无特殊吸附结构，只能以被动方式侵入，例如可借昆虫刺吸式口器刺破植物表面侵入，借植物的天然创口或人工嫁接时的创口而侵入等。在植物组织中，则可借细胞间连丝而实现病毒粒的扩散和传播。与噬菌体不同的是，植物病毒必须在侵入宿主细胞后才脱去衣壳即脱壳(Encoating 或 Uncoating)。植物病毒在其核酸复制和衣壳蛋白合成的基础上，即可进行病毒粒的装配。TMV 等杆状病毒先初装成许多双层盘，然后因 RNA 嵌入和 pH 降低等因素而变成双圈螺旋，最后再由双圈螺旋聚合成完整的杆状病毒。球状病毒则是靠一种非专一的离子相互作用而进行的自体装配体系来完成聚合的。它们的核酸能催化蛋白亚基的聚合和装配，并决定其准确的二十面体对称的球状外形。

2) 增殖过程

植物病毒的增殖过程在总体上与噬菌体相似，但在具体细节上却有很多不同之处。即使同样是植物病毒，其间的差异也是很大的。植物病毒除弹状病毒有刺突外，其余均无专门起吸附作用的结构。同样，在植物细胞表面至今也未发现有病毒特异性受体。其侵入方式都是被动的，主要有：

(1) 借昆虫(蚜虫、叶蝉和飞虱等半翅目昆虫)刺吸式口器损伤植物细胞而侵入；

(2) 借带病汁液与植物伤口相接触而侵入；

(3) 借人工嫁接时的伤口而侵入。

病毒通过借助植物的胞间连丝就可以实现病毒粒子在细胞间的扩散和传播。实验证明，聚鸟氨酸(PLO)可明显促进植物病毒的侵入，其主要原因是 PLO 能与病毒结合，使其表面带正电荷，因而促进其与带负电荷的植物原生质体相结合，进一步可能再通过胞饮作用或细胞膜上的微小损伤而进入植物细胞中。植物病毒的脱壳方式还不很清楚，一般认为需经过物理与酶法两个阶段。TMV 的脱壳作用约需 4 小时。

3) 典型植物病毒装配过程

植物病毒由于其核酸和衣壳类型的不同，其装配过程也很不相同。以下介绍有代表性的杆状病毒和二十面体对称的球状病毒的装配过程。

(1) 杆状病毒的代表——TMV 的装配。据研究，在装配过程中，TMV 的 2130 个相同蛋白亚基先初装成许多双层盘(每层 17 个亚基，共 34 个亚基)，然后可能由于 pH 的降低或因 RNA 的结合，盘状变成双圈螺旋状，最后许多双圈螺旋再聚合成 TMV 的完整衣壳(见图 6-10)。在这个过程中，RNA 的嵌入起着关键的作用。如果没有 RNA，TMV 的蛋白亚基虽能形成螺旋棒，但却长度不一。其他杆状病毒如马铃薯的 X 和 Y 病毒、烟草脆裂病毒、黄瓜条斑病毒和大麦条纹病毒等，在其装配过程中都与 TMV 一样，共同特点是必须经过双层盘阶段才能完成。

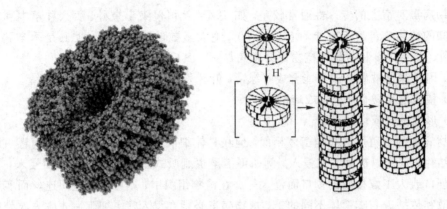

图 6-10　TMV 病毒衣壳三维结构及装配示意图

（2）**球状病毒的装配**。这类病毒的装配依靠于非专一的离子相互作用，也属于一种自体装配体系。它们的核酸能催化蛋白亚基的聚合和装配，并决定其正确的二十面体对称的球状外形。由于装配的机制是非专一的离子相互作用，所以甲病毒的蛋白亚基可和乙、丙等不同病毒的核酸发生装配，并形成具有侵染力的病毒粒子。球状病毒的蛋白亚基还能和杆状病毒如 TMV 的 RNA 一起装配，形成一个具有一定感染力（9％）的球状病毒粒子。球状病毒的蛋白亚基甚至还能和多种非病毒来源的核酸"装配"成球状或杆状"病毒粒子"，这是人为制造的假病毒，但在自然条件下，在动、植物宿主中也发现了假病毒。

2. 脊椎动物病毒

1）概述

在人类及其他哺乳动物、禽类、爬行类、两栖类和鱼类等各种脊椎动物中，广泛寄生着相应的病毒。目前研究得较深入的仅是一些与人类健康和经济利益有重大关系的少数脊椎动物病毒。已知与人类健康有关的病毒超过 300 种，与其他脊椎动物有关的病毒超过900 种。目前人类的传染病约有 70％～80％是由病毒引起的，且至今对其中的大多数还缺乏有效的对付手段。常见的病毒病如流行性感冒、肝炎、疱疹、流行性乙型脑炎、狂犬病和艾滋病等。此外，在人类的恶性肿瘤中，约有 15％是由于病毒的感染而诱发的。畜、禽等动物的病毒病也极其普通，且危害严重，如猪瘟、牛瘟、口蹄疫、鸡瘟、鸡新城疫和劳氏肉瘤等。值得注意的是，许多病毒病是人和动物共患病，应防止相互传染。

脊椎动物病毒的种类很多，根据其核酸类型可分为 dsDNA 和 ssDNA 病毒以及dsRNA 和 ssRNA 病毒，其衣壳外有的有包膜，有的无包膜。它们的增殖过程也与上述的噬菌体和植物病毒相似，只是在一些细节上有所不同。大多数动物病毒无吸附结构的分化。少数病毒如流感病毒在其包膜表面长有柱状或蘑菇状的刺突，可吸附在宿主细胞表面的黏蛋白受体上，腺病毒则可通过五邻体上的刺突行使吸附功能。吸附之后，病毒粒子可通过胞饮、包膜融入细胞膜或特异受体的转移等作用，侵入细胞中，接着就发生脱壳、核酸复制和衣壳蛋白的生物合成，再通过装配、成熟和释放，就形成大量有侵染力的子代病毒。

在人类的病毒病中，最严重的当推自 20 世纪 80 年代初开始在全球流行、被称作"世纪瘟疫"或"黄色妖魔"的获得性免疫缺陷综合征（Acquired Immune Deficiency Syndrome，

AIDS），即艾滋病。据联合国有关部门的统计（2001 年 5 月），自艾滋病发现后的 20 多年中，已经约有 5600 万人感染，其中 1900 万人死亡。目前全球感染者达 3600 万人，非洲和亚洲尤为严重。引起艾滋病的病毒称为人类免疫缺陷病毒（Human Immunodeficiency Virus，HIV）。

2）增殖过程

动物病毒的增殖过程在总体上也与噬菌体或植物病毒类似，只是在一些细节上有所不同。现介绍如下。

（1）吸附。病毒粒子先吸附到细胞表面，不引起细胞发生任何变化。在此阶段如用去污剂、低 pH 或高盐度等使其解吸，则病毒粒子仍很完整并保持其感染力。大多数动物病毒并无吸附结构的分化。有些有包膜的病毒（如正黏病毒或副黏病毒）可通过其包膜上的糖蛋白刺突行使吸附作用；腺病毒则可通过五邻体上的刺突行使吸附功能。在宿主细胞表面一般都有病毒特异受体的存在，例如黏蛋白是正黏病毒的受体，脂蛋白则是脊髓灰质炎病毒的受体等。

（2）侵入。紧接在吸附后的就是侵入。病毒粒子进入侵入阶段后，就不能再脱离宿主细胞而回复到先前的感染能力。侵入方式至少有四种：

① 通过称作病毒吞饮（Viropexis）的类似吞噬的方式使病毒粒子被动地"侵入"，如痘类病毒等。这时，病毒粒子形式上进入了细胞，实质上只进入被一层膜隔离的吞噬泡内，故可认为仍在细胞外。

② 病毒的脂蛋白包膜与宿主细胞膜发生融合，脱去包膜，核衣壳能直接穿入细胞质中，如流感病毒。

③ 通过病毒粒子与宿主细胞膜上特异受体的相互作用，使其核衣壳进入细胞质中，如脊髓灰质炎病毒。

④ 少数病毒能以完整病毒粒子形式直接穿过细胞膜而进入细胞质中，如呼肠孤病毒。

（3）脱壳。动物病毒脱壳的方式很多。有些病毒如脊髓灰质炎病毒，当其吸附并侵入其宿主细胞时，衣壳就开始破损，随之将核酸释放到细胞质中；某些以吞噬方式被动侵入细胞的病毒，其衣壳在吞噬泡中被溶酶体释放的水解酶所水解，从而完成了脱壳过程；另一些结构复杂的病毒如痘苗病毒等，经宿主细胞的吞噬而进入细胞后，先在吞噬泡中借溶酶体释放的酶类去除包膜和部分衣壳蛋白，接着依靠这一部分脱壳的病毒粒子所含有的一种依赖于病毒 DNA 的 RNA 聚合酶，转录出 mRNA，由它来转译出新的脱壳酶，以实现其彻底脱壳；最后，还有少数病毒并不需要全部脱壳即能进行增殖，但其感染力不强，例如呼肠孤病毒等。

（4）复制和增殖。动物病毒的复制方式也与噬菌体和植物病毒类似。在动物病毒增殖问题上，还要介绍一类极其重要的含 ssRNA 的肿瘤病毒——逆转录病毒（Retrovirus，又称反转录病毒）。它们之中有些可引起脊椎动物的肿瘤，如禽类或哺乳动物的白血症病毒；有些并不引起肿瘤。艾滋病病毒也是一种逆转病毒。

逆转录病毒是一类具有包膜的、含 ssRNA 的球状病毒，呈二十面体对称。病毒粒子的组成十分复杂，以小鼠白血症病毒为例，除含有一些一般病毒所具有的 ssRNA、蛋白质、脂肪和糖类外，还含有反转录酶（Reverse Transcriptase）、核糖核酸酶 H（Rnaseh，可降解 RNA-DNA 杂种分子中的 RNA 链）、转化蛋白和 DNA 连接酶等。

关于逆转录病毒的复制和致癌机制曾有很多学说，其中有 Temin(1964)在研究劳斯肉瘤病毒(RSV)的基础上提出来的前病毒学说(Provirus Theory)。由于 Temin 本人和 Baltimore 于 1970 年同时发现了其中最关键的酶——反转录酶(即依赖于 RNA 的 DNA 聚合酶)，从而得到了学术界的确认。

病毒粒子通过其包膜表面的糖蛋白刺突与宿主细胞膜上的特异受体相结合，经膜的融合或吞噬作用而侵入细胞。侵入后经 1 小时左右，宿主细胞内即出现由反转录酶新合成的 DNA。反转录酶先以＋RNA 作模板，合成与之互补的－DNA 链，两者组合成一个杂种双链。接着，其中的 RNA 分子经 RNA 酶水解后，留下的－DNA 单链经复制而产生±DNA 双链。此 DNA 输送到细胞核中变成双链闭合环。这种环状 dsDNA 可像 λ 温和噬菌体那样整合到宿主的核基因组上，并以前病毒的形式存在。由于前病毒的整合以及转化蛋白的作用，宿主细胞变成一个转化细胞。它既可不断以自己的 DNA 转录出 mRNA，并进而合成衣壳、刺突、反转录酶和转化蛋白以装配大量的子代病毒粒子，又可像温和噬菌体那样，与宿主核染色体进行同步复制，产生大量带有前病毒的子代细胞，还可经过长期潜伏后发生活化，从而使宿主患自发性癌症。

(5) 装配、成熟和释放。动物病毒的装配、成熟与释放，是与病毒在宿主细胞中的复制部位及其是否存在包膜密切相关的。

其中分为有无包膜两种情况：

① 有包膜的病毒。有包膜的 DNA 病毒，例如单纯疱疹病毒等，它们在宿主的细胞核内装配成核衣壳后，移至核膜上，以芽生方式进入细胞质中，从而获得了同宿主核膜成分一样的包膜，再逐渐从细胞质中的细胞通道释放到细胞外。另有一部分病毒核衣壳能通过核膜裂隙进入细胞质，因而能从细胞膜上获得其包膜。痘类病毒等大型复杂的病毒，其 DNA 与蛋白质衣壳均在细胞质中合成，通过复杂的装配后，一少部分通过细胞表面释放，大部分则留在细胞内，通过细胞之间的接触而扩散。有包膜的 RNA 病毒，如副流感病毒等，其 RNA 与蛋白质在细胞质中装配成螺旋对称的核衣壳。宿主细胞膜在病毒增殖过程中已结合有病毒的特异抗原成分，例如血凝素与神经氨酸酶等。当成熟病毒以芽生方式通过细胞膜时，就裹上一层细胞膜成分，并产生刺突。

② 无包膜的病毒。无包膜的 DNA 病毒例如腺病毒，其核酸与衣壳在细胞核内进行装配。无包膜的 RNA 病毒例如脊髓灰质炎病毒，其核酸与衣壳在细胞质内装配。这两类病毒均待宿主细胞裂解后才能释放。

病毒在细胞内复制后，并非其一切组分均用于装配成完整的具有感染力的病毒粒子。往往在活细胞中经常可以找到病毒装配后的各种病毒组分。

3. 原核生物的病毒——噬菌体

1) 一般介绍

噬菌体(Bacteriophage 或 Phage)广泛存在于自然界中，至今在绝大多数原核生物中都发现有相应的噬菌体。据国际病毒分类委员会(ICTV)2011 年第九次报告，已确定了 6 个目、87 个科、19 个亚科、349 个属、2284 个种。据 Bradley 归纳，噬菌体共有 6 类形态，即蝌蚪状的收缩性尾，非收缩性尾(长和短)，球状无尾的大、小顶衣颗粒，丝状无头。

2) 噬菌体的增殖

与其他细胞型的微生物不同，噬菌体和一切病毒粒子并不存在个体的生长过程，而只有两种基本成分的合成和进一步的装配过程，所以同种病毒粒子间并没有年龄和大小之别。噬菌体的繁殖一般分为 5 个阶段，即吸附、侵入、增殖(复制与生物合成)、成熟(装配)和裂解(释放)。凡在短时间内能连续完成以上 5 个阶段而实现其繁殖的噬菌体，称为烈性噬菌体(Virulent Phage)，反之则称为温和噬菌体(Temperate Phage)。烈性噬菌体所经历的繁殖过程，称为裂解性周期(Lytic Cycle)或增殖性周期(Productive Sycle)。现以 *E.coli* 的 T 偶数噬菌体为代表加以介绍。

(1) 吸附(Absorption 或 Attachment)。噬菌体与其相应的特异宿主在水环境中发生偶然碰撞后，如果尾丝尖端与宿主细胞表面的特异性受体(蛋白质、多糖或脂蛋白-多糖复合物等)接触，就可触发颈须把卷紧的尾丝散开，随即就附着在受体上，从而把刺突、基板固着于细胞表面。吸附作用受许多内外因素的影响。

(2) 侵入(Penetration 或 Injection)。吸附后尾丝收缩，基板从尾丝中获得一个构象刺激，促使尾鞘中的 144 个蛋白亚基发生复杂的移位，并紧缩成原长的一半，由此把尾管推出并插入细胞壁和膜中。此时尾管端所携带的少量溶菌酶可把细胞壁上的肽聚糖水解，以利侵入。头部的核酸迅即通过尾管及其末端小孔注入宿主细胞中，并将蛋白质躯壳留在壁外。从吸附到侵入的时间极短，如 T4 只需 15 s。

(3) 增殖(Replication)。增殖包括核酸的复制和蛋白质的生物合成。首先，噬菌体以其核酸中的遗传信息向宿主细胞发出指令并提供"蓝图"，使宿主细胞的代谢系统按严密程序、有条不紊地逐一转向或适度改造，从而转变成能有效合成噬菌体所特有的组分和"部件"，其中所需"原料"可通过宿主细胞原有核酸等的降解、代谢库内的贮存物或从外界环境中取得。一旦大批成套的"部件"合成，就在细胞"工厂"里进行突击装配，于是就产生了一大群形状、大小完全相同的子代噬菌体。

由于烈性噬菌体的核酸类型多样，故其复制和生物合成的方式也截然不同。*E.coli* 的 T 偶数双链 DNA 噬菌体是按早期(Early, Immediate Early)、次早期(Delayed Early)和晚期(Late)基因的顺序来进行转录、转译和复制的。

噬菌体的 dsDNA 注入宿主细胞后，首先设法利用宿主细胞内原有的 RNA 聚合酶转录出噬菌体的 mRNA，再由这些 mRNA 进行转译，以合成噬菌体特有的蛋白质。这一过程称为早期转录(Early Translation)，由此产生的 mRNA 称为早期 mRNA，其后的转译称为早期转译(Early Translation)，而产生的蛋白质则称为早期蛋白(Early Proteins)。早期蛋白的种类很多，最重要的是一种只能转录噬菌体次早期基因的次早期 mRNA 聚合酶(如 T7 噬菌体)；而在 T4 等噬菌体中，其早期蛋白则称为更改蛋白，特点是它本身并无 RNA 聚合酶的功能，却可与宿主细胞内原有的 RNA 聚合酶结合以改变后者的性质，把它改造成只能转录噬菌体次早期基因的酶。至此，噬菌体已能大量合成其自身所需的 mRNA。利用早期蛋白中新合成的或更改后的 RNA 聚合酶来转录噬菌体的次早期基因，借以产生次早期 mRNA 的过程，称为次早期转录，由此合成的 mRNA 称为次早期 mRNA，进一步的转译即为次早期转译，其结果产生了多种次早期蛋白，例如分解宿主细胞 DNA 的 DNA 酶、复制噬菌体 DNA 的 DNA 聚合酶、HMC(5-羟甲基胞嘧啶)合成酶以及供晚期基因转录用的晚期 mRNA 聚合酶等。晚期转录是指在新的噬菌体 DNA 复制完成后对晚期基因所进行的转录作用，其结果产生了晚期 mRNA。由它再经晚期转译后，就产生了一大批可用于子代噬菌体装配用的"部件"——晚期蛋白，包括头部蛋白、尾部蛋白、各种装配蛋白

（约30种）和溶菌酶等。至此，噬菌体核酸的复制和各种蛋白质的生物合成就完成了。

（4）成熟（装配）。噬菌体的成熟（Maturity）过程事实上就是把已合成的各种"部件"进行自装配（Self Assembly）的过程。在T4噬菌体的装配过程中，约需30种不同蛋白和至少47个基因参与。主要步骤有：DNA分子的缩合，通过衣壳包裹DNA而形成完整的头部，尾丝和尾部的其他"部件"独立装配完成，头部和尾部相结合，最后装上尾丝。

（5）裂解（释放）。当宿主细胞内的大量子代噬菌体成熟后，水解细胞膜的脂肪酶和水解细胞壁的溶菌酶等的作用，促进了细胞的裂解（Lysis），从而完成了子代噬菌体的释放（Release）。另一种表面上与此相似的现象为一种自外裂解（Lysis From Without），是指大量噬菌体吸附在同一宿主细胞表面并释放众多的溶菌酶，最终因外在的原因而导致细胞裂解。自外裂解是绝不可能导致大量子代噬菌体产生的。

上述增殖的全过程是很快的，如 *E.coli* 系噬菌体在合适温度等条件下仅需15～25 min。每一宿主细胞裂解后产生的子代噬菌体平均数称作裂解量（Burst Size）。不同的噬菌体有不同的裂解量，如T2为150左右，T4约为100。

3）噬菌体遗传信息分类

亲代病毒的生物学特性遗传给子代病毒的关键，是如何把不同类型核酸中的遗传信息转移到病毒的mRNA中。Baltimore（1971）曾把它分为六类（见图6-11），并一直沿用至今。

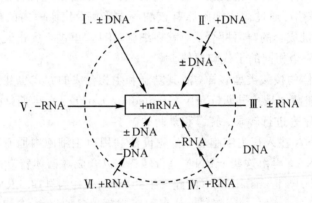

图6-11　六类不同核酸病毒mRNA复制方式

（1）第Ⅰ型——病毒双链DNA的复制。病毒DNA的复制、转录和转译均按"中心法则"进行。DNA既可作复制的模板，通过半保留方式复制出子代病毒的DNA，又可转译成成熟病毒所需的衣壳蛋白。

（2）第Ⅱ型——病毒单链DNA的复制。所有ssDNA病毒的核酸均为＋DNA。先由＋DNA合成±DNA，然后以新合成的－DNA为模板合成＋mRNA。

（3）第Ⅲ型——双链RNA病毒的复制。首先通过半保留方式复制，利用其中的"－"链产生"＋"RNA，即mRNA，它可转译出蛋白质，又可作为模板复制出子代双链RNA。

（4）第Ⅳ型——侵染性单链RNA病毒的复制。侵染性ssRNA指由病毒粒子中分离出来的RNA带有侵染性。这种侵染性RNA既可作为mRNA转译成蛋白质，又可作为模板复制成－RNA，然后再利用此－RNA作模板来合成子代＋RNA。

(5) 第 V 型——非侵染性单链 RNA 病毒的复制。这类病毒的单链 RNA 没有侵染性，也不能起信使作用，所以叫负链 RNA(−RNA)。当病毒粒子携带转录酶时，−RNA 可用作转录＋RNA(即 mRNA)的模板，并由它转译出几种蛋白质，其中包括一种 RNA 复制酶。在这种 RNA 复制酶的催化下合成与负链等长的＋RNA，再以此作模板合成子代病毒的−RNA。

(6) 第 VI 型——逆转录病毒单链 RNA 的复制。逆转录病毒单链 RNA 在其复制过程中会形成 RNA−DNA 杂交分子和双链 DNA 这两种中间体。RNA−DNA 杂交分子是在病毒粒子中所含的一种反转录酶——在依赖于 RNA 的 DNA 聚合酶的催化下合成的。所合成的 DNA 链在一种依赖于 DNA 的 DNA 聚合酶的作用下再合成双链 DNA。此双链 DNA(±DNA)具有侵染性，并可整合到宿主细胞的 DNA 分子上，再以它为模板合成子代单链 RNA。其子代 RNA 和亲本 RNA 均可作为 mRNA 合成各种蛋白质，包括刺突的糖蛋白、内部蛋白、逆转录酶和转化蛋白等。这种转化蛋白在适当的时候可把宿主细胞转化成肿瘤细胞。

4) 噬菌体的一步生长曲线

定量描述烈性噬菌体生长规律的实验曲线，称作一步生长曲线或一级生长曲线(One Step Growth Curve)。因它可反映每种噬菌体的三个最重要的特性参数——潜伏期(Latentphase)、裂解期(Risephase)和平稳期(Plateau)，故十分重要。

(1) 潜伏期。潜伏期指噬菌体的核酸侵入宿主细胞后至第一个噬菌体粒子装配前的一段时间，故整段潜伏期中没有一个成熟的噬菌体粒子从细胞中释放出来。潜伏期又可分为两段：① 隐晦期(Eclipse Phase)，指在潜伏期前期人为地(用氯仿)裂解细胞，裂解液仍无侵染性的一段时间；② 胞内累积期(Intracellular Accumulation Phase)，又称潜伏后期，即在隐晦期后人为地裂解细胞，其裂解液出现侵染性的一段时间，这是噬菌体开始装配的时期，在电镜下可观察到已初步装配好的噬菌体粒子。

(2) 裂解期。紧接在潜伏期后的一段宿主细胞迅速裂解、溶液中噬菌体粒子急剧增多的一段时间即为裂解期。噬菌体或其他病毒因没有个体生长，再加上其宿主细胞裂解的突发性，因此，从理论上来分析，裂解期应是瞬时的。但事实上因为细菌群体中各个细胞的裂解不可能是同步的，故实际上的裂解期还是较长的。

(3) 平稳期(Plateau)。平稳期指感染后的宿主已全部裂解，溶液中噬菌体效价达到最高点后的时期。

一步生长曲线实验最早由 Ellis 和 Delbrück(1939)设计。其基本步骤是：用噬菌体的稀悬液去感染高浓度的宿主细胞，以保证每个细胞至多不超过一个噬菌体吸附；经数分钟吸附后，在混合液中加入一定量的该噬菌体的抗血清，借以中和尚未吸附的噬菌体；然后用保温的培养液稀释此混合液，同时可中止抗血清的作用；随即置于该细菌最适生长温度下培养；在一定的时间内，每隔数分钟从混合悬液中取出一份试样，并作效价测定。

5) 噬菌体的溶源性

在解释溶源性(Lysogeny)之前，有必要先介绍一下温和噬菌体和溶源菌的概念。

(1) 温和噬菌体。凡吸附并侵入细胞后，噬菌体的 DNA 只整合在宿主的核染色体组上，并可长期随宿主 DNA 的复制而进行同步复制，因而在一般情况下不进行增殖和引起宿主细胞裂解的噬菌体，称为温和噬菌体（Temperate Phage）或溶源噬菌体（Lysogenic Phage）。

烈性噬菌体的裂解性生活周期与温和噬菌体的溶源性生活周期的关系见图 6-12。

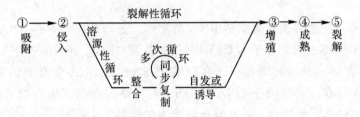

图 6-12 烈性噬菌体与温和噬菌体生活史

概括地说，温和噬菌体的特点为：① 其核酸的类型都是 dsDNA；② 具有整合能力，当温和噬菌体侵入其敏感宿主的细胞后，前者的核酸可整合到后者的核基因组（Genome，即核染色体）上，这种处于整合态的噬菌体核酸，称作前噬菌体（Prophage）；③ 具有同步复制能力，前噬菌体在一般情况下不进行复制和增殖，而是随宿主细胞的核基因组的复制而同步复制，并平均分布到两个子代细胞中去，如此代代相传。

由此可见，温和噬菌体的存在形式有三种：① 游离态，指已成熟释放并有侵染性的游离噬菌体粒子；② 整合态，指整合在宿主核染色体上处于前噬菌体的状态；③ 营养态，指前噬菌体经外界理化因子诱导后，脱离宿主核基因组而处于积极复制和装配的状态。

温和噬菌体的种类很多，常见的有 *E.coli* 的 λ、Mu-1、P1 和 P2 噬菌体，*Salmonella typhimurium*（鼠伤寒沙门氏菌）的 P22 噬菌体等。

（2）溶源菌（Lysogen 或 Lysogenicbacteria）。溶源菌指在核染色体组上整合有前噬菌体并能正常生长繁殖而不被裂解的细菌（或其他微生物）。此外，溶源菌还有以下几个显著特性：

① 自发裂解。在溶源菌的分裂过程中，会有 0.001%～1% 个细胞发生自发裂解（Spontaneous Lysis），这是由于少数细胞中原来处于整合态的前噬菌体转变成营养态的裂解性噬菌体（Lytic Phage）之故。

② 诱导。溶源菌在外界理化因子的作用下，发生高频率裂解的现象称为诱导（Induction）。紫外线、X 射线以及某些 DNA 合成的抑制剂（丝裂霉素 C、氮芥等）等都有诱导作用。

③ 免疫性（Immunity）。任何溶源菌对已感染的噬菌体以外的其他噬菌体即超感染噬菌体（不管是温和的还是烈性的）都具有抵制能力，这就是免疫性，也称超感染免疫性（Super Infection Immunity）、前噬菌体免疫性（Prophage Immunity）或溶源性免疫性（Lysogenic Immunily）。

④ 复愈。在溶源性细菌群体的增殖过程中，一般有 0.001% 的个体丧失其前噬菌体，并成为非溶源性的细菌，这一过程称为复愈或非溶源化。复愈后的细胞其免疫性也随之丧失。

⑤ 溶源转变(Lysogenic Conversion)。溶源转变指少数溶源菌由于整合了温和噬菌体的前噬菌体而使自己产生了除免疫性以外的新表型的现象。

在自然界中溶源菌是普遍存在的，如 *E.coli*、*Bacillus*、*Salmonella* 和 *Streptomyces* 等。常见的"*E.coli* k12(λ)"就表示一株带有 λ 前噬菌体的大肠杆菌 k12 溶源菌株。

检验溶源菌的方法是将少量溶源菌与大量的敏感性指示菌(遇溶源菌裂解后所释放的温和噬菌体会发生裂解性生活周期者)相混合，然后加至琼脂培养基中并倒平板。过一段时间后溶源菌就长成菌落。由于在溶源菌分裂过程中有极少数个体会发生自发裂解，其释放的噬菌体可不断侵染溶源菌菌落周围的指示菌菌苔，所以会产生一个个中央有溶源菌小菌落、四周有透明圈的特殊噬菌斑。

4. 昆虫病毒

已知的昆虫病毒有 1671 种(1990 年)，其中 80% 以上都是农、林业中常见的鳞翅目害虫的病原体，因此是害虫生物防治中的巨大资源库。

多数昆虫病毒可在宿主细胞内形成光镜下呈多角形的包涵体，称为多角体(Polyhedron)，其直径一般为 3 μm(0.5~10 μm)，成分为碱溶性结晶蛋白，其内包裹着数目不等的病毒粒子。多角体可在细胞核或细胞质内形成，功能是保护病毒粒子免受外界不良环境的破坏。

昆虫病毒的种类主要有以下三种：

(1) 核型多角体病毒(Nuclear Polyhedrosis Virus，NPV)。

该病毒是一类在昆虫细胞核内增殖的、具有蛋白质包涵体的杆状病毒，数量最多。例如棉铃虫、黏虫和桑毛虫的核型多角体病毒等。其杀虫过程一般为：病毒粒子→侵入宿主的中肠上皮细胞→进入体腔→吸附并进入血细胞、脂肪细胞、气管上皮细胞、真皮细胞、腺细胞和神经节细胞→大量增殖、重复感染→宿主生理功能紊乱→组织遭破坏→死亡。2001 年 5 月，我国科学家和荷兰科学家合作，已完成了中国棉铃虫单核衣壳核型多角体病毒(Hasnpv)的基因组全序列测定(全长为 131 403 bp)。该病毒是我国自主研究并应用于农业实践中的第一个病毒杀虫剂，目前年产已达 200~400 t。

(2) 质型多角体病毒(Cytoplasmic Polyhedrosis Virus，CPV)。

该病毒是一类在昆虫细胞质内增殖的、可形成蛋白质包涵体的球状病毒。例如家蚕、马尾松松毛虫、茶毛虫、棉铃虫、舞毒蛾、小地老虎和黄地老虎等昆虫，都有相应的质型多角体病毒。

CPV 多角体的大小在 0.5~10 μm 间，形态不一。一般在 pH 大于 1.5 时即发生溶解。CPV 的病毒粒子呈球状，为二十面体，直径为 48~69 nm，无脂蛋白包膜存在，有双层蛋白质构成的衣壳，其核心有转录酶活性，在其 12 个顶角上各有 1 条突起；病毒粒子的相对分子质量为 6.5×10^7~2.0×10^8；核酸为线型 dsDNA，由 10~12 个片段构成，占病毒总量的 14%~22%。

CPV 先通过昆虫的口腔进入消化道，在碱性胃液作用下，多角体蛋白溶解，释放出病毒粒子，它们侵入中肠上皮细胞，在细胞核内合成 RNA，然后经核膜进入细胞质，并与这里合成的蛋白质一起装配成完整病毒粒子，最后被包埋入多角体蛋白中。

(3) 颗粒体病毒(Granulosis Virus，GV)。

GV 是一类具有蛋白质包涵体且每个包涵体内通常仅含一个病毒粒子的昆虫杆状病毒。颗粒体长约 $200\sim500$ nm，宽约 $100\sim350$ nm，形态多为椭圆形。病毒核酸为 dsDNA。菜青虫、小菜蛾、茶小卷叶蛾、赤松松毛虫、稻纵卷叶螟和大菜粉蝶等均易受颗粒体病毒侵染。幼虫被感染后，会出现食欲减退、体弱无力、行动迟缓、腹部肿胀变色等症状，随即表皮破裂，流出腥臭、混浊、乳白色脓，继而死亡。

6.2.3 应用拓展——病毒研究方法

1. 病毒的分离纯化

1）病毒的分离

将疑有病毒而待分离的标本经处理后，接种于敏感的实验宿主、鸡胚或进行细胞培养，经过一段时间孵育后，通过检查病毒特异性病理表现或用其他方法来确定病毒的存在。病毒的分离主要采取防止病毒灭活，加入抗生素除菌或离心过滤方法进行标本的采集与处理。标本处理后立即接种。接种于何种宿主，以何种方式接种，主要取决于病毒的宿主范围和组织嗜性，同时考虑操作简单，易于培养，结果易判断。例如，动物病毒标本接种于实验动物、鸡胚和多种细胞培养病毒；嗜神经病毒采用脑内接种；嗜呼吸道病毒采用鼻腔接种或鸡胚的尿囊腔或羊膜腔接种；嗜皮肤病毒可接种动物皮下、皮内或鸡胚绒毛尿囊膜。

2）病毒纯化

病毒纯化是除去大量的组织或细胞成分、培养基成分、可能污染的其他微生物与杂质的过程。病毒纯化的标准：纯化的病毒制备物应保持其感染性；纯化的病毒制备物的毒粒大小、形态、密度、化学组成及抗原性质应当具有均一性表现。病毒纯化的方法主要有蛋白质提纯方法（如盐析、等电点沉淀、有机溶剂沉淀、凝胶层析、离子交换等）和超速离心技术等。

2. 病毒的测定（以噬菌体效价测定为例）

在菌苔上逐步形成的噬菌体群体，其侵蚀宿主细胞的结果是使菌苔上出现一个个噬菌斑。因每种噬菌体的噬菌斑有一定的形状、大小、边缘和透明度，故可用作鉴定的指标，也可利用噬菌斑进行纯种分离和计数。这种情况就像利用菌落进行有关微生物的分离、计数和鉴定那样。所不同的是噬菌体只形成"负集落"。据测定，一个直径仅为 2 mm 的噬菌斑，其中噬菌体粒子的数目高达 $10^7\sim10^9$ 个。

效价（Titre 或 Titer）这一名词在不同的场合有其不同的含义。在这里，效价表示每毫升试样中所含有的侵染性的噬菌体粒子数，也即噬菌斑形成单位（Plaque Forming Unit，PFU）数或感染中心（Infective Centre）数。

（1）斑点试验法。这是一种半定量的预试验方法。先将敏感的宿主菌浓悬液涂布于合适的培养基平板上，然后使平板表面朝下，在 45℃左右的温箱中使平板表面不留水膜。再把不同稀释度待测试样依次用接种环点种在上述平板上。保温数小时后，根据点样处是否产生噬菌斑即可初步判断该试样的效价。

（2）液体稀释管法。液体稀释管法与细菌活菌计数中的系列稀释法相似。不同处是：

① 各试管中均加有培养液；② 各管中均须接入处于对数期的宿主细胞；③ 以不长菌的最高稀释管来计算效价。

（3）双层平板法。双层平板法是一种被普遍采用并能精确测定效价的方法。预先分别配制含 2％和 1％琼脂的底层培养基和上层培养基。先用前者在培养皿上浇一层平板，再在后者(须先融化并冷却到 45℃以下)中加入较浓的对数期敏感菌和一定体积的待测噬菌体样品，于试管中充分混匀后，立即倒在底层平板上铺平待凝，然后保温。一般经十余小时后即可进行噬菌斑计数。双层平板法主要有以下几个优点：① 加了底层培养基后，可使原来底面不平的玻璃皿的缺陷得到弥补；② 所形成的全部噬菌斑都处于同一平面上，因此不仅每一噬菌斑的大小接近、边缘清晰，而且不致发生上下噬菌斑的重叠现象；③ 因上层培养基中琼脂较稀，故形成的噬菌斑较大，更有利于计数。

（4）单层平板法。在上述双层平板法中省略底层，但所用培养基的浓度和所加的量均比双层平板法的上层为高和多。此法虽较简便，但其实验效果较差。

（5）玻片快速法。将噬菌体和敏感的宿主细胞与适量的琼脂培养基(含 0.5％～0.8％琼脂，事前融化)充分混合，涂布在无菌载玻片上，经短期培养后，即可在低倍显微镜或扩大镜下计数。例如，用 *Staphylococcus aureus*(金黄色葡萄球菌)噬菌体的效价测定，仅需 2.5～4.0 小时即可，但精确度较差。

3. 病毒的鉴定

病毒的鉴定方法很多，这里不再一一赘述，现简要总结如下：根据病毒感染的宿主范围及感染表现鉴定；病毒的理化性质鉴定；血细胞的凝集性质鉴定(吸附于哺乳动物或畜类的红血球细胞表面产生凝集现象)；病毒血清学鉴定；抗原抗体反应；病毒鉴定的分子生物学方法等。

6.3　经典亚病毒举例

阐明马铃薯纺锤形块茎病的病原是一种具有感染性和自主复制能力的低分子 RNA，即所谓类病毒，标志着人类对病毒界的认识又深入到一个新的层次。20 世纪 80 年代初(1981 — 1983)以来，在澳大利亚从绒毛烟、苜蓿、茛苕和地下三叶草上又陆续发现了 4 种新的、后来称之为拟病毒的植物病毒，加上 1982 年由 Prusiner 发现的朊病毒，一类与传统的病毒("真病毒")有显著差别的非细胞生物——亚病毒终于展示在人们的面前。

6.3.1　类病毒

类病毒(Viroid)是一类只含 RNA 一种成分、专性寄生在活细胞内的分子病原体，目前只在植物体中被发现。其所含核酸为裸露的环状 ssRNA，但形成的二级结构却像一段末端封闭的短 dsRNA 分子，通常由 246～375 个核苷酸分子组成，相对分子质量很小($0.5×10^5$～$1.2×10^5$)，还不足以编码一个蛋白质分子。

自 20 世纪 70 年代类病毒在马铃薯纺锤形块茎病(Potato Spindle Tuber Disease，PSTD)中被发现以来，已在许多植物病害中找到其踪迹，例如番茄簇顶病、柑橘裂皮病、菊花矮化病、黄瓜白果病、椰子死亡病和酒花矮化病等，并使它们减产。

典型的类病毒是 PSTD 类病毒(PSTV)，呈棒形，是一裸露的闭合环状 ssRNA 分子，

其相对分子质量为 1.2×10^5。整个环由两个互补的半体组成，其一含 179 个核苷酸，另一含 180 个核苷酸，两者间有 70% 的碱基以氢键结合，共形成 122 个碱基对，整个结构中形成了 27 个内环。

类病毒的发现是生命科学中的一个重大事件，因为它可为生物学家探索生命起源提供一个新的低层次上的好对象；可为分子生物学家研究功能生物大分子提供一个绝好的材料；可为病理学家揭开人类和动、植物各种传染性疑难杂症的病因带来一个新的视角；也可为哲学家对生命本质问题的认识提供一个新的革命性的例证。

6.3.2　拟病毒

拟病毒(Virusoid)又称类类病毒(Viroid Like)、壳内类病毒或病毒卫星(Satellite)，是指一类包裹在真病毒粒中的有缺陷的类病毒。拟病毒极其微小，一般仅由裸露的 RNA(300～400 个核苷酸)或 DNA 组成。被拟病毒"寄生"的真病毒又称为辅助病毒(helper virus)，拟病毒则成了它的"卫星"。拟病毒的复制必须依赖辅助病毒的协助。同时，拟病毒也可干扰辅助病毒的复制和减轻其对宿主的病害，因此可用于生物防治中。

拟病毒首次在绒毛烟(Nicotiana Velutina)的斑驳病毒(Velvet Tobacco Mottle Virus，VTMoV)中分离到(1981 年)。VTMoV 是一种直径为 30 nm 的二十面体病毒，在其核心中除含有大分子线状 ssRNA(RNA-1)外，还含有环状 ssRNA(RNA-2)及其线状形式(RNA-3)，后两者即为拟病毒。实验证明，只有当 RNA-1(辅助病毒)与 RNA-2 或 RNA-3(拟病毒)合在一起时才能感染宿主。

目前已在许多植物病毒中发现了拟病毒，例如苜蓿暂时性条斑病毒(LTSV)等。近年来，在动物病毒中也发现了拟病毒，例如丁型肝炎病毒(Hepatitis D Virus)其实就是一种拟病毒，辅助病毒是乙型肝炎病毒(HBV)。

6.3.3　朊病毒

朊病毒(Prion)又称"普利昂"或蛋白侵染子(Protein，是 Protein Infection 的缩写)，是一类不含核酸的传染性蛋白质分子，因能引起宿主体内现成的同类蛋白质分子发生与其相似的构象变化，而使宿主致病。由于朊病毒与以往任何病毒有完全不同的成分和致病机制，故它的发现是 20 世纪生命科学包括生物化学、病原学、病理学和医学中的一件大事。

朊病毒由美国学者 S.B.Prusiner 于 1982 年研究羊瘙痒病时发现。由于其意义重大，故他于 1997 年获得了诺贝尔奖。至今已发现与哺乳动物胸部相关的 10 余种疾病都是由朊病毒引起的，诸如羊瘙痒病(Scrapie in Sheep，病原体为羊瘙痒病朊病毒蛋白 PrPsc)、牛海绵状脑病(Bovine Spongiform Encephalitis，BSE，俗称"疯牛病"，其病原体为 PrPBSE)、以及人的克-雅氏病(Creutzfeldt Jakob Disease，一种老年性痴呆病)、库鲁病(Kuru，一种震颤病)和 G-S 综合征等。这类疾病的共同特征是潜伏期长，对中枢神经的功能有严重影响。近年来，在 Saccharomyces(酵母属)等真核微生物细胞中也找到了朊病毒的踪迹。

朊病毒是一类小型蛋白质颗粒，约由 250 个氨基酸组成，大小仅为最小病毒的 1%。它与真病毒的主要区别为：

(1) 呈淀粉样颗粒状；

(2) 无免疫原性；

(3) 无核酸成分；

(4) 由宿主细胞内的基因编码；

(5) 抗逆性强，能耐杀菌剂（甲醛）和高温（经 120～130℃ 处理 4 h 后仍具感染性）。

初步研究表明，朊病毒侵入人体大脑的过程为：借食物进入消化道，再经淋巴系统侵入大脑。由此可以说明为何患者的扁桃体中总可找到朊病毒颗粒。目前已知，朊病毒的发病机制是：存在于宿主细胞内的一些正常形式的细胞朊蛋白（PrPc）发生折叠错误后变成了致病朊蛋白（PrPSc）。转译后的 PrPc 受 PrPSc 的作用而发生相应的构象变化，从而转变成大量的 PrPSc。所以，PrPc 和 PrPSc 均来源于宿主中同一编码基因，并具有相同的氨基酸序列，所不同的只是其间三维结构相差甚远。不同种类或株、系的朊病毒，其一级结构和三维结构是不同的，这种差异是造成朊病毒病传播中宿主种属特异性和病毒株、系特异性的原因。朊病毒在电子显微镜下呈杆状颗粒，直径为 25 nm，长为 100～200 nm（一般为 125～150 nm）。杆状颗粒不单独存在，总是呈丛状排列，每丛大小和形状不一，多时可含 100 个。

有关朊病毒的本质至今还有不同的看法，只有依靠进一步改进实验手段和通过深入的研究才有可能得出可靠的结论。至于其复制机制，当前虽有各种实验和推测，但距最终解决还有很长距离。

6.4 病毒的工科微生物学实践

病毒与实践的关系极其密切。由病毒引起的宿主病害给人类健康、畜牧业、栽培业和发酵工业等带来不利的影响，但我们又可利用它们进行生物防治、疫苗生产和作为遗传工程中的外源基因载体，直接或间接地为人类创造出巨大的经济利益和社会效益。以下拟从五个方面来加以介绍。

6.4.1 噬菌体与发酵工业的关系

1. 噬菌体在工业微生物发酵中的危害

噬菌体与实践的关系主要体现在对发酵工业的危害上。当发酵液受噬菌体严重污染时，会出现以下状况：

(1) 发酵周期明显延长；

(2) 碳源消耗缓慢；

(3) 发酵液变清，镜检时发现有大量异常菌体出现；

(4) 发酵产物的形成缓慢或根本不形成；

(5) 用敏感菌作平板检查时，出现大量噬菌斑；

(6) 用电子显微镜观察时，可见到有无数噬菌体粒子存在。

当出现以上现象时，轻则延长发酵周期、影响产品的产量和质量，重则引起倒罐甚至使工厂被迫停产。这种情况在谷氨酸发酵、细菌淀粉酶或蛋白酶发酵、丙酮丁醇发酵以及各种抗生素发酵中是司空见惯的，应严加防范。要防治噬菌体的危害，首先要提高有关工作人员的思想认识，建立"防重于治"的观念。

2. 工业发酵中预防噬菌体污染的主要措施

预防噬菌体污染的措施主要有如下几点：

（1）不使用可疑菌种，应认真检查斜面、摇瓶及种子罐使用的菌种，坚决废弃任何可疑菌种。

（2）严格保持环境卫生。

（3）决不排放或随便丢弃活菌液。环境中存在活菌，就意味着存在噬菌体赖以增殖的大量宿主，其后果将是极其严重的。为此，摇瓶菌液、种子液、检验液和发酵后的菌液绝对不能随便丢弃或排放；正常发酵液或污染噬菌体后的发酵液均应严格灭菌后才能排放；发酵罐的排气或倒液均须经消毒、灭菌后才能排放。

（4）注意通气质量。空气过滤器要保证质量并经常进行严格灭菌，空气压缩机的取风口应设在 30～40 米高空。

（5）加强管道及发酵罐的灭菌。

（6）不断筛选抗性菌种，并经常轮换生产菌种。

3. 工业发酵中噬菌体污染后的控制措施

如果上述预防过程未达到预期效果，一旦发现噬菌体污染，要及时采取合理措施。例如：

（1）尽快提取产品。如果发现污染时发酵液中的代谢产物含量已较高，应及时提取或补加营养并接种抗噬菌体菌种后再继续发酵，以挽回损失。

（2）使用药物抑制。目前防治噬菌体污染的药物还很有限，在谷氨酸发酵中加入某些金属螯合剂（如 0.3%～0.5% 草酸盐、柠檬酸铵）可抑制噬菌体的吸附和侵入；加入 1～2 μg/mL 金霉素、四环素或氯霉素等抗生素或 0.1%～0.2% 的"吐温 60"、"吐温 20"或聚氧乙烯烷基醚等表面活性剂均可抑制噬菌体的增殖或吸附。

（3）及时改用抗噬菌体生产菌株。

6.4.2　人类和脊椎动物病毒病的有效防治

由于抗生素的广泛应用已使人类基本上摆脱了细菌性传染病的危害，但占传染病总数约 80% 的病毒病，至今还没有十分理想的防治手段。在人类的恶性肿瘤中，也有约 15% 是由于病毒感染而诱发的。在脊椎动物的传染病中，病毒病的情况也与人类大体相似。因此，深入研究动物病毒的基本生物学规律并密切联系医疗实践是病毒学研究中的一个重要任务，这里不再赘述。

6.4.3　常见植物病毒病的农业应用防治

对付植物病毒病，必须贯彻防重于治和综合防治的策略。选育抗病毒或耐病毒的作物品种和消灭传毒昆虫，是在目前条件下最有效的防治措施。现对防治植物病毒病的一些主要措施简介如下。

1. 选育抗病品种

从植物对病毒的敏感性来看，可分为感病品种、抗病品种和耐病品种。抗病指病毒不能侵入或即使侵入也无法复制；耐病是指病毒可在宿主内繁殖，但无症状或只有轻微症状。近年来，利用植物原生质体融合或用外来 DNA 使原生质体转化等育种方法已获得了多种抗病毒的植物品种。

2. 消灭传毒昆虫

由于植物病毒的侵入常常是因传毒昆虫对植物组织的损伤而引起的，因此治虫是防病的重要措施。化学农药、生物农药、土农药或物理诱捕法等均可利用。

3. 采用合理的栽培措施

采用对农田进行合理布局、安排好作物茬口、改善栽培技术以及防止或避开传毒昆虫传播等农业栽培措施，都有利于预防植物病毒病的发生和危害。

4. 用无性繁殖法培育无毒苗

据目前所知，大部分病毒是通过维管束传递而不是通过种子传递的，因此，即使某一植物染了病也可用其种子的组织培养物来诱导形成无毒植物。另外，在茎尖的生长点尚未分化成维管束之前，也是不带毒的，故取 0.3 mm 以下的茎尖并结合热处理（35～40℃）和组织培养的方法，也可得到无毒苗。此法在防治马铃薯、甘薯、葡萄、柑橘、苹果及某些观赏植物的病毒病方面十分有效。

5. 接种弱毒株来保护植物

20 世纪 70 年代起，国际上开始试用接种 TMV 弱毒株来保护番茄免受 TMV 强毒株危害的新的防病措施，这是一种"给庄稼种牛痘"的方法。目前在许多国家已可用此法来预防番茄花叶病，用于其他植物病毒病的弱毒株也在试验之中。

6.4.4　昆虫病毒用于生物防治

在动物界中，昆虫是种类最多、数量最大、分布最广和与人类关系极其密切的一个大群。其中一部分对人类有益，而大量的则对人类有害。长期以来，人类在与有害昆虫作斗争的过程中，曾采用过多种手段，诸如物理治虫、化学治虫、绝育除虫、性激素引诱治虫和生物治虫（包括动物治虫、以虫治虫、细菌治虫、真菌治虫和病毒治虫）等，其中病毒治虫由于具有致病力强、专一性强、抗逆性强和生产简便等优点而发展极快，前景诱人。现将其主要优点概括如下。

1. 致病力强，使用量少

在生物防治剂中，每克虫体的半致死剂量（ID_{50}）以棉铃虫 NPV 为最小，田间施用量（10^6 个每亩）也以棉铃虫 NPV 为最低。而据报道，一条棉铃虫可产多角体高达 $1\sim3\times10^{10}$ 左右。

2. 专一性强，安全可靠

科学家曾用 30 多种属于杆状病毒科的昆虫病毒（如 NPV、CPV 和 GV）作了试验，结果证明它们对 4 个纲（包括两栖纲、鱼纲、鸟纲和哺乳纲）、20 多种脊椎动物都无任何侵染性。经数百个志愿人员作高剂量口服试验，证明其对人体亦无任何影响。因此，大多数昆虫病毒对益虫、其他有益动物和人类都是安全的。

3. 抗逆性强，作用久长

多数昆虫病毒因有抗性很强的多角体蛋白保护，故可在土壤中长期保持其生活力。例如，曾报道家蚕 NPV 在干燥器中放置了 37 年而未失活。昆虫病毒由于抗逆性强，所以可借昆虫和其他动物的活动或风、水等的流动而在自然界传播扩散，加上其繁殖快、增殖量大以及其潜伏态可通过昆虫卵传递至后代等特点，就能做到只要少数田块喷撒昆虫病毒就可发生大面积自然流行，也能做到只要一年喷撒就可在较长时期内流行。

据报道，对甘蓝夜盗虫的 NPV 来说，只要用 40 条活虫培养所得的病毒，就可防治一公顷土地上的相应害虫，因此其成本是十分低廉的。当然，目前在病毒治虫中还存在着许多问题，例如：病毒的工业化生产还有困难；病毒多角体在紫外光及日光下易失活；杀虫效果一般要经 10～20 天才显露出来，不像化学农药那样能"立竿见影"；昆虫在接触低剂量的病毒后，经 30～40 代后也会产生抗性(化学农药大约经 15～20 代后即产生抗性)。据报道，我国已有 10 余种昆虫病毒(菜青虫 GV、斜纹夜蛾 NPV、油桐尺 NPV、松毛虫 CPV等)用于防治棉花、蔬菜、茶树、果树、森林和牧草等的主要害虫，防治面积达 100 多万亩，效果显著，没有公害，后效持续期长，且能促进生态环境的良性循环。此外，我国还建立了生产病毒杀虫剂的工厂，并将其投入了商品化生产。

6.4.5　经典病毒在生物工程中的实际应用

随着病毒分子生物学研究的日益深入，人们对病毒的结构与功能也有了越来越深刻的认识，并已熟练运用 DNA 的体外操纵技术，把病毒改造成不同外源基因的优良载体，通过它们，可以把任何动物、植物或微生物的目的基因导入到合适的受体系统中，从而获得具有新性状的"工程细胞"或"工程菌"。

1. 噬菌体可作为原核生物基因工程的载体

$E.coli$ 的 λ 噬菌体，是目前研究得最为详尽的双链 DNA 噬菌体。它是一种中等大小的噬菌体，分子量为 31×10^6 Da。该噬菌体至今已定位的基因至少有 61 个，其中只有一半左右参与生命活动(此即必要基因)，另一部分基因当它们被外源基因取代之后，不会影响生命活动(此即非必要基因)。λ 噬菌体在作为遗传工程载体时具有很多优点：

（1）遗传背景十分清楚；

（2）载有外源遗传因子的重组 λ 噬菌体可整合在宿主核基因组上，两者作为一个整体进行同步复制；

（3）宿主范围狭窄，使用安全；

（4）λ - DNA 的两端具有由 12 个核苷酸组成的黏性末端，故可用以构建科斯质粒(Cosmid，又称黏粒或黏性质粒)；

（5）λ 噬菌体及由它构建成的载体的一个突出优点是感染效率几乎达到 100%(而质粒 DNA 分子的转化率往往只有 0.1%)。

现举两例来说明：

① 克隆载体是一种用内切酶改造后所构建成的特殊 λ 噬菌体载体，在其上可插入不同大小外源 DNA 片段(从几个 kb 至几十 kb)。当其侵入宿主细胞后，即可整合在核染色体上并进行常规复制和表达。

② 科斯质粒是一种由具有黏性末端的 DNA 和质粒 DNA 组建而成的重组体。其最大优点是本身的分子量虽小(6 kb)，却可插入各种来源的分子量较大(35～53 kb)的外源DNA 片段。将其在体外包装成噬菌体后，即可高效地感染其宿主 $E.coli$ 并进行整合、复

制和表达。

2. 动物 DNA 病毒作为动物基因工程的载体

可作为载体的动物病毒有 SV40(Simian Virus 40,即猴病毒 40)、人的腺病毒、牛乳头瘤病毒、痘苗病毒载体及 RNA 病毒等,其中以 SV40 研究得最多。

SV40 是一种寄生在猴细胞中的 DNA 病毒,能使实验动物致癌。它的生活周期包括引起宿主细胞裂解和转化成癌细胞两种途径。其 cDNA 的分子量为 3×10^6 Da。SV40 – DNA 是一个复制子,当它侵染其宿主细胞后,能自我复制也能整合在宿主染色体组上。野生型 SV40 – DNA 在接上外源 DNA 后,因这种重组分子太大,故无法包装成正常的病毒粒子。因此,常使用缺失了编码衣壳蛋白后期基因的突变体作外源基因载体。当这些突变体与其辅助病毒(Helpervirus,如 SV40 – tsA)一起感染宿主时,由于后者给突变体补偿了所缺失的后期基因,故仍能在宿主细胞内正常繁殖。利用这一系统,人们完成了将外源的家兔和小鼠的 β-珠蛋白基因与人生长激素的基因在猴肾细胞中的表达。

3. 植物病毒作为植物基因工程的载体

植物基因工程因难度较大,故起步较晚。研究得最多的是以 *Agrobacterium tumefaciens*(根癌土壤杆菌)的 Ti 质粒作载体。在植物病毒中,由于目前所知道的含 DNA 的种类极少,故工作还十分有限。如前所述,花椰菜花叶病毒(CAMV)是 dsDNA 病毒,而双生病毒组的病毒则是 ssDNA 病毒。CAMV 研究得最多,它是含 8kb 的环状 dsDNA 分子。目前知道,它有多种限制性核酸内切酶的切点。在其非必要基因区内插入外源 DNA 后,所形成的重组体仍具有侵染性。有人已将 *E.coli* 的乳糖操纵子的调节基因片段插入到 CAMV – DNA 上,结果发现它可在植物体内获得准确复制和表达,但还不能持久(转接 5 次后即丧失了插入的 DNA)。当然,由于 CAMV – DNA 不能整合到植物宿主的核染色体组上,因此外源基因无法获得稳定的遗传。当前,人们正在着手寻找其他更理想的病毒载体,例如真核藻类的 DNA 病毒等。

4. 昆虫 DNA 病毒作为真核生物基因工程的载体

昆虫的杆状病毒作为真核生物外源基因的载体有许多优点,具体包括:具有在细胞核内复制的 cccDNA;不侵染脊椎动物,故对人畜具有可靠的安全性;核型多角体蛋白基因是病毒的非必要基因区,它带有很强的启动子,可使这个基因表达产物达到宿主细胞总蛋白量的 20% 或虫体干重的 10%,又因为外源 DNA 的插入不会影响病毒的繁殖,却丧失了形成多角体的能力,因此可作为重组病毒的选择标记;对接受外源基因有很大容量,可插入长达 100 kb 的 DNA 片段;有强启动子作为病毒的晚期启动子,故任何外源基因产物,包括对病毒有毒性的产物也不影响病毒的繁殖与传代;外源基因表达产物可用于工业化生产。

目前,把人 β-干扰素基因插入苜蓿丫纹夜蛾核多角体病毒蛋白基因的启动子区域后,已获得了草地野蛾的 β-干扰素高产细胞株;利用同一种载体,还有人高水平地表达了 *E.coli* 的 β-半乳糖苷酶;此外,利用家蚕核型多角体病毒作载体,高效地表达人 α-干扰素的工作也取得了很好的成果。我国正在构建国内特有的柞蚕多角体病毒和棉铃虫多角体病毒的载体系统。看来,今后利用杆状病毒载体和相应宿主来生产生长激素、病毒多肽等多种生物活性多肽是有广阔前景的。

复习思考题

1. 什么是病毒、亚病毒？简述病毒存在的普遍性。

2. 病毒学的发展可分为几个主要阶段？试述各阶段的特点及其代表人物。

3. 病毒的一般大小如何？试举例说明最大、最小、最长、最细的病毒代表。

4. 病毒粒子有哪几种对称方式？每种对称方式又有几类特殊的外形？试各举一例。

5. 试解释以下名词，并图示其间的关系：病毒粒子(病毒体)，核心，衣壳，衣壳粒，核衣壳，包膜，刺突。

6. 试以大肠杆菌 T 偶数噬菌体为例，图示并简述复合对称病毒的一般构造，并指出其各部分的特点和功能。

7. 病毒的核酸可分为哪几个类型？试各举一例。

8. 噬菌体的外形可分为哪六大类？其相应的核酸属何型？试各举一例。

9. 什么是烈性噬菌体？简述其裂解性生活史。

10. 什么叫一步生长曲线？它可分为几期？试简述各期的特点。

11. 什么是逆转录病毒，它是如何增殖的？逆转录病毒与动物的肿瘤形成有何关系？

12. 什么叫类病毒，它与病毒有何不同？研究类病毒有何重要的理论与实际意义？

13. 在发酵工业中，为何常遭噬菌体的危害？如何防治？

下篇　微生物交叉学科及应用

第 7 章　微生物遗传学

第 7 章　课件

遗传（Heredity 或 Inheritance）和变异（Variation）是生物体的最本质的属性之一。所谓遗传，讲的是亲子间的关系，指生物的上一代将自己的一整套遗传因子传递给下一代的行为或功能，它具有极其稳定的特性。由于微生物有一系列非常独特的生物学特性，因而在研究现代遗传学和其他许多重要的生物学基本理论问题中成了最热衷的研究对象。这些生物学特性包括：个体的体制极其简单；营养体一般都是单倍体；易于在成分简单的组合培养基上大量生长繁殖；繁殖速度快；易于累积不同的中间代谢物或终代谢物；菌落形态特征的可见性与多样性；环境条件对微生物群体中各个体作用的直接性和均一性；易于形成营养缺陷型；各种微生物一般都有相应的病毒；存在多种处于进化过程中的原始有性生殖方式，等等。对微生物遗传规律的深入研究，不仅促进了现代分子生物学和生物工程学的发展，而且还为育种工作提供了丰富的理论基础，促使育种工作向着从不自觉到自觉，从低效到高效，从随机到定向，从近缘杂交到远缘杂交等方向发展。

7.1　遗传变异的生物学基础

遗传变异有无物质基础以及何种物质可承担遗传变异功能的问题，是生物学中的一个重大理论问题。围绕这一问题，曾有过种种推测和争论。1883 年至 1889 年间，Weissmann 提出了种质连续理论，还认为遗传物质是一种具有特定分子结构的化合物。到了 19 世纪初，发现了染色体并提出了基因学说，使得遗传物质基础的范围缩小到染色体上。通过化学分析进一步表明，染色体是由核酸和蛋白质这两种长链状高分子组成的。其中的蛋白质可由千百个氨基酸单位组成，而氨基酸通常又有 20 多种，它们的不同排列和组合，可以演变出的不同蛋白质数目几乎可达到一个天文数字，而核酸的组成却简单得多，一般仅由四种不同的核苷酸组成，它们通过排列和组合只能产生较少种类的核酸，因此，当时认为决定生物遗传型的染色体和基因，其活性成分是蛋白质。只是到 1944 年后，由于连续利用微生物这一有利的实验对象进行了三个著名的实验，才以确凿的事实证实了核酸尤其是 DNA 才是遗传变异的真正物质基础。

7.1.1　利用微生物证明遗传物质基础的经典实验

1. 微生物遗传学核心名词概述

1）表型（Pheno Type）

表型指某一生物体所具有的一切外表特征及内在特性的总和，是遗传型在合适环境下的具体体现。所以，它与遗传型不同，是一种现实性。

2）变异（Variation）

变异指生物体在某种外因或内因的作用下引起的遗传物质结构或数量的改变，亦即遗传型的改变。变异的特点是：在群体中以极低的概率（一般为 $10^{-5} \sim 10^{-10}$）出现；性状变化的幅度大；变化后的新性状是稳定的、可遗传的。

3）遗传型（Geno Type）

遗传型又称基因型，指某一生物个体所含有的全部遗传因子即基因的总和。遗传型是一种内在可能性或潜力，其实质是遗传物质上所负载的特定遗传信息。具有某遗传型的生物只有在适当的环境条件下，通过自身的代谢和发育，才能将它具体化，即产生表型。

4）饰变（Modification）

饰变指不涉及遗传物质结构改变而只发生在转录、转译水平上的表型变化。其特点是：整个群体中的几乎每一个体都发生同样变化；性状变化的幅度小；因遗传物质不变，故饰变是不遗传的。

2. 经典转化实验

最早进行转化（Transformation）实验的是 F.Griffith，他以 *Streptococcus pneumoniae*（肺炎链球菌，亦称"肺炎双球菌"）作为研究对象。*S. pneumoniae* 是一种球形细菌，常成双或成链排列，可使人患肺炎，也可使小鼠患败血症而死亡。*S. pneumoniae* 有许多不同的菌株，有荚膜者是致病性的，它的菌落表面光滑（Smooth），所以称 S 型；有的不形成荚膜，无致病性，菌落外观粗糙（Rough），故称 R 型。实验表明，加热杀死的 S 型细菌，在其细胞内可能存在一种转化物质，这种转化物质能通过某种方式进入 R 型细胞，并使 R 型细胞获得稳定的遗传性状。

1944 年，O.T.Avery、C.M.Macleod 和 M.Mccarty 从加热致死的 S 型 *S. pneumoniae* 中提纯了可能作为转化因子的各种成分，并在离体条件下进行了以下转化实验：

（1）从活的 S 菌中抽提各种细胞成分（DNA、蛋白质、荚膜多糖等）；

（2）对各组分进行转化试验。

图 7-1 所示为肺炎双球菌转化实验流程结果。

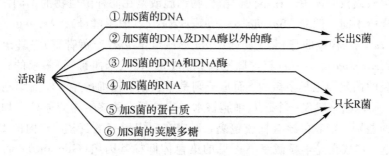

图 7-1　肺炎双球菌转化实验流程结果

从上述结果中可知，只有 S 型细菌的 DNA 才能将 *S. pneumoniae* 的 R 型转化为 S 型。而且，DNA 纯度越高，转化效率也越高，直到只取用纯 DNA 的 6×10^{-8} g 的量时，仍有转化能力。这就说明，S 型菌株转移给 R 型菌株的，绝不是某一遗传性状（在这里是荚膜多糖）的本身，而是以 DNA 为物质基础的遗传因子。

3. 噬菌体感染实验

1952 年，A.D.Hershey 和 M.Chase 发表了证明 DNA 是噬菌体的遗传物质基础的著名实验——噬菌体感染实验。从噬菌体两组实验中可清楚地看到，在噬菌体的感染过程中，其蛋白质外壳未进入宿主细胞。进入宿主细胞的虽只有 DNA，但经增殖、装配后，却能产生一大群既有 DNA 核心又有蛋白质外壳的完整噬菌体颗粒。这就有力地证明，在其 DNA 中，含有包括合成蛋白质外壳在内的一整套遗传信息。

4. 植物病毒的重建实验

为了证明核酸是遗传物质，H.Fraenkelconrat（1956）用含 RNA 的烟草花叶病毒（TMV）进行了著名的植物病毒重建实验。将 TMV 放在一定浓度的苯酚溶液中振荡，就能将它的蛋白质外壳与 RNA 核心相分离。分离后的 RNA 在没有蛋白质包裹的情况下，也能感染烟草并使其患典型症状，而且在病斑中还能分离出正常病毒粒子。当然，由于 RNA 是裸露的，所以感染频率较低。在实验中，还选用了另一株与 TMV 近缘的霍氏车前花叶病毒（Holmes Ribgrassmosaic Virus，HRV）。当用 TMV 的 RNA 与 HRV 的蛋白质外壳重建后的杂合病毒去感染烟草时，烟叶上出现的是典型的 TMV 病斑。再从中分离出来的新病毒也是未带有任何 HRV 痕迹的典型 TMV 病毒。反之，用 HRV 的 RNA 与 TMV 的蛋白质外壳进行重建时，也可获得相同的结论。这就充分说明，在 RNA 病毒中，遗传的物质基础也是核酸，只不过是 RNA 罢了。

7.1.2 遗传物质在细胞内的存在部位和方式

为了便于读者理解学习，这里主要从五个层面来讨论遗传物质在细胞中存在的部位和方式，并对近年来研究较多、在理论和实践上有重要意义的原核微生物的质粒作重点介绍。

1. 五个层面

1）细胞水平

从细胞水平来看，不论是真核微生物还是原核微生物，它们的大部或几乎全部 DNA 都集中在细胞核或核质体中。在不同的微生物细胞或是在同种微生物的不同细胞中，细胞核的数目常有所不同。例如，*Saccharomyces cerevisiae*（酿酒酵母）、*Aspergillus niger*（黑曲霉）、*A.nidulans*（构巢曲霉）和 *Penicillium chrysogenum*（产黄青霉）等真菌一般是单核的；有的如 *Neurospora crassa*（粗糙脉孢菌）和 *A.oryzae*（米曲霉）是多核的；藻状菌类真菌和放线菌类的菌丝细胞是多核的，而孢子则是单核的；在细菌中，杆菌细胞内大多存在两个核质体，而球菌一般仅一个。从细胞核水平来分析，真核生物与原核生物之间存在着一系列明显的差别。前者的核有核膜包裹，形成有固定形态的真核，核内的 DNA 与组蛋白结合在一起，形成在光学显微镜下可见的染色体即核基因组（Genome）；而后者的核则无核膜包裹，呈松散无定形的核质体状态存在，这种核基因组的 DNA 不与任何蛋白质相结合，等等。不论是真核生物还是原核生物，除细胞核外，在其细胞质内还存在着一类能自主复制的核外染色体，广义地讲，它们都可称作质粒（Plasmid）。但一般在真核生物中，这类质粒还可细分几类，其中有的被称为细胞质基因或质体（Plastid），例如线粒体、叶绿体、动体（Kinetosome，即毛基体）和中心体（Centrosome）等；有的被称为共生生物，例如草履虫"放毒者"（Killer）品系中的卡巴颗粒等；有的则被称为 2 μm 质粒（或 2 μm 环状体），它是在酵母菌中发现的。原核生物中的质粒种类很多，在理论与实践上显得越来越重要，留在后面作进一步讨论。

2）染色体水平

在不同的生物体的每个细胞核内，往往有不同数目的染色体。真核微生物常有较多的染色体，如 *Saccharomyces*（酵母菌属）为 17（单倍体），*Hansenula*（汉逊酵母属）为 4，*Neurospora*（脉孢菌属）为 7（单倍体）等；而在原核生物中，每一个核质体只是由一个裸露的、光学显微镜下无法看到的环状染色体所组成。因此，对原核生物来说，染色体水平实际上与核酸水平无异。

除染色体数目外，染色体的套数也不同。如果在一个细胞中只有一套相同功能的染色体，它就是一个单倍体。在自然界中发现的微生物，多数都是单倍体的（高等动植物的生殖细胞也都是单倍体）；反之，包含有两套相同功能染色体的细胞，就称为双倍体。只有少数微生物如一般的 *Saccharomyces cerevisiae*（酿酒酵母）的营养细胞以及由两个单倍体的性细胞通过接合或体细胞融合而形成的合子，才是双倍体（高等动植物的体细胞都是双倍体）。在原核生物中，通过转化、转导或接合等过程而获得外源染色体片段时，只能形成一种不稳定的称作部分双倍体的细胞。

3）核酸水平

从核酸的种类来看，绝大多数生物的遗传物质是 DNA，只有部分病毒（其中多数是植物病毒，还有少数是噬菌体）的遗传物质才是 RNA。在真核生物中，DNA 总是缠绕着组蛋白，两者一起构成了复合物——染色体；而原核生物的 DNA 却都是单独存在的。在核酸的结构上，绝大多数微生物的 DNA 是双链的，只有少数病毒的核酸为单链结构，例如 *E. coli*（大肠杆菌）的 φX174 和 Fd 噬菌体等；RNA 也有双链与单链之分，前者如大多数真菌病毒，后者如大多数 RNA 噬菌体。从 DNA 的长度来看，真核生物的 DNA 要比原核生物的长得多，但不同生物间的差别很大。如 *Saccharomyces cerevisiae*（酿酒酵母）的 DNA 约 6.5 mm 长，*E. coli* 约 1.1～1.4 mm，*Bacillus subtilis*（枯草芽孢杆菌）约 1.7 mm，*Haemophilus influenzae*（嗜血流感杆菌）约 0.832 mm。可以设想，这样长的 DNA 分子，其包含的基因数量是极大的，例如，*B. subtilis* 约含 10 000 个，*E. coli* 约有 7500 个，T2 噬菌体约有 360 个，而最小的 RNA 噬菌体 MS2 却只有 3 个。此外，同是双链 DNA，其存在状态也不同：在原核生物中都呈环状；在病毒粒子中呈环状或线状；在细菌质粒中，DNA 是呈超螺旋（或"麻花"）状的。

4）基因小分子水平

在生物体内，一切具有自主复制能力的遗传功能单位，都可称为基因。基因的物质基础是一个具有特定核苷酸顺序的核酸片段，每个基因一般含 1000 bp（碱基对），分子量约为 6.7×10^5 Da。有关基因的概念和种类是遗传学上内容最丰富、发展最迅速的一个热点。这里只介绍最基本的、研究得较清楚的原核生物的基因系统。原核生物的基因调控系统是由一个操纵子（Operon）和它的调节基因（Regulator Gene）组成的。一个操纵子又包含三种基因，即结构基因（Structure Gene）、操纵基因（Operator）和启动基因（Promotor）。结构基因是通过转录和转译过程来执行多肽（酶及结构蛋白）合成的。操纵基因是与结构基因紧密连锁在一起的，它能控制结构基因转录的开放或关闭。启动基因是转录起始的部位。操纵基因和启动基因不能转录 RNA，不产生任何基因产物。前者是阻遏蛋白附着的部位，后者则是 RNA 多聚酶附着和启动的部位。调节基因一般是处在与操纵子有一定间隔距离（一般小于 100 个碱基）的部位。它是能调节操纵子中结构基因活动的基因。调节基因能转录出自己的 mRNA，并经转译产生阻遏蛋白，后者能识别和附着在操纵基因上。由于阻遏蛋白与操纵基因的相互作用可使 DNA 双链无法分开，阻挡了 RNA 聚合酶沿着结构基因移动，从而关闭了结构基因的活动。

5）密码子蛋白质水平

遗传密码就是指 DNA 链上各个核苷酸的特定排列顺序。每个密码子（Coden）是由三个核苷酸顺序所决定的，它是负载遗传信息的基本单位。生物体内的无数蛋白质都是生物体各种生理、生化功能的具体执行者。可是，蛋白质分子并无自主复制能力，它是按 DNA 分子结构上遗传信息的指令而合成的。当然，其间要经历一段复杂的过程：大体上要先把 DNA 上的遗传信息转移到 mRNA 分子上，形成一条与 DNA 碱基顺序互补的 mRNA，这就是转录（Transcription）。当然，由于 DNA 是双链，作为转录的模板只能选用其中的一条"有意义链"，这种现象亦称不对称转录。然后，再由 mRNA 上的核苷酸顺序去决定合成蛋白质时的氨基酸排列顺序，此即转译（Translation）。20 世纪 60 年代初，经过许多科学工作者的深入研究，终于找出了转录与转译间的相互关系，破译了遗传密码的奥秘，并发现各种生物都遵循着一套共同的密码。由于 DNA 上的三联密码子要通过转录成 mRNA 密码后才能与氨基酸相对应，因此，三联密码子一般都用 mRNA 上的三个核苷酸顺序来表示。

2. 原核生物的质粒及其主要类型

1）质粒的定义和特点

凡游离于原核生物核基因组以外，具有独立复制能力的小型共价闭合环状的 dsDNA 分子，即 cccDNA，就是典型的质粒。质粒具有麻花状的超螺旋结构，大小一般为 1.5～300 kb，相对分子质量为 10^6～10^8，因此仅相当约 1‰核基因组的大小。质粒上携带某些核基因组上所缺少的基因，使细菌等原核生物获得了某些对其生存并非必不可少的特殊功能，例如接合、产毒、抗药、固氮、产特殊酶或降解环境毒物等功能。质粒是一种独立存在于细胞内的复制子，如果其复制行为与核染色体的复制同步，则称为严紧型复制控制；另一类质粒的复制与核染色体的复制不同步，称为松弛型复制控制。少数质粒可在不同菌株间转移，如 F 因子或 R 因子等。含质粒的细胞在正常的培养基上受某些因素影响时，由于其复制受抑而核染色体的复制仍继续进行，从而引起子代细胞中不带质粒，此即质粒消除。某些质粒具有与核染色体发生整合与脱离的功能，如 F 因子，这类质粒又称附加体。整合是指质粒（或温和噬菌体、病毒、转化因子）等小型非染色体 DNA 插入核基因组等大型 DNA 分子中的现象。此外，质粒还有重组的功能，可在质粒与质粒间、质粒与核染色体间发生基因重组。

2）质粒在基因工程中的应用

质粒具有许多有利于基因工程操作的优点，例如：体积小，便于 DNA 的分离和操作；呈环状，使其在化学分离过程中能保持性能稳定；有不受核基因组控制的独立复制起始点；拷贝数多，使外源 DNA 可很快扩增；存在抗药性基因等选择性标记，便于含质粒克隆的检出和选择。许多克隆载体(指能完成外源 DNA 片段复制的 DNA 分子)都是用质粒改建的,如含抗性基因、多拷贝、限制性内切酶的单个酶切位点和强启动子等特性的载体等。*E.coli* 的 pBR322 质粒就是一个常用的克隆载体,其具体优点是:体积小,仅 4361 bp;在宿主 *E.coli* 中稳定地维持高拷贝数(20~30 个/细胞);若用氯霉素抑制其宿主的蛋白质合成,则每个细胞可扩增到含 1000~3000 个质粒(约占核基因组的 40%);分离极其容易;可插入较多的外源 DNA(不超过 10 kb);结构完全清楚,各种核酸内切酶可酶解的位点可任意选用;有两个选择性抗药标记(氨苄青霉素和四环素);可方便地通过转化作用导入宿主细胞。

3) 质粒的分离与鉴定

质粒的分离一般可包括细胞的裂解、蛋白质和 RNA 的去除以及设法使质粒 DNA 与染色体 DNA 相分离等步骤,其中最后一步尤为关键。经分离后的质粒,可用电镜、琼脂糖或聚丙烯酰胺凝胶电泳来分离和鉴定。质粒 DNA 经限制性内切核酸酶水解后,根据凝胶电泳谱上显示的区带数目,就可推出酶切位点的数目和测出不同区带(片段)的大小,并据此画出该质粒的限制性酶切图谱(见图 7-2)。

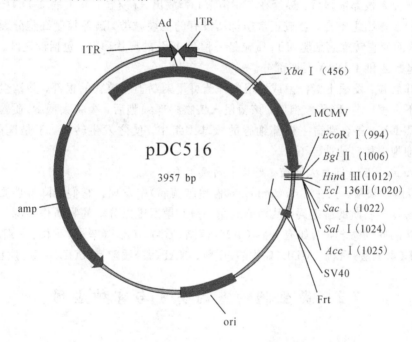

图 7-2 pGADT7-Rec 载体图谱举例

4) 质粒的种类

质粒大致可分五类:结合性质粒、抗药性质粒、产细菌素和抗生素质粒、具生理功能的质粒以及产毒质粒。

5) 典型质粒简介

(1) F 质粒:又称 F 因子、致育因子或性因子,是 *E.coli* 等细菌决定性别并有转移能力的质粒。其大小仅 100 kb,为 cccDNA,含有与质粒复制和转移有关的许多基因,其中有近 1/3 是 Tra 区(转移区,与质粒转移和性菌毛合成有关),另有 oriT(转移起始点)、Oris(复制起始点)、Inc(不相容群)、Rep(复制功能)、Phi(噬菌体抑制)和一些转座因子,后者可整合到宿主核染色体上的一定部位，并导致各种 Hfr 菌株的产生。

（2）R 质粒：又称 R 因子，其种类很多，但一般是由两个相连的 DNA 片段组成的。其一为抗性转移因子（RTF），它主要含调节 DNA 复制和拷贝数的基因以及转移基因，相对分子质量约 $1.1×10^7$，具有转移功能；其二为抗性决定子，大小不很固定，相对分子质量从几百万至 $1.0×10^8$ 以上，无转移功能，其上含各种抗性基因，如抗青霉素、氨苄青霉素、氯霉素、链霉素、卡那霉素和磺胺等基因。R 质粒包括严紧型和松弛型复制控制两种。

（3）Col 质粒：又称大肠杆菌素质粒或产大肠杆菌素因子，它可编码产生大肠杆菌素，主要分为两类：其一以 Col E1 为代表，特点是相对分子质量小（9 kb，$5×10^6$），无接合作用，是松弛型控制、多拷贝的；另一类以 Col Ib 为代表，特点是相对分子质量大（94 kb，约 $8.0×10^7$），它与 F 因子相似，具有通过接合而转移的功能，属严紧型控制，只有 1～2 个拷贝。凡带 Col 质粒的菌株，因质粒本身可编码一免疫蛋白，故对大肠杆菌素有免疫作用，不受其伤害。

（4）Ti 质粒：即诱癌质粒或冠瘿质粒。根癌土壤杆菌或根癌农杆菌从一些双子叶植物的受伤根部侵入根部细胞后，最后在其中溶解，释放出 Ti 质粒，其上的 T-DNA 片段会与植物细胞的核基因组整合，合成正常植株所没有的冠瘿碱类，破坏控制细胞分裂的激素调节系统，从而使它转为癌细胞。Ti 质粒是一种 200 kb 的环状质粒，包括毒性区、接合转移区、复制起始区和 T-DNA 区四部分。

（5）Ri 质粒：发根土壤杆菌或发根农杆菌可侵染双子叶植物的根部，并诱生大量称为毛状根的不定根。与 Ti 质粒相似，该菌侵入植物根部细胞后，会将大型 Ri 质粒（250 kb）中的一段 T-DNA 整合到宿主根部细胞的核基因组中，使之发生转化，于是这段 T-DNA 就在宿主细胞中稳定地遗传下去。

（6）Mega 质粒：即巨大质粒，与共生固氮相关。

（7）降解性质粒：只在 *Pseudomonas*（假单胞菌属）中发现。它们的降解性质粒可为一系列能降解复杂物质的酶编码，从而能利用一般细菌所难以分解的物质作碳源。这些质粒以其所分解的底物命名，例如有分解 CAM（樟脑）质粒、OCT（辛烷）质粒、XYL（二甲苯）质粒、SAL（水杨酸）质粒、MDL（扁桃酸）质粒、NAP（萘）质粒和 TOL（甲苯）质粒等。

7.2 微生物的基因突变与育种应用

7.2.1 微生物基因突变

基因突变（Gene Mutation）简称突变，是变异的一类，泛指细胞内（或病毒粒内）遗传物质的分子结构或数量突然发生的可遗传的变化，可自发或诱导产生。狭义的突变专指基因突变（点突变），而广义的突变则包括基因突变和染色体畸变。突变的概率一般很低（$10^{-6}～10^{-9}$）。从自然界分离到的菌株一般称野生型菌株，简称野生型。野生型经突变后形成的带有新性状的菌株，称突变株。

1. 突变类型

突变的类型很多，这里先从实用的目的出发，按突变后极少数突变株的表型是否能在选择性培养基上加以鉴别来区分。凡能用选择性培养快速选择出来的突变型，称选择性突变株(Selective Mutant)，反之则称非选择性突变株(Nonselective Mutant)。

1) 条件致死突变型(Conditional Lethal Mutant)

某菌株或病毒经基因突变后，在某种条件下可正常地生长、繁殖并实现其表型，而在另一种条件下却无法生长、繁殖的突变类型，称为条件致死突变型。Ts 突变株(Temperature Sensitive Mutant，温度敏感突变株)是一类典型的条件致死突变株。例如，*E.coli* 的某些菌株可在 37℃ 下正常生长，却不能在 42℃ 下生长等。又如，某些 T4 噬菌体突变株在 25℃ 下可感染其 *E.coli* 宿主，而在 37℃ 下却不能感染等。产生 Ts 突变的原因是突变引起了某些重要蛋白质的结构和功能的改变，以致在某特定的温度下能发挥其功能，而在另一温度(一般为较高温度)下则无法发挥其功能。

2) 营养缺陷型(Auxotroph)

某一野生型菌株(Wildtype Strain)由于发生基因突变而丧失合成一种或几种生长因子的能力，因而无法在基本培养基上正常生长繁殖的变异类型，称为营养缺陷型。它们可在加有某生长因子的基本培养基平板上选出。

3) 抗性突变型(Resistant Mutant)

由于基因突变而使原始菌株产生了对某种化学药物或致死物理因子抗性的变异类型，称为抗性突变型。它们可在加有相应药物或用相应物理因子处理的培养基平板上选出。抗性突变型普遍存在，例如对各种抗生素的抗药性菌株等。

4) 产量突变型

通过基因突变而获得的在有用代谢产物产量上高于原始菌株的突变株，称为产量突变型，也称高产突变株(High Producing Mutant)。由于产量性状是由许多遗传因子决定的，因此，产量突变型的突变机制是很复杂的，产量的提高一般也是逐步累积的。这类突变在生产实践上异常重要。从提高产量的角度来看，产量突变型实际上有两类：一类是某代谢产物的产量比原始亲本菌株有明显的提高，可称为"正变株"(Plus Mutant)；另一类是产量比亲本菌株有所降低，即称"负变株"(Minus Mutant)。正如前面所述，产量突变株一般是不能通过选择性培养基筛选出来的。

5) 抗原突变型(Antigenic Mutant)

抗原突变型指由于基因突变而引起的抗原结构发生突变的变异类型。其具体类型很多，包括细胞壁缺陷变异(L 型细菌等)、荚膜变异或鞭毛变异等。

6) 形态突变型(Morphological Mutant)

形态突变型指由于突变而产生的个体或菌落形态所发生的非选择性变异。前者如可影响孢子有无、孢子颜色、鞭毛有无或荚膜有无的突变，后者如可引起菌落表面光滑、粗糙、噬菌斑的大小或清晰度等的突变。

2. 突变率(Mutation Rate)

每一细胞在每一世代中发生某一性状突变的概率，称为突变率。例如，突变率为 10^{-8} 的，即指该细胞在一亿次细胞分裂中，会发生一次突变。突变率也可以用每一单位群体在每一世代中产生突变株(Mutant，即突变型)的数目来表示。例如，一个含 10^8 个细胞的群体，当其分裂为 $2×10^8$ 个细胞时，即可平均发生一次突变的突变率也是 10^{-8}。突变一般是独立发生的。某一基因发生突变不会影响其他基因的突变率。这表明要在同一细胞中同时发生两个基因突变的概率是极低的，因为双重突变型的概率只是各个突变概率的乘积。例如，假如一个基因的突变率是 10^{-8}，另一个基因的突变率是 10^{-6}，则同一细胞发生这两个基因双重突变的概率为 10^{-14}。由于突变的概率一般都极低，因此，必须采用上述检出选择性突变株的手段，尤其采用检出营养缺陷型的回复突变株(Back Mutant 或 Reverse Mutant)或抗性突变株特别是抗药性突变株的方法来加以测定。

3. 突变的特点

由于生物界遗传物质的本质都是相同的，所以显示在遗传变异的特点上也都遵循着同样的规律，这在基因突变的水平上尤为明显。以下拟以细菌的抗药性或抗噬菌体的特性为例，来说明基因突变的一般规律。细菌产生抗药性可通过三条途径，即基因突变、抗药性质粒(R 因子)的转移和生理上的适应性。这里要讨论的只是基因突变，它有以下 7 个特点。

(1) 独立性。突变的发生一般是独立的，即在某一群体中，既可发生抗青霉素的突变型，也可发生抗链霉素或任何其他药物的突变型，而且还可发生其他任何性状的突变型。某一基因的突变，既不提高也不降低其他任何基因的突变率。

(2) 稀有性。自发突变虽可随时发生，但其突变率却是极低和稳定的，一般为 $10^{-6}\sim10^{-9}$。

(3) 自发性。各种性状的突变，可以在没有人为的诱变因素处理下自发地产生。

(4) 不对应性。不对应性指突变的性状与引起突变的原因间无直接的对应关系。这是突变的一个重要特点，也是容易引起争论的问题，因此下面举一实例进行讲解。例如：细菌在含青霉素的环境下，出现了抗青霉素的突变体；在紫外线的作用下，产生了抗紫外线的突变体；在较高的培养温度下，出现了耐高温的突变体等。表面上看来，会认为正是由青霉素、紫外线或高温的"诱变"，才产生了相对应的突变性状。事实恰恰相反，这类抗性都可通过自发的或其他任何诱变因子诱发后获得。这里的青霉素、紫外线或高温实际上仅是起着淘汰原有非突变型(即敏感型)个体的作用。如果说它有诱变作用(例如上述的紫外线)，也决非只专一地诱发抗紫外线这一种变异，而是还可诱发任何其他性状的变异。

(5) 可逆性。由原始的野生型基因变异为突变型基因的过程，称为正向突变(Forward Mutation)，相反的过程则称为回复突变或回变(Back Mutation 或 Reverse Mutation)。实验证明，任何性状都可发生正向突变，也都可发生回复突变。

(6) 稳定性。由于突变的根源是遗传物质结构上发生了稳定的变化，所以产生的新的变异性状也是稳定的、可遗传的。

(7) 诱变性。通过诱变剂的作用，可以提高上述自发突变的概率，一般可提高 $10\sim10^5$ 倍。不论是通过自发突变或诱发突变(诱变)所获得的突变株，其间并无本质上的差别，这是因为，诱变剂仅起着提高诱变率的作用。

4. 基因突变的自发性和不对应性的证明

在各种基因突变中，抗性突变最为常见。但在过去很长一段时间中对这种抗性产生的原因争论十分激烈。一种观点认为，突变是通过适应而发生的，即各种抗性是由其环境（指其中所含的抵抗对象）诱发出来的，突变的原因和突变的性状间是相对应的，并认为这就是"定向变异"，也有人称它为"驯化"或"驯养"。另一种看法则认为，基因突变是自发的，且与环境是不相对应的。由于其中有自发突变、诱发突变、诱变剂与选择条件等多种因素错综在一起，所以难以探究问题的实质。从 1943 年起，经过几个严密而巧妙的实验设计，主要攻克了检出在接触抗性因子前已产生的自发突变菌株的难题，终于解决了这场纷争。

1) Luria 等的变量试验

Luria 等的变量试验又称波动试验或彷徨试验，要点是：取敏感于噬菌体 T1 的 *E.coli* 指数期的肉汤培养物，用新鲜培养液稀释成浓度为 10^3/mL 的细菌悬液，然后在甲、乙两试管各装 10 mL。紧接着把甲管中的菌液先分装在 50 支小试管中（每管 0.2 mL），保温 24～36 h 后，即把各小管的菌液分别倒在 50 个预先涂满 *E.coli* 噬菌体 T1 的平板上，经培养后分别计算各皿上所产生的抗噬菌体的菌落数；乙管中的 10 mL 菌不经分装先整管保温 24～36 h，然后分成 50 份分别倒在同样涂满 T1 的平板上，经同样培养后，也分别计算各皿上所产生的抗噬菌体菌落数。结果发现，在来自甲管的 50 皿中，各皿出现的抗性菌落数相差极大，而来自乙管的各皿上的抗性菌落数则基本相同。这就说明，*E.coli* 抗噬菌体性状的产生，并非由所抗的环境因素（即噬菌体 T1）诱导出来，而是在它接触 T1 前，在某次细胞分裂过程中自发产生的。这一自发突变发生得越早，抗性菌落出现得就越多，反之则越少。噬菌体 T1 在这里仅起着淘汰原始的未突变菌株和甄别抗噬菌体突变型的作用，而决非"驯养者"的作用。

2) Newcombe 的涂布试验

先在 12 只培养皿固体培养基平板上各涂以数目相等（$5×10^4$）的对 T1 噬菌体敏感 *E.coli* 细胞，经 5 h 培养，约繁殖 12.3 代后，平板上长出大量的微菌落（约 5100 个细胞/菌落）。取其中 6 皿直接喷 T1 噬菌体，另 6 皿则先用灭菌后的玻璃棒把平板上的微菌落重新均匀涂布一遍，然后同样喷上 T1 噬菌体。经培养过夜后，计算这两组平板上形成的抗 T1 的菌落数。结果发现，在涂布过的一组中，共长出抗 T1 的菌落 353 个，要比未经涂布的一组仅 28 个菌落高得多。这也充分证明这一抗性突变的确发生在与 T1 接触之前，噬菌体的加入只起到甄别这类自发突变是否发生，而绝不是诱发相应突变的原因。

3) Lederberg 等的影印平板培养法

影印平板培养法是一种通过盖印章的方式，达到在一系列培养皿平板的相同位置上出现相同遗传型菌落的接种和培养方法。其基本过程是：把长有数百个菌落的 *E.coli* 母种培养皿倒置于包有一层灭菌丝绒布的木质圆柱体上，使其上均匀地沾满来自母培养皿平板上的菌落，然后通过这一"印章"把母皿上的菌落"忠实地"——接种到不同的选择性培养基平板上，经培养后，对各平板相同位置上的菌落进行对比，就可选出适当的突变型菌株。通过影印接种法，就可从非选择性条件下生长的微生物群体中，分离到过去只有在选择性条件下才能分离到的相应突变株。

5. 基因突变的机制

基因突变的原因是多种多样的,它可以是自发的突变或诱发的突变,诱变又可分为点突变和畸变。

1) 诱变机制

凡能提高突变率的任何理化因子,都可称为诱变剂(Mutagen)。诱变剂的种类很多,作用方式多样。即使是同一种诱变剂,也常有几种作用方式。下面从遗传物质结构变化的特点来讨论几种有代表性的诱变剂的作用机制。

(1) 染色体畸变(Chromosomal Aberration)。某些理化因子,如 X 射线等的辐射及烷化剂、亚硝酸等,除了能引起点突变外,还会引起 DNA 的大损伤(Macrolesion)——染色体畸变,它既包括染色体结构上的缺失(Deletion)、重复(Duplication)、插入(Insertion)、易位(Translocation)和倒位(Inversion),也包括染色体数目的变化。染色体结构上的变化又可分为染色体内畸变和染色体间畸变两类。染色体内畸变只涉及一条染色体上的变化,例如发生染色体的部分缺失或重复时,其结果可造成基因的减少或增加;又如发生倒位或易位时,则可造成基因排列顺序的改变,但数目却不改变。其中的倒位,是指断裂下来的一段染色体旋转 180°后,重新插入到原来染色体的位置上,从而使其基因顺序与其他的基因顺序方向相反;易位则是指断裂下来的一小段染色体再顺向或逆向地插入到同一条染色体的其他部位上。至于染色体间畸变,则指非同源染色体间的易位。

(2) 转座因子(Transposible Element)。由 20 世纪 40 年代 B.Mcclintock 对玉米的遗传研究而发现的染色体易位,自 1967 年以来,已在微生物和其他生物中得到普遍证实,并已成为分子遗传学研究中的一个热点。过去,人们总认为基因是固定在染色体 DNA 上的一些不可移动的核苷酸片段。但近年来,发现有些 DNA 片段不但可在染色体上移动,而且还可从一个染色体跳到另一个染色体,从一个质粒跳到另一个质粒或染色体,甚至还可从一个细胞转移到另一个细胞。在这些 DNA 顺序的跳跃过程中,往往导致 DNA 链的断裂或重接,从而产生重组交换或使某些基因启动或关闭,结果导致突变的发生。这似乎就是自然界所固有的"基因工程"。目前已把在染色体组中或染色体组间能改变自身位置的一段 DNA 顺序称作转座因子,也称作跳跃基因(Jumping Gene)或可移动基因(Moveable Gene)。

转座因子主要有三类,即插入序列(Is,Insertionsequence)、转座子(Tn,Transposon,又称转位子、易位子)和 Mu 噬菌体(即 Mutator Phage,诱变噬菌体),现分述如下。

① 插入序列。其特点是分子量最小(仅 0.7～1.4 kb),只能引起转座(Transposition)效应而不含其他任何基因。可以在染色体、F 因子等质粒上发现它们。已知的 Is 有五种,即 Is1、Is2、Is3、Is4 和 Is5。E.coli 的 F 因子和核染色体组上有一些相同的 Is(如 Is2、Is3等),通过这些同源序列间的重组,就可使 F 因子插入到 E.coli 的核染色体组上,从而使后者成为 Hfr 菌株。因 Is 在染色体组上插入的位置和方向的不同,其引起的突变效应也不同。Is 引起的突变可以回复,其原因可能是 Is 被切离,如果因切离部位有误而带走 Is 以外的一部分 DNA 序列,就会在插入部位造成缺失,从而发生新的突变。

②　转座子。转座子与 Is 和 Mu 噬菌体相比，Tn 的分子量是居中的(一般为 2~25 kb)。它含有几个至十几个基因，其中除了与转座作用有关的基因外，还含有抗药基因或乳糖发酵基因等其他基因。Tn 虽能插到受体 DNA 分子的许多位点上，但这些位点似乎也不完全是随机的，其中某些区域更易插入。

③　Mu 噬菌体。Mu 噬菌体是 *E.coli* 的一种温和噬菌体。与必须整合到宿主染色体特定位置上的一般温和噬菌体不同，Mu 噬菌体并没有一定的整合位置。与以上的 Is 和 Tn 两种转座因子相比，Mu 噬菌体的分子量最大(37 kb)，它含有 20 多个基因。Mu 噬菌体引起的转座可以引起插入突变，其中约有 2‰是营养缺陷型突变。

（3）碱基的置换(Substitution)。

对 DNA 来说，碱基的置换属于一种染色体的微小损伤(Microlesion)，一般也称点突变(Point Mutation)。置换又可分为两个亚类：一类叫转换(Transition)，即 DNA 链中的一个嘌呤被另一个嘌呤或一个嘧啶被另一个嘧啶所置换；另一类叫颠换(Transversion)，即一个嘌呤被另一个嘧啶或一个嘧啶被另一个嘌呤所置换。对某一具体诱变剂来说，既可同时引起转换与颠换，也可只具其中的一种功能。根据化学诱变剂是直接还是间接地引起置换，可把置换的机制分成以下两类来讨论。一个是直接引起置换的诱变剂，它们是一类可直接与核酸的碱基发生化学反应的诱变剂，不论在机体内或在离体条件下均有作用。其种类很多，例如亚硝酸、羟胺和各种烷化剂(硫酸二乙酯、甲基磺酸乙酯、N-甲基-N′-硝基-N-亚硝基胍、N-甲基-N-亚硝基脲、乙烯亚胺、环氧乙酸、氮芥等)。它们可与一个或几个核苷酸发生化学反应，从而引起 DNA 复制时碱基配对的转换，并进一步使微生物发生变异。在这些诱变剂中，除羟胺只引起 GC→AT 外，其余都是可使 GCA∶T 发生互变的。其二是间接引起置换的诱变剂：引起这类变异的诱变剂都是一些碱基类似物，如 5-溴尿嘧啶(5-Bu)、5-氨基尿嘧啶(5-Au)、8-氮鸟嘌呤(8-Ng)、2-氨基嘌呤(2-Ap)和 6-氯嘌呤(6-Cp)等。它们的作用是通过活细胞的代谢活动掺入到 DNA 分子中后而引起的，故是间接的。

（4）移码突变(Frame Shift Mutation 或 Phase Shift Mutation)。

移码突变指诱变剂使 DNA 分子中的一个或少数几个核苷酸的增添(插入)或缺失，从而使该部位后面的全部遗传密码发生转录和转译错误的一类突变。由移码突变所产生的突变株，称为移码突变株(Frame Shift Mutant)。与染色体畸变相比，移码突变也只能算是 DNA 分子的微小损伤。吖啶类染料，包括原黄素、吖啶黄、吖啶橙和 α-氨基吖啶等，都是移码突变的有效诱变剂。吖啶类化合物的诱变机制至今还不很清楚。有人认为，由于它们是一种平面型三环分子，结构与一个嘌呤-嘧啶对十分相似，故能嵌入两个相邻 DNA 碱基对之间，造成双螺旋的部分解开(两个碱基对原来相距 0.34 nm，当嵌入一个吖啶分子时，就变成 0.68 nm)，从而在 DNA 复制过程中，使链上增添或缺失一个碱基，结果就引起了移码突变。

上面已初步分析了碱基置换和移码突变的分子机制，并初步介绍了染色体畸变的类型和特点。需要说明的是，许多理化诱变剂的诱变作用都不是单一功能的。例如：上述的亚硝酸就既能引起碱基对的转换作用，又能诱发染色体畸变的作用；一些电离辐射也可同时引起基因突变和染色体畸变等作用。

2）自发突变机制

自发突变是指在没有人工参与下生物体自然发生的突变。称它为"自发"，决不意味着这种突变是没有原因的，而只是说明人们对它还没有很好的或很具体的认识而已。通过对诱变机制的研究，启发了人们对自发突变机制的思索。以下讨论几种自发突变的可能机制。

(1) 背景辐射和环境因素的诱变。

不少"自发突变"实质上是由于一些原因不详的低剂量诱变因素的长期综合诱变效应。例如，充满宇宙空间的各种短波辐射或高温诱变效应，以及自然界中普遍存在的一些低浓度的诱变物质(在微环境中有时也可能是高浓度)的作用等。

(2) 微生物自身有害代谢产物的诱变效应。

过氧化氢是普遍存在于微生物体内的一种代谢产物。它对 Neurospora(脉孢菌)有诱变作用，这种作用可因同时加入过氧化氢酶而降低，如果在加入该酶的同时又加入酶抑制剂 KCN，则又可提高突变率。这就说明，过氧化氢很可能是"自发突变"中的一种内源性诱变剂。在许多微生物的陈旧培养物中易出现自发突变株，可能也是同样的原因。

(3) 互变异构效应。

在以上关于 5-Bu(5-溴尿嘧啶)诱变机制的讨论中，已经知道它的作用是由于发生了酮式至烯醇式的互变异构效应而引起的。因为 A、T、G、C 四种碱基的第六位上如果不是酮基(T、G)，就必是氨基(C、A)，所以有人认为，T 和 G 会以酮式或烯醇式两种互变异构的状态出现，而 C 和 A 则会以氨基式或亚氨基式两种互变异构的状态出现。由于平衡一般趋向于酮式或氨基式，因此，在 DNA 双链结构中一般总是以 AT 和 GC 碱基配对的形式出现的。可是，在偶然情况下，T 也会以稀有的烯醇式形式出现，因此在 DNA 复制到达这一位置的瞬间，通过 DNA 聚合酶的作用，在它的相对位置上就不再出现常规的 A，而是出现 G；同样，如果 C 以稀有的亚氨基形式出现在 DNA 复制到达这一位置的刹那间，则在新合成 DNA 单链的与 C 相应的位置上就将是 A，而不是往常的 G。这或许就是发生相应的自发突变的原因。

(4) 环出效应。

环出效应即环状突出效应。有人提出，在 DNA 的复制过程中，如果其中某一单链上偶然产生一个小环，则会因其上的基因越过复制而发生遗传缺失，从而造成自发突变。

6. 紫外线对 DNA 的损伤及其修复

发现较早和研究得较深入的是紫外线(Ultravioletray, U.V.)的作用。嘧啶对紫外线的敏感性要比嘌呤强得多。嘧啶的光化产物主要是二聚体和水合物。其中了解较清楚的是胸腺嘧啶二聚体的形成和消除。紫外线的主要作用是使同链 DNA 的相邻嘧啶间形成共价结合的胸腺嘧啶二聚体。二聚体的出现会减弱双链间氢键的作用，并引起双链结构扭曲变形，阻碍碱基间的正常配对，从而有可能引起突变或死亡。在互补双链间形成嘧啶二聚体的机会较少，但一旦形成，就会妨碍双链的解开，因而影响 DNA 的复制和转录，并使细胞死亡。微生物能以多种方式去修复损伤后的 DNA，现主要介绍以下两种。

1) 光复活作用(Photoreactivation)

把经紫外线照射后的微生物立即暴露于可见光下时，可明显降低其死亡率的现象，称为光复活作用。这一现象最早是 A.Kelner(1949)在 Streptomyces griseus(灰色链霉菌)中发现的，后来在许多微生物中都得到了证实。现已了解，经紫外线照射后所形成的带有胸腺嘧啶二聚体的 DNA 分子，在黑暗下会被一种光激活酶(Photoreactivating Enzyme)即光裂合酶(Photolyase)结合，当形成的复合物暴露在可见光(300～500 nm)下时，此酶会因获得光能而发生解离，从而使二聚体重新分解成单体。与此同时，光激活酶也从复合物中释放出来，以便重新执行功能。有人曾计算过，每一 *E.coli* 细胞中约含有 25 个光激活酶分子。由于在一般的微生物中都存在着光复活作用，所以在进行紫外线诱变育种时，只能在红光下进行照射及处理照射后的菌液。

2) 暗修复作用(Dark Repair)

暗修复又称切除修复(Excision Repair)，是活细胞内一种用于修复被紫外线等诱变剂(包括烷化剂、X 射线和 γ 射线等)损伤后的 DNA 的机制。与光复活作用不同，这种修复作用与光全然无关。在修复过程中，有四种酶参与，即：

(1) 内切核酸酶在胸腺嘧啶二聚体的 5′一侧切开一个 3′-OH 和 5′-P 的单链缺口。

(2) 外切核酸酶从 5′-P 至 3′-OH 方向切除二聚体，并扩大缺口。

(3) DNA 聚合酶以 DNA 的另一条互补链为模板，从原有链上暴露的 3′-OH 端起逐个延长，重新合成一段缺失的 DNA 链。

(4) 通过连接酶的作用，把新合成的寡核苷酸的 3′-OH 末端与原链的 5′-P 末端相连接，从而完成修复作用。

7.2.2　育种的微生物工程理论基础

1. 诱变育种

诱变育种是指利用物理、化学等诱变剂处理均匀而分散的微生物细胞群，在促进其突变率显著提高的基础上，采用简便、快速和高效的筛选方法，从中挑选出少数符合目的的突变株，以供科学实验或生产实践使用。诱变和筛选是两个主要环节，由于诱变是随机的，而筛选则是定向的，故相比之下，后者更重要。

诱变育种具有极其重要的实践意义。利用诱变育种，可获得供工业和实验室应用的各种菌株，前者如代谢物的高产突变株，后者如各种抗性突变株和营养缺陷突变株等。从生产角度来看，诱变育种除能大幅度提高有用代谢产物的产量外，还有可能达到减少杂质、提高产品质量、扩大品种和简化工艺等目的。从方法上讲，它具有简便易行、条件和设备要求较低等优点，故至今仍有较广泛的应用。

1) 诱变育种中的几个原则

(1) 选择简便有效的诱变剂。

在物理因素中，有非电离辐射类的紫外线、激光和离子束等，以及能够引起电离辐射的 X 射线、γ 射线和快中子等；在化学诱变剂中，主要有烷化剂、碱基类似物和吖啶化合物，其中的烷化剂因可与疏基、氨基和羧基等直接反应，故更易引起基因突变。最常用的烷化剂有 NTG 等。有些诱变剂如氮芥、硫芥和环氧乙烷等被称为拟辐射物质，原因是它们除了能诱发点突变外，还能诱发一般只有辐射才能引起的染色体畸变这类 DNA 的大损伤。"三致"在诱变育种中主要指的是致突变、致畸变和致癌变。"三致"的机制是因 DNA 结构损伤而引起了突变。艾姆氏(Ames)试验是一个很好的检测"三致"的实验。

艾姆氏试验是一种利用细菌营养缺陷型的回复突变来检测环境或食品中是否存在化学

致癌剂的简便有效方法。此法测定潜在化学致癌物是基于这样的原理：鼠伤寒沙门氏菌的组氨酸营养缺陷型（His⁻）菌株在基本培养基[一]的平板上不能生长，如发生回复突变变成原并型（His⁺）后则能生长。方法大致是在含待测可疑"三致"物试样中加入鼠肝匀浆液，经一段时间保温后，吸入滤纸片中，然后将滤纸片放置于上述平板中央。经培养后，出现三种情况：

① 在平板上无大量菌落产生，说明试样中不含诱变剂；

② 在纸片周围有一抑制圈，其外周出现大量菌落，说明试样中有某种高浓度的诱变剂存在；

③ 在纸片周围长有大量菌落，说明试样中有浓度适当的诱变剂存在。

本试验应注意两点：第一，因许多化学物质原先并非诱变剂或致癌剂，只有在进入机体并在肝脏的解毒过程中，受到肝细胞中一些加氧酶的作用，才形成有害的环氧化物或其他激活态化合物，故试验中先要加入鼠肝匀浆液保温；第二，所用的试验菌株除需要用营养缺陷型外，还应是 DNA 修复酶的缺陷型。

在选用理化因素作诱变剂时，在同样效果下，应选用最简便的因素；而在同样简便的条件下，则应选用最高效的因素。合适的诱变剂，还应采用简便有效的诱变方法。

（2）挑选优良的初始菌株。

初始菌株就是用于育种的原始菌株，选用合适的初始菌株有利于提高育种效率，需要注意以下几点：

① 最好选用来自生产中的自发突变菌株；

② 选用具有有利于进一步研究或应用性状的菌株，如生长快、营养要求低等；

③ 可选用已发生过其他突变的菌株；

④ 选用对诱变剂敏感性较高的增变变异株等。

（3）处理单细胞或单孢子悬液。

为使每个细胞均匀接触诱变剂并防长出不纯菌落，就要求作诱变的菌株必须以均匀而分散的单细胞悬液状态存在。由于某些微生物细胞是多核的，即使处理其单细胞，也会出现不纯菌落；又由于一般 DNA 都是以双链状态存在的，而诱变剂通常仅作用于某一单链的某一序列，因此，突变后的性状往往无法反映在当代的表型上，而是要通过 DNA 的复制和细胞分裂后才表现出来，于是出现了不纯菌落。这种遗传型虽已突变，但表型却要经染色体复制、分离和细胞分裂后才表现出来的现象，称为表型延迟。

（4）选用最合适的诱变剂量。

各类诱变剂剂量的表达方式有所不同，如 UV 的剂量指强度与作用时间之乘积；化学诱变剂的剂量则以在一定外界条件下，诱变剂的浓度与处理时间来表示。在产量性状的诱变育种中，凡在提高诱变率的基础上，既能扩大变异幅度，又能促使变异移向正变范围的剂量，就是合适的剂量。

在诱变育种中有两条重要的实验曲线：

① 剂量—存活率曲线，是以诱变剂的剂量为横坐标，以细胞存活数的对数值为纵坐标而绘制的曲线；

② 剂量—诱变率曲线，以诱变剂的剂量为横坐标，以诱变后获得的突变细胞数为纵坐标而绘制的曲线。

通过比较以上两条曲线，可找到某诱变剂的剂量—存活率—诱变率三者的最佳结合点。

（5）充分利用复合处理的协同效应。

诱变剂的复合处理常常表现出明显的协同效应，因而对育种有利。

（6）利用和创造形态、生理与产量间的相关指标。

（7）设计高效筛选方案。

在实际工作中，常把筛选工作分为初筛与复筛两步进行。前者以量为主（选留较多有生产潜力的菌株），后者以质为主（对少量潜力大的菌株的代谢产物量作精确测定）。

（8）创造新型筛选方法。

对产量突变株生产性能的测定方法一般也分成初筛和复筛两个阶段。初筛以粗测为主，既可在琼脂平板上测定，也可在摇瓶培养后测定。平板法的优点是快速、简便、直观，缺点是培养皿平板上固态培养的结果并不一定能反映摇瓶或发酵罐中液体培养的结果。

2）突变株的筛选方法

（1）产量突变株的筛选主要是用琼脂块培养法。

（2）抗药性突变株的筛选主要是用梯度平板法，该方法是定向筛选抗药性突变株的一种有效方法，通过制备琼脂表面存在药物浓度梯度的平板，在其上涂布诱变处理后的细胞悬液、经培养后再从其上选取抗药性菌落等步骤，就可定向筛选到相应抗药件突变株。

（3）营养缺陷型突变株的筛选较为复杂，同时在实际应用中十分广泛，因此下面详细阐述具体方法与步骤。

① 与筛选营养缺陷型突变株有关的三类培养基。

a. 基本培养基（MM，符号为［－］）：仅能满足某微生物的野生型菌株生长所需要的最低成分的组合培养基。不同微生物的基本培养基是很不相同的。

b. 完全培养基（CM，符号为［＋］）：凡可满足一切营养缺陷型菌株营养需要的天然或半组合培养基。

c. 补充培养基（SM，符号为［X］）：凡只能满足相应的营养缺陷型突变株生长需要的组合或半组合培养基。它是在基本培养基上再添加对某一营养缺陷型突变株所不能合成的某相应代谢物所组成的，因此可专门选择相应的突变株。

② 与营养缺陷型突变有关的三类遗传型个体。

a. 野生型：从自然界分离到的任何微生物在其发生人为营养缺陷突变前的原始菌株。野生型菌株应能在其相应的基本培养基上生长。

b. 营养缺陷型：野生型菌株经诱变剂处理后，由于发生了丧失某酶合成能力的突变，因而只能在加有该酶合成产物的培养基中才能生长的突变菌株。

c. 原养型：一般指营养缺陷型突变株经回复突变或重组后产生的菌株，其营养要求在表型上与野生型相同。

③ 营养缺陷型的筛选方法。营养缺陷型的筛选一般要经过诱变剂处理、淘汰野生型、检出缺陷型和鉴定缺陷型四个环节。

第一步，诱变剂处理。

第二步，淘汰野生型。可通过抗生素法或菌丝过滤法淘汰为数众多的野生型菌株，从而达到"浓缩"极少数营养缺陷型的目的。

• 抗生素法：有青霉素法和制霉菌素法等数种方法。青霉素法适用于细菌，其原理是青霉素能抑制细菌细胞壁的生物合成，因而可杀死能正常生长繁殖的野生型细菌，但无法杀死正处于休止状态的营养缺陷型细菌，从而达到"浓缩"后者的目的。制霉菌素法则适合于真菌。制霉菌紊属于大环内酯类抗生素，可与真菌细胞膜上的甾醇作用，从而引起膜的损伤。

• 菌丝过滤法：适用于进行丝状生长的真菌和放线菌。其原理是：在基本培养基中，野生型菌株的孢子能发芽成菌丝，而营养缺陷型的孢子则不能。因此，将诱变剂处理后的大量孢子放在基本培养基上培养一段时间后，再用滤孔较大的擦镜纸过滤。如此重复数遍后，就可去除大部分野生型菌株，从而达到"浓缩"营养缺陷型的目的。

第三步，检出缺陷型。

缺陷型检出具体方法很多。用一个培养皿即可检出的，有夹层培养法和限量补充培养法；要用两个培养皿（分别进行对照和检出）才能检出的，有逐个检出法和影印接种法，可根据实验要求和实验室具体条件加以选用。

• 夹层培养法：先在培养皿底部倒一薄层不含菌的基本培养基，待凝，添加一层混有经诱变剂处理菌液的基本培养基，其上再浇一薄层不含菌的基本培养基，遂成"三明治"状。经培养后，对首次出现的菌落用记号笔一一标在皿底。然后，再向皿内倒上一薄层（第四层）完全培养基。再经培养后，会长出形态较小的新菌落，它们多数都是营养缺陷型突变株。若用含特定生长因子的基本培养基作第四层，就可直接分离到相应的营养缺陷型突变株。

• 限量补充培养法：把诱变处理后的细胞接种在含有微量蛋白胨的基本培养基平板上，野生型细胞就迅速长成较大菌落，而营养缺陷型则因营养受限制故生长缓慢，只形成微小菌落。若想获得某一特定营养缺陷型突变株，只要在基本培养基上加入微量的相应物质就可达到。

• 逐个检出法：把经诱变剂处理后的细胞群涂布在完全培养基的琼脂平板上，待长成单个菌落后，用接种针或灭过菌的牙签把这些单个菌落逐个整齐地分别接种到基本培养基平板和另一完全培养基平板上，使两个平板上的菌落位置严格对应。经培养后，如果在完全培养基平板的某一部位上长出菌落，而在基本培养基的相应位置上却不长，说明此为营养缺陷型突变株。

• 影印平板法：将诱变剂处理后的细胞群涂布在一完全培养基平板上，经培养后，使其长出许多菌落。然后用前面已介绍过的影印接种工具，把此平板上的全部菌落转印到另一基本培养基平板上。经培养后，比较前后两个平板上长出的菌落。如果发现在前一培养基平板上的某一部位长有菌落，而在后一平板上的相应部位却呈空白，说明这就是一个营养缺陷型突变株。

第四步，鉴定缺陷型。

通常使用生长谱法来鉴定缺陷型突变株。生长谱法是指在混有供试菌的平板表面点加微量营养物，视某营养物的周围有否长菌来确定该供试菌的营养要求的一种快速、直观的方法。用此法鉴定营养缺陷型的操作是：把生长在完全培养液里的营养缺陷型细胞经离心和无菌水清洗后，配成适当浓度的悬液，取 0.1 mL 与基本培养基均匀混合后，倾注在培养皿内，待凝固、表面干燥后，在皿背划几个区，然后在平板上按区加上微量待鉴定缺陷型所需的营养物粉末(用滤纸片法也可)。经培养后,如发现某一营养物的周围有生长圈,说明此菌就是该营养物的缺陷型突变株。用类似方法还可测定双重或多重营养缺陷型。

2. 自发突变与育种

1) 从生产中选育

在日常的大生产过程中,微生物也会以一定频率发生自发突变。富于实际经验和善于细致观察的人们就可以及时抓住这类良机来选育优良的生产菌种。例如,从污染噬菌体的发酵液中有可能分离到抗噬菌体的自发突变株;又如,在酒精工业中,曾有过一株分生孢子为白色的糖化菌"上酒白种",就是在原来孢子为黑色的 *Aspergillus usamii*(宇佐美曲霉)3758 号菌株发生自发变异后,及时从生产过程中挑选出来的。这一菌株不仅产生丰富的白色分生孢子,而且糖化力比原菌株强,培养条件也比原菌株粗放。

2) 定向培育优良品种

任何微生物育种工作者都希望自己能在最短的时间内培育出比较理想的变异株,因此,定向培育是微生物工作者长期以来的一种理想。

定向培育一般指用某一特定因素长期处理某微生物的群体(Culture Population),同时不断地对它们进行移种传代,以达到累积并选择相应的自发突变株的目的。这是一种古老的育种方法。由于自发突变的频率较低,变异程度较轻微,所以用此法培育新种的过程一般十分缓慢。与诱变育种、杂交育种尤其是与基因工程等现代育种技术相比,定向培育带有守株待兔式的被动状态,除某些抗性突变外,其他的性状不是无法使用,就是要坚持相当长的时间才能奏效。

1881 年,巴斯德曾用 42℃温度去培养炭疽杆菌,经过 20 天后,该菌丧失了产芽孢的能力,2～3 月后,还失去了致病力,因而可作为活菌苗使用。利用它来接种,在预防牛、羊的炭疽病方面,曾收到过良好的成效。目前应用极广的卡介苗(Bcgvaccine),也是通过对 *Mycobacterium tuberculosis*(结核分枝杆菌)进行长期定向培育而获成功的一个典型。当时,法国的 A.Calmette 和 C.Guerin 两人曾把牛型结核分枝杆菌接在牛胆汁、甘油、马铃薯培养基上,他们以坚韧不拔的毅力连续移种了 230 多代,前后共用了 13 年的时间,直至 1923 年才终于获得显著减毒的卡介苗。

采用梯度平板法(Gradient Plate)筛选抗代谢拮抗物的突变株,以提高相应代谢产物产量方面的工作,可认为是微生物定向培育技术的一大进展。例如,异烟肼是吡哆醇的代谢拮抗物(即结构类似物),两者的分子结构类似,如下所示:

吡哆醇　　　　　　　　异烟肼

定向培育抗异烟肼的吡哆醇高产突变株的方法是:先在培养皿中加入 10 mL 的一般琼脂培养基,使皿底斜放,待凝固后,将皿底放平,再在原先的培养基上倒入 10 mL 含有适当浓度(通过实验来决定)的异烟肼培养基,待凝。用此法浇成的琼脂平板上存在着一个由浓到稀的异烟肼的浓度梯度。然后在平板表面涂以大量的有关微生物如酵母菌细胞,经培养后，即可出现相应的结果。这是因为，一侧是低浓度的异烟肼区域，因此长满了原始的敏感菌，而另一侧是高浓度区域，故该微生物的生长受到了抑制。只有在浓度适中的部位才出现少数由抗异烟肼的细胞所形成的菌落。这类抗性菌落是由于它产生了某种自发突变，所以能抗异烟肼的抑制。根据微生物产生抗药性的原理，它们有可能因产生了可分解异烟肼的酶类，也可能是通过合成更高浓度的代谢产物——吡哆醇来克服异烟肼的竞争性抑制作用。这类实验结果证明，多数突变株是因发生了后一类的突变才获得抗性的，这样，利用梯度平板法就达到了定向培育某一代谢产物高产突变株的目的。例如，在酵母菌中，通过梯度平板法曾获得吡哆醇产量比原菌株提高 7 倍的突变株。应用同样原理，还可获得其他种种有关代谢产物的高产菌株。

7.3　微生物基因重组

基因重组(Gene Recombination)或遗传重组指的是凡把两个不同性状个体内的遗传基因转移到一起，经过遗传分子间的重新组合，形成新遗传型个体的方式。重组可使生物体在未发生突变的情况下，也能产生新遗传型的个体。重组是分子水平上的一个概念，可以理解成是遗传物质分子水平上的杂交，而一般所说的杂交(Hybridization)则是细胞水平上的一个概念。杂交中必然包含着重组，而重组则不限于杂交这一形式。真核微生物中的有性杂交、准性杂交(Parasexual Hybridization)等及原核生物中的转化、转导、接合和原生质体融合等都是基因重组在细胞水平上的反映。基因重组是杂交育种的理论基础。由于杂交育种选用了已知性状的供体菌和受体菌作为亲本，因此，不论在方向性还是自觉性方面，均比诱变育种前进了一大步。另外，利用杂交育种往往还可消除某一菌株在经过长期诱变处理后所出现的产量上升缓慢的现象，因此，它是一种重要的育种手段。但由于杂交育种的方法较复杂，工作进展较慢，还很难像诱变育种技术那样得到普遍的推广和使用，尤其在原核生物的领域中，应用转化、转导或接合等重组技术来培育可应用于生产实践上的高产菌株的例子还不多见。只是到了 20 世纪 70 年代后期，由于原生质体融合技术获得巨大的成功后，才使重组育种技术获得了飞速的发展。

7.3.1　原核微生物的基因重组

原核生物的基因重组形式很多，机制较原始，其特点为：片段性，仅一小段 DNA 序列参与重组；单向性，即从供体菌向受体菌（或从供体基因组向受体基因组）作单方向转移；转移机制独特而多样，如转化、转导和接合等。

1. 转化

1) 定义

受体菌直接吸收供体菌的 DNA 片段而获得后者部分遗传性状的现象，称为转化或转化作用。通过转化方式而形成的杂种后代，称转化子。

2) 转化微生物的种类

转化微生物种类十分普遍，一般选用球状体、原生质体居多。

3）感受态

两个菌种或菌株间能否发生转化，有赖其进化中的亲缘关系。但即使在转化频率极高的微生物中，其不同菌株间也不一定都可发生转化。研究发现，凡能发生转化，其受体细胞必须处于感受态。感受态是指受体细胞最易接受外源 DNA 片段并能实现转化的一种生理状态。它虽受遗传控制，但表现却差别很大。外界环境因子对感受态也有重要影响。调节感受态的一类特异蛋白称感受态因子，它包括三种主要成分：膜相关 DNA 结合蛋白、细胞壁自溶素和几种核酸酶。

4）转化因子

转化因子的本质是离体的 DNA 片段。一般原核生物的核基因组是一条环状 DNA 长链，不管在自然条件或人为条件下都极易断裂成碎片，故转化因子通常都只是 15 kb 左右的片段。转化因子进入细胞前还会被酶解成更小的片段。在不同的微生物中，转化因子的形式不同，有的细胞只吸收 dsDNA 形式的转化因子，但进入细胞后须经酶解为 ssDNA 才能与受体菌的基因组整合；有的 dsDNA 的互补链必须在细胞外降解，只有 ssDNA 形式的转化因子才能进入细胞。但最易与细胞表面结合的仍是 dsDNA。由于每个细胞表面能与转化因子相结合的位点有限，因此从外界加入无关的 dsDNA 就可竞争并干扰转化作用。除 dsDNA 或 ssDNA 外，质粒 DNA 也是良好的转化因子，但它们通常并不能与核染色组发生重组。转化的频率通常为 0.1%～1%，最高为 20%。

5）转化过程

转化过程被研究得较深入的是肺炎双球菌，其主要过程如下：

（1）供体菌（strR，抗链霉素的基因标记）的 dsDNA 片段与感受态受体菌（strS，有链霉素敏感型基因标记）细胞表面的膜连 DNA 结合蛋白相结合，其中一条链被核酸酶水解，另一条进入细胞。

（2）来自供体菌的 ssDNA 片段被细胞内的特异蛋白 RecA 结合，并使其与受体菌核染色体上的同源区段配对、重组，形成一小段杂合 DNA 区段。

（3）受体菌染色体组进行复制，于是杂合区也跟着得到复制。

（4）细胞分裂后，形成一个转化子（strR）和一个仍保持受体菌原来基因型（strS）的子代。

6）转染

转染指用提纯的病毒核酸（DNA 或 RNA）去感染其宿主细胞或其原生质体，可增殖出一群正常病毒后代的现象。作为转染的病毒核酸，绝不是作为供体基因的功能，被感染的宿主也绝不是能形成转化子的受体菌。

2. 转导

通过缺陷噬菌体的媒介，把供体细胞的小片段 DNA 携带到受体细胞中，通过交换与整合，使后者获得前者部分遗传性状的现象，称为转导。由转导作用而获得部分新性状的重组细胞，称为转导子。

1）普遍转导

通过极少数完全缺陷噬菌体对供体菌基因组上任何小片段 DNA 进行"误包"，而将其遗传性状传递给受体菌的现象，称为普遍转导。一般用温和噬菌体作为普遍转导的媒介。普遍转导又可分为完全普遍转导和流产普遍转导两种。

（1）完全普遍转导：简称普通转导或完全转导。其过程为：用野生型菌株作供体菌，营养缺陷型突变株作受体菌，某噬菌体作转导媒介，则当噬菌体在供体菌内增殖时，宿主的核染色体组发生断裂，待噬菌体成熟与进行包装之际，有约 $10^{-6} \sim 10^{-8}$ 个噬菌体的衣壳把与噬菌体头部 DNA 核心大小相仿的一小段供体菌 DNA 误包，形成一个完全不含噬菌体自身 DNA 的完全缺陷噬菌体，此即转导颗粒。当供体菌裂解时，若把少量裂解物与大量的受体菌接触，务必使其感染复数（Muhiplieity of Infection，M.O.I.）小于 1，这时，这一完全缺陷噬菌体就把外源 DNA 片段导入受体细胞内。在这种情况下，由于每一受体细胞至多感染了一个完全缺陷噬菌体，故细胞不可能被溶源化，也不显示其对噬菌体的免疫性，更不会发生裂解和产生正常的噬菌体后代；还由于导入的外源 DNA 片段可与受体细胞核染色体组上的同源区段配对，再通过双交换而整合到染色体组上，从而使后者成为一个遗传性状稳定的重组体，称作普遍转导子。

（2）流产普遍转导：简称流产转导。经转导噬菌体的媒介而获得了供体菌 DNA 片段的受体菌，如果这段外源 DNA 在其内既不进行交换、整合和复制，也不迅速消失，而仅表现稳定的转录、转译和性状表达，这一现象就称流产转导。

2）局限转导

局限转导指通过部分缺陷的温和噬菌体把供体菌的少数特定基因携带到受体菌中，并与后者的基因组整合、重组，形成转导子的现象。其特点是：只局限于传递供体菌核染色体上的个别特定基因，一般为噬菌体整合位点两侧的基因；该特定基因由部分缺陷的温和噬菌体携带；缺陷噬菌体的形成方式是由于它在脱离宿主核染色体过程中，发生低额率的误切或由于双重溶源菌的裂解而形成；局限转导噬菌体的产生要通过 UV 等因素对溶源菌的诱导并引起裂解后才产生。根据转导子出现频率的高低可把局限转导分为低频转导和高频转导两类。

（1）低频转导（Low Frequency Transduction，LFT）：指通过一般溶源菌释放的噬简体所进行的转导，因其只能形成极少数（$10^{-4} \sim 10^{-6}$）转导子，故称低频转导。其过程为：温和噬菌体感染宿主，噬菌体的环状 DNA 打开，以线状形式整合到宿主核染色体的特定位点上，同时使之溶源化和获得对同种噬菌体的免疫性。如果该溶源菌因诱导而进入裂解性生活史，就有极少数的前噬菌体因发生不正常切离而把插入位点两侧之一的宿主核染色体组上的少数基因连接到噬菌体 DNA 上（同时噬菌体也留下相对应长度 DNA 给宿主）。通过噬菌体衣壳对这段特殊 DNA 片段的误包，就形成了具有局限转导能力的部分缺陷噬菌体。它们没有正常噬菌体所具有的致宿主溶源化的能力；当它感染宿主并整合在宿主核基因组上时，可形成一个获得了供体菌的基因的局限转导子。由于核染色体组进行不正常切离的频率极低，因此在其裂解物中所含的部分缺陷噬菌体的比例也极低（$10^{-4} \sim 10^{-6}$）。这种含有极少数局限转导噬菌体的裂解物称为低频转导裂解物。

（2）高频转导（High Frequency Transduction，HFT）：在局限转导中，若对双重溶源菌进行诱导，就会产生含 50% 左右的局限转导噬菌体的高频转导裂解物，用这种裂解物去转导受体菌，就可获得高达 50% 左右的转导子，故称这种转导为高频转导。其过程为：以某一营养缺陷型作受体菌，用高 M.O.I. 的 LFT 裂解物进行感染时，则凡感染有缺陷噬菌体的任一细胞,几乎都同时感染有正常噬菌体。这时,缺陷噬菌体和正常噬菌体可同时整合在一个受体菌的核染色体组上,这种同时感染有正常噬菌体和缺陷噬菌体的受体菌就称双重溶源菌。当双重溶源菌受 UV 等因素诱导而复制噬菌体时,其中正常噬菌体的基因可补偿缺陷噬菌体的相应不足,因而两者同样获得了复制。这种存在于双重溶源菌中的正常噬菌体就被称作助体(或辅助)噬菌体。所以,由双重溶源菌所产生的裂解物,因含有等量的正常和缺陷噬菌体粒子,具有高频率的转导功能,故称高频转导裂解物。如果用低 M. O.I.的 HFT 裂解物去感染另一相应缺陷受体菌,就可高频率(50%)地把后者转导成能非营养缺陷菌转导子。这种转导称高频转导。

3) 溶源转变

当正常的温和噬菌体感染其宿主而使其发生溶源化时,因噬菌体基因整合到宿主的核基因组上,而使宿主获得了除免疫性外的新遗传性状的现象,称溶源转变。这是一种表面上与局限转导相似,但本质上却截然不同的特殊遗传现象。原因是:这是一种不携带任何外源基因的正常噬菌体;是噬菌体的基因而不是供体菌的基因提供了宿主的新性状;新性状是宿主细胞溶源化时的表型,而不是经遗传重组形成的稳定转导子;获得的性状可随噬菌体的消失而同时消失。

3. 接合

1) 定义

供体菌("雄性")通过性菌毛与受体菌("雌性")直接接触,把 F 质粒或其携带的不同长度的核基因组片段传递给后者,使后者获得若干新遗传性状的现象,称为接合。通过接合而获得新遗传性状的受体细胞,称为接合子。

2) 能进行接合的微生物种类

能进行接合的微生物种类主要存在于细菌和放线菌中,在 G^- 细菌中尤为普遍。此外,接合还可发生在不同属的一些菌种间。在所有对象中,接合现象研究得最多、了解得最清楚的当推 *E.coli*。它是有性别分化的,决定性别的是其中的 F 质粒(F 因子),它是一种属于附加体性质的质粒,即既可在细胞内独立存在,也可整合到核染色体组上;它既可经接合而获得,也可通过吖啶类化合物、溴化乙啶或丝裂霉素等的处理而从细胞中消除;它既是合成性菌毛基因的载体,也是决定细菌性别的物质基础。

3) *E.coli* 的四种接合型菌株

根据 F 质粒在细胞内的存在方式,可把 *E.coli* 分成四种不同的接合型菌株。

(1) F^+ 菌株:即雄性菌株,指细胞内存在一至几个 F 质粒,并在细胞表面着生一至几条性菌毛的菌株。当 F^+ 菌株与 F^- 菌株接触时,通过性菌毛的沟通和收缩,F 质粒从 F^+ 菌株转移至 F^- 菌株中,同时 F^+ 菌株中的 F 质粒也获得复制,使两者都成为 F^+ 菌株。这种通过接合而转性别的频率接近 100%。其具体过程为:① 在 F 质粒的一条单链在特定位点上产生裂口。② 以滚环模型方式复制 F 质粒:在断裂的单链(B)逐步解开的同时,留存的环状单链(A)边滚动、边以自身作模板合成一互补单链(A');同时,含裂口的单链(B)以 5' 端为先导,以线性方式经过性菌毛而转移到 F^- 菌株中。③ 在 F^- 中,线性外源 DNA 单链(B)合成互补双链(B-B'),经环化后,形成新的 F 质粒,于是,完成了 F^- 至 F^+ 的转变。

（2）F⁻菌株：即雌性菌株，指细胞中无F质粒、细胞表面也无性菌毛的菌株。它可通过与F⁺菌株或F′菌株的接合而接受供体菌的F质粒或F′质粒，从而使自己转变成雄性菌株；也可通过接合接受来自Hfr菌株的一部分或一整套核基因组DNA。如果是后一种情况，则它在获得一系列Hfr菌株遗传性的同时，还获得了处于转移染色体末端的F因子，从而使自己从原来的"雌性"变成了"雄性"，不过这种情况极为罕见。

（3）Hfr菌株（高频重组菌株）：在Hfr菌株细胞中，因F质粒已从游离态转变成在核染色体组特定位点上的整合态，故Hfr菌株与F⁻菌株相接合后，发生基因重组的频率要比单纯用F⁺与F⁻接合后的频率高出数百倍。当Hfr与F⁻菌株接合时，Hfr的染色体双链中的一条单链在F质粒处断裂，由环状变成线状，F质粒中与性别有关的基因位于单链染色体末端。整段单链线状DNA以5′端引导，等速地通过性菌毛转移至F⁻细胞中。在毫无外界干扰的情况下，这一转移过程约需100 min。在实际转移过程中，这么长的线状单链DNA常发生断裂，以致越是位于Hfr染色体前端的基因，进入F⁻细胞的概率就越高，其性状在接合子中出现的时间也就越早，反之亦然。由于F质粒上决定性别的基因在线状DNA的末端，能进入F⁻细胞的机会极少，故在Hfr与F⁻接合中，F⁻转变为F⁺的频率极低，而其他遗传性状的重组频率却很高。

Hfr菌株的染色体向F⁻菌株的转移过程与F质粒自F⁺转移至F⁻基本相同，都是按滚环模型来进行的。所不同的是，进入F⁻菌株的单链染色体片段经双链化后，形成部分合子（半合子），然后两者的同源区段配对，经双交换后，才发生遗传重组。其接合过程一般可分为以下几步：

① Hfr与F⁻细胞配对。

② 通过性菌毛使两个细胞直接接触，并形成接合管；Hfr的染色体在起始子部位开始复制，至F质粒插入的部位才告结束；供体DNA的一条单链通过性菌毛进入受体细胞。

③ 发生接合中断，F⁻成了一个部分双倍体，在那里，供体细胞（Hfr）的单链DNA片段合成了另一条互补的DNA链。

④ 外源双链DNA片段与受体菌（F⁻）的染色体DNA双链间进行双交换，从而产生了稳定的接合子。

接合中断法：由于在接合中的DNA转移过程有着稳定的速度和严格的顺序性，所以，人们可在实验室中每隔一定时间用接合中断器或组织捣碎机等措施，使接合中断，获得一批接受到Hfr菌株不同遗传性状的F⁻接合子。根据这一原理，利用F质粒可正向或反向插入宿主核染色体组的不同部位（有插入序列处）的特点，构建几株有不同整合位点的Hfr菌株，使其与F⁻菌株接合，并在不同时间使接合中断，最后根据F⁻中出现Hfr菌株中各种性状的时间早晚（用min表示），就可画出一张比较完整的环状染色体图。

（4）F′菌株：当Hfr菌株细胞内的F质粒因不正常切离而脱离核染色体组时，可重新形成游离的，但携带整合位点邻近一小段核染色体基因的特殊F质粒，称F′质粒或F′因子。凡携带F′质粒的菌株，称为初生F′菌株，其遗传性状介于F⁺与Hfr菌株之间。通过F′菌株与F⁻菌株的接合，可使后者也成为F菌株，这就是次生F′菌株，它既获得了F质粒，同时又获得了来自初生F′菌株的若干原属Hfr菌株的遗传性状，故它是一个部分双倍体。以F′质粒来传递供体基因的方式，称为F质粒转导或F因子转导、性导或F质粒媒介的转导。

4. 原生质体融合

通过人为的方法，使遗传性状不同的两个细胞的原生质体进行融合，借以获得兼有双亲遗传性状的稳定重组子的过程，称为原生质体融合。由此法获得的重组子，称为融合子。能进行原生质体融合的生物种类极为广泛，不仅包括原核生物中的细菌和放线菌，而且还包括各种真核生物细胞。原生质体融合的主要操作步骤是：先选择两株有特殊价值，并带有选择性遗传标记的细胞作为亲本菌株置于等掺溶液中，用适当的脱壁酶去除细胞壁，再将形成的原生质体(包括球状体)进行离心聚集，加入促融合剂 PEG(聚乙二醇)或借电脉冲等因素促进融合，然后用等渗溶液稀释，再涂在能促使它再生细胞壁和进行细胞分裂的基本培养基平板上。待形成菌落后，再通过影印平板法，把它接种到各种选择性培养基平板上，检验它们是否为稳定的融合子，最后再测定其有关生物学性状或生产性能。

7.3.2　真核微生物的基因重组

在真核微生物中，基因重组主要有有性杂交、准性杂交、原生质体融合和转化等形式，现以有性杂交和准性杂交为例加以介绍。

1. 有性杂交

杂交是在细胞水平上发生的一种遗传重组方式。有性杂交一般指性细胞间的接合和随之发生的染色体重组，并产生新遗传型后代的一种育种技术。凡能产生有性孢子的酵母菌或霉菌，原则上都可应用与高等动、植物杂交育种相似的有性杂交方法进行育种。下面以工业上应用甚广的 *Saccharomy cescerevisiae*(酿酒酵母)为例来加以说明。

S.cerevisiae 有其完整的生物史。从自然界中分离到的或在工业生产中应用的酵母，一般都是其双倍体细胞。将不同生产性状的甲、乙两个亲本菌株(双倍体)分别接种到含醋酸钠等产孢子培养基斜面上，使其产生子囊，经过减数分裂后，在每个子囊内会形成 4 个子囊孢子(单倍体)。用蒸馏水洗子囊，经机械法(加硅藻土和液状石蜡，在匀浆管中研磨)或酶法(用蜗牛酶等处理)破坏子囊，再行离心，然后将获得的子囊孢子涂布平板，就可以得到由单倍体细胞组成的菌落。把两个不同亲本的不同性别的单倍体细胞通过离心等形式密集地接触，就有更多的机会出现种种双倍体的有性杂交后代。这种双倍体细胞与单倍体细胞有明显的差别，易于识别。有了各种双倍体的杂交子代后，就可进一步从中筛选出优良性状的个体。

生产实践上利用有性杂交培育优良品种的例子很多。例如，用于酒精发酵的酵母和用于面包发酵的酵母虽属同一个 *S.cerevisiae* 种，但两者是不同的菌株，表现在前者产酒精率高而对麦芽糖和葡萄糖的发酵力弱，后者则与其相反。通过两者间的杂交，就得到了既能生产酒精，又对麦芽糖和葡萄糖有很强发酵能力的新菌株，因此其残余菌还可综合利用作为面包厂和家用发面酵母的优良菌种。

2. 准性杂交(Parasexual Hybridization)

要了解准性杂交，先要介绍准性生殖(Parasexual Reproduction 或 Parasexuality)。顾名思义，准性生殖是一种类似于有性生殖，但比有性生殖更为原始的一种生殖方式，它可使同种生物两个不同菌株的体细胞发生融合，且不以减数分裂的方式而导致低频率的基因重组并产生重组子。准性生殖常见于某些真菌，尤其是半知菌中。

1) 体细胞交换(Somatic Crossing Over)和单倍体化

体细胞交换即体细胞中染色体间的交换，也称有丝分裂交换(Mitotic Crossing Over)。上述双倍体杂合子的遗传性状极不稳定，在其进行有丝分裂过程中，其中极少数核内的染色体会发生交换和单倍体化，从而形成极个别的具有新性状的单倍体杂合子。如果对双倍体杂合子用紫外线、γ射线或氮芥等进行处理，就会促进染色体断裂、畸变或导致染色体在两个子细胞中分配不均，因而有可能产生各种不同性状组合的单倍体杂合子。

2) 核融合(Nuclearfusion)或核配(Caryogamy)

在异核体中的双核，偶尔可以发生核融合，产生双倍体杂合子核。如 *Aspergillus nidulans*(构巢曲霉)或 *A.oryzae*(米曲霉)核融合的频率为 $10^{-5}\sim10^{-7}$。某些理化因素如樟脑蒸气、紫外线或高温等的处理，可以提高核融合的频率。

3) 菌丝联结(Anastomosis)

菌丝联结发生于一些形态上没有区别的，但在遗传性上却有差别的同一菌种的两个不同菌株的体细胞(单倍体)间。发生联结的频率极低。

4) 形成异核体(Heterocaryon)

两个体细胞经联结后，使原有的两个单倍体核集中到同一个细胞中，于是就形成了双相的异核体。异核体能独立生活。

准性生殖对一些没有有性过程但有重要生产价值的半知菌育种工作来说，提供了一个重要的手段。国内在灰黄霉素生产菌——*Penicillium urticae*(荨麻青霉)的育种中，曾借用准性杂交的方法取得了较好的成效。具体过程说明如下：

(1) 选择亲本：选择来自不同菌株的合适的营养缺陷型作为准性杂交的亲本。由于在 *P.urticae* 等不产生有性孢子的霉菌中，只有极个别的细胞间才发生联结，而且联结后的细胞在形态上无显著的特征可找，因此，同研究细菌的接合一样，必须借助于营养缺陷型这类绝好的选择性突变作为杂交亲本的性状指标。

(2) 强制异合：用人为的方法强制两菌株形成异核体。将$[a^-\,b^+]$和$[a^+\,b^-]$两菌株所产生的分生孢子(约 $10^6\sim10^7$)相互混匀，用基本培养基[－]制作培养皿平板，同时对单一亲本的分生孢子也分别制作[－]平板，作为对照。经培养后，要求前者只出现几十个菌落，而后者则不长菌落。这时，出现在前者上的便是由$[a^-\,b^+]$和$[a^+\,b^-]$两菌株的体细胞联结所形成的异核体或杂合二倍体菌落。

(3) 移单菌落：将培养皿上长出的这种单菌落移种到基本培养基[－]的斜面上。

(4) 验稳定性：检验新菌株究竟是不稳定的异核体，还是稳定的杂合二倍体。先收集斜面菌株的孢子，用基本培养基制作夹层平板，经培养后，加上一层完全培养基[＋]。如果在基本培养基上不出现或仅出现少数菌落，而当加上完全培养基后却出现了大量菌落，那么，它便是一个不稳定的异核体菌株；如果在基本培养基上出现多数菌落，而加上完全培养基后，菌落数并无显著增多，那么，它就是一个稳定的杂合二倍体菌株。在实际工作中，发现多数菌株只属于不稳定的异核体。

（5）促进变异：把上述稳定菌株所产生的分生孢子用紫外线、γ射线或氮芥等理化因子进行处理，以促使其发生染色体交换、染色体在子细胞中分配不均、染色体缺失或畸变以及发生点突变等，从而使分离后的杂交子代（单倍体杂合子）进一步增加新性状的可能性。

在上述工作的基础上，再经过一系列生产性状的测定，就有可能筛选到比较理想的准性杂交种。

7.4　微生物学与基因工程的关系

基因工程又称遗传工程，是指人们利用分子生物学的理论和技术，自觉设计、操纵、改造和重建细胞的遗传核心——基因组，从而使生物体的遗传性状发生定向变异，以最大限度地满足人类活动的需要。这是一种自觉的、可人为操纵的体外 DNA 重组技术，是一种可达到超远缘杂交的育种技术，更是一种前景宽广、正在迅速发展的定向育种新技术。

微生物育种的实践推动着微生物遗传变异基本理论的研究，而对遗传变异本质的日益深入研究又大大地促进了遗传育种实践的发展。理论和实践间的这种辩证关系，在微生物遗传育种领域中得到了充分的证实。在只知道微生物存在自发突变的阶段，必然只能停留在从生产中选种和搞些少量定向培育的工作。1927 年，发现 X 射线能诱发生物体突变，以后又发现紫外线等物理因子的诱变作用，于是很快被应用于早期的青霉素产生菌的诱变育种中。1946 年，当发现了化学诱变剂的诱变作用，并初步研究了它们的作用规律后，在生产实践中就掀起了诱变育种的热潮。几乎在同一时期，由于对微生物的有性杂交、准性杂交和原核微生物种种基因重组现象的研究，在育种实践上出现了各种杂交育种新技术。步入 20 世纪 50 年代以后，由于对遗传物质的存在形式、转移方式以及结构功能等问题的深入研究，促进了分子遗传学的飞速发展。当进入 70 年代后，一个理论与实践密切结合的、可人为控制的育种新领域——基因工程（Gene Engineering）就应运而生了。

正如开始所说，基因工程是指在基因水平上的遗传工程（Genetic Engineering），它是用人为方法将所需要的某一供体生物的遗传物质——DNA 大分子提取出来，在离体条件下用适当的工具酶进行切割后，把它与作为载体（Vector）的 DNA 分子连接起来，然后与载体一起导入某一更易生长、繁殖的受体细胞中，以让外源遗传物质在其中"安家落户"，进行正常的复制和表达，从而获得新物种的一种崭新的育种技术。所以，基因工程是人们在分子生物学理论指导下的一种自觉的、能像工程一样可事先设计和控制的育种新技术，是人工的、离体的、分子水平上的一种遗传重组的新技术，是一种可完成超远缘杂交的育种新技术，因而必然是一种最新、最有前途的定向育种新技术。基因工程的主要操作步骤如图 7-3 所示。

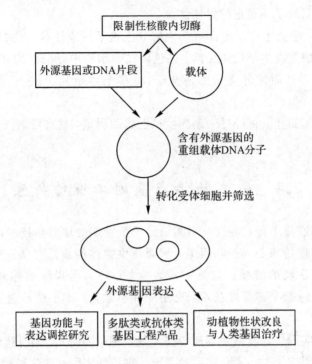

图7-3 基因工程的主要操作步骤

7.4.1 基因工程的核心步骤

1. 目的基因的获取

在进行基因工程操作时，首先必须取得有生产意义的目的基因，一般有三条途径：① 从适当的供体细胞(各种动、植物及微生物均可选用)的 DNA 中分离；② 通过反转录酶的作用由 mRNA 合成 cDNA(Complementary DNA，即互补 DNA)；③ 由化学方法合成特定功能的基因。

2. 载体的选择

有了目的基因后，还必须有符合要求的运送目的基因的载体，以便把它运载到受体细胞中进行增殖和表达。载体必须具有以下条件：

(1) 是一个有自我复制能力的复制子(Replicon)；

(2) 能在受体细胞内大量增殖，即有较高的复制率；

(3) 载体上最好只有一个限制性内切核酸酶的切口，使目的基因能固定地整合到载体 DNA 的一定位置上；

(4) 载体上必须有一种选择性遗传标记，以便及时把极少数"工程菌"或"工程细胞"选择出来。

目前有条件作为载体的，对原核受体细胞来说，主要有细菌质粒(松弛型)和 λ 噬菌体两类。对真核细胞来说，主要有 SV40 病毒。在正常情况下，SV40 是在猴体内繁殖的小型 DNA 病毒，有一分子量为 3×10^6 Da 的环状双链 DNA，也能感染人和许多动物细胞。对植物细胞来说，主要是 Ti 质粒。

3. 目的基因与载体 DNA 的体外重组

采用限制性核酸内切酶的处理或人为地把 DNA 的 $3'$-末端加上 PolyA 或 PolyT，就可使参加重组的两个 DNA 分子产生互补黏性末端。然后把两者放在较低的温度($5\sim6\,℃$)下混合"退火"。由于每一种限制性核酸内切酶所切断的双链 DNA 片段的黏性末端有相同的核苷酸组分，所以当两者相混时，凡黏性末端上碱基互补的片段，就会因氢键的作用而彼此吸引，重新形成双链。这时，在外界连接酶的作用下，供体的目的基因就与载体的 DNA 片段接合并被"缝补"(形成共价结合)，形成一个完整的有复制能力的环状重组载体——嵌合体(Chimaera)。

4. 重组载体转入受体细胞

上述在体外反应生成的重组载体，只有将其引入受体细胞后，才能使其基因扩增和表达。受体细胞可以是微生物细胞，也可以是动物或植物细胞。在所有受体细胞中，目前使用最广泛的还是微生物——*E.coli*。当然，另外两种微生物即 *Bacillus subtilis*(枯草杆菌)和 *Saccharomyces cerevisiae*(酿酒酵母)也正被越来越多地用作基因工程中的受体。

把重组载体 DNA 分子引入受体细胞的方法很多，若以重组质粒作载体，可以用转化的手段；若以病毒 DNA 作为重组载体，则要用感染的方法。现以转化为例来加以说明。

在一般情况下，*E.coli* 是不发生转化的。后来发现，$CaCl_2$ 能促进 *E.coli* 对质粒 DNA 或 λ-DNA 的吸收，从而发展出目前常用的 $CaCl_2$ 转化法。采用这种方法，一种最广泛使用的 pBR322 质粒(松弛型，具有四环素和氨苄青霉素抗性基因，并具有许多便于应用的限制位点)的转化率可达到 $10^5\sim10^7$ 转化子/μg 的 DNA。转化以后，质粒 DNA 可在受体细胞内复制和表达抗药性标记，使转化细胞能在抗生素培养基上生存，因而可以检出它们。

在理想情况下，上述这种重组载体进入受体细胞后，能通过自主复制而得到大量扩增，从而使受体细胞表达出供体基因所提供的部分遗传性状，于是，这一受体细胞就成了"工程菌"。

7.4.2　微生物基因工程的应用和发展前景

上面介绍了基因工程的操作概况，下面介绍基因工程的应用及其发展前景。

基因工程虽然是在 20 世纪 70 年代初才开始发展起来的一个遗传育种新领域，但由于它反映了时代的要求，因而进展极快，至今已取得了不少成就。在原核微生物之间的基因工程早已获得成功，例如 1972 年时就有人把 *Klebsiella pneumoniae*(肺炎克雷伯氏菌)的固氮基因转移到大肠杆菌中。真核生物的遗传基因转移到原核生物的基因工程也取得了很多成果，例如果蝇、非洲爪蟾、海胆、兔、鼠或人的 DNA 转移到 *E.coli* 中早已成功。此外，还可用人工合成的 DNA 片段通过合适载体在受体菌中得到表达。今后，基因工程将不只局限于微生物间进行，还能在动、植物和微生物间进行任意的、定向的和超远缘的分子杂交和高效表达，从而将大大加快育种工作的速度和提高育种工作的自觉性。有人估计，用基因工程方法获取新种，要比它们自然进化的速度提高 1 亿至 10 亿倍。利用基因工程进行育种工作的出现，为遗传育种工作者提出了一系列具有吸引力的研究课题，同时也为有关工作展示了一幅能逐步达到的光辉灿烂的美好前景。

1. 基因工程在工业上的应用

在工业上，由于用微生物进行发酵生产要比在大田中进行农牧业生产具有许多优越性，因而它已成为农牧业发展的一个远景方向。而要实现这一目标，基因工程将是最有效的手段。例如：有人设想并正在试验将抗生素生产菌放线菌或霉菌的有关遗传基因转移至发酵时间更短、更易于培养的细菌细胞中；将动物或人产胰岛素的遗传基因转移至酵母或细菌的细胞中；将家蚕产丝蛋白的基因引入细菌细胞中；把人或动物产抗体、干扰素、激素或白细胞介素(Interleukin)等的基因转移至细菌细胞中；把不同病毒的表面抗原基因转移到细菌细胞中以生产各种疫苗；用基因工程手段提高各种氨基酸发酵菌的产量；构建分解纤维素或木质素以生产重要代谢产物的工程菌；用基因重组技术培育工业和医用酶制剂等高产菌的工作等。

这类工作如获成功，其经济效益将是十分显著的。例如，目前用 100 000 g 胰脏只能提取 3～4 g 胰岛素，而用"工程菌"进行发酵生产，则只要用几升发酵液就可取得同样数量的产品。1978 年，美国有两个实验室合作，使 E.coli 产生大白鼠胰岛素的研究已获成功。接着，又报道了通过基因工程使 E.coli 合成人胰岛素实验成功的消息。他们在实验室中曾将人胰岛素 A、B 两链的人工合成基因分别组合到 E.coli 的不同质粒上，然后再转移至菌体内。这种重组质粒可在 E.coli 细胞内进行正常的复制和表达，从而使带有 A、B 链基因的"工程菌"菌株分别产生人胰岛素的 A、B 链，然后再用人为的方法，在体外通过二硫键使这两条链连接成有活性的人胰岛素。另外，在 1977 年，国外已利用基因工程技术，使 E.coli 生产出一种名为生长激素释放因子"Srih"的动物激素（一种十四肽，能抑制其他激素的释放和治疗糖尿病等），它原来要从羊的脑下垂体中提取，宰 50 万头羊也只能提取 5 mg 的产品，而现在只要用 10 L 发酵液就可获得同样的产量。

近年来，应用遗传工程获得这类产品的例子正与日俱增，尤其是多肽类物质，如脑啡肽（大脑中的镇痛物质）、卵清蛋白（即"OV"，389 肽）、干扰素（用于治疗病毒性感染）、胸腺素 α-1（有免疫援助因子的作用，可治疗癌症）、乙型肝炎疫苗和口蹄疫病毒疫苗等。我国学者也急起直追，在脑啡肽、α 干扰素、γ 干扰素、人生长激素、乙型肝炎疫苗、含乙肝表面抗原基因的牛痘病毒株以及青霉素酰化酶等的基因工程研究中，取得了一系列令人鼓舞的成果。

2. 基因工程在农业上的应用

基因工程在农业上应用的领域也十分广阔。有人估计，到 21 世纪末，每年上市的植物基因工程产品的价值，相当于医药产品的 10 倍。几个主要的应用领域包括：① 将固氮菌的固氮基因转移到生长在重要作物的根际微生物或致瘤微生物中，或是干脆将它引入到这类作物的细胞中，以获得能独立固氮的新型作物品种。根据估算，利用前一方法，其研究经费仅及通过常规方法发展氮肥工业以达到同样效果的 1/200～1/2000，而后一途径则更省事，其成本还不到上述的 1/2000；② 将木质素分解酶的基因或纤维素分解酶的基因重组到酵母菌内，使酵母菌能充分利用稻草、木屑等地球上储量极大并可永续利用的廉价原料来直接生产酒精，并可望为人类开辟一个取之不尽的新能源和化工原料来源；③ 改良和培育农作物和家畜、家禽新品种，包括提高光合作用效率以及各种抗性基因工程（植物的抗盐、抗旱、抗病基因以及鱼的抗冻蛋白基因）等。

3. 遗传工程在医疗上的应用

已经发现的人类遗传病有三千多种。在更多地重视优生学的前提下，适当利用基因工程技术来治疗某些遗传病，仍然是值得探索的问题。很早就有人做过这方面的动物试验或离体试验。例如，1971 年就有人对人类半乳糖血症遗传病患者的成纤维细胞进行过离体培养，然后将 *E.coli* 的 DNA 作为供体基因，并通过病毒作载体进行转移，结果使这一细胞的遗传病得到了"治疗"，因而它也能利用半乳糖了。

4. 基因工程在环境保护中的应用

在环境保护方面，利用基因工程可获得同时能分解多种有毒物质的新型菌种。例如，1975 年，有人把降解芳烃、萜烃和多环芳烃的质粒转移到能降解烃的 *Pseudomona*（一种假单胞菌）内，结果获得了能同时降解四种烃类的"超级菌"，它能把原油中约 2/3 的烃分解掉。这种新型"工程菌"在环境保护方面有很大的潜力。据报道，利用自然菌种分解海上浮油要花费一年以上的时间，而这种"超级菌"却只要几个小时就够了。

5. 基因工程与基本理论研究

基因工程技术的发展，对生物学基本理论的研究起着巨大的推动作用，尤其在基因的结构和功能的研究方面，它可为研究者提供足量的高纯度 DNA 样品，从而使过去望而生畏的 DNA 顺序分析研究工作简单化了。今后，它必将对真核生物的基因结构和表达、肿瘤的发生、细胞的分化和发育等重大生物学基本理论问题的解决作出新的贡献。

总之，从 20 世纪 70 年代初在国际范围内兴起的基因工程，其实质无非是创造了一种能利用微生物细胞的优越体制和种种优良的生物学特性，来高效地表达生物界中几乎一切物种的优良遗传性状的最佳实验手段。微生物和微生物学在遗传工程中的重要性是极其显著的，从以下五方面就可得到充分的证实：① 能充当基因工程供体 DNA 载体的，如果不是微生物本身（如病毒和噬菌体），就必然是微生物细胞中的质粒；② 被誉为遗传工程中的"解剖刀"和"缝衣针"的千余种特异工具酶，几乎均来自各种微生物；③ 作为基因工程中的受体，至今用得最多的都是具有优越体制、培养容易和能高效表达供体性状的各种微生物细胞，尤其是 *E.coli*、*Bacillus subtilis* 和 *Saccharomyces cerevisiae* 三种常见微生物；④ 作为基因工程的直接成果仅是一株带有新性状的"工程菌"或"工程细胞"，而要它们进一步发挥巨大的经济效益和社会效益，就必须通过微生物工程（或称发酵工程）才能实现；⑤ 尽管基因工程中的供体可以是其他任何生物对象，但是，微生物却是一种常用的独特基因供体，而且整个微生物界将是一个最为富饶的供体基因库。

7.4.3　工科应用拓展——功能性基因克隆的生物信息学分析

随着生命科学的进展，核酸和蛋白质的序列与结构信息呈爆炸式增长；大量多样化的生物医学数据资源中必然蕴含着大量重要的生物学规律，而这些规律是我们解决许多生命之谜的关键所在。与此同时，计算机技术、网络通信的飞速发展，产生了一门新兴学科——生物信息学。生物信息学的出现，把生命科学与信息科学有机地结合在一起，成为 21 世纪生命科学时代备受关注的新型交叉学科。

1. 生物信息学的基本原理

生物信息学是计算机科学、数学和生物学界面的一门多学科的交叉学科。它依赖计算机科学、工程和应用数学的基础，依赖实验和衍生数据的大量贮存。其内容包括计算机基础(算法、图形学、可视化操作、信号处理、计算机构建、人工智能、数据库管理、统计学、模拟、信息理论、图像处理、机器人学、软件工程等)、数据资源(通信数据库和实验数据管理)、生物信息学应用(数据获取、数据注释、基因组图和比较、蛋白质结构测定、分子模式和模拟、基于结构的药物设计、结构排序和比较、结构预测、序列比对排序、分子进化、数据库检索工具、基因识别)等。生物信息学是包括生物信息获取、处理、贮存、传播、分析和解释的各个方面，为了了解许多数据的生物学意义，而把数学和计算机科学、生物学结合起来应用的工具和技术学科。它将各种各样的生物信息如基因的 DNA 序列、染色体定位、基因产物的结构和功能及各生物种间的进化关系等进行收集、分类和分析，并实现全生命科学界的资源共享。

2. 生物信息学的应用

1) DNA 序列数据库的获取、处理及分析

微生物研究过程中大多数生物数据的处理是数字化的，需要自动提取模拟量信息。DNA 测序仪信号的解释以及图像数据的分析就是获取数据的例子。随着进行数据处理的计算机和从事读出序列组装以获取一致序列的软件系统的完善和提高，生物信息学以大规模序列信息产出为基本特征，除了对人类基因的测序外，还包括多种模式生物体的基因组测序，这些序列可以从美国的基因库 GeneBank 和基因组序列数据库(GSDB)、欧洲的分子生物学实验室 EMBL 和日本的 DNA 数据库 DDBJ 获得。利用 DNA 测序，可以预测基因序列中的功能区域，通过序列分析比较工具，可以对蛋白质、DNA 序列资料中各类信息进行识别和比较，寻找序列之间的同源性，揭示新发现的基因和功能，得到序列之间的进化关系，建立基因序列结构和功能的关系。这就使得生物信息学不仅仅是生物信息的收集和分类，更重要的是可用来指导新的实验研究。

2) 蛋白质结构数据库的检索和功能预测

新确定的微生物蛋白质结构与已确定的蛋白质之间不断地显示出结构和功能上的相似性和同源性，从已知基因的蛋白结构和功能，可以预测未知的同源基因的功能，即由实验获得的某生物蛋白结构与功能信息可以转换到另一生物的未知功能蛋白。通过对蛋白质结构数据库的检索、比较，可以发现是否具有与某种已知蛋白相似的三维结构。只要这个基因结构与功能上的同源家族被确认，就可以利用这个基因家族中已知基因的结构、功能和它在生物体中的作用，来预测新基因的结构与功能。X 衍射晶体学和核磁共振是推导大分子结构的主要方法，在其过程中会产生大量的数据，这些数据的解释完全依赖于高性能的计算机和复杂的处理算法。对蛋白质空间结构的研究可以了解分子之间的识别机构和生化反应的原理，也可以预测蛋白质具有的功能，还可提出抑制剂的结构特点，为药物设计提供思路。

3) 人类基因组计划(HGP)的进一步研究——拓展

HGP 旨在阐明人类基因的全部序列，从整体上破译人类遗传信息，从而使人类可以第一次从分子水平上全面认识自身。HGP 的实施，极大地带动了人类疾病相关基因的定位、克隆与结构、功能研究，许多人类单基因遗传病和严重危害人类健康的多基因病由此得到预测、预防和治疗，农业、工业和环境科学也将从中受益。人类基因组的研究，已从

结构基因组阶段进入功能基因组阶段，生物信息技术已被广泛用于基因序列数据的获取处理、分析和管理等许多方面，将进一步阐明基因组的生物学功能，产生巨大的社会效益和经济效益。

4）药物设计、药物合成和制药产业

生物信息学资源，尤其是基因组的信息资源，为药物作用靶的发现提供了难得的机遇。利用生物信息学的生物信息和遗传信息来寻找和开发以基因为基础的药物。通过筛选药物作用靶和候选对象来开发药物、疫苗、诊断标志物和有治疗作用的蛋白质。在药物的发展过程中，一旦找到候选基因，就须从中鉴定出药物作用靶。进行药物设计，通常是根据药物分子与大分子作用的互补原理，在受体结构的基础上反过来设计药物分子。

3. 核酸序列的预测分析

1）遮蔽重复 DNA

在真核生物序列的基因辨识分析之前，必须把散布的简单重复序列找出来，并从序列中除去。这些重复序列的定位能为其他基因特征的定位提供反面信息，而且常常会扰乱其他分析。对于分析单个序列而言，CENSOR 与 Repeat Masker 能够提供标识和遮蔽散布与简单重复序列；如果是大量的分析工作，分析软件 XBLAST 可以达到这一目的，而且把克隆载体序列加入收集的重复序列中，可把克隆载体一并遮蔽。

2）同源序列比对

在数据库里搜索与未知核酸序列相似的已有序列是序列分析预测的有效手段。但是由相似性分析做出的结论可能导致错误的流传；有一定比例的序列很难在数据库里找到合适的同源伙伴。对于 EST 序列而言，序列搜索将是非常有效的预测手段。

3）编码区分析

大多数计算识别编码蛋白质基因的方法都着重于识别由于密码子使用时的偏好而产生的有些弥散的编码区规则区，利用这一特性对未知序列进行统计学分析可以发现编码区的粗略位置。这一类技术包括：双密码子计数（统计连续两个密码子的出现频率）；核苷酸周期性分析（分析同一个核苷酸在 3，6，9，…位置上周期性出现的规律）；均一/复杂性分析（长同聚物的统计计数）；开放可读框架分析等。常见的编码区统计特性分析程序将多种统计分析技术组合起来，给出对编码区的综合判别，著名的有 GRAIL 和 GenMark 等。

4）功能性位点的探查

（1）启动子。启动子是基因表达所必需的重要序列信号，识别出启动子对于基因辨识十分重要。有一些程序根据实验获得的转录因子结合特性来描述启动子的序列特征，并依次作为启动子预测的依据。

（2）内含子/外显子剪接位点。剪接位点一般具有较明显的序列特征，但由于可变剪接在数据库里的注释非常不完整，因此很难评估剪接位点识别程序预测的敏感性和精度。如果把剪接位点和两侧的编码特性结合起来分析则有助于提供剪接位点的识别效果。常见的基因识别工具很多都包含了剪接位点识别功能，独立的剪接位点识别工具有 NetGene 等。

（3）翻译起始位点和终止信号。对于真核生物，如果已知转录起始点，并且没有内含子打断 5′非翻译区，则"Kozak 规则"可以在大多数情况下定位起始密码子。而原核生物由于多顺反操纵子的存在，启动子定位不像在真核生物中起关键作用，关键是核糖体结合点的定位。PolyA 和翻译终止信号不像起始信号那么重要，但也可以辅助划分基因的范围。

5）tRNA 基因识别

tRNA 基因识别比编码蛋白质的基因识别简单。tRNAscan-SE 工具中综合了多个识别和分析程序，通过分析启动子元件的保守序列模式、tRNA 二级结构的分析、转录控制元件分析和除去绝大多数假阳性的筛选过程，据称能识别 99％的真 tRNA 基因。

6）复合的基因预测分析

有许多用于基因预测的工具把各个方面的分析综合起来，对基因进行整体的分析和预测。多种信息的综合分析有助于提高预测的可靠性，但也有一些局限：物种适用范围的局限；对多基因或部分基因，有的预测出的基因结构不可靠；预测的精度对许多新发现基因比较低；对序列中的错误很敏感；对可变剪接、重叠基因和启动子等复杂基因语法效果不佳。相对不错的工具有 GENSCAN 等。

4. 蛋白质序列的预测分析

核苷酸序列所包含的四种碱基的化学性质非常相似，与之不同的是，构成蛋白质的 20 种氨基酸主要由于化学构造上的差别，因而在结构和功能上存在更大的多样性。当然，序列决定构象的基础——正确应用预测技术，并参照主要的生化实验数据，就能提供有关蛋白质结构与功能的有价值信息。

1）从氨基酸组成辨识蛋白质

根据氨基酸组成的理化性质分析未知蛋白质的物理和化学性质。ExPASy 工具包中提供了一系列相应程序（如 AACompIdent），根据氨基酸组成辨识蛋白质，这个程序在 SWISS-PROT 和（或）TrEMBL 数据库中搜索组成相似的蛋白。需要的信息包括氨基酸组成、蛋白质的名称（在结果中有用）、pI（等电点）和 Mw（相对分子量）以及它们的估算误差、所属物种或物种种类或"全部（ALL）"、标准蛋白的氨基酸组成、标准蛋白的 SWISS-PROT 编号、用户的 E-mail 地址等，其中一些信息可以没有。PROPSEARCH 也提供基于氨基酸组成的蛋白质辨识功能。

2）基于序列的物理性质预测

从氨基酸序列出发，可以预测出蛋白质的许多物理性质，包括等电点、分子量、酶切特性、疏水性、电荷分布等。相关工具有 ProtParam、Compute pI/MW、PeptideMass、TGREASE、SAPS 等。

3）蛋白质二级结构预测

不同的氨基酸残基对于形成不同的二级结构元件（α 螺旋和 β 折叠）等具有不同的倾向性。按蛋白质中二级结构的组成可以把蛋白分为全 α 蛋白、全 β 蛋白、α＋β 蛋白和 α/β 蛋白等四个折叠类型。预测蛋白质二级结构的算法大多以已知三维结构和二级结构的蛋白质为依据，通过人工神经网络、遗传算法等技术构建预测方法。还可将多种预测方法结合起来，获得"一致序列"。一般来说，对于 α 螺旋预测精度较好，而对 β 折叠和无规则二级结构效果差些。二级结构预测的准确率一般都可达到 70％ 以上。相关工具有：SOPMA、 nnPredict、PredictProtein 等。多种方法的综合应用平均效果比单个方法更好。

4) 其他特殊局部结构预测

其他特殊局部结构包括膜蛋白的跨膜螺旋、信号肽、卷曲螺旋(Coiled Coils)等,具有明显的序列特征和结构特征,也可以用计算方法加以预测,如 COILS、Tmpred、SignalP 等。

5) 蛋白质的三维结构

蛋白质三维结构预测是最复杂和最困难的预测技术。研究发现,序列差异较大的蛋白质序列也可能折叠成类似的三维构象,自然界里的蛋白质结构骨架的多样性远少于蛋白质序列的多样性。由于蛋白质的折叠过程仍然不十分明了,从理论上解决蛋白质折叠的问题还有待进一步的科学发展,但也有一些有一定作用的三维结构预测方法。最常见的是同源模建和 Threading 方法。除此之外,用 PSI - BLAST 方法也可以把查询序列分配到合适的蛋白质折叠家族。还有 SWISS - MODEL,程序先把提交的序列在 ExPdb 晶体图像数据库中搜索相似性足够高的同源序列,建立最初的原子模型,再对这个模型进行优化产生预测的结构模型。

6) 抗原表位的预测(具体的基本理论可参见"第 10 章微生物与免疫学")

某一特定型别的 MHCⅠ类分子可与多种不同的肽结合,但这些不同的氨基酸有共同的特点,即某些位置总是某一种或很少几种具有相似侧链或化学性质的氨基酸。它们对肽与某一特定 MHCⅠ类分子之间的结合起决定作用。这些位置上的氨基酸残基为锚定残基(Anchor Residues)。锚定残基一般为 2～3 个,其中一个总是在肽的 C 端。C 端氨基酸残基在 MHCⅠ类分子中相当保守。目前已知的 MHCⅠ类分子结合肽中,95% C 端残基为 Ile、Val、Arg、Lys、Tyr 和 Phe。不同的 MHCⅠ类分子,其结合肽的锚定残基氨基酸性质不同。这种特定的氨基酸组成顺序称为 MHCⅠ类分子等位基因特异性基序(Allele - Specific Consensus Motif)或肽结合基序(Peptide Binding Motif)。对于已知氨基酸序列的抗原,根据肽结合基序可预测被 CTL 识别的表位。实验证实有些预测完全正确,但也有些 MHCⅠ类分子限制性抗原肽与上述特异性基序不一致,进而发现除锚定残基外还有一些氨基酸在特定型别的 MHCⅠ类分子结合肽的某些位置上出现的频率比较高。这些位置上的氨基酸对肽与 MHCⅠ类分子之间的结合不是必需的,却可不同程度地增加二者的亲和力。根据它们影响程度的大小分别称为辅锚定残基(Auxiliary Anchor Residues)和优选残基(Preferred Residues)。此外还有一些氨基酸如果出现在肽链的某一位置,则会阻碍肽链与 MHCⅠ结合。根据上述理论,就可以预测肿瘤抗原表位,人工合成肿瘤抗原肽用于肿瘤的免疫治疗。

复 习 思 考 题

1. 什么叫质粒? 它有哪些特点?

2. 何谓基因突变? 它有哪几个共同特点? 基因突变可分哪几类? 什么是突变率?

3. 为什么说定向培育不等于定向变异? 试以梯度培养皿法来说明定向培育工作的原理。

4. 为什么说在把一种化学药剂用作提高产量的诱变剂以前, 最好先测定一下它能否有效地引起营养缺陷型的回变、抗药性突变或形态突变等定性功能? 这样做有何理论依据?

5. 诱变育种的基本环节有哪些? 整个工作的关键是什么? 举例说明微生物学理论知识在育种工作中的重要性。

6. 什么叫诱变剂? 什么叫拟辐射物质? 什么叫超诱变剂? 试各举一例。

7. 试解释营养缺陷型、野生型和原养型三类菌株的含义。

8. 什么叫基本培养基、完全培养基、补充培养基和限量补充培养基?

9. 试用总结法概括一下筛选营养缺陷型菌株的主要步骤和方法。

10. 试阐述抗生素法和菌丝过滤法在"浓缩"营养缺陷型菌株中的基本原理。

11. 从野生型和营养缺陷型混合菌液中, 如何检出营养缺陷型菌株? 试介绍四种方法, 并说明其共同原理。

12. 什么叫重组? 什么叫杂交? 原核微生物与真核微生物各有哪些基因重组形式?

13. 什么叫转化? 什么是感受态? 什么是转化因子?

14. 试着选取一个感兴趣的微生物基因进行生物信息学分析。

15. 什么叫基因工程(遗传工程)? 它的基本原理和操作是怎样的?

第 8 章 微生物生态学

生态学是一门研究生命系统与其环境系统间相互作用规律的科学，微生物生态学是生态学的一个分支，它的研究对象是微生物群体与其周围生物和非生物环境条件间相互作用的规律。研究微生物的生态规律有着重要的理论意义和实践价值。

8.1 微生物在自然界中的分布与菌种资源的开发

8.1.1 微生物在自然界的广泛性分布

1. 生物体内外的正常菌群

1) 人体的正常微生物区系

在人类的皮肤、黏膜以及一切与外界环境相通的腔道，如口腔、鼻咽腔、消化道和泌尿生殖道中经常有大量的微生物存在着。生活在健康动物各部位，数量大、种类较稳定且一般是有益无害的微生物，称为正常菌群。

微生物种群间关系相当复杂，既包括正相互关系，如协同关系，也包括负相互关系，如竞争或拮抗。生物拮抗作用的研究是微生物种群间关系的一个侧面。微生物种群的生物拮抗作用，是维持微生态平衡所必需的。就皮肤菌群来说，常见细菌如痤疮丙酸杆菌和表皮葡萄球菌能够拮抗常见致病菌如金黄色葡萄球菌、铜绿假单胞菌、大肠杆菌等，构成皮肤的生物屏障，预防或减少感染性疾病，有益于皮肤健康，是皮肤保健的重要因素之一。下面介绍寄居人体各部分的微生物分布情况（见表 8-1）。

表 8-1 人体各部位常见的正常菌群

部 位	常 见 菌 种
皮 肤	表皮葡萄球菌、类白喉杆菌、绿脓杆菌、耻垢杆菌等
口 腔	链球菌（甲型或乙型）、乳酸杆菌、螺旋体、梭形杆菌、白色念珠菌、（真菌）表皮葡萄球菌、肺炎球菌、奈瑟氏球菌、类白喉杆菌等
胃	正常一般无菌
肠 道	拟杆菌、双歧杆菌、大肠杆菌、厌氧性链球菌、粪链球菌、葡萄球菌、白色念珠菌、乳酸杆菌、变形杆菌、破伤风杆菌、产气荚膜杆菌等
鼻咽腔	甲型链球菌、奈瑟氏球菌、肺炎球菌、流感杆菌、乙型链球菌、葡萄球菌、绿脓杆菌、大肠杆菌、变形杆菌等
眼结膜	表皮葡萄球菌、结膜干燥杆菌、类白喉杆菌等
阴 道	乳酸杆菌、白色念珠菌、类白喉杆菌、大肠杆菌等
尿 道	表皮葡萄球菌、类白喉杆菌、耻垢杆菌等

（1）皮肤的正常菌群。因皮肤是外露的，最易受暂居微生物菌群污染。菌群由于受皮肤分泌物、衣物等因素影响，因而在不同的解剖学部位上的细菌种类不同。常见的有凝固酶阴性葡萄球菌、枯草杆菌、类白喉杆菌、大肠杆菌，有时还有非致病性的抗酸杆菌、真菌等，在肮脏的皮肤和腋窝及会阴部数量较多。人的皮肤表面（即角质层的上部）并不适合微生物生长，大多数皮肤微生物是直接或间接同汗腺有关的。毛囊给微生物提供了一个理想的生境，皮肤腺体的分泌物富含营养物质，如尿素、氨基酸、盐类、乳酸和脂类等。人体分泌物的 pH 值为 4～6。如腋下臭气（狐臭）的出现是由于细菌作用于顶浆分泌腺的分泌液引起的。

（2）口腔和呼吸道的正常菌群。口腔中有弱碱性唾液、食物残渣及适宜温度，是微生物生长繁殖的有利场所。常见的微生物有：凝固酶阴性葡萄球菌、草绿色链球菌、类白喉杆菌、奈瑟氏菌属、乳酸杆菌、梭形杆菌、拟杆菌、放线菌、螺旋体、真菌等。龋齿为一种牙质的进行性崩溃，开始于牙齿表面釉质脱矿质，然后向内部扩展。这是由于细菌分解糖类产酸的缘故。牙本质和骨质解体是由于牙的蛋白质基质被细菌分解的结果。控制龋齿的发生，必须常刷牙去除"牙斑"，少食蔗糖，少食碳水化合物和注意口腔卫生，以减少口腔中产生的酸。

上呼吸道（喉、鼻道和鼻咽）中常有空气中的细菌，如葡萄球菌、类白喉杆菌、草绿色链球菌、奈瑟氏菌属，微生物主要生活在浸溶着黏膜分泌物的区域。下呼吸道（气管、支气管和肺）基本是无菌的。虽然在呼吸时，许多微生物可能到达下呼吸道，但大量的尘埃颗粒在上呼吸道已被滤掉。当空气通至下呼吸道时，它的运动速度显著减慢，微生物沉降到呼吸道壁上，呼吸道管壁上的纤毛借向上摆动，可把细菌和其他颗粒物质推向上呼吸道，使其随唾液和鼻的分泌物被排出。

（3）胃肠道的正常菌群。人体胃肠道是食物消化的地方，胃中有胃酸，pH 值接近 2，有杀菌作用。正常人空胃一般是无菌的。从十二指肠开始，因有胰液和胆汁的存在，呈弱碱性，具有微生物繁殖的良好条件。在小肠分泌物中，由于有溶菌酶存在，因而微生物的种类和数量很少。大肠中有大量的微生物，多到可以看成是一个特殊的发酵管。粪便中微生物的数量可达干粪重量的 1/3。最近研究证明，在成人的正常结肠中，寄居菌群的96％～99％由厌氧菌（拟杆菌、双歧杆菌、梭状芽孢杆菌、厌氧性链球菌等）、1％～4％由需氧菌（大肠杆菌、肠球菌、变形杆菌、乳酸杆菌和其他微生物）组成。在正常粪便菌群中，经常有 100 种以上的不同类型微生物。随着食物的改变，可使肠道中的菌群发生改变，如多吃糖类的人，则肠道中乳酸杆菌的数量增多。物质通过人的胃肠道所需时间约为 24 小时，细菌在肠道中的生长速度是每天增加 1～2 倍。

（4）泌尿生殖道的正常菌群。正常情况下，仅在尿道、宫颈以下有微生物存在。阴道可有大肠杆菌、葡萄球菌、阴道杆菌、乳酸杆菌、拟杆菌、双歧杆菌、白色念珠菌、支原体等。女性青春期前后和绝经前后，微生物菌群稍有变动。女性尿道外部与外阴部的细菌相似，有葡萄球菌、粪肠球菌、大肠杆菌、变形杆菌、乳酸杆菌、真菌等。男性尿道口有葡萄球菌、拟杆菌、耻垢杆菌、大肠杆菌、支原体等。

正常菌群与人体保持着一个平衡状态，菌群内部的各种微生物间相互制约，从而维持相对的稳定。正常菌群的种类与数量，在不同个体间有一定的差异。可以看出，皮肤上以 *Staphylococcus epidermidis* 为主，咽喉部以 α-型链球菌居多，大肠内则各种 *Bacteroides* 和 *E.coli* 占优势。应该指出的是，所谓正常菌群，实际上是相对的、可变的和有条件的。当机体防御机能减弱时，例如皮肤大面积烧伤、黏膜受损、机体着凉或过度疲劳时，一部分正常菌群会成为病原微生物，另一些正常菌群由于其生长部位的改变，也可引起疾病。例如，因外伤或手术等原因，*E.coli* 进入腹腔或泌尿生殖系统，可引起腹膜炎、肾盂肾炎或膀胱炎等症；又如，革兰氏阴性无芽孢厌氧杆菌进入内脏，会引起各种脓肿。还有一些正常菌群由于某些外界因素的影响，使其中各种微生物间的相互制约关系破坏，也能引起疾病。这种情况在长期服用抗生素后尤为突出。这时，由于肠道内对药物敏感的细菌被抑制，而不敏感的 *Candida albicans*（白色假丝酵母，旧称"白色念珠菌"）或耐药性葡萄球菌等就会乘机大量繁殖，从而引起病变。这就是通常所说的菌群失调症。凡属正常菌群的微生物，由于机体防御性降低、生存部位的改变或因数量剧增等情况而引起疾病者，称为条件致病菌（Opportunist Pathogen），这类由条件致病菌引起的感染，称为内源感染（Endogenous Infection）。例如，大肠中数量最大的一些 *Bacteroides*（一些拟杆菌），在外科手术后因消毒不好就会引起腹膜炎。

2) 根际微生物和附生微生物

与动物体表面存在着大量正常菌群一样，在植物体表面也存在着正常微生物区系，最主要的有两类：根际微生物和附生微生物。

（1）根际微生物（Rhizosphere Microorganism）。由于植物根系经常向周围的土壤分泌各种外渗物质（糖类、氨基酸和维生素等），因此，在根际有大量的微生物在活动着。根际微生物的种类受植物的种类和植物的发育阶段的影响。一般地说，根际微生物以无芽孢杆菌居多，例如 *Pseudomonas*（假单胞菌属）、*Agrobacterium*（土壤杆菌属）、*Achromobacter*（无色杆菌属）、*Chromobacterium*（色杆菌属）、*Arthrobacter*（节杆菌属）、*Enterobacter*（肠杆菌属）和（*Mycobacterium*）（分枝杆菌属）等。根际微生物在根际的大量繁殖，会强烈地影响植物的生长发育，主要表现在以下几方面：

① 改善了植物的营养条件。根际微生物的代谢作用加强了土壤中有机物的分解，改善了植物营养元素的供应，由微生物代谢产生的酸类也可促进土壤中磷等矿质养料的供应。近年来还发现在根际生活的某些固氮细菌，如 *Azospirillum*（固氮螺菌属）等，可为植物提供氮素养料。

② 分泌植物生长刺激物质。根际微生物可分泌维生素和植物生长素类物质。例如：*Pseudomonas* 的一些种可分泌多种维生素；*Clostridium butyricum*（丁酸梭菌）可分泌若干 B 族维生素和有机氮化物；一些放线菌可分泌维生素 B_{12}；固氮菌可分泌氨基酸、酰胺类物质、多种维生素（B_1、B_2、B_{12} 等）和吲哚乙酸等。

③ 分泌抗生素类物质，以利于植物避免土居性病原菌的侵染。

④ 根际微生物有时也会对植物产生有害的影响。例如：当土壤中碳、氮比例较高时，它们会与植物争夺氮、磷等营养；有时还会分泌一些有毒物质，抑制植物生长；等等。

（2）附生微生物（Epibiotic Microbe）。

附生微生物一般指生活在植物体表面，主要借其外渗物质或分泌物质为营养的微生物。叶面微生物是主要的附生微生物。一般每克新鲜叶表面约含 10^6 个细菌，也存在少数的酵母菌和霉菌，而放线菌则极少。叶面微生物与植物的生长发育和人类的实践有着一定的关系。例如，乳酸杆菌是广泛存在于叶面的微生物，在腌制泡菜、酸菜和青贮饲料过程中，存在于叶面的乳酸杆菌就成了天然接种剂。在各种成熟的浆果表面有大量糖质分泌物，因而存在着大量的酵母菌和其他附生微生物。当果皮损伤时，附生微生物就乘机进入果肉引起果实腐烂。在用葡萄等原料进行果酒酿造时，其表面的酵母菌也成了良好的天然接种剂。还有一些叶面微生物可以固氮，它们可直接或间接地向植物供应氮素营养。

3）无菌动物与悉生生物

凡在其体内外检查不到任何正常菌群的动物，称为无菌动物（Germ Free Animal）。它是将剖宫产的鼠、兔、猴、猪、羊等或特殊孵育的鸡等实验动物，放在无菌培养装置中进行精心培养而成的。用无菌动物进行实验，可排除正常菌群的干扰，从而使人们可以更深入、更精确地研究动物的免疫、营养、代谢、衰老和疾病等问题。当然，目前也可通过同样的原理和适当的培养装置来获得无菌植物。

凡已人为地接种上某已知纯种微生物的无菌动物或无菌植物，就称作悉生生物（Gnotobiota），意即"了解其生物区系的生物"。研究悉生生物的科学，称悉生学（Gnotobiotics）或悉生生物学（Gnotobiology）。有关悉生生物学的观点，微生物学的奠基人巴斯德早在 1885 年就提出来了。他认为，"如果在动物体内没有肠道细菌的话，则它们的生命是不可能维持下去的"。因此，用悉生生物学的观点来看待每一个高等动物或高等植物的正常个体时，它们实际上都是一个与有关正常菌群形成一体的"共生复合体"。

对无菌动物进行研究后发现：

（1）在没有正常菌群存在的状态下，其免疫系统的机能特别低下，若干器官变小，这在原来充满大量细菌的盲肠中表现得尤为突出；

（2）营养要求变得特殊，例如需要维生素 K；

（3）对属于非致病菌的 *Bacillus subtilis*（枯草杆菌）和 *Micrococcus*（藤黄微球菌）等变得极为敏感，并易患病；

（4）对原来易患的阿米巴痢疾，因这种原生动物得不到细菌作食物，所以无菌动物反而不易患病。

2. 土壤中的微生物

1）土壤微生物概述

由于土壤具备了各种微生物生长发育所需要的营养、水分、空气、酸碱度、渗透压和温度等条件，所以土壤是微生物生活的良好环境。对微生物来说，土壤是微生物的"大本营"；对人类来说，土壤是人类最丰富的"菌种资源库"。尽管土壤中各种微生物含量的变动很大，但每克土壤的含菌量大体上有一个 10 倍系列的递减规律：细菌（10^8）大于放线菌（10^7）大于霉菌（10^6）大于酵母菌（10^5）大于藻类（10^4）大于原生动物（10^3）。由上可知，土壤中所含的微生物数量很大，尤以细菌为最多。据估计，每亩耕作层土壤中，细菌湿重约有 90～225 kg；以土壤有机质含量为 2% 计算，则所含细菌干重约为土壤有机质的 1%。通过土壤微生物的代谢活动，可改变土壤的理化性质，进行物质转化，因此，土壤微生物是构成土壤肥力的重要因素。

2）科研拓展——土壤微生物组应用研究

土壤微生物生物量与地上植物或动物生物量相匹敌，每公顷土壤通常包含大于1000 kg微生物生物量碳。这些土壤微生物组对养分循环、土壤肥力和土壤碳固定的维持具有重要的作用，并且土壤微生物组对陆地生态系统中植物和动物的健康有着直接和间接的作用。土壤微生物组的重要性已被认可了一个多世纪，描述栖息在土壤中的微生物组、它们的新陈代谢能力以及它们对土壤肥力影响的研究已有一段很长的历史。事实上，很多微生物学家的重要发现——包括抗生学和独特微生物代谢途径（例如氮气固定和氨氧化）的发现——大部分都来源于对土壤微生物组的研究。近几年方法学的发展使得研究者能够全面记录土壤微生物多样性，并对特定微生物在土壤过程中的控制作用有更全面的认识。特别的，基于土壤基因组 DNA 和 RNA 来分析微生物组现在已很普遍，极大地拓展了人们对土壤微生物群落系统进化关系和分类结构的认识。目前大家已普遍认识到传统的基于培养的方法实际上低估了土壤微生物多样性，实际上土壤包含广泛的三域生命体微生物类群多样性，其中大多数仍是未知的。

（1）土壤微生物组结构。

土壤不是一个单一均匀的生境，而是包含了广泛范围的生境，可以包含不同微生物组。不同土壤生境仅相距微米至毫米距离，但它们在非生物特性、微生物丰度、微生物活性速率以及微生物群落组成上有巨大差异。

（2）土壤环境特性。

在全球尺度（见图 8-1，可扫右侧二维码查看彩图），土壤环境条件是高度可变的。数十年的研究表明表层土壤的特性——包括 pH 值、有机碳浓度、盐度、质地和可利用的氮浓度——表现出极大的范围。这种变化是影响土壤形成的主要因素。即使在给定的土壤剖面中，环境条件也可以在土壤中的不同微生物生境之间变化很大，微生物生境包括根际土壤、水流的优先路径（包括土壤中的裂缝）、动物的洞穴、团聚体内和团聚体间的环境，以及表层与更深的土层。例如，从单个土壤团聚体（大小仅有几毫米）的外部到内部，氧气的浓度可以从 20％ 到 1％ 之间变化并且在紧邻植物根系或真菌菌丝网络的地方检测到的细菌群落与仅在几厘米外的主体土壤中检测到的细菌群落有很大的不同。

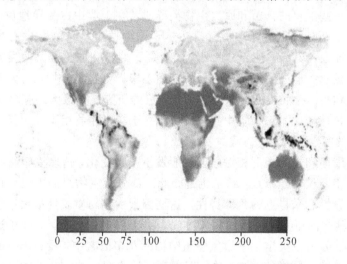

| 0 | 25 | 50 | 75 | 100 | 150 | 200 | 250 |

图8-1

图 8-1　全球土壤微生物分布

在土壤环境中微生物的存活和生长往往受到严重的限制。可能存在持续性的非生物胁迫因子（如低的水分可利用性、有限的可利用的有机碳底物和酸性条件），与其他土壤微生物类群（如广泛存在的土壤细菌）可以产生抗生素和抵抗抗生素的高度竞争、频繁的干扰（如干湿交替、蚯蚓和其他土壤动物的捕食及冻融交替），以及资源在空间和时间上的不均匀分配。大量的证据表明微生物在土壤环境中存活和生长是非常困难的。第一，即使人工接种大量细菌到土壤中，这些细菌中的大部分也不可能在土壤中持续很长时间。第二，尽管土壤中存在大量的微生物生物量，但是土壤表面积很小部分（远小于1%）被微生物占据，这表明土壤表层的微生物定殖存在生物或非生物的限制。第三，土壤中许多微生物有可能处于休眠状态，其中在某个时间点处于不活跃状态的微生物占据了总微生物生物量库的95%以上。

（3）土壤微生物组的特性。

一系列生物和非生物因素，包括微生物捕食者（如原生生物或线虫）的丰度和可利用的碳含量，可以影响任一给定时间点土壤中微生物生物量总量。在全球尺度，土壤水分的可利用性是土壤微生物生物量总量的最佳预测者；更湿润的生态系统（如热带雨林）通常含有大量现存的微生物生物量。然而，并不是所有的微生物类群都在土壤中是同等丰富的。细菌和真菌通常是土壤优势微生物，这些类群的生物量通常比土壤微生物组的其他主要成分多100~1000倍。相对少量的细菌和古菌门类通常占据了16S核糖体RNA基因（16S rRNA基因）中的大部分，这是从基于PCR的原核生物多样性调查中获得的。在更精确的分类学分辨率下，大部分细菌和古菌物种都是珍稀的；在任何给定的群落中，只有一部分细菌和古菌物种是相对丰富的；这种结构类似于我们所观察到的地上许多植物和动物群落结构。尽管也有一些例外（如在一些北美大草原土壤中，微疣菌门谱系占优势），但在单个样本中提取的原核基因组DNA中，这些最丰富的细菌和古菌物种通常只占相对较小的比例。大多数细菌和古菌类群属于未被描述的谱系。一个很好的例子是，对来自美国纽约市中央公园的596个土壤样本进行微生物多样性调查，发现土壤中大于80%的细菌和古菌类群16S rRNA基因序列与那些已知的参考数据库中的序列不匹配。同样的格局也适用于土壤真菌和原生生物。虽然一些主要的真菌和原生生物类群通常在土壤中占主导地位，但许多谱系仍未被描述。例如，我们发现顶复动物亚门在热带土壤原生动物群落中占主导地位，但我们对其生态学方面的知识了解甚少。此外，即使是无处不在的土壤真菌类群也能包含大量异常的多样性。虽然我们还远远不能全面地描述土壤微生物多样性，对大多数土壤微生物类群的代谢能力和生态学特性也了解不多，但最近的研究工作极大地拓展了我们对土壤微生物群落结构及其在陆地生态系统中作用的认识。土壤微生物组不一定是一个神秘的、通过努力无法打开的"黑盒子"。

土壤微生物组的主要细菌和古菌类群相对丰度可能发生很大变化，这取决于所研究的土壤。即使采集土壤样品相距仅几厘米远，结果也是如此。部分微生物组的组成变化可以归因于土壤环境的空间变异性和采样点的具体特性。这些因素的相对重要性取决于所研究的微生物类群、选择的土壤样品以及所使用的实验方法。由于以上这些原因，关于这个话题的文献可能会令人困惑，因为在决定土壤微生物组结构的众多因素中，没有单一的生物或非生物因素始终是最重要的。同样的，没有单一因素能够始终解释植物和动物群落在全球、区域和局部尺度上的变异性。

（4）土壤微生物取样。

由于土壤环境具有极大的异质性，当我们分析土壤样品，通常是少量过筛的土壤时，实际上我们已经包含了具有极大多样性的微生境。这有助于解释一些结果。首先，它导致我们很难将土壤的特性与微生物群落组成联系起来。例如，即使在通气良好的表层土壤也能检测到高丰度的严格厌氧菌，包括产甲烷菌。这是因为在通气的土壤中也可能存在局部具有较低含氧量的微生境（如团聚体）。其次，通过分析典型的几立方厘米大小的土壤样品，我们可能会模糊微生物组之间潜在的相互作用或者共现模式。正如同一公顷土地上的树木可能并不直接相互作用，生活在同一立方厘米土壤中具有微米大小的细菌也可能因为离得太远而无法直接相互作用或交换代谢物。第三，尽管与陆生植物或动物多样性相比，土壤微生物多样性看起来非常之大，但我们也应当认识到，而且是很重要的一点，当采集土壤样品时，微生物的个体和采样区域之间往往存在巨大的差异，从而使得直接比较二者的关系显得非常困难。尽管土壤微生物多样性仍然很高，但当我们在接近所考虑微生物大小的空间尺度上检测土壤微生物时，它们还是比较低的。例如，包含在单个土壤团聚体中的微生物具有多样性。相关的空间尺度取决于所探讨的问题。例如，绘制整个地区氨氧化细菌的存在情况有利于理解景观尺度上的对其丰度的控制作用，但这一取样方案对于量化土壤团聚体中氨氧化细菌的位置是毫无意义的。土壤细菌和古菌多样性的全部范围依然很难确定，因为存在可能导致误判多样性的方法考量。例如，遗迹 DNA 的存在可能会使多样性的估算值增加 40% 以上。此外，基于 PCR 的标记基因分析普遍用于表征土壤微生物多样性，但实际上我们知道它们可能具有偏好性，使得一些细菌和古菌谱系的丰度增加。测序误差和用于识别微生物类群算法的限制可能会提高对微生物多样性的估计。如果我们采用鸟枪法宏基因组分析微生物多样性，这些分析是依赖于不完整的参考基因组数据库，这时微生物多样性的结果可能被低估。一般而言，微生物多样性可以随着测序深度、样本大小以及 DNA 提取方法不同而变化。总之，运用任何方法来估算土壤微生物的丰度或多样性都有一定的局限性，因此对微生物或者系统进化多样性的估算应谨慎进行。

（5）土壤微生物组的功能。

① 微生物组对土壤过程的影响。一些土壤过程会受到地下微生物类群的直接影响。微生物可产生并消耗大气痕量气体（如氢气、二氧化碳、氧化氮、氧化亚氮及其他挥发性有机化合物），影响土壤酸性，进而调节土壤碳动态并介导土壤剖面的养分循环（如铁、硫、磷、氮）。但是，土壤中所发现的类群与土壤微生物组功能之间的特定关系非常难以确定。因此，土壤微生物类群信息通常无法用来预测特定的生物化学过程速率，也无法确定关键土壤过程在响应扰动（例如气候变化或土地利用改变）时是如何转变的。如果我们忽略了类群，而只关注于土壤中所发现的基因、转录物或蛋白质，情况就更是如此了。

② 阐明土壤微生物组功能的策略。我们如何利用丰富的基因组、宏基因组和标记基因数据来提高我们对土壤微生物组功能的理解？虽然没有单一的解决方法，但是一个富有成效的方向是利用分子数据的积累来改进对具有共有生活方式的微生物功能群或微生物群的划分。这种方法在植物生态学中已被证明是有价值的。在这个领域，植物物种已经被划分为具有相似特征的组，并且已被证明对于理解和预测许多生态系统水平上的过程是有效的。如果类似的策略可以成功地应用于土壤微生物群落，将关于群落组成的分类学或系统发育信息与特定感兴趣的土壤过程联系起来将变得更容易。

③ 管理土壤微生物以提高土壤质量。正如人类微生物组研究越来越关注调控我们肠道微生物群体以改善人类健康一样，土壤微生物研究越来越重视利用我们对土壤微生物组的理解来改善农业土壤的管理。这可以通过添加特定的微生物来改良土壤，通过土壤的管理来促进有益微生物的生长，或者利用微生物作为难以直接测量的土壤条件或过程的"生

物指标"来实现。

④ 微生物水平基因转移的重要性。土壤微生物具有通过转导、转化或结合来进行高水平基因转移的潜力。编码性状的基因包括抗生素耐药性、外源性降解、砷解毒和植物共生基因，它们可以通过水平基因转移在土壤微生物类群（甚至是远缘相关的类群）之间移动。移动遗传元素可以引起新的表型性状的快速进化，并有利于与生态过程紧密相关的菌株产生高度不同的基因组。值得注意的是，当试图将特定的基因（以及这些基因编码的特征）与特定的系统基因谱系联系起来时，水平基因转移可能会带来问题，因为基因组在空间或时间上并不是静态的。对水平基因转移的具体控制、在原生土壤微生物群落中的普遍性以及对土壤过程的影响等研究已取得了很大的进展。最近的研究证明了水平基因转移在肠道微生物组中的重要性。

（6）土壤微生物组未来发展。

我们对土壤微生物组的认识仍然所知甚少。甚至对一个简单的问题"土壤细菌的平均世代时间是多少？"，我们尚没有明确的答案。此外，不断有新的方法涌现，可以用来进一步探索微生物群落的系统发育和功能多样性。我们往往缺少一个对微生物组认识的概念性框架，使我们能够识别和解释土壤微生物组格局。显而易见的是，仅仅用简单的指标，例如细菌与真菌的比率或植物丰度来表征土壤微生物组是不够的，我们也不应该把重点局限在基本的作用有限的微生物多样性指标上。相反，该领域需要超越对微生物群落多样性的简单描述，从而确定这种复杂性格局，并认识到这种复杂性的重要性。这些认识的提高，将使我们能够开展土壤微生物组对人类的实用性作用的研究，从而提高作物产量、增强陆地生态系统响应持续的环境变化的预测能力。

3. 水中的微生物、放线菌和霉菌

水中的微生物、放线菌和霉菌主要指其孢子数。因水体中所含有机物、无机物、氧、毒物以及光照、酸碱度、温度、水压、流速、渗透压和生物群体等的明显差别，可把水体分成许多类型，各种水体又有其相应的微生物区系。

1）不同水体中的微生物种类

（1）淡水型水体的微生物。按有机物含量的多寡及其与微生物的关系，淡水型水体的微生物可分为以下两类：

① 清水型水生微生物——存在于有机物含量低的水体中，以化能自养微生物和光能自养微生物为主，如硫细菌、铁细菌、衣细菌、蓝细菌和光合细菌等；

② 腐败型水生微生物——在含有大量外来有机物的水体中生长，主要是各种肠道杆菌、芽孢杆菌、弧菌和螺菌等。

在较深的湖泊或水库等淡水生境中，因光线、溶氧和温度等的差异，微生物呈明显的垂直分布带：

① 沿岸区或浅水区，此处因阳光充足和溶氧量大，故适宜蓝细菌、光合藻类和好氧性微生物；

② 深水区，此区光线微弱、溶氧量少和硫化氢含量较高，只有一些厌氧光合细菌和若干兼性厌氧菌；

③ 湖底区，这里由严重缺氧的污泥组成，只有一些厌氧菌才能生长。

（2）海水型水体的微生物。海水型水体主要有以下几种：

① 透光区，此处光线充足，水温高，适合多种海洋微生物生长；

② 无光区（25～200 m）；

③ 深海区（200～6000 m），特点是黑暗、寒冷和高压，只有少量微生物存在；

④ 超深渊海区，特点是黑暗、寒冷和超高压，只有极少数耐压菌才能生长。

2）水体的自净作用

在自然水体尤其是快速流动、氧气充足的水体中，存在着水体对有机或无机污染物的自净作用。这种"流水不腐"的实质，主要是生物学和生物化学的作用，包括好氧菌对有机物的降解作用、原生动物对细菌的吞噬作用、噬菌体对宿主的裂解作用、藻类对无机元素的吸收利用，以及浮游动物和一系列后生动物通过食物链对有机物的摄取和浓缩作用等。

3）应用拓展——饮用水的微生物学标准

良好的饮用水，其细菌总数应小于 100 个/mL，当大于 500 个/mL 时就不宜作饮用水了。饮用水的微生物种类主要采用以 *E.coli* 为代表的大肠菌群数为指标。因为这类细菌是温血动物肠道中的正常菌群，数量极多，用它作指标可以灵敏地推断该水源是否曾与动物粪便接触以及污染程度如何，由此可避免直接去计算出数量极少的肠道传染病（霍乱、伤寒、痢疾等）病原体所带来的难题。我国饮用水标准是：1 mL 自来水中的细菌总数不可超过 100 个（37℃，培养 24 h），而 1000 mL 自来水中的大肠菌群数不能超过 3 个（37℃，48 h）。大肠菌群数的测定通常可用滤膜培养法在选择性和鉴别性培养基上进行，然后数出其上所长的菌落数。水中微生物的含量对该水源的饮用价值影响很大。对饮用水来说，更重要的指标是其中微生物的种类。因此，在饮用水的微生物学检验中，不仅要检查其总菌数，还要检查其中所含的病原菌数。由于水中病原菌的含量总是较少，难以直接找到，故一般就只能根据病原菌与最常见的但数量很大的细菌 *E.coli* 同样来自动物粪便污染的原理，只要通过检查水样中的指示菌——*E.coli* 数即可知道该水源被粪便污染的程度，从而间接推测其他病原菌存在的概率。检验 *E.coli* 可用第 4 章中介绍过的伊红美蓝鉴别性培养基（EMB）。

4. 空气中的微生物

凡含尘埃越多的空气，其中所含的微生物种类和数量也就越多。因此，灰尘可被称作"微生物的飞行器"。一般在畜舍、公共场所、医院、宿舍、城市街道的空气中，微生物的含量非常高，而在大洋、高山、高空、森林地带、终年积雪的山脉或极地上空的空气中，微生物的含量就极低。空气中并不含微生物生长繁殖所需的营养物质和充足的水分，还有日光中有害的紫外线的照射，因此不是微生物良好的生存场所。然而，空气中还是含有一定数量的微生物。这是由于土壤、人和动植物体等物体上的微生物不断以微粒、尘埃等形式飘逸到空气中而造成的。

由于尘埃的自然沉降，所以越近地面的空气，其含菌量越高。然而，微生物在高空中分布的记录却越来越高。在 20 世纪 30 年代，人们首次用飞机证实在 20 km 的高空存在着微生物；70 年代中期又发现在 30 km 的高空存在着微生物；70 年代末，人们用地球物理火箭，从 74 km 的高空采集到处在同温层和大气中层的微生物，其中包括两种细菌和三种真菌，它们是 *Micrococcus albus*（白色微球菌）、*Mycobacterium luteum*（藤黄分枝杆菌）、*Circinella muscae*（蝇卷霉）、*Aspergillus niger*（黑曲霉）、*Peniciliium notatum*（特异青霉，即点青霉）；后来，又从 85 km 的高空找到了微生物。这是目前所知道的生物圈的上限。

室外空气中的微生物，主要有各种球菌、芽孢杆菌、产色素细菌和对干燥和射线有抵抗力的真菌孢子等。室内空气中的微生物含量更高，尤其是医院的病房、门诊间因经常受病人的污染，故可找到多种病原菌，例如 *Mycobacterium tuberculosis*（结核分枝杆菌）、*Corynebacterium diphtheriae*（白喉棒杆菌）、*Streptococcus hemolyticus*（溶血链球菌）、*Staphylococcus aureus*（金黄色葡萄球菌）、若干病毒（麻疹病毒，流感病毒）以及多种真菌孢子等。空气中微生物的气溶胶与动植物病害的传播、发酵工业中的污染以及工农业产品的霉腐等都有很重要的关系。因此，在发酵工厂中，在空气进入空气压缩机前有时要用粗过滤器过滤掉颗粒较大的微生物。

测定空气中微生物的数目可用培养皿沉降或液体阻留等方法进行。凡须进行空气消毒的场所，例如医院的手术室、病房、微生物接种室或培养室等处可以用紫外线消毒、甲醛等药物的熏蒸或喷雾消毒等方法进行。为防止空气中的杂菌对微生物培养物或发酵罐内的纯培养物的污染，可用棉花、纱布（8层以上）、石棉滤板、活性炭或超细玻璃纤维过滤纸进行空气过滤。

5. 工农业产品上的微生物——工科应用拓展

1）微生物引起工业产品的霉腐

大量工业品都是用动植物产品做原料来制造的，例如各种纤维制品、木制品、革制品、橡胶制品、油漆、卷烟和化妆品等，它们往往含有微生物所需要的丰富营养，因此其上常常分布着大量的、种类各异的微生物。有些工业产品如塑料、水性涂料等虽是用人工合成的有机物制造的，但仍有很多微生物可以分解、利用它们。还有些工业产品主要由无机材料制成的，如光学仪器上的镜头和棱镜，以及建筑泥浆、钢缆、地下管道和金属材料等，也可被多种特殊微生物所破坏。此外，各种电信器材，感光和录音、录像材料以及文物、书画等也都可被相应的微生物所分解、破坏。

工、农业产品因受气候、物理、化学或生物因素的作用而被破坏的现象，称为材料劣化。微生物引起的劣化有多种，例如：

（1）霉变（Mildew，Mouldness）：主要指由霉菌引起的劣化。

（2）变质（Deterioration）：指由各种生物或非生物因素引起的工农业产品质量下降的现象。

（3）腐蚀（Corrosion）：主要指由硫酸盐还原细菌、铁细菌或硫细菌引起的金属材料的侵蚀、破坏性劣化。

（4）腐烂（或腐败，Putrefaction，Rot）：主要指由细菌或酵母菌引起的使物体变软、发臭性的劣化。

（5）腐朽（Decay）：泛指在好氧条件下微生物酶解有机质使其劣化的现象，常见的如由担子菌引起的木材或木制品的腐朽现象。

对工、农业产品的劣化来说，最主要是霉变与腐烂，因此，研究危害各种工农业产品的微生物种类、分布、作用机理以及如何防治其危害的科学，就称霉腐微生物学（Biodeteriorative Microbiology）。

霉腐微生物通过其各种酶系以分解各种工农业产品中的相应组分，从而产生危害。例如：纤维素酶破坏棉、麻、竹、木等材料；蛋白酶分解革、毛、丝、裘等产品；一些氧化酶和水解酶可破坏涂料、塑料、橡胶和黏结剂等合成材料。此外，霉腐微生物在矿物油（燃料、润滑油脂、液压油、切削乳液等）中生长后，不仅会因产生的大量菌体阻塞机件，而且其代谢产物还会腐蚀金属器件；硫细菌、铁细菌和硫酸盐还原菌会对金属制品、管道和船舰外壳等产生腐蚀；霉腐微生物的菌体和代谢产物属于电解质，对电信、电机器材来说，会危及其电学性能；有些霉菌分泌的有机酸等代谢产物会侵蚀玻璃，以致严重降低光学仪器的性能（目前已知的有 30 余种微生物可侵蚀光学玻璃，其中 55％为曲霉，25％为青霉）；烟叶、中药材等的霉腐会危及人体健康；化妆品的染菌还会引起皮肤病；建筑材料的霉腐不但污损建筑物，还会污染环境；至于图书、文物、档案、艺术品和生物标本的霉腐，更是文物、博物馆事业中的一大难题。全世界每年由于霉腐微生物而引起工业产品的损失是极其巨大又很难确切估计的。有人已把霉腐形象地称作"菌灾"，这是十分恰当的。防止工业产品霉腐的方法很多，常用的有三种：一是控制其温度、湿度、氧气和养料等微生物赖以生长繁殖的外界环境条件；二是采用有效的化学抑菌剂、杀菌剂或物理杀菌剂，以抑制它们的生长繁殖或直接杀死它们；三是在工业产品加工、包装过程中，尽量保持环境卫生并严防杂菌的污染等。在实践中，防霉腐剂的筛选、研究和应用十分重要。在工业防霉剂的筛选中，选用哪些霉菌作为试验对象是极其重要的问题。

2）食品中的微生物

食品是用营养丰富的动植物原料经过人工加工后的制成品，其种类繁多，主要有面包、糕点、糖果、罐头、饮料、蜜饯和调味品等。由于在食品的加工、包装、运输和贮藏等过程中，都不可能进行严格的无菌操作，因此经常遭到霉菌、细菌和酵母等的污染，在合适的温、湿度条件下，它们又会迅速繁殖。因此，食品上常常分布着各种微生物，保存时间稍长就会使食品迅速变质。污染食品的微生物主要是 *Penicillium*（青霉属）、*Paecilomyces*（拟青霉属）、*Aspergillus*（曲霉属）、*Fusarium*（镰孢霉属）、*Alternaria*（链格孢霉属）、*Rhizopus*（根霉属）、*Mucor*（毛霉属）、*Phoma*（茎点霉属）、*Trichoderma*（木霉属）、*Escherichia coli*（大肠杆菌）、*Staphylococcus aureus*（金黄色葡萄球菌）、*Bacillus subtilis*（枯草杆菌）、*B.Megaterium*（巨大芽孢杆菌）、*Salmonella*（沙门氏菌属）、*Proteus vulgaris*（普通变形杆菌）、*Pseudomonas aeruginosa*（铜绿假单胞菌）、*Lactobacillus*（乳杆菌属）、*Streptococcus lactis*（乳链球菌）、*Clostridium*（梭菌属）和 *Saccharomyces cerevisiae*（酿酒酵母）等。

由于在霉腐变质的食品上经常有各种致病菌和真菌毒素等有毒代谢产物存在，它们会引起人类的各种严重疾病，所以食品卫生工作就显得格外重要。要有效地防止食品的霉腐，除在加工、制造和包装过程中必须特别注意清洁卫生外，还要控制保藏条件，尤其要采用低温、干燥（如可能的话）、密封（加除氧剂或充以 CO_2、N_2 等气体）等措施。此外，还可在食品中添加少量无毒的化学防腐剂，如苯甲酸、山梨酸、脱氢醋酸、维生素 K_3、丙酸或二甲基延胡索酸等。食品中的一类独特产品是罐头。1804 年前后，法国厨师 N.Appert 偶尔发现，如把一瓶密封的果汁煮沸，就能使它长期保存。从 1811 年起，这项发明已被用于拿破仑的军队中。这就是罐头的起源。罐头食品种类很多，从使其变质腐败的微生物的角度来看，可分以下两类：

（1）低酸或中酸食品罐头。pH 值大于 5 的食品称为低酸食品，如多数肉类、海产品、牛奶、玉米和豌豆等；而 pH 值为 4.5～5 的食品称为中酸食品，如肉菜混合物、汤料和沙司等。这类罐头的灭菌温度应高些，肉类罐头尤甚。当这类罐头变质时，可检出 *Bacillus stearothermophilus*（嗜热脂肪芽孢杆菌）和 *B.coagulans*（凝结芽孢杆菌）等"平酸菌"；还可分离到 *Clostridium thermosaccharolyticum*（热解糖梭菌）等产酸产气菌以及分解蛋白质的 *C.sporogenes*（生孢梭菌）、*C.histolyticum*（溶组织梭菌）和 *C.botulinum*（肉毒梭菌）等厌氧梭状芽孢杆菌。除"平酸菌"（即产酸不产气因而不会引起罐体膨胀的细菌）外，上述微生物在生长过程中都会产生大量的 CO_2 和 H_2，从而引起罐头膨胀（"胖听"）。其中的 *C.botulinum* 还会产生对人畜具剧毒的细菌外毒素——肉毒毒素。

（2）酸性食品罐头。属于一般酸性食品（pH 值为 3.7～4.5）者，如番茄、梨、无花果、菠萝和其他水果罐头；属于高酸食品（pH 值小于 3.7）者如泡菜、浆果和柠檬汁罐头。对酸性食品罐头只要用较低的灭菌温度即可达到长期保藏的目的。当这类罐头变质时，从中可分离到 *Bacillus thermoacidurans*（嗜热耐酸芽孢杆菌）等"平酸菌"和产酸产气菌，如 *Clostridium pasteurianum*（巴氏梭菌）、*C.butyricum*（丁酸梭菌）、*Lactobacillus brevis*（短乳杆菌）和 *Leuconostoc*（明串珠菌）等。

3）农产品中的微生物

在各种农产品上生存着大量的微生物，粮食尤为突出。据估计，全世界每年因霉变而损失的粮食就占其总产量的 2% 左右，这是一笔极大的浪费。至于因霉变而对人畜引起的健康等危害，更是难以统计。在各种粮食和饲料上的微生物以 *Aspergillus*（曲霉属）、*Penicillium*（青霉属）和 *Fusarium*（镰孢霉属）的一些种为主。例如：在谷物上，一般以 *Aspergillus* 和 *Penicillium* 为常见；在小麦上，一般以 *Fusarium* 为主；而在大米上，则一般以 *Penicillium* 为多见。

据调查，在目前已知的 5 万多种真菌中，已知至少其中有两百多个种可产生一百余种真菌毒素。在这些真菌毒素中有 14 种能致癌，其中的两种是剧毒的致癌剂，一种是由部分 *Aspergillus flavus*（黄曲霉）菌株产生的黄曲霉毒素（Aflatoxin），另一种则是由某些镰孢霉（Fusarium）产生的单端孢烯族毒素 T2。这就说明，凡长有大量霉菌的粮食，一般都含有多种真菌毒素，极有可能存在致癌的真菌毒素，因此，"防癌必先防霉"的口号是很有科学根据的。据报道，日本曾对全国各处售米点进行调查，发现有 65.3% 的样品被产毒真菌污染；据泰国的调查资料（1972），当地有 53% 的玉米被产毒真菌污染，其中黄曲霉毒素的最高含量达 2730 PPB（Part Per Billion，1/10 亿）；在我国，有人发现（1980），在一份"黄变米"试样中，70% 的米粒污染有产毒真菌，并都含真菌毒素；还有人调查了北京市空气中所飘逸的真菌，发现其中 11.5% 是产毒的。主要的霉菌毒素有黄曲霉毒素、赭曲霉素、杂色曲霉素、岛青霉素、黄天精、环氯素、展青霉素、桔青霉素、皱褶青霉素、黄绿青霉素、青霉酸、圆弧青霉素、偶氮酸、单端孢烯族毒素、二氢雪腐镰刀菌烯醇等。

黄曲霉毒素是于 1960 年起逐渐被认识和发现的。当时在英国东南部的农村相继有约 10 万只火鸡死于一种病因不明的"火鸡 X 病"。后经多方研究，发现从巴西进口的花生粉中，污染有大量的 *Aspergillus flavus*，并证明由它所分泌的黄曲霉毒素，就是"火鸡 X 病"的根源，以后又证实它可引起雏鸭、兔、猫、猪等多种动物和人的肝脏中毒。经深入研究后，发现黄曲霉毒素有 b_1、b_2、g_1、g_2、m_1 和 m_2 等多种衍生物，其中以 b_1 的毒性为最高。

联合国卫生机构规定粮食中所含的黄曲霉毒素 b_1 必须低于 30 PPB。我国有关机构则规定玉米、花生制品所含 b_1 应低于 20 PPB，大米、食油应低于 10 PPB，其他的粮食、豆类和发酵食品的 b_1 含量应低于 5 PPB。据报道，含黄曲霉毒素最多的食品是花生及花生制品、玉米、"红变米"、"黄变米"、自制的酱（发现其中约 12.5％含黄曲霉毒素）等。

黄曲霉毒素是一种强烈的致肝癌毒物。b_1 的致癌强度比一向有名的致肝癌剂二甲基偶氮苯（即"奶油黄"）要大 900 倍，比二甲基亚硝胺强 75 倍。*Aspergillus flavus* 是一种分布极广的霉菌，但也不是其所有的菌株都产毒。据国外不同的研究报道，发现 *A. flavus* 产毒菌株的比例为 10％（Mateles，1967）和 60％～94％（Moreau，1979），而我国几个研究单位做了不同研究后，发现该菌产毒菌株的比例在 30％左右。

由于 *A. flavus* 广泛分布于我们的周围，因此，由它产生的毒素往往是长期、低剂量、慢性的作用，表现为对肝功能的损害，肝细胞变性、坏死，胆管的卵圆细胞增生，还可能引起肝纤维化或肝硬化等症状。黄曲霉毒素已证明是我国少数肝癌高发地区引起肝癌的重要原因。由此就不难理解，为什么在我国九种主要恶性肿瘤中，肝癌占据第三位，且在前六位（胃癌、食道癌、肝癌、宫颈癌、肺癌、肠癌）中，消化道的癌症竟占了四种。

6. 极端环境下的微生物——嗜性微生物

有关极端微生物知识内容，已经在上篇中详细论述过，这里仅对极端微生物特性进行简要概括。在自然界中，存在着一些可在高温、低温、高酸、高碱、高盐、高压或高辐射强度等极端环境下生活的微生物，例如嗜热菌（*Thermophiles*）、嗜冷菌（*Psychrophiles*）、嗜酸菌（*Acidophiles*）、嗜碱菌（*Basophiles* 或 *Alkalophiles*）、嗜盐菌（*Halophiles*）、嗜压菌（*Barophiles*）或耐辐射菌等，它们被称为极端环境微生物（Microorganism Sliving in Extreme Environments）或简称"极端微生物"（Extreme Microorganisms）。由于它们具有不同于一般微生物的遗传特性、特殊结构和生理机能，因此在冶金、采矿、开采石油以及生产特殊酶制剂等多种生产和科研领域中发挥着重要的作用或有巨大的潜在应用价值，近年来越来越引起人们的注意。

1）嗜冷菌

嗜冷菌分布于南北极地区、冰窖、高山、深海和土壤等的低温环境中。能在 5℃ 以下生长的嗜冷菌有两种类型：一类是从海水和某些冰窖中分离到的，对 20℃ 以下稳定的低温环境有适应性，20℃ 以上即引起死亡；另一类是从不稳定的低温环境中分离到的，因此其生长的温度范围较宽，最高生长温度范围甚至可达 30℃。从南极的 -60℃～0℃ 低温环境中所分离到的嗜冷菌，主要有 *Bacillus*（芽孢杆菌属）、*Streptomyces*（链霉菌属）、*Sarcina*（八叠球菌属）、*Nocardia*（诺卡氏菌属）和 *Candidascotii*（斯氏假丝酵母，在 -10℃～0℃ 范围内生长）。在植物界中，一种藻类——雪生腺衣藻能在 -34℃ 下生长发育，而高等植物中最耐寒的种类则是生于西伯利亚的辣根类植物，它甚至能在 -46℃ 下开花。专性嗜冷菌因其细胞膜内含有大量的不饱和脂肪酸，且会随温度的降低而增加，从而保证了膜在低温下的流动性，这样，就能在低温条件下不断从外界环境中吸收营养物质。嗜冷菌的核糖体是热不稳定的。据报道，一种专性嗜冷的 *Pseudomona* ssp.（一种假单胞菌）在 22℃ 下时，其蛋白质的合成即停止。嗜冷菌的存在，会使低温保藏的食品发生腐败。

2）嗜热菌

嗜热菌广泛分布在草堆、厩肥、温泉、煤堆、火山地、地热区土壤及海底火山附近等处。在湿草堆和厩肥中生活着好热的放线菌和芽孢杆菌，它们的生长温度为 45～65℃，有时甚至可使草堆自燃。在俄罗斯堪察加地区的温泉（水温为 57～90℃）中存在着一种专性嗜热菌——*Thermus ruber*（红色栖热菌）；在冰岛，有一种嗜热菌可在 98℃ 温泉中生长繁殖；在美国怀俄明州的黄石国家公园的热泉中，*Bacillus caldolyticus*（热溶芽孢杆菌）可在 92～93℃（该地水的沸点）下生长（该菌在实验室条件下还可在 100～105℃ 下生长），在该公园的含硫热泉中还分离到一株嗜热的兼性自养细菌——*Sulfolobus acido calderius*（酸热硫化叶菌），它能利用硫黄做能源，产生硫酸；1983 年，J.A.Barros 等在太平洋底部发现的可生长在 250～300℃ 高温高压下的嗜热菌，更是生命的奇迹。据了解，植物界中最耐热的种类可能是南非的生石花，最高的耐受温度为 50℃，脊椎动物能生长的最高温度也只是 50℃。

嗜热细菌在工业生产中的利用潜力在于：① 生长速率高，代谢作用强；② 产物/细胞重量之比值较高；③ 因其在高温下具有竞争优势，故在发酵生产中可防止杂菌的污染；④ 它们的耐高温酶类具有重要的生产潜力和应用前景；⑤ 乙醇等代谢产物容易收得；⑥ 发酵过程中不需冷却，可省去深井水的消耗，等等。

近年来，由于把嗜热细菌 *Thermus aquatics*（水生栖热菌）的耐热 DNA 多聚酶"Taq"用于多聚酶链式反应（DNA Polymerase Chain Reaction，PCR）中，使该反应在科学研究和医疗等实际领域的应用中实现了新的飞跃。PCR 是一种 DNA 分子的体外扩增技术，在 1985 年由美国 Cetus 公司人类遗传学实验室的学者所发明。它可使目的 DNA 分子在体外快速扩增。我们知道，在正常机体内，DNA 的合成必须有一个 DNA 多聚酶、一个现存的单链 DNA 模板、一个小片段的 RNA 引物和若干种合成底物等条件。在体外，如能满足这些条件，也可实现 DNA 的扩增。正常的 DNA 分子是双链的，它必须在高温下才能解开，而高温又会使 DNA 多聚酶失活。因此，在双链 DNA 分子解开、复制、再解开、再复制的扩增过程中，必须不断添加 DNA 多聚酶。1988 年后，由于使用了耐热的"Taq"，才使 PCR 的专一性、收得率、灵敏度、DNA 片段长度、复制的忠实性、操作简便性和自动化程度有了明显的提高。例如，使用自动化仪器可使 48 个样品在 4 小时内同时扩增 10^6 倍。PCR 已广泛应用于各种遗传病（镰形贫血症等）和病毒病（艾滋病等）的诊断、胎儿性别的鉴定、司法工作（犯人的毛发、血液鉴定）以及人类学和动物学等的研究工作中。在基本理论研究中，PCR 也有广泛的应用，例如核苷酸的顺序分析以及染色体畸变和基因突变的研究等。

3）嗜酸菌

嗜酸菌仅分布于酸性矿水、酸性热泉和酸性土壤等处。极端嗜酸菌能生长在 pH 值为 3 以下的环境中。例如 *Thiobacillus thiooxidans*（氧化硫硫杆菌）的生长 pH 值范围为 0.9～4.5，最适 pH 值为 2.5，在 pH 值为 0.5 下仍能存活。它能氧化元素硫产生硫酸（浓度可高达 5%～10%）。又如，*T.ferrooxidans*（氧化亚铁硫杆菌）是另一种著名的专性自养嗜酸杆菌，它能氧化还原态的硫化物和金属硫化物，还能把亚铁氧化成高铁，以从其中取得能量。这种细菌已被广泛应用于铜等金属的细菌沥滤中。当然，由于这类菌的作用也造成了严重的环境污染。例如，在美国宾夕法尼亚州的黄铁矿（FeS_2）矿区，由于硫杆菌的作用，每年全区可产生 300 万吨硫酸流入俄亥俄流域，形成了举世闻名的天然硫酸巨流。又如，在俄罗斯乌拉尔的某矿区，也因同样原因使每年产生 2500 吨左右的硫酸。

在电镜下，*T.thiooxidans* 的细胞与一般革兰氏阴性细菌的细胞无明显差别，但它能在高酸性环境条件（pH 值为 1）下维持菌体内的近中性环境。有人用质子泵学说来解释其抗酸机制，但还无直接实验证据。近年来发现在 *T.ferrooxidans* 细胞中存在着质粒，推测可能与其抗金属离子有关。

4）嗜碱菌

嗜碱菌的分布较广，在碱性和中性的土壤中均可分离到，专性嗜碱菌可在 pH 值为 11 甚至 12 的条件下生长，而在中性条件下却不能生长。已分离到的嗜碱菌有 *Bacillus*（芽孢杆菌属）、*Micrococcus*（微球菌属）、*Corynebacterium*（棒杆菌属）、*Streptomyces*（链霉菌属）、*Pseudomonas*（假单胞菌属）、*Flavobacterium*（黄杆菌属）和 *Achromobacter*（无色杆菌属）等的一些种。与嗜酸菌相似，嗜碱菌的细胞膜具有维持细胞内外 pH 梯度的机制，因而在外环境的 pH 值达到 11～12 下，仍维持细胞内接近中性的 pH 值。嗜碱菌的胞外酶都具有耐碱的特性，由它们产生的淀粉酶、蛋白酶和脂肪酶，其最适 pH 值均在碱性范围，因此可以发挥特殊的应用价值。

5）嗜压菌

嗜压菌仅分布在深海底部和深油井等少数地方。嗜压菌与耐压菌不同，它们必须生活在高静水压的条件下。一种生活在深海的假单胞菌 *Pseudomonas bathycete*，可在 1000 个大气压、30℃下生长。从 3500 m 深、压强约 400 个大气压、温度为 60℃～105℃的油井中还分离到另一种嗜热性硫酸盐还原菌。在太平洋水深 4000 m 处，已发现有 4 属酵母菌。在 6000 m 的深海中，可以找到 *Micrococcus*（微球菌属）、*Bacillus*（芽孢杆菌属）、*Vibrio*（弧菌属）和 *Spirillum*（螺菌属）等细菌。在 10 000 m 深海处，水压高达 1140 个大气压，还可找到许多种嗜压菌。在实验室中培养这类嗜压菌时，要用 2.5℃（海底温度）和 1000 个大气压。这时，它们长出的菌数要比在 1 个大气压下高出 10～1000 倍。据报道，有些嗜压菌甚至可在 1400 个大气压下正常生长。至于各种细菌、酵母菌和病毒在短时间内对高压的耐受性更是一种普遍现象，例如许多细菌在数分钟内还能耐 12 000 个大气压而不死亡。

有关嗜压菌或耐压菌的耐压机制目前还很不清楚。新近有人从西太平洋 2500 m 深的苏禄海海底分离到一株既可在 280 大气压下生长也能在常压下生长的革兰氏阴性细菌，发现它在高压下生长时，会产生一种独特的外壁蛋白，其分子量为 37 000 Da，其含量在高压下为常压下的 70 倍。耐高温和厌氧生长的嗜压菌有可能被用于油井下产气增压和降低原油黏度，借以提高采油率。

6）嗜盐菌

嗜盐菌通常分布于晒盐场、腌制海产品、盐湖和著名的死海等处。其生长的最适盐浓度高达 15%～20%，甚至还能生长在 32 %（或 5.2 mol/L）的饱和盐水中。已分离到的极端嗜盐菌只有 *Halobacterium*（盐杆菌属）的几个种。世界上最耐盐的植物是盐角草，它只能耐 0.5%～6.5%的盐度。世界上最著名的盐湖是死海，其含盐量高达 23%～26%，因此其中只能生长几种细菌与少数藻类。嗜盐菌的细胞膜是红色的，含有可防止细胞受光化学损伤的类胡萝卜素。膜上还有约占 50%面积的紫膜区，它含有菌视质（Bacteriorhodopsin），相当于人眼中棒状细胞所含的视紫质。菌视质是由一种蛋白质和生色团——视黄醛组成的。紫膜起了一个质子泵的作用，也起着排盐作用。目前正设法利用这种机制来制造生物能电池和海水淡化装置。

7）抗辐射的微生物

与上述不同的是，抗辐射微生物对辐射这种不良环境条件仅有抗性（Resistance）或耐受性(Tolerance)，而不能有"嗜好"。

8.1.2 应用方法研究拓展——微生物资源的开发和利用

以上大体介绍了微生物在自然界的分布概况。自然界尤其土壤可以说是人类的一个取之不尽的菌种资源库。下面简单介绍菌种筛选的一般原则和基本步骤。

自然界的菌种资源虽十分丰富，但是要设法从其中筛到较为理想的菌种也不十分容易。据链霉素发现者 S. A. Waksman 总结筛选链霉素产生菌的经过就可知道其中的甘苦了；他的研究小组从土壤中分离约 1 万株放线菌，发现其中约有 1 千株对预定试验菌有拮抗作用，其中的 1 百株具有较好的液体发酵性能，又从其中选出 10 株产链霉素性能较好的菌株，最后，再从中挑出一株有生产价值的链霉素产生菌——*Streptomyces griseus*(灰色链霉菌)。因此，这真正可称得上是一项"万里挑一"的工作了。

工业生产上常用的菌种按其产物的性质来说，不外乎三类：① 生产菌体物质；② 生产分解酶类；③ 生产各种主流代谢产物、次生代谢产物或生物合成产物，例如乙醇、丙酮、丁醇、乙酸、乳酸、柠檬酸、谷氨酸、赖氨酸、肌苷酸、维生素、赤霉素、抗生素或细菌外毒素等。如果我们要筛选的菌种在试样中含量很高，那么，筛选的过程只要采集含菌样品、纯种分离和进行生产性能测定三步即可；如果要筛选的菌种在试样中含量极低，那么，在采集含菌样品后，还得加上富集培养(Enrichment Culture)，然后才能进行纯种分离(详见5.3节)和生产性能测定(详见5.4、5.5节)。以下就这前两个步骤分别加以介绍。

1. 采集菌样

采集含菌样品前，先应调查一下自己打算筛选的微生物在哪些地方分布最多，然后才可着手做各项具体工作。由于在土壤中几乎可找到任何微生物，所以土壤往往是首选的采集目标。除土壤外，其他各类对象上都有相应的占优势生长的微生物。例如：在腐木和堆肥中纤维素和木质素分解菌较多；在果实、蜜饯表面酵母菌较多；在蔬菜、牛奶中乳酸菌较多；在动物肠道和粪便中，革兰氏阴性无芽孢厌氧菌和肠道细菌较多；在谷物种子上曲霉、青霉和镰孢霉较多；而在油田、炼油厂附近的土壤中，则以石油分解微生物较多。

现以从土壤中筛选抗生素产生菌为例来介绍采样中必须考虑到的几个问题。

1) 土壤中有机物的含量

有机物含量高，土质就肥，一般在其中微生物数量也越多，反之亦然。过于肥沃的土壤，往往细菌的含量过多，而放线菌却比较少。因此，在寻找拮抗性放线菌时，一般可采集一些园土或耕作过的农田土。而要分离拮抗性真菌时，由于它们对碳水化合物需要量较大，故可到植物残体丰富的枯枝落叶层下的土壤或沼泽土中去寻找。

2) 采土的深度

由于土壤的深度不同，其通气、养分和水分的分布情况也不同。表层的土壤由于直接受日光曝晒，故较干燥，微生物也不易大量繁殖。在离地面 5～20 cm 处的土壤，微生物含量最高。

3) 植被情况

植被的种类与微生物的分布有着密切的关系。例如，在冬天灌水的水稻田土壤中，以真菌 *Cephalosporium*(头孢霉属)的种类较多。但总的来说，这方面的规律还知道得很少。

4）采土的季节

采集土样以春秋两季为宜。这时土壤中的养分、水分和温度都较适宜，微生物的数量也最多。采土时尤应注意土壤中的含水量，水分过多会造成厌氧环境，不利于放线菌的生长繁殖。真菌虽需要较高的相对湿度，但基质中的水分却不宜过多。因此要避免在雨季采集土样。此外，土壤的 pH 值也应适当注意，细菌和放线菌在中性或微碱性土壤中居多，而真菌则在偏酸性的土壤中较丰富。

5）采土方法

选择好适当地点后，用小铲子除去表土，取 5～20 cm 处的土样几十克，盛入事先灭过菌的防水纸袋内，并记录采土时间、地点和植被等情况。采好的土样应尽快分离。在采土的时候，一个地区采土的点不能太少，否则就不能代表该地区的微生物类群。大体上来说，我国南方各省的气候适宜，土质较肥沃，故微生物的种类和数量较多，而北方的黄土、砂土中拮抗性放线菌较少，但东北的肥沃黑钙土也有丰富的拮抗性放线菌。

2. 富集培养

富集培养又称增殖培养，就是利用选择性培养基的原理，在所采集的土壤等含菌样品中加入某些特殊营养物，并创造一些有利于待分离对象生长的条件，使样品中少数能分解利用这类营养物的微生物乘机大量繁殖，从而有利于分离它们。

根据微生物的营养特性可以知道，如果自然菌样中含有某一物质较多，则其中含有能分解这一物质的微生物一般也较多。如果原有菌样中这类微生物不多，则可人为地加入相应的基质以促使它们生长繁殖。例如，通常可在土壤中加入一些石油以促使其中少数能利用石油作碳源的微生物数量剧增；又如，在土样中加入纤维素也可以富集纤维素分解微生物，等等。但是，这类富集方法一般不适用于分离能产生某些物质的微生物。例如，不可能把谷氨酸加入到土壤样品中，以使产谷氨酸的微生物大量繁殖。不过，如果我们已知道所要分离微生物的某些特殊生理特性，也可以采用有利于这种微生物而不利于其他无关微生物的营养和培养条件，以达到富集培养的目的。

8.2　微生物与环境间的互作关系

生物与生物之间的相互关系是既多样又复杂的。如果对甲、乙两种生物间的种种关系作一分析，则无外乎有以下九种类型：

(1) 既利甲又利乙（＋＋），例如共生（Symbiosis）、互利共栖（Mutualism）、互养共栖（Syntrophism）和协同共栖（Synergism）等；

(2) 利甲而损乙（＋－），例如寄生（Parasitism）、捕食（Predation）和拮抗（Antagonism）等；

(3) 利甲而不损乙（＋0），例如偏利共栖（Commensalism）、卫星状共栖（Satellitism）和互生（Metabiosis，或称半共生、代谢共栖）等；

(4) 不损甲而利乙（0＋），例同（3）；

(5) 既不损甲也不损乙，既不利甲也不利乙（00），例如无关共栖（Neutralism）；

(6) 不利甲而损乙（0－），例如偏害共栖（Amensalism）；

(7) 损甲而不利乙（－0），例同（6）；

（8）损甲而利乙（－＋），例同（2）；

（9）既损甲又损乙（－－），例如竞争共栖（Competition）。

8.2.1 共生

所谓共生，是指两种生物共居在一起，相互分工协作、相依为命，甚至达到难分难解、合二为一的一种相互关系。

1. 微生物间的共生关系

微生物与微生物间共生的最典型例子是菌、藻共生而形成的地衣。在地衣中的真菌，一般都属于囊菌，而其藻类则为绿藻或蓝细菌（即"蓝绿藻"）。其中的藻类或蓝细菌进行光合作用，为真菌提供有机营养，而真菌则可以其产生的有机酸去分解岩石中的某些成分，进一步为藻类或蓝细菌提供所必需的矿质养料。微生物间共生关系的另一很好例证是产氢产乙酸细菌（S 菌株）与产甲烷细菌（MOH 菌株）间的共生关系。由于其关系的紧密，以致自 1906 年至 1967 年大约 60 年中，学术界一直认为它们是一个种——*Methanobacillus omelianskii*（奥氏甲烷芽孢杆菌）。

2. 微生物与植物间的共生关系

大家都熟知的根瘤菌（*Rhizobium*）与豆科植物间的共生关系是微生物与植物间共生的典型（见图 8-2）。有些非豆科植物例如桤木属（*Alnus*）、杨梅属（*Myrica*）和美洲茶属（*Ceonothus*）等植物也有能进行共生固氮的根瘤，但其根瘤内的微生物是 *Flankia*（弗兰克氏菌属）放线菌。有些裸子植物如罗汉松属（*Podocarpus*）和苏铁属（*Cycas*）也具有根瘤，其中的微生物分别属于藻状菌类真菌和蓝细菌。甚至某些野生禾本科植物（看麦娘属和梯牧草属）也有根瘤存在。此外，某些热带与亚热带植物如茜草科（*Rubiaceae*）和紫金牛科（*Myrsinaceae*）等几百个种都长有叶瘤。其中可分离到 *Mycobacterium*（分枝杆菌属）、*Klebsiella*（克雷伯氏杆菌属）或 *Chromobacterium*（色杆菌属）的一些种，它们具有一定的固氮能力。菌根也是真菌与高等植物根系共生而形成的，在自然界极为普遍，特别是真菌与兰科、杜鹃科及其他森林树种间所形成的菌根更为人所熟知。兰科植物的种子若无菌根菌的共生就无法发芽，杜鹃科植物的幼苗若无菌根菌的共生就不能存活。

图 8-2 根瘤菌形成的豆科植物根瘤形态

共生固氮菌对农业增产具有重大的实际意义。我国劳动人民早就知道种植豆科植物可使土壤肥沃并可提高间作或后作植物的产量。利用根瘤菌制成的根瘤菌肥料来对豆科植物的种子进行拌种，可使作物明显增产。

3. 微生物与动物间的共生关系

微生物与动物间共生的例子也很多，例如白蚁、蟑螂与其消化道中生存的某些原生动物间就是一种共生关系。白蚁可吞食木材和纤维质材料，可是却不能分泌水解纤维素的消化酶。在白蚁的后肠中至少生活有 100 种原生动物和微生物（已鉴定的有 30 多种）。它们的数量很多，例如原生动物为 100 万/mL 肠液，细菌为 1000 万至 1000 亿/mL 肠液。这类生活在共栖宿主的细胞外或组织外的生物称为外共生生物（Ectosymbiont）。例如，*Trichonympha campanula*（钟形披发虫）就可在厌氧条件下水解纤维素供白蚁营养，这时，原生动物可享受到一种稳定和受保护的生活环境。另一类是内共生（Endosymbiosis，即细胞内共生）。在蜚蠊目（蟑螂）、同翅目（蝉、蚜虫等）和鞘翅目（象鼻虫）的许多昆虫细胞中，经常可以找到作为内共生生物（Endosymbiont）的微生物，它们能为共栖生物提供 B 族维生素或发挥其他作用。

反刍动物与其瘤胃微生物的共生关系也十分典型。牛、羊、鹿、骆驼和长颈鹿等动物都是以植物中的纤维素为主要养料的反刍动物。它们的反刍胃构造复杂，一般由瘤胃、网胃（蜂巢胃）、瓣胃和皱胃四室组成。瘤胃和网胃由食管演化而来，只有皱胃才相当于一般哺乳动物的胃。当采食时，食物经唾液拌和后未经充分咀嚼即经口腔和食道而进入瘤胃。经暂时贮存和细菌发酵后，进入网胃。网胃内壁有许多网状的褶裂和细小的角质乳突，可将食物磨碎和分成小团，再呕回口中重新咀嚼。食物也可从瘤胃直接经食道呕回口中。经重新咀嚼再进入瘤胃的食物，就顺着网胃进入重瓣胃。重瓣胃因具有叶状纵瓣和无数角质乳突，可将食物进一步磨细。最后进入皱胃，通过皱胃所分泌的胃消化液，可将食物尤其是其中大量的瘤胃微生物菌体进行消化。因此，它们间发生了这样的共生关系：反刍动物为瘤胃微生物提供了纤维素形式的养料、水分（每天 100～200 L 唾液）、无机元素（以磷酸盐、碳酸氢盐、铵盐形式）、合适的温度（37～39℃）和合适的 pH 值（5.8～7.3），以及良好的搅拌条件和厌氧环境；而瘤胃微生物则通过其分解纤维素的活动而产生大量有机酸供瘤胃吸收，并将产生的大量菌体蛋白以单细胞蛋白形式向反刍动物源源不断地提供养料。由此看来，反刍动物的消化道酷似自然界赏赐给它们的一台生产有机酸和单细胞蛋白的多级连续培养器。

由于在牛等反刍动物的食料中一般都缺乏蛋白质和其他氮素化合物，所以为使瘤胃微生物获得足够的氮源，反刍动物在其长期进化中已发展了一个瘤胃—肝脏循环，即肝脏为使氨脱毒而合成的尿素只有一部分以尿的形式排出体外，另一部分则可通过唾液腺的分泌或穿过瘤胃壁进入瘤胃，以作瘤胃微生物的补充氮源。最后，又重新充实了反刍动物的蛋白质营养。这就是为什么反刍动物即使在不含蛋白质的纤维素成分作饲料时，也能在一定程度上维持蛋白质平衡的重要原因。鉴于这一理由，有人曾以少量尿素作饲料添加剂，由于瘤胃微生物能利用尿素来合成菌体蛋白，这一措施等于在饲料中添加了蛋白质，结果促进了牛、羊多长膘和产奶。据报道，牛所需的 40%～90% 的蛋白质，都来自瘤胃中的细菌。当我们通过上述介绍而了解到反刍动物与瘤胃微生物间的共生关系后，就会惊异地发现，原来如此庞大的牛体和大量的牛奶，竟是靠无数极其微小的微生物细胞喂养出来的，反刍动物简直可称作"食菌动物"了(见图 8-3)。利用这个原理,人们已在研究"人工瘤胃饲料"。

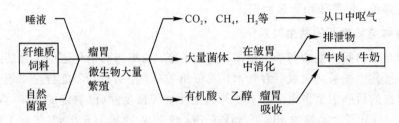

图 8-3　牛与瘤胃共生关系示意图

8.2.2　互生

所谓互生,是指两种可以单独生活的生物,当它们生活在一起时,通过各自的代谢活动而有利于对方,或偏利于一方的一种生活方式。因此,这是一种"可分可合,合比分好"的相互关系。

1. 微生物间的互生关系

在微生物间,尤其在土壤微生物间互生现象是极其普遍的。例如,当好氧性自生固氮菌与纤维分解细菌生活在一起时,后者因分解纤维素而产生的有机酸可供前者用于固氮,而前者所固定的有机氮化物则可满足后者对氮素养料的需要。又如,*Desulfuromonas acetoxidans*(氧化乙酸脱硫单胞菌)和 *Chlorobium* sp.(一种绿硫细菌)生活在一起时,前者向后者提供氢供体,而后者则以氢受体供应给前者。在琼脂平板上,出现以 *D.acetoxidans* 的菌落为中心,周围围绕着许多 *Chlorobium* 小菌落,这种特殊的互养共栖,也称卫星状共栖(见图 8-4)。再如,真菌 *Mucor ramannianus*(拉曼毛霉)和酵母菌 *Rhodotorula* sp.(一种红酵母)都要求培养基中含有维生素 B_1(硫胺素)。但是前者只能合成 B_1 的嘧啶部分而不能合成噻唑部分,后者反之,只能合成噻唑而不能合成嘧啶。当两者共同培养在一起时,因相互利用对方的分泌物而同时满足了双方对维生素 B_1 的要求。

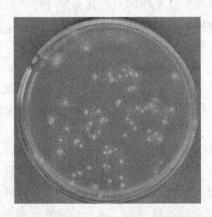

图 8-4　本来不能在含青霉素的平板上生长的受体菌在转化子周围形成卫星菌落

2. 混菌培养与生产实践

混菌培养又称混合发酵,指采用两种或多种微生物的协同作用共同完成某发酵过程的一种新型发酵技术。它是纯种发酵技术的新发展，也是一种不需要进行复杂的 DNA 体外重组却可取得类似效果的新型发酵技术。其优点是可提高发酵效率甚至可形成新产品。根据生物间的结合方式，它可分以下四种类型。

（1）联合发酵：用两种或多种微生物同时接种和培养，例如我国发明的维生素 C 生产中山梨糖转化为二酮基古龙酸过程中的混菌发酵。

（2）顺序发酵：先用甲菌进行常规发酵，再由乙菌等按顺序进行发酵，以共同完成数个生化反应，例如少根根霉（*Rhizopus arhizus*）先把葡萄糖转化为反丁烯二酸，然后再由产气肠杆菌（*Enterococcus aerogenes*）或普通变形杆菌（*Proteus vulgaris*）将它还原为发酵产物琥珀酸。

（3）共固定化细胞混菌发酵：把两种或多种微生物细胞同时包埋或吸附于同一载体上而进行的混菌发酵，例如黑曲霉（*Aspergillus niger*）和运动发酵单胞菌（*Zymomonas mobilis*）共同把淀粉转化为酒精等。

（4）混合固定化细胞混菌发酵：将两种或多种微生物细胞分别固定化后，再把它们混在一起进行混菌发酵。

人们对有益微生物的利用曾经历过天然混合培养至纯培养两个阶段，随着纯培养技术的深入和微生物间互生现象的研究，一种人为的、自觉的混合培养或混合发酵（Mixedfer Mentation）技术已日臻成熟，这可以说是一种"生态工程"。例如：利用 *Arthrobacter simplex*（简单节杆菌）和 *Streptomyces roseochromogenes*（玫瑰产色链霉菌）的混合培养可进行甾体转化；利用 *Propionibacterium shermanii*（谢氏丙酸杆菌）和 *Bacillus mesentericus*（马铃薯芽孢杆菌）或 *E.coli* 的混合培养可生产维生素 B_{12}；利用 *Serratia macescens*（黏质沙雷氏杆菌）和 *E.coli* 的混合培养可生产缬氨酸；利用 *Corynebacterium glutamicum*（谷氨酸棒杆菌）和 *E.coli* 的混合培养可生产组氨酸；利用 *Cellulomonas flavigena*（产黄纤维单胞菌）和 *Pseudomonas putida*（恶臭假单胞菌）的混合培养可分解 97%～98% 的预处理稻草粉，以生产单细胞蛋白；利用纤维素分解菌 *Trichoderma viride*（绿色木霉）408.2 和 *Aspergillus oryzae*（米曲霉）3.042 混合曲可以提高酱油产率等。值得一提的是，有人还用固定化的混合菌种来将淀粉原料转化成乙醇。他们用海藻酸钠包埋 *Aspergillus niger*（黑曲霉）和 *Zymomonas mobilis*（运动发酵单胞菌），制成固定化细胞的小球。能把淀粉分解成葡萄糖的 *A.niger* 是好氧菌，故长在小球的表层，而能将葡萄糖转化成乙醇的 *Z.mobilis* 是厌氧菌，故长在小球的内层，当淀粉液流过反应器后，淀粉很快被水解成葡萄糖并随即转化成乙醇。以上所举实例中，许多是纯菌株所不能合成而只有混合菌株才能完成的反应，也有混菌培养比纯菌培养作用更快、更有效和更简便的。当然，上述混合发酵一般都是同时合作进行的反应。另一类称为序列发酵的，则是一种由不同菌种在时间上先后进行的特殊混菌培养。

3. 人体肠道正常菌群

人体肠道正常菌群与宿主间的关系，主要是互生关系，但在某些特殊条件下，亦会转化成寄生关系，现介绍如下。

人体的大肠中经常生活着 60～400 种不同的微生物，在一个人的肠道中，占粪便干重 1/3 的是细菌，总数约 100 万亿个。目前，肠道正常菌群中仅约 10%～25% 的种类已经弄清楚。其中厌氧菌占了优势。有关肠道菌群和人体其他微生物菌群，已经在表 8-1 中具体给出，这里就不再进行详细讲解，以下仅对人体肠道中的正常菌群作用举例加以阐述。人体肠道中的正常菌群对机体主要有以下几方面的作用：

（1）一定程度的固氮作用。有人发现，新几内亚人以甜薯作为其主粮（占食物的 80％～90％），而甜薯是含蛋白质极低的食物。可是，当地人的蛋白质供应似乎并不缺少。经研究，发现其肠道内生活着一种能在厌氧条件下进行固氮的 *Klebsiella pneumoniae*（肺炎克雷伯氏菌），它们可把固定的氮素通过肠壁进入血流，以补充人体蛋白质的不足。

（2）产生若干酶类。*Bacillus subtilis*（枯草杆菌）会产生淀粉酶，有些细菌还产生蛋白酶和脂肪酶。

（3）排阻、抑制外来致病菌。数量巨大的肠道正常菌群可排阻、抑制外来肠道致病菌，例如 *Vibrio cholerae*（霍乱弧菌）等的感染。

（4）提供若干维生素。据研究，*E.coli* 可在肠道中合成若干种维生素供人体利用，例如维生素 B_1、B_2、B_6、B_{12}、K、烟碱酸、泛酸、生物素和叶酸等。

（5）产生气体和粪臭物质。肠道内的正常菌群在其代谢过程中会产生很多（400～650 mL/天）气体，例如 CO_2、CH_4、H_2、H_2S 和 NH_3 等，还会产生胺类、吲哚和粪臭素等臭味物质。

当然，正像前已述及的，有的肠道正常菌群在着生部位改变或环境条件改变时会变成致病菌；有的在人们滥用抗生素或抵抗力减弱时会从弱势菌变成优势菌，例如 *Candida albicans*（白色假丝酵母，俗称"白念"）、一些耐药性细菌、若干霉菌和 *Campylobacter jujunum*（空肠弯曲菌）等，从而引起人们患病。目前，人们已经可用口服某些活微生物制剂来治疗由于长期服用广谱抗生素而引起的正常菌群失调的腹泻症。例如，含 *Bacillus cereus*（蜡状芽孢杆菌）的"促菌生"可为肠道创造良好的厌氧环境，促进 *Bifidobacterium bifidum*（两歧双歧杆菌）的繁殖，以防治慢性肠炎、痢疾和幼儿腹泻症；又如，含抗药性 *Streptococcus faecalis*（粪链球菌）的活菌制剂，可以治疗因长期服用抗生素和磺胺类药物引起的肠道正常菌群紊乱症及急、慢性肠炎，等等。这种活微生物制剂又称微生态制剂，很有发展前途。

8.2.3　拮抗

所谓拮抗，系指由某种生物所产生的某种代谢产物可抑制他种生物的生长发育甚至杀死它们的一种相互关系。在一般情况下，拮抗多指微生物间的"化学战术"，但有时因某微生物的生长而引起的其他条件改变（如缺氧、pH 值改变等）抑制他种生物的现象也称拮抗。例如，在制造泡菜、青贮饲料过程中的乳酸杆菌，就是利用它能产生大量乳酸而抑制其他腐败微生物的生长发育。但微生物间最典型、对人类关系最密切的拮抗作用，当推抗生菌所产生的能抑制其他生物生长发育的抗生素。截至 1984 年，已报道过的天然来源的抗生素就达 9000 余种，其中绝大多数是微生物尤其是属于 *Streptomyces*（链霉菌属）放线菌所产生的。微生物间的拮抗关系可为抗生素的筛选、食品保藏、医疗保健和动植物病害的防治等提供很多有效的手段。

8.2.4　捕食

捕食一般指一种较大型的生物直接捕捉、吞食另一种小型生物以满足其营养需要的相互关系。在微生物间的捕食关系主要是原生动物吞食细菌和藻类的现象。这种捕食关系在污水净化和生态系统的食物链中都具有重要的意义。还有一类是真菌捕食线虫和其他原生动物的现象，它们所产生的菌网、菌枝、菌丝和孢子等都可以粘捕线虫，而所产生的菌环则可以套捕线虫。真菌进行粘捕的过程是这样的：从粘住了线虫的地方会长出一根细小的穿透枝，它穿过线虫的角质层而进入其体内。接着在穿透枝顶端形成一个侵染球，在其上再长出可充满线虫体腔的许多营养菌丝，以吸取线虫体内的营养物质，直至只留下线虫的躯壳为止。经常存在于土壤中、各类腐烂的蔬菜及动物粪便上的 *Arthrobotrys oligospora*（少孢节丛孢菌）是最常见的捕食线虫的真菌。真菌的套捕法更为巧妙：先由菌丝长出一短枝，它的顶端再向一边弯曲而形成一个环状菌套，用于套捕线虫。菌套由三个细胞组成，每一细胞都呈弧形。多数菌套由一个具有两三个细胞的柄支持着，常使它与生长菌丝的表面垂直。当线虫头部钻进菌套并试图穿越之际，菌套会因三个细胞急速地向内膨大，细胞直径增大到正常大小的三倍，从而把线虫套得极为牢固。这时，菌套上长出菌丝并穿入线虫体腔，尽量吸取营养。有时菌套柄被线虫弄断，但菌套仍如镣铐一样套在线虫身上，并继续伸出菌丝进入线虫体内吸取营养，其结果反而促进了这种真菌的传播。自然界中捕食性真菌有 20 个属 50 个种以上，如果能进一步利用它们去对严重危害农、牧业的线虫进行生物防治，则将产生巨大的经济效益、社会效益和生态效益。

8.2.5　寄生

所谓寄生，一般指一种小型生物生活在另一种较大型生物的体内或体表，从中取得营养和进行生长繁殖，同时使后者蒙受损害甚至被杀死的现象。前者称为寄生物（Parasite），后者称作宿主或寄主（Host）。寄生又可分为细胞内寄生和细胞外寄生或专性寄生和兼性寄生等数种。

1. 微生物间的寄生关系

微生物间的寄生关系主要是噬菌体与其宿主细菌间的关系，还发现真菌寄生于真菌以及细菌或真菌寄生于原生动物的例子。至于细菌寄生于细菌这类饶有兴致的现象，是直至发现了细菌的"吸血鬼"——蛭弧菌后，才找到了一个绝妙的例子。

1962 年，H.Stolp 等人在研究菜豆叶烧病病原细菌——*Pseudomonas phaseolicola*（栖菜豆假单胞菌）的噬菌体时，在培养了 2 至 3 天后，发现了一个异乎寻常的黄色的"噬菌斑"，经深入研究发现了一种可寄生于细菌的小型弧菌，名为蛭弧菌（*Bdellovibrio*，其中的"Bdello"有水蛭或"吸血鬼"之意）。其中研究得较为详细的是 *B.bacteriovorus*（食菌蛭弧菌）。该菌呈弧状，革兰氏阴性，在细胞一端有一单生鞭毛，菌体长为 $0.24 \sim 0.48 \mu m$，一般仅为杆菌长度的 $1/3 \sim 1/4$。它广泛分布于土壤、污水等处，每克土壤含 $10^3 \sim 10^5$，一般污水中约含 $10^5/mL$。其运动速度极快，每秒运动距离约为其体长的 100 倍。它的宿主主要是肠杆菌科和假单胞菌科的各种种类，如 *E.coli*、*Erwinia carotovora*（胡萝卜软腐病欧文氏菌）、*Pseudomonas solanacearum*（青枯病假单胞菌）、*Xanthomonas oryzae*（稻白叶枯黄单胞菌）、*Azotobacter chroococcum*（褐球固氮菌）和 *Rhizobium* spp.（一些根瘤菌）等，甚至还能寄生于 *Streptococcus feacalis*（粪链球菌）、*Lactobacillus plantarum*（植物乳杆菌）等革兰氏阳性细菌和小球藻等若干藻类中。

蛭弧菌的生活史大体是这样的：当有合适的宿主细胞存在时，它会高速冲向宿主，将细胞的一端与宿主细胞壁接触,接着其"机械攻势"(即细胞每秒转动 100 转以上)和"化学攻势"(分泌水解酶类)双管齐下,经 5~10 分钟后,细胞即进入宿主的周质空间定居,鞭毛脱落,然后分泌各种消化酶,逐渐将宿主细胞的原生质转化为自己的营养物,菌体伸长成螺旋状,最后经断裂和长出鞭毛后,破壁而出,再重新侵染新的宿主。整个生活史约需 4 小时。

从自然界分离到的蛭弧菌,一般都是专性寄生的。通过实验室的人工培养,有时可产生兼性寄生的菌株。细菌与细菌间寄生关系的发现,为在医疗保健上和农业上开展生物防治提供了一条有希望的新途径。

2. 微生物与动、植物间的寄生关系

寄生于动物宿主上的微生物都是一些相应的病原微生物。其中,研究得最深入的是寄生于人类和高等动物的各种病原微生物,如细菌、放线菌、酵母菌、霉菌和病毒。另一类具有重要实践意义的是寄生于昆虫的各种病原微生物,例如细菌、真菌和病毒。由于大多数昆虫都对人类有害,因此寄生于昆虫的各种微生物就有可能供人类利用作为微生物杀虫剂,例如苏云金杆菌等的细菌杀虫剂、白僵菌等的真菌杀虫剂以及各种病毒杀虫剂等。当然,寄生于昆虫的真菌也有形成名贵中药的,著名的冬虫夏草(Cordyceps Sinensis)即为一例。微生物寄生于植物的例子是极其普遍的,各种植物病原体都是寄生物,但寄生的程度分为两种:一种是必须从活的植物细胞或组织中获取所需营养物,称专性寄生物(例如白粉菌、锈菌、霜霉菌和植物病毒);另一种是除寄生生活外,还可生活在死的植物组织上或以死的有机物所配制的培养基中,可称兼性寄生物。

8.3 微生物在自然界物质循环中的作用

自然界蕴藏着极其丰富的元素储备,这些元素不断循环使用,从而使生命世界不断繁荣发展,而微生物在其中起着关键角色,由它推动生物地球化学循环。自地球形成至今约48 亿年的历程中,发生了化学进化与生物学进化两大阶段,它们又各可分 3 个小阶段。在生物学进化的 3 个小阶段中,以微生物为主体的分解者是始终不可缺少的一方,以植物为主体的生产者其次,而以动物为主体的消费者则最迟形成。自然界存在着极其丰富的元素储备。原始地球上所含的主要元素有 O、Si、Mg、S、Na、Al、P、H、C、Cl、F、N、Ar、Ne、Kr 和 Xe 等,因此大自然相当于一个庞大无比的"元素银行"。随着地球上生命的起源和繁荣发展,"元素银行"中为生物体所必需的 20 种左右的常用元素——含量在 1% 以上的 H、C、N、O、P 和 Ca,含量在 0.05%~1% 的 Na、Mg、S、Cl、K 和 Fe,含量不足 0.05% 的 B、F、Si、Mn、Cu、I、Zn、Co 和 Mo 等就逐步被"借用",如果继续下去,整个"元素银行"将因"借空"而无法正常运转,因而生物界亦将不再有任何生机。因此,任何生物个体在其短暂的一生中,实际上只是一个向"元素银行"暂借所需元素而绝不能永久占有的临时"客户"。在大自然的这种关系中,微生物扮演了一个不可缺少的"逼债者"的角色。可以说,整个生物圈要获得繁荣昌盛的发展,其能量来源主要依赖于太阳,而其元素来源则主要依赖于微生物所推动的物质循环。从物质循环的角度来看,自地球起源至今的 45 亿年左右的漫长时间内,经历了化学进化和生物学进化两大阶段,在生物学进化中,又可分单极生态系统、双极生态系统和三极生态系统三个明显不同的发展阶段。

在地球形成初期,待其表面温度逐渐下降后,因地球内部物质的分解而产生的大量气体冲破地表，逐步形成了还原性大气。它只含氢化物气体，例如水蒸气、氨、甲烷和硫化氢等。这种原始地球上的大气层是十分稳定的。当地壳温度进一步降低至 100℃ 以下时，由于大量水蒸气凝聚的结果，地球上出现了原始的海洋。再通过长期雨水的淋溶，地壳表面大量可溶性化合物逐渐汇集和浓缩，最终都累积在原始海洋中，这就为产生各种复杂化合物打下了丰富的物质基础。因此，原始海洋即"原始汤"(Primordial Soup)就成了诞生原始生命的摇篮。在化学进化阶段，包括了从无机小分子物质一直进化到原始的生命。其中又可分为三个阶段：第一阶段由无机小分子物质生成有机小分子物质，如氨基酸、碱基、核糖、脱氧核糖、核苷酸、脂肪酸、卟啉和烟酰胺等；第二阶段由有机小分子物质形成蛋白质、核酸、多糖和类脂等生物大分子；第三阶段由生物大分子组成团聚体或微球体形式的多分子体系并进一步演变为原始的生命。在生物学进化阶段，从物质转化和生态系统进化的角度来看，又经历了以下三个阶段。

1. 单极生态系统阶段

由于在"原始汤"中存在着大量由于化学进化所形成的有机物，这就为最初形成的生物提供了极为丰富的养料。因此，最早大约在 35 亿年前形成的生物必然是异养生物，同时又是厌氧生物，它们依靠发酵的机制而获得能量。这种只存在单一营养类型(异养分解者)的生态系统，就构成了单极生态系统。

2. 双极生态系统阶段

由于"原始汤"中有机物的消耗日益超过其自然产生，即物质转化的运转机制发生新的不平衡，因而单一的异养生物就不能维持下去。大约在 25～30 亿年前，由于厌氧性异养原核生物的不断变异和进化，终于出现了具有叶绿素的蓝细菌，它们能利用光能进行放氧性光合作用，并由无机物制造养料，故是好氧性自养生物。这类自养生物的诞生，使早期的生态系统中具备了自养与异养即合成与分解的两个环节，从而形成了一个完整的双极生态系统。自养的蓝细菌是合成者，即生态系统中的"生产者"，而异养的细菌是"分解者"，它们从蓝细菌那里得到有机养料，并把它分解成无机物质，反过来又将这些无机物质供应给"生产者"使用。

3. 三极生态系统阶段

大约在 10～12 亿年前，可能主要由于不同类型原核生物间发生内共生作用，即一种厌氧性异养原核生物吞进了一种较小的需氧性异养原核生物和带鞭毛的原核生物后，就演变成一个有线粒体和鞭毛作细胞器的真核动物细胞，如果再吞入一种蓝细菌，就演变成叶绿体，于是就成了原始的自养的真核植物细胞。随着真核生物的出现，特别是动植物的分化发展，一个新的三极生态系统终于形成了，并由它来取代原有的较落后的两极生态系统。在这里，以真核植物和蓝细菌为代表的绿色植物成了自然界中的第一极生产者，它们以叶绿素进行光合作用，把二氧化碳和水合成为糖类，并从土壤或水中吸取无机氮和矿物质以合成蛋白质。它们担负着地球上一切生物(除少数自养细菌外)的有机营养物和氧的供应，并使大气的含氧量迅速提高。第二极是由细菌和真菌所构成的自然界中的分解者。上述生产者在光合作用过程中所需要的 CO_2 等无机物必须得到源源不断的供应，如果只有合成而三极生态系统(水体食物链)无分解，则大气中所含的 0.03% 的 CO_2 很快便会告罄。除动植物的呼吸作用可释放少量 CO_2 外，大气中 90% 以上的 CO_2 是依靠细菌和真菌的分解活动而产生的。第三极即动物，它们是自然界中的消费者，这是地球上最后出现的一类生物。没有动物，由生产者和分解者组成的双极生态系统虽然可以存在，但没有动物，生物界只能长期停留在低发展水平上，绝不能出现像目前那样丰富多彩和充满勃勃生机的生物界。例如，没有昆虫，地球上不可能有绚丽多彩的显花植物，没有动物的感觉神经系统的逐步发展，人类也不可能出现。

目前，众所周知的一个典型的三极生态系统是食物链的模式。在农业生产上利用这一原理已设计出很多生态农业的模式，并大大促进了农业生产的发展。

8.3.1 碳素循环

在自然界中，碳及含碳化合物以多种状态存在着。其中周转最快的是大气中的 CO_2（含量为 0.032%）、溶于水中的 CO_2（H_2CO_3）中的碳；极少周转的是含碳岩石（石灰石、大理石）和化石燃料（煤、石油、油页岩、天然气和油母质）中所含的碳。

在自然界的碳素循环中，微生物发挥着重要的作用。大气中低含量的 CO_2 只够供绿色植物进行约 20 年光合作用之需。微生物的作用就是把有机物中的碳元素尽快矿化和释放，从而使生物界处于一种良好的碳平衡环境中。在好氧条件下，CO_2 和 H_2O 经绿色植物的光合作用就生成 O_2 和 CH_2O（表示碳水化合物）。在好氧条件下，CH_2O 可经动、植物和微生物的呼吸作用氧化为 CO_2 和 H_2O。在厌氧条件下，CH_2O 可经发酵而产生醇类、有机酸类、H_2 和 CO_2，这些厌氧发酵产物可通过呼吸而氧化成 CO_2 和 H_2O，也可通过严格厌氧的产甲烷菌（$Methanogens$）而转化成 CH_4，还有一种可能途径是埋在地层下而逐渐变成化石燃料并进一步得到长期保存（见图 8-5）。

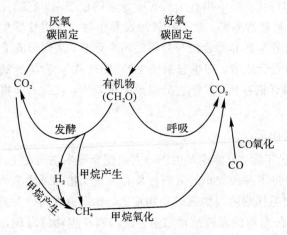

图 8-5 碳循环途径

据估计，地球上有 90% 的 CO_2 是靠微生物的分解作用而形成的。经光合作用固定的 CO_2 中，大部分以聚糖的形式累积在木本和草本植物躯体中。在陆地上所固定的 CO_2 中，几乎有 60% 构成了木材。在木材中，约 75% 是由多糖即纤维素、半纤维素、淀粉、果胶和阿拉伯聚糖所构成，另有 20% 以上是由木质素和木聚糖所构成，而蛋白质的含量仅 1% 左右。在草本植物和灌木中，多糖含量甚至超过木材中的含量。这类产量最大、不易分解的复杂有机化合物，就是靠土壤中一些特殊的微生物来分解的。能分解木质素的主要微生物是担子菌亚门、非褶菌目（$Aphyllophorales$）的真菌，例如 $Fomes$（层孔菌属）、$Polyporus$

（多孔菌属）和 *Polystictus*（云芝）等属的一些菌种。分解纤维素的微生物有真菌、放线菌、细菌和原生动物等，但真菌的分解能力特别强，包括一些子囊菌、半知菌和担子菌，例如真菌中的无隔担子菌 *Polyporus* 和伞菌目（*Agaricales*）的一些种、*Trichoderma*（木霉属）和 *Myrothecium*（漆斑菌属）的一些种等，细菌中的 *Sporocytophaga myxococcoides*（黏球生孢噬纤维菌），以及放线菌中的 *Streptomyces antibioticus*（抗生素链霉菌）等。另有一类在植物细胞壁上含量很高且难以分解的化合物是半纤维素，它是多糖类的杂聚物，水解后生成己糖、戊糖，有时还有糖醛酸。真菌在分解半纤维素的开始阶段较为活跃，后期主要靠放线菌的作用。能够分解半纤维素的真菌遍布于真菌的各个类群中，其数量大大超过能分解纤维素的真菌。

8.3.2　氮素循环

　　自然界的氮素循环是各种元素循环的中心，这是由氮元素在整个生物界中所处的重要地位所决定的。微生物又是整个氮素循环的中心，尤其是一些固氮微生物更可称作开辟整个生物圈氮素营养源的重要物质。氮元素在自然界中的存在形式主要有五种：铵盐、亚硝酸盐、硝酸盐、有机含氮物和大气中的游离氮气。与其他主要元素相比，在地球表面的岩石圈和水圈中，属于铵盐、亚硝酸盐和硝酸盐形式的无机氮化物的含量极其有限，由于其高度水溶性，因此是以极稀的水溶液形式分散在整个生物圈中的。无机结合态氮素的含量，是许多生态系统中初级生产者的最主要限制因子。第二类氮化物是各种活的或死的含氮有机物，它们在自然界中的含量也很少。尤其是以腐殖质形式存在的复杂有机物，在一般的气候条件下分解极其缓慢，故其中的氮素很难释放和重新被植物所利用。在自然界中以大气氮形式存在的氮气是数量最大的氮素贮藏库，然而在所有的生物中，只有少数具有固氮能力的原核微生物及其共生体才能利用。当然，通过火山爆发、雷电和电离辐射也能产生少量的固氮产物。此外，直至第一次世界大战前不久，人类才发明了通过高温、高压下的化学催化以进行分子氮的化学固定。在以上五种形式的氮素进行循环转化的过程中，微生物起着关键的作用（见图 8 - 6）。

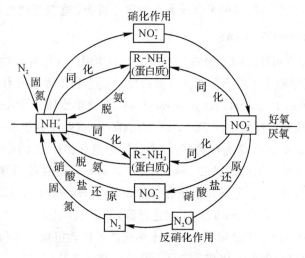

图 8 - 6　自然界中氮循环

1. 生物固氮

据 20 世纪 70 年代中期估计,在全球生物圈范围内,每年由生物固氮作用而固定的分子氮达到 1.7×10^8 吨,其中牧场和草原提供 3.5×10^7 吨,林地提供 4.0×10^7 吨,海洋提供 3.6×10^7 吨,其他土壤提供 0.6×10^7 吨。在固氮生物中,贡献最大的当推共生固氮菌中的 *Rhizobium*(根瘤菌属),估计它每年可为每公顷土地固定氮素达 250 kg 之多;其次是非豆科植物的共生固氮放线菌,如 *Frankia*(弗兰克氏菌属);再次是各种蓝细菌,估计它们每年可为每公顷土壤固定 22 kg 氮素;最后是一些自生固氮菌,例如 *Azotobacter*(固氮菌属),它每年可为每公顷土壤固定约 $0.5 \sim 2.5$ kg 的氮素。在 20 世纪初发明的化学固氮技术虽然为发展农业生产作出了巨大的贡献(1981 年全世界化学固氮量约 5.0×10^7 吨,还不到生物固氮量的 1/3),但是由于它的生产需要高温(500℃)条件和高压($200 \sim 500$ 大气压)设备,材料和能源消耗过大,因此产品价格上升很快。

在农业实践上,利用固氮生物的科学研究十分活跃。在我国,种植豆科植物作绿肥至少有近两千年的历史。据近年来的试验,发现接种根瘤菌制剂的绿肥,可增产 $12\% \sim 67\%$,花生增产 $6\% \sim 20\%$;应用固氮蓝细菌作二季晚稻肥料,平均增产 10%。

2. 硝化作用(Nitrification)

硝化作用即在土壤或水体中的氨态氮经化能自氧细菌的氧化而成为硝酸态氮的过程。硝化作用分两个阶段进行:第一阶段由一群亚硝化细菌如 *Nitrosomonas*(亚硝化单胞菌属)、*Nitrosospira*(亚硝化螺菌属)、*Nitrosococcus*(亚硝化球菌属)和 *Nitrosolobus*(亚硝化叶菌属)参与,把铵氧化为亚硝酸;第二阶段由一群硝酸化细菌参与,如 *Nitrobacter*(硝化杆菌属)、*Nitrococcus*(硝化球菌属)和 *Nitrospina*(硝化刺菌属)等,它们可将亚硝酸氧化为硝酸。硝化作用在自然界氮素循环中是不可缺少的一环,但对农业生产并无多大益处。

3. 硝酸盐同化作用(Assimilatorynitrate Reduction)

几乎一切绿色植物和多种微生物都可利用硝酸盐作氮素营养源,在利用过程中,硝酸盐被重新还原成 NH^{4+} 后再被利用于合成各种含氮有机物,这就是硝酸盐的同化作用。

4. 氨化作用(Ammonification)

氨化作用即含氮有机物经微生物的分解产生氨的作用。含氮有机物的种类很多,主要是蛋白质、尿素、尿酸和几丁质等。能分解蛋白质的微生物的种类和数量均很多,例如兼性厌氧无芽孢杆菌中的 *Pseudomonas fluorescens*(荧光假单胞菌)、*Proteus vulgaris*(普通变形杆菌)等,好氧性芽孢杆菌中的 *Bacillus megaterium*(巨大芽孢杆菌)、*B.Subtilis*(枯草杆菌)和 *B.Mycoides*(蕈状芽孢杆菌)等,厌氧性芽孢杆菌中的 *Clostridium putrificum*(腐败梭菌)等。能分解尿素的细菌如 *Sporosarcina ureae*(脲芽孢八叠球菌)和 *Bacillus pasteurii*(巴氏芽孢杆菌)等。分解几丁质的细菌如 *Bacterium chitinophilum*(嗜几丁杆菌)和 *Chromobacterium chitinochroma*(几丁色色杆菌)等。

氨化作用在农业生产上十分重要。施入土壤中的各种动植物残体和有机肥料,包括绿肥、堆肥和厩肥等都富含氮的有机物,它们须通过各类微生物的作用,尤其须先通过氨化作用才能成为植物能吸收和利用的氮素养料。

5. 铵盐同化作用(Assimilation of Ammonium)

由所有绿色植物和许多微生物进行的以铵盐作为营养,合成氨基酸、蛋白质、核酸和其他含氮有机物的作用,称为铵盐同化作用。

6. 异化性硝酸盐还原作用(Dissimilatorynitrate Reduction)

异化性硝酸盐还原作用指硝酸离子作为呼吸链的末端电子受体从而被还原为亚硝酸的反应。有时亚硝酸还可进一步通过亚硝酸氨化作用(Nitriteam monification)而产生氨或进一步通过反硝化作用(Denitrification)产生氮气、NO 或 N_2O。

能进行异化性硝酸还原作用的微生物都是一些兼性厌氧菌。当环境中缺氧时,它们利用硝酸离子作为呼吸链的末端电子,从而完成生物氧化和氧化磷酸化反应,因此也称硝酸盐呼吸或厌氧呼吸。

7. 反硝化作用

反硝化又称脱氮作用。广义的反硝化作用是指由硝酸还原成 NO^{2-} 并进一步还原成 N_2 的过程,因而把异化性硝酸盐还原作用也包括在内了。狭义的反硝化作用仅指由亚硝酸还原成 N_2 的过程。反硝化作用一般只在厌氧条件下例如在淹水的土壤或死水塘(pH 自中性至微碱性)中发生。少数异养和化能自养微生物可进行反硝化作用,例如 *Bacillus licheniformis*(地衣芽孢杆菌)、*Paracoccus denitrificans*(脱氮副球菌,以前称"脱氮微球菌")、*Pseudomonas aeruginosa*(铜绿假单胞菌)、*Thiobacillus denitrificans*(脱氮硫杆菌)以及 *Spirillum*(螺菌属)和 *Moraxella*(莫拉氏菌属)的一些种等。反硝化作用是使土壤中氮素损失的重要原因之一。在经常进行干、湿变换的水稻田中,土壤常在好氧和厌氧状态下变换,因此有机肥料矿化后产生的胺态氮,在好氧条件下被硝化细菌氧化为硝酸态氮,在厌氧条件下又会被反硝化细菌还原为胺态氮或 N_2。应用 ^{15}N 作示踪对化学氮肥在水稻田中的转化实验发现,施用化学氮肥,其有效利用率只有 1/4 左右,其余部分都由于反硝化作用而损失了。当然,若干水生性反硝化细菌可以用于去除污水中的硝酸盐。

8. 亚硝酸氨化作用

亚硝酸通过异化性还原可以经羟氨而转变成氨,这就叫亚硝酸氨化作用。具有这种作用的微生物主要是一些细菌,例如 *Aeromonas*(气单胞菌属)、*Bacillus*(芽孢杆菌属)、*Enterobacter*(肠杆菌属)、*Flavobacterium*(黄杆菌属)、*Nocardia*(诺卡氏菌属)、*Staphylococcus*(葡萄球菌属)和 *Vibrio*(弧菌属)等。

8.3.3　磷的循环

在生物圈中,磷元素是比较稀缺的。在中性和碱性条件下,由于磷酸中的磷易被两价金属离子(Ca^{2+}、Mg^{2+})和铁离子(Fe^{3+})所沉淀,使其含量更趋下降。磷在一切生命形式中都是极其重要的元素,在生物体中,它经常以磷酸状态存在。细胞内含磷最多的成分是 RNA 分子。此外,DNA、ATP 和细胞膜上的磷脂等都是重要的含磷有机物。微生物在自然界磷素循环中所起的作用见图 8-7。

磷的转化与农业生产关系密切。磷是肥料三要素之一,在长期施用氮肥的土壤中,磷肥尤为重要。土壤中常含有较大量的植物无法利用的有机磷化物或难溶的含磷无机物,它们必须经过微生物的分解才能转变为可被植物吸收的磷酸盐的状态。

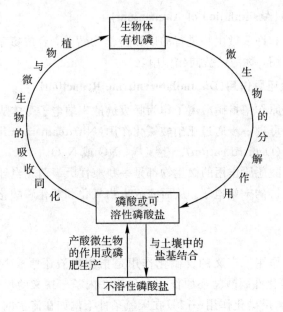

图 8-7 自然界中磷循环

能溶解土壤中磷酸钙（$Ca_3(PO_4)_2$、$CaHPO_4$、$Ca(H_2PO_4)_2$）或磷灰石的微生物较多，主要因为在其生命活动中产生的有机酸，由呼吸作用释放的 CO_2 所形成的碳酸，以及由硝化细菌和硫化细菌产生的硝酸和硫酸都能促进磷酸钙的溶解。已有人用溶磷作用强的菌种制成微生物制剂来提高土壤中有效磷的含量。土壤中所含的复杂的有机磷化物有植素（由植酸即肌醇六磷酸脂与钙、镁结合而形成的盐类）、核酸和磷脂等化合物。土壤中能分解这些物质的微生物种类很多，例如 *Bacillus cereus*（蜡状芽孢杆菌）、*B.mycoides*（蕈状芽孢杆菌）、*B.polymyxa*（多粘芽孢杆菌）等。其中有的已制成"细菌肥料"在农业生产中使用。在水体中，可溶性磷酸盐浓度过大会造成水体的富营养化（Eutrophication），进而严重地污染水源（见图 8-8）。

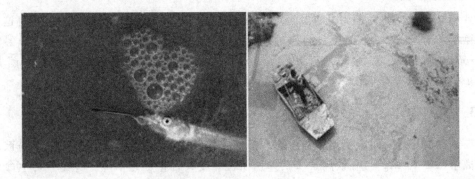

图 8-8 水体富营养化实拍

8.3.4 硫素循环与金属的细菌沥滤

硫是生命物质所必需的元素，其需要量大约是氮素的 1/10（在生物体内 C：N：S＝100：10：1）。硫元素在自然界中的储量十分丰富。硫素循环类似于氮素循环，其各个环节都有相应的微生物参与(见图 8-9)。

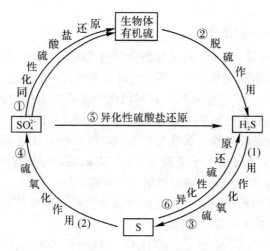

图 8-9 自然界硫循环

1. 硫循环各环节概述

1) 同化性硫酸盐还原作用

同化性硫酸盐还原作用由植物和微生物引起,可把硫酸盐转变成还原态的硫化物,然后再固定到蛋白质等的成分中(主要以巯基形式存在)。

2) 脱硫作用(Desulfuration)

脱硫作用指在厌氧条件下,通过一些腐败微生物的作用,把生物体的蛋白质或其他含硫有机物中的硫矿化成 H_2S 的作用。

3) 硫化作用(Sulfuroxidation)

硫化作用即硫的氧化作用。在好氧条件下,H_2S 可由 *Beggiatoa*(贝日阿托氏菌属)、*Thiothrix*(发硫菌属)等细菌氧化成硫或硫酸,游离的硫还可被硫化细菌 *Thiobacillus*(硫杆菌属)的一些种氧化成硫酸。而在厌氧条件下,H_2S 可被光合细菌 *Chlorobium*(绿菌属)的一些种氧化成硫,或被 *Chromatium*(着色菌属)的一些种氧化成硫酸。这两类硫的氧化作用都称硫化作用。

4) 异化性硫酸盐还原作用

在厌氧条件下,硫酸可通过 *Desulfovibrio*(脱硫弧菌属)、*Desulfotomaculum*(脱硫肠状菌属)等细菌还原成 H_2S。

5) 异化性硫还原作用

硫通过 *Desulfuromonas*(脱硫单胞菌属)等的一些菌种还原成 H_2S 的过程,称异化性硫还原作用。

微生物不仅在自然界的硫素循环中发挥了巨大的作用,而且还与硫矿的形成,地下金属管道、舰船、建筑物基础的腐蚀,铜、铀等金属的细菌沥滤以及农业生产等都有着密切的关系。在农业生产上,由微生物硫化作用所形成的硫酸,不仅可作为植物的硫素营养源,而且还有助于土壤中的磷、钾、钙、锰、镁等营养元素的溶解,对农业生产有促进作用。在通气不良的土壤中所进行的硫酸盐还原作用，会使土壤中 H_2S 含量提高，从而引起水稻秧苗的烂根。

2. 工学应用拓展——微生物冶金

微生物冶金（Bacterial Leaching）又称细菌浸出或细菌冶金。我国于宋朝时，已在江西等地广泛应用细菌沥滤进行铜的生产，不过当时还未知其中的原理而已。现代细菌沥滤技术，是从 1947 年开始逐步发展起来的。它利用化能自养的硫化细菌对矿物中的硫或硫化物的氧化作用，让其不断制造和再生酸性浸矿剂，使所需要的铜等金属不断地从低品位的矿石中溶解出来，成为硫酸铜等金属盐类的溶液，然后再通过电动序较低的铁等金属（一般用废铁粉）加以置换，也可用离子交换等方法，以取得其中铜等有色金属或其他稀有金属。在铜矿的细菌沥滤生产中，主要有以下三个步骤：

（1）溶矿。铜矿石的种类很多，小颗粒的低品位矿石在浸矿剂 $Fe_2(SO_4)_3$ 或 H_2SO_4 的作用下，溶出了大量的 $CuSO_4$。例如：

① 黄铜矿：$CuFeS_2 + 2Fe_2(SO_4)_3 + 2H_2O + 3O_2 \rightarrow CuSO_4 + 5FeSO_4 + 2H_2SO_4$。

② 赤铜矿：$Cu_2O + Fe_2(SO_4)_3 + H_2SO_4 \rightarrow 2CuSO_4 + 2FeSO_4 + H_2O$。

③ 辉铜矿：$Cu_2S + 2Fe_2(SO_4)_3 \rightarrow 2CuSO_4 + 4FeSO_4 + S$。

（2）置换。这纯粹是一个电化学中的置换反应。一般用铁屑将 $CuSO_4$ 中的铜置换出来，获得"海绵铜"，再做进一步加工，即 $CuSO_4 + Fe \rightarrow FeSO_4 + Cu \downarrow$。

（3）再生浸矿剂。这是细菌沥滤中的关键步骤，浸矿剂 $Fe_2(SO_4)_3$ 和 H_2SO_4 的生产和再生主要由好氧性的化能自养细菌——*Thiobacillus ferrooxidans*（氧化亚铁硫杆菌）进行。细菌沥滤特别适合于次生硫化矿和氧化矿的浸取，浸取率达 $70\% \sim 80\%$。此法也可用于锰、砷、镍、锌和钼等硫化矿物和铀等若干稀有元素的提取。其优点是投资少、建设快、成本低、操作简便、规模可大可小，尤其适合于贫矿、废矿、尾矿或火冶炉渣中金属的浸出；缺点是周期长、矿种有限以及不适宜高寒地区使用等。

8.3.5 铁的循环

铁在地壳中的含量极其丰富，但其中只有一小部分参与自然界中铁元素的循环。铁的循环主要是在无机物或有机物中存在的铁离子（Fe^{3+}）与亚铁离子（Fe^{2+}）间所进行的氧化还原反应。参与将 Fe^{2+} 氧化为 Fe^{3+} 的反应是在有氧条件下进行的，有些化能自养的铁细菌，例如丝状并有鞘套的 *Leptothrix*（纤发菌属）、*Crenothrix*（泉发菌属）和单细胞杆状的 *Gallionella*（嘉利翁氏菌属）都能把产生的 $Fe(OH)_3$ 分泌到细胞外而沉积在鞘套或菌柄上，其中的 *Gallionella* 是专性无机营养型细菌，只能利用 Fe^{2+} 氧化成 Fe^{3+} 时产生的能量。另一类化能自养的硫化细菌 *Thiobacillus ferrooxidans*（氧化亚铁硫杆菌）也能氧化一种结晶态的硫化亚铁——黄铁矿粒而产生硫酸和亚铁离子，并进一步把亚铁离子氧化成铁离子。

8.4 工科微生物工程实际应用举例

8.4.1 微生物工程和污水清洁

随着人类工业生产活动的高速发展和人口的急剧增长，使人类赖以生存的环境受到越来越严重的污染。所谓环境污染，主要是指生态系统的结构、机能受到外来有害物质的影响或破坏，无法进行正常的物质循环。这种情况在水体环境的污染中尤为明显，它常表现为无法进行水体的自净作用。水源的污染是危害最广、最大的污染。污水的种类很多，有生活污水、工业有机污水（如屠宰、造纸、淀粉和发酵工业等的污水）、工业有毒污水（农药、炸药、石油化工、电镀、印染、制革等工业污水）和其他污水等。其中所含的各种有害物质，例如农药、炸药（TNT、黑索金等）、多氯联苯（PCB）、多环芳烃（致癌剂）、酚、氰和丙烯腈等的污染后果尤为严重。在污水处理方法中，最关键、最有效和最常用的方法是微生物处理法。

1. 污水处理中的特殊微生物

在自然界中，存在着各种能分解相应污染物的微生物类型。例如，已知的能分解氰的微生物就有 *Nocardia*（诺卡氏菌属）、*Fusarium solani*（腐皮镰孢霉）、*Trichoderma lignorum*（木素木霉）和 *Pseudomonas*（假单胞菌属）等 14 个属的 49 个种。它们能产生氰水解酶，把氰中的 C、N 分别水解成 CO_2 和 NH_3 的形式释放，*Fusarium* 还能利用氰作为其碳源与氮源营养物。*Nocardia corallina*（珊瑚诺卡氏菌）经诱导后能产生丙烯腈水解酶系，使丙烯腈水解成丙烯酰胺和氨，然后继续水解形成丙烯酸，最后放出 CO_2 和水。其降解能力很强，1 g 菌体在 25 分钟时间内可消除 250 mg 丙烯腈，已用于生物滤塔中的生物膜上。多氯联苯（PCB）是一种很难分解的大分子毒物，容易通过食物链而富集。只有少数微生物如 *Rhodotorula*（红酵母属）、*Pseudomonas*（假单胞菌属）和 *Achromobacter*（无色杆菌属）才可使多氯联苯在脱氯和开环后，形成苯甲酸和苯丙酮酸。一些多环芳烃类致癌物质如蒽和菲等，也可通过 *Alcaligenes*（产碱杆菌属）、*Pseudomonas*、*Corynebacterium*（棒杆菌属）和 *Nocardia* 等属中的一些菌种所降解。在国防工厂生产三硝基甲苯（TNT）和黑索金（RDX）两种烈性硝基炸药过程中，常有此类极难降解的污染物流出，对植物危害极大。目前我国已筛选到降解 TNT 的 *Citrobacter*（柠檬酸杆菌属）、*Enterobacter*（肠杆菌属）、*Klebsiella*（克雷伯氏菌属）、*Escherichia*（埃希氏菌属）和 *Pseudomonas* 等属的若干菌种；降解 RDX 的有 *Corynebacterium* 等。它们可在 24 小时内去除 100 mg/L 的 TNT 或在 3 天内去除 40～70 mg/L 的 RDX。一些高分子化合物也是严重污染环境的化合物，其中的芳香族磺酸盐可被 *Pseudomonas putida*（恶臭假单胞菌）所降解；1-苯基-十一烷磺酸盐（ABS）可被 *Bacillus*（芽孢杆菌属）的菌种所降解；常用作浆料、黏合剂和胶片的聚乙烯醇（PVA）是一类很难被一般的活性污泥中微生物所分解的高聚物。目前已培育出一种 *Pseudomona ssp.*，能利用 PVA 作碳源，在 7 天内降解 PVA500 mg/L。据知该菌含有两种酶，分别用以切断长链 PVA 和使之氧化成 H_2O_2。

2. 微生物处理污水的原理及工程应用

用微生物净化污水的过程（见图 8-10），实质上就是在污水处理装置这一小型生态系统内，利用各种生理生化性能的微生物类群间的相互配合而进行的一种物质循环过程。当高 BOD_5 的污水进入污水处理装置后，其中的自然微生物区系在好氧条件下，根据其中营养物质或有毒物质的情况，在客观上造成了一个选择性的培养条件，并随着时间的推移，发生了微生物区系的有规律的更迭，从而使水中的有机物或毒物不断被降解、氧化、分解、转化或吸附沉降，进而达到去除污染物和沉降、分层的效果。自然去除废气后的低 BOD_5

清水，可流入河道。经好氧性微生物处理后的废渣——活性污泥或生物膜的残余物，是比原来污水的 BOD_5 更高的有机物，它们可通过厌氧处理(又称污泥消化或沼气发酵)而生产出有用的沼气和有机肥料。在微生物处理污水过程中，BOD_5 和 COD 这两个名词是十分常见的，下面对其进行解释。

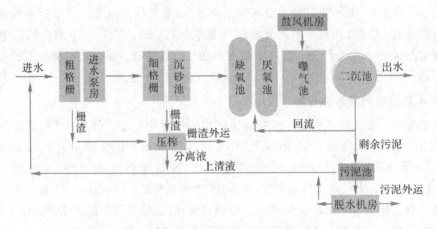

图 8-10　微生物污水处理工艺流程简图

1) BOD_5(Biologica Oxygen Demand)——五日生化需氧量

"五日生化需氧量"是一种表示水中有机物含量的间接指标，一般指在 20℃下、1 L 污水中所含的有机物(主要是有机碳源)在进行微生物氧化时，5 日内所消耗的分子氧的毫克数(或 PPM 数)。BOD_5 测定的大体操作是：取一定量被测水样，用加有磷素营养(如 NaH_2PO_4 或 K_2HPO_4 等)和经氧饱和的稀释用水，将被测水样稀释到一定浓度，然后放在密封瓶内，在 20℃恒温箱内培养 5 天，最后测定水中残留的溶解氧的量，并计算 BOD_5 值。在水处理技术中，污水处理前后水中 BOD_5 值之差，即可理解为这一处理过程对有机物处理效率的高低。

测定瓶中所发生的微生物氧化作用过程，实际上存在着三个阶段：第一阶段为异养微生物利用污水中有用的、不难分解的有机物，它们在生长过程中同化了这些有机物质，并排出还原性的无机代谢产物；第二阶段为原生动物捕食第一阶段生长繁殖出来的大量细菌群体；第三阶段则主要由自养细菌把氨氧化为硝酸盐和利用 CO_2 为碳源。BOD_5 的测定，仅反映了上述第一阶段中异养微生物区系对有机物的好氧分解状况。BOD_5 的测定起始于英国(1870 年)，目的是判断河水污染的程度以保护河流。由于英国的泰晤士河水自源头至大海流程仅 5 天左右，且英国夏天河水的平均温度在 20℃左右，故至今全世界还一直以这一条件为依据来测定 BOD_5。

2) COD(Chemical Oxygen Demand)——化学需氧量

使用强氧化剂使污水中的有机物质迅速进行化学氧化时所消耗氧的毫克数，称 COD 或化学需氧量。实际上，污水中除有机物外，其中的许多无机物也能被氧化而产生 COD 值。COD 能在短时间中测得，有利于指导现场操作。使用的氧化剂一般有 $KMNO_4$ 和 $K_2Cr_2O_7$。$KMNO_4$ 的氧化力较弱，往往只能使 60% 左右的污染物氧化，而在污水中含量较高的低级脂肪酸盐类等却不易被氧化，因此测得的数值常较低。$K_2Cr_2O_7$ 的氧化能力极强，氧化率高达 80%～100%，只有少数直链脂肪族有机物、芳香烃和吡啶等环式化合物才不易被氧化。因此，实际使用时常采用 $K_2Cr_2O_7$ 作氧化剂，并把测得的数值称为 COD_{cr}。同一污水的 BOD_5 与 COD 值是不一致的，但一般都呈明显的比例关系。

3. 污水处理的主要装置原理

1）节能型污水处理装置

（1）氧化塘法（Oxidationponds 或 Lagoon）。

氧化塘法是近年来一种利用自然生态系统净化污水并具有良好节能效果的方法。氧化塘是一个面积大、能接受阳光照射的浅池，污水从一端流入，从另一端溢流而出。在氧化塘中存在着三种作用：① 有机物的好氧性分解和厌氧消化，前者主要由好氧细菌进行，后者则主要由厌氧菌进行；② 光合作用，主要由藻类和水生植物进行；③ 藻类细胞的消除，由各种动物进行。

因此，用氧化塘法处理污水实际上是一个菌藻共生的生态系统。水中的有机污染物被好氧细菌所分解，其所需的氧除来源于大气扩散外，有很大一部分是由藻类在光合作用过程中所释放的。细菌在分解有机物质的同时，除合成自身的原生质外，还产生藻类光合作用所需要的 CO_2 和无机盐类。藻类细胞既可被细菌所分解，也可被动物所吞食，从而使藻体不至过多累积。氧化塘的底部处于厌氧环境下，故有利于使过多的无机氮化物通过反硝化作用以氮气的形式而消失，有利于避免氧化塘的富营养化（Eutrophication）。效果良好的氧化塘，能将污水中 80%～90% 的 BOD_5 去除。总之，氧化塘的优点是投资少、设备简单、操作容易，缺点是它所占据的土地面积大。

（2）洒水滤床法（Trickling Filter Process）。

将污水通过由一层石块及其上附着的生物膜（Biological Filter）组成的滤床，使污水中的有机物质被生物膜中的各种微生物区系强烈地吸附、降解、吸收和氧化，从而使污水变清。洒水滤床的面积可大可小，碎石层的厚度一般为 2 m 左右，可选择适当大小的石块进行充填。污水从上面均匀洒下，由于微生物区系的吸附和繁殖，在小石块表面很快形成一薄层滑腻的暗色薄膜——生物膜。在生物膜的小环境中，表面为好氧层，以 *Bacillus*（芽孢杆菌属）和 *Pseudomonas*（假单胞菌属）等细菌占优势，内层为厌氧层，能找到 *Desulfovibrio*（脱硫弧菌属）等的专性厌氧菌，中层则生长大量的兼性厌氧菌，例如 *Alcaligenes*（产碱杆菌属）、*Flavobacterium*（黄杆菌属）、*Achromobacter*（无色杆菌属）、*Micrococcus*（微球菌属）和 *Zoogloea*（动胶菌属）等微生物。在生物膜上还有丰富的动物群落，主要是原生动物，例如鞭毛虫（*Phytomastigophora*）、纤毛虫（*Ciliata*）和吸管虫（*Suctoria*）等，它们可吞食有机物和细菌，在污水处理中也发挥着重要的作用。

洒水滤床一般在春季开始运转，以便有足够时间（一般为 3～6 个月）培育生物膜，这段时间就是熟化（Mature）时间。洒水滤床法的优点是 BOD_5 和病菌的去除率高（约 95%），节约能源，对毒物有较强的耐受力等。

2）耗能型污水处理装置

（1）活性污泥法（Activated Sludge Process）。

活性污泥法又称生化曝气法。此法最早由英国人 Clark 和 Gage 创建于 1914 年。经多年修正、改进，至今该法一直是污水处理中的主要方法。所谓活性污泥，是指一种由细菌、原生动物和其他微生物群体与污水中的悬浮有机物、胶状物和吸附物质在一起构成的凝絮团，在污水处理中具有很强的吸附、分解和利用有机物或毒物的能力。活性污泥中的微生物与生物膜相似，也是以细菌和原生动物为主。细菌有 *Zoogloea ramigera*（生枝动胶菌）、*Sphaerotilus natans*（浮游球衣菌）、*Pseudomonas*（绿脓杆菌）、*Achromobacter*（无色杆菌属）、*Nitrosomonas*（亚硝化单胞菌属）、*Flavobacterium*（产黄菌属）、*Bacillus*（芽孢杆菌属）、*Arthrobacter*（节杆菌属）和 *Bdellovibrio*（蛭弧菌属）等。如果 *Sphaerotilus natans* 等丝状细菌大量繁殖，就会使污泥呈膨胀状态（污水处理效果差）。原生动物以 *Carchesium*（独缩虫属）、*Opercularia*（盖纤虫属）和 *Vorlicella*（钟虫属）为主。活性污泥去除污水的能力是极高的，它对生活污水的 BOD_5 去除率可达 95％左右，悬浮固体去除率也达 95％左右，对污水中的病原细菌和病毒的去除率均很高。

上述用活性污泥法处理污水，实际上也像一种连续培养装置，所不同的是这里用的菌种是活性污泥中的自然混合菌种，而且不怕杂菌污染。与连续培养相似之处是这一污水处理还应维持合适的微生物生长温度（20～40℃）和合理的营养物浓度（一般 BOD_5：N：P＝100：5：1）。因此，为使对特殊污染物具有较强的分解效果，还应人为地补充一些有机氮源和磷素营养，并培育、接种入相应的优良分解微生物。例如，接入某些 *Fusarium*（镰孢霉属）和 *Nocardia*（诺卡氏菌属）的一些菌种就能更好地分解氰化物；接入能生长在 0.2％酚溶液中的几种假单胞菌，如 *Psendomonas phenolphagum*（食酚假单胞菌）和 *P. phenolicum*（解酚假单胞菌），就能更好地分解污水中的酚，等等。

（2）生物膜法。

关于生物膜的概念在前面内容已作过叙述，这里要介绍的是适合土地面积紧张的大城市内有关工厂污水处理的生物转盘法和塔式生物滤池法。

① 生物转盘法。生物转盘是一种由许多质地轻、耐腐蚀的塑料圆板平行等距进行排列，转盘的圆心由一根横轴串联而成。每片圆盘的下半部都浸没在盛有污水的半圆柱形横槽中，而上半部则敞露在空气中，整串圆盘借电动机而缓缓转动。在生物转盘的开始阶段，需要让其表面着生一层生物膜，称为"挂膜"。待生物膜形成后，随盘片不停地旋转，使污水中的有机物不断被生物膜吸附、充氧和氧化、分解，从而使污水不断得到净化。盘片上过多生长且老化的生物膜，会随着圆盘的旋转而使污水对其产生剪切力，从而促使老膜剥落，随即又在盘上形成新的生物膜。生物转盘上的微生物种类和数量，随其在整个处理槽中的排列位置的不同而有所变化。接近进水口盘片上的生物膜，以菌胶团和丝状细菌为主；在中间盘片的生物膜上，新生的菌胶团增多，各类原生动物依次出现；而在接近出水口的各级盘片上则出现了大量的原生动物。据报道，用生物转盘法处理含丙烯腈污水、含酚污水和医院污水等均有良好效果。

② 塔式生物滤池法。塔式生物滤池是平面生物滤池向立体发展的产物，结构呈大圆筒状，有的高达 20 余米，其直径与高度之比常为 1：6 到 1：8。塔体上部有布水器，中间有许多层隔栅，隔栅上放置填料，下部为集水器。填料一般由浸过酚醛树脂的蜂窝纸制成，也可用滤渣、矿渣等多孔材料充填。在运转前也要先行"挂膜"。使用时，污水用泵提升至塔体顶部，由布水器均匀布水，经填料由上而下流动，其中的有机物被填料上的生物膜吸附。由于塔式结构有良好的自然通风条件，在必要时尚可进行人工通风，因此生物膜上的好氧微生物可对有机物进行强烈氧化和分解，从而使污水得到了净化。由于在塔内的

污水浓度自上而下呈梯级下降，因此填料上生物膜中微生物的类型和数量也呈垂直分布性的差别。

总之，塔式生物滤池具有占地面积小、易设计、造价低、利通风和效率高等优点。其缺点是污水滞留的时间较短，对大分子有机物的氧化较困难等。

3）产能型污水处理装置——厌氧消化器

在上述各种污水处理方法中，都存在着以下几个共同的问题：

（1）大量以活性污泥或脱落生物膜形式出现的废渣，必须加以进一步处理，否则会形成"二次污染"；

（2）对一些 BOD_5，超过 10 000 mg/L 的有机废水，如屠宰废水等的处理效果很差；

（3）要消耗大量动力。

用厌氧消化法即沼气发酵正好能克服上述三项问题，此外，还能产生大量的生物能——沼气，化废为宝，因此近年来已受到各方面的重视。有关沼气发酵的微生物学原理、生化机制以及与环境保护的关系，将在下面作比较详细的阐述。

8.4.2　微生物工程与沼气利用

据估计，地球上绿色植物的光合作用，每年约同化 7×10^{11} 吨 CO_2，并合成 5×10^{11} 吨糖类。这些糖类通过各种代谢途径再转化成动、植物和微生物的各种形式的有机物，并为整个地球上生物圈的繁荣昌盛提供了丰富的物质基础。某一时刻存在于一个生态系统内的全部生物体有机物质的总和，称为生物量（Biomass）。在地球上的生物量中，以植物秸秆和其他动、植物残体的含量为最高，这是一类可再生资源（Renewable Resource）或永续资源。在实践上，这一巨大的生物资源有两类效果截然不同的利用方式。第一类是传统的一步利用即燃烧的方式，只能快速地取得其中 10% 左右的热能，并获得少量肥效较差的草木灰肥料。久而久之，由于土壤缺乏氮肥和有机物，就会降低肥力、破坏结构和引起砂质化等一系列恶性循环。第二类是现代合理的梯级利用方式，即先将秸秆打碎供牲畜作饲料，然后将畜粪进行沼气发酵，把有机物中 90% 左右的化学能释放利用，经沼气发酵后的固体残渣还可当做良好的有机肥料（甚至还可充当部分饲料）。这种方式充分发挥了秸秆等生物量的饲料、燃料和肥料的三项功能，不但促进了农村经济的发展，还能达到改良土壤、提高肥力的效果，因此是一项表面上呈现"缓效"而实质上却能达到良性循环的农业生态工程，而沼气发酵正是其中的关键步骤。据我国农牧渔业部的调查，我国农村户用沼气池近几年来逐年增加，2000 年年底，农村户用沼气池达到 848 万户，2006 年年底已达到 2200 万户，2007 年年底为 2650 万户，2008 年年底为 3050 万户，2009 年年底为 3500 万户，2010 年年底已经超过 4000 万户。可以看出，户用沼气池数量一直呈现递增的发展趋势，并以平均每年约 17% 的速度增长。2015 年农村户用沼气用户已达 5000 万户，根据《可再生能源中长期发展规划》，到 2020 年我国沼气年利用总量将达到 440 亿立方米，其中农村沼气利用量将达到 300 亿立方米。所以，沼气发酵从长远的战略眼光来看，确是一项利国利民的措施。

1. 沼气发酵的核心阶段

沼气（Marshgas 或 Swampgas）又称生物气（Biogas），是一种混合可燃气体，其中除含主要成分甲烷外，还含少量 H_2、N_2 和 CO_2。所谓沼气发酵，若按其生物化学本质来说，就是一种由产甲烷菌进行的甲烷形成(Methanogenesis)过程。20 世纪初，V.L.Omeliansky(1906)提出了甲烷形成的一个阶段理论，即由纤维素等复杂有机物经甲烷细菌分解而直接产生 CH_4 和 CO_2；从 20 世纪 30 年代起，有人按其中的生物化学过程而把甲烷形成分成产酸和产气两个阶段；至 1979 年，M.P.Bryant 根据大量科学事实，已提出把甲烷的形成过程分成三个阶段(见图 8-11)。

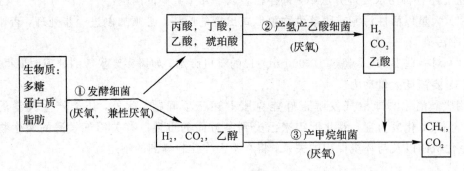

图 8-11　沼气发酵原理流程

第一阶段：由厌氧和兼性厌氧的水解性细菌或发酵性细菌将纤维素、淀粉等糖类水解成单糖，并进而形成丙酮酸；将蛋白质水解成氨基酸，并进而形成有机酸和氨；将脂类水解成甘油和脂肪酸，并进而形成丙酸、乙酸、丁酸、琥珀酸、乙醇、H_2 和 CO_2。本阶段的水解性细菌，主要包括 *Clostridium*(梭菌属)、*Bacteroides*(拟杆菌属)、*Butyrivibrio*(丁酸弧菌属)、*Eubacterium*(优杆菌属)和 *Bifidobacterium*(双歧杆菌属)等专性厌氧细菌；兼性厌氧菌包括 *Streptococcus*(链球菌属)和一些肠道菌等。

第二阶段：由产氢产乙酸细菌群利用第一阶段产生的各种有机酸，分解成乙酸、H_2 和 CO_2。产氢产乙酸细菌是在 1967 年由 M.P.Bryant 发现的。他仔细地研究了污泥中含量最丰富的 *Methanobacterium omelianskii*(奥氏甲烷杆菌)后，发现此菌其实是两种细菌的共生体。在以乙醇为氧化基质的培养基上，从 *M.omelianskii* 中可分离出两种细菌：其一称S 菌株，是一种产氢产乙酸的革兰氏染色阴性杆菌，能运动、厌氧，并能发酵乙醇产生乙酸和分子氢，但当环境中 H_2 浓度达到 0.5 大气压时，生长就受抑制；另一种称 MOH(Methanobacterium Oxidising Hydrogen)的菌株是革兰氏染色不定的厌氧杆菌，能利用分子氢产生甲烷，但不能利用乙醇，它与 S 菌株间形成了一个共生体。

产氢产乙酸细菌群在甲烷发酵中的生理功能，是将第一阶段的发酵产物如丙酸等三碳以上的有机酸、芳香族酸和醇类等，氧化分解成乙酸和分子氢。据报道，在每毫升下水道污泥中含有 4.2×10^6 个产氢产乙酸细菌。但对这类细菌进行菌种鉴定等工作尚开展不多。

第三阶段：由严格厌氧的产甲烷菌群(Methanogens 或 Methane Producing Bacteria)来完成。这群细菌只能利用一碳化合物(CO_2、甲醇、甲酸、甲基胺和 CO)、乙酸和氢气形成甲烷。在其形成的甲烷中，约有 30% 来自 H_2 的氧化和 CO_2 的还原；另外 70% 左右则来自乙酸盐。在甲烷发酵的三个阶段中，产甲烷菌形成甲烷是关键所在；产甲烷菌也是自然界碳素循环中厌氧生物链的最后一个成员，对自然界物质循环起着重要的作用。

从进化上看，产甲烷菌属于古细菌(*Archaebacteria*)。它们是一类既不含过氧化氢酶也不含超氧化物歧化酶(SOD)的严格厌氧菌。直至 1950 年后，由于普遍应用并改进了 R.

E.Hungate 所创建的滚管培养这种严格厌氧技术，才陆续分离并鉴定了许多产甲烷菌的新种。例如，1956 年，H.A.Barker 曾将产甲烷菌归纳成产甲烷菌科（*Methanobacteriaceae*）1个科 4 个属和 8 个种；至 1979 年，W.E.Belch 等根据 16S rRNA 寡核苷酸片段间同源性（S_{ab}）的大小，来确定所发现的各种产甲烷菌在分类上的亲缘关系，并提出了一个把产甲烷菌分成 3 目、4 科、7 属、13 种的新的分类系统。据 1990 年 D.R.Boone 统计，至今所发现的产甲烷菌总数已达 55 种，它们分别属于 3 目、6 科和 17 属。

2. 甲烷形成的生化机制

大多数产甲烷菌能利用 H_2 作为 CO_2 的还原剂以合成有机物，同时它们还利用特殊的厌氧呼吸，即甲烷发酵或碳酸盐呼吸来取得生命活动所需的能量。在后一种情况下，氢供体是 H_2，氢受体是 CO_2。因此，产甲烷菌是一群在自然界中具有十分独特生理类型的微生物，它们属于古细菌（*Archaebacteria*）。有关产甲烷菌的甲烷形成和产能机制正在深入研究，现将有关研究阐述如下。

产甲烷菌是一类严格的厌氧菌，它们在 E_h 低于 -330 mV 时才能形成甲烷。CO_2 被 H_2 还原是一个逐步还原的过程，其总反应式是：

$$CO_2 + 4H_2 \rightarrow CH_4 + 2H_2 + O_2$$

除上述的 CO_2 可被 H_2 还原成 CH_4 外，产甲烷菌还能利用乙酸、甲醇等作为基质还原 CO_2 产生 CH_2。由乙酸作基质时，产甲烷菌的生长较利用 H_2 和 CO_2 时缓慢。实际上，乙酸先被分解成 CO_2 和甲基，然后甲基很可能再与 CO 相结合而被还原成甲烷，其还原力 [H] 来自 $CO + H_2 \rightarrow CO_2 + 2H$ 的反应（由一氧化碳脱氢酶所催化）。由于氰化物是其一氧化碳脱氢酶的抑制剂，因此，以乙酸作基质形成甲烷的过程可被氰化物所抑制。

在由甲醇作基质形成甲烷的过程中，一部分甲基被氧化成 CO_2 并提供了还原力 [H]，其余部分甲基则被还原成甲烷。目前知道，在甲基还原成甲烷的过程中，甲基先转移到一种与 5-羟基苯并咪唑钴胺相结合的蛋白上，进一步还原为甲烷。

8.4.3　工科应用拓展——环境污染的微生物监测

由于微生物细胞与环境接触的直接性以及微生物对其反应的多样性和敏感性，使微生物成为环境污染监测中重要的指示生物。例如：用肠道菌群的数量作为水体质量的指标；用鼠伤寒沙门氏杆菌的组氨酸缺陷突变株的回复突变即"艾姆氏试验法"检测水体的污染状况和食品、饮料、药物中是否含有"三致"（致癌变、致畸变、致突变）毒物（详见第 7 章）。微生物的生长、繁殖量和其他生理、生化反应也是鉴定微生物生存环境质量优劣的常用指标，其中利用生物发光监测环境污染是一个既灵敏又有特色的方法：发光细菌是一类 G^-、长有极生鞭毛的杆菌或弧菌，兼性厌氧，在有氧条件下能发出波长为 $475 \sim 505$ nm 的荧光。生物发光的生化反应是 NADH 中的 [H] 先传递给黄素蛋白以形成 $FMNH_2$，然后其中的 [H] 不经过呼吸链而直接转移给分子氧，能量以光能形式释放。其反应式为：

$$FMNH_2 + O_2 + RCHO \rightarrow FMH + RCOOH + H_2O + 光$$

除初级电子供体 NADH 外，发光反应还须提供 FMN、长链脂肪醛、O_2 和荧光素酶这四个条件。细菌合成荧光素酶是通过一种独特的自诱导方式进行的，即在发光细菌生长时，会分泌一种自诱导物至周围环境中，当浓度达到临界点时，就会开启编码荧光素酶的发光基因 Lux 操纵子，从而诱导自身合成荧光素酶。细菌发光的强度受环境中氧浓度、毒物种类及其含量等的影响，只要用灵敏的光电测定仪器就可方便地检测试样的污染程度或毒物的毒性强弱。

复习思考题

1. 为什么说土壤是微生物的"大本营"或人类最丰富的"菌种资源库"？

2. 什么叫生物体的正常菌群？

3. 什么叫无菌动物？什么叫悉生生物？悉生学研究什么？

4. 检验饮用水的质量时，为什么要把大肠杆菌数作为重要测定指标？我国卫生部门对自来水的总菌量和大肠杆菌量有何规定？

5. 什么是极端条件下的微生物？举例说明各种极端条件下的微生物。

6. 工农业产品为何会发生霉腐、变质？如何预防？能举些实例吗？

7. 何谓菌种筛选？从含菌样品中筛选菌种，一般要通过哪几个环节和方法？

8. 微生物与植物间的寄生关系有几类？试举例说明之。

9. 氮元素在自然界中是如何循环的？为什么说微生物在自然界的氮素循环中起着关键的作用？

10. 用微生物学方法处理污水的基本原理是什么？

11. 沼气发酵的微生物学原理是什么？试分析沼气发酵在国民经济和环境保护中的重大战略意义。

第 9 章　微生物进化分类学

第 9 章　课件

　　微生物作为最原始的生命经过漫长的进化历程直至今天形成了千姿百态的生物种类。今天仍生存在地球上的生物种类，彼此之间都有或远或近的历史渊源。进化(Evolution)是指生物与其生存环境相互作用过程中，其遗传系统随时间发生一系列不可逆的改变，在大多数情况下，导致生物表型改变和对生存环境的相对适应。一般来说生物分类有两种基本原则：根据表型(Phenetic)特征的相似程度分群归类，这种表型分类重在应用，不涉及生物进化或不以反映生物亲缘关系为目标；按照生物系统发育相关性水平来分群归类，其目标是探寻种生物之间的进化关系，建立反映生物系统发育的分类系统。

　　目前所知道的微生物种数已超过了十万种，这还是一个正在急剧扩大着的数字。微生物学工作者只有在掌握了分类学知识的基础上，才能对纷繁的微生物类群有一个清晰的轮廓，并对它们进行分类、鉴定和命名等工作。微生物分类学(Microbial Taxonomy)是一门按微生物的亲缘关系把它们安排成条理清楚的各种分类单元或分类群(Taxon)的科学，它的具体任务有三，即命名(Nomenclature)、分类(Classification)和鉴定(Identification)。具体地说，命名的任务是为一个新发现的微生物确定一个新学名，即当详细观察和描述某一具体菌种后，经过认真查找现有的权威性分类鉴定手册，发现这是一个以往从未记载过的新种，这时，就得按微生物的国际命名法规给予一个新的学名。分类的任务是解决从个别到一般或从具体到抽象的问题，亦即通过收集大量描述有关个体的文献资料，经过科学的归纳和理性的思考，整理成一个科学的分类系统。鉴定的任务与分类恰恰相反，它是一个从一般到特殊或从抽象到具体的过程，亦即通过详细观察和描述一个未知名称纯种微生物的各种性状特征，然后查找现成的分类系统，以达到对其知类、辨名的目的。

9.1　微生物常规分类

9.1.1　主要系统分类单元

1. 七级分类单元

　　种以上的系统分类单元(Taxon 或 Category，也称分类阶元或分类群)自上而下依次可分七级，即界 Kingdom(*Regnum*)、门 Phylum(*Phylum*)或 Division(*Divisio*)、纲 Class(*Classis*)、目 Order(*Ordo*)、科 Family(*Familia*)、属 Genus(*Genus*)、种 Species(*Species*)。在这七级中，在必要时每一级都可有若干辅助单元，故共可有十余级。科级以上分类单元的名称是拉丁或希腊词源的名词、用作名词的形容词或一个拉丁化的外来词，应是阴性、复数并且首字母用大写。实际上，在现代细菌命名中，科以上各分类单元都采用阴性和复数的形容词形式作名词使用，例如 *Pseudomonadaceae*(假单胞菌科)等。

2. 种的概念

在微生物尤其在原核类微生物中,种的定义是极难确定的,至今还找不到一个公认的、明确的种的定义。这是因为,微生物与高等生物不同,在高等生物中可用于定义种的几个主要性状,在微生物中是无法使用的。例如,有关"性"的标准就因为原核生物中只有少数种类存在接合现象,故无法应用;有关形态标准也因为大多数原核生物的细胞形态过于简单,提供的形态信息太少,也很难用于种的划分,等等。

可以认为,种是一个基本分类单位,它是一大群表型特征高度相似、亲缘关系极其接近、与同属内其他种有着明显差异的菌株的总称。在微生物中,一个种只能用该种内的一个典型菌株(Typestrain)来做具体标本,故这一典型菌株就是该种的模式种(Typespecies)。

在微生物学中,至今种的范围还无法确定。从《伯杰氏细菌鉴定手册》前 8 版中几个代表性属的种数变化,可以说明,目前种的确定还带有很大的人为因素:

(1) 由于当时分类学家观点上的倾向而有所变动。

(2) 由于对微生物分类的新知识或新技术的建立而有所变动。

(3) 由于人们对某群微生物的重视而有所变化,如 1940 年后因在 *Streptomyces*(链霉菌属)中发现大量抗生素而加强了对该属的研究。由于在微生物中,尤其在原核生物中的种只是一大群性状极其相同的菌株的总称,所以在微生物学中的"种"还只是一个抽象的概念。

在这里,具体的种是指能代表这个种的各典型性状的一个被指定的菌株亦即模式菌株。随着微生物分类学的发展,人们越来越清楚地看到种的定义应建立在遗传物质即DNA 鉴定的基础上,把 DNA 同源性的大小作为划分种的标准。但是,这样做会对实际应用和对历史遗产的继承带来一定的困难。

在讨论种的问题时,还要介绍一个"新种"(sp.nov.或 nov.sp.,是 Species Nova 的缩写)的概念。如果某分类工作者在实际工作中获得并鉴定一个新种,当他按"法规"命名并进行发表时,应在其学名后附上"sp.nov."符号。在新种发表前,其模式菌株的培养物就应存放在一个永久性的菌种保藏机构中,并允许人们能从中取得。

9.1.2 微生物物种学名

每一种微生物都有一个自己的名字,名字有俗名(Common Name)和学名(Scientific Name)两种。俗名指普通的、通俗的、地区性的名字,具有简明和大众化的优点,但往往涵义不够确切,易于重复,使用范围有限。例如,"结核杆菌"(*Tubercle bacillus*)用于表示 *Mycobacterium tuberculosis*(结核分枝杆菌),"绿脓杆菌"表示 *Pseudomonas aeruginosa*(铜绿假单胞菌),"白念菌"表示 *Candidaalbicans*(白色假丝酵母),"金葡菌"表示 *Staphylococcus aureus*(金黄色葡萄球菌),"丙丁菌"表示 *Clostridium acetobutylicum*(丙酮丁醇梭菌),"红色面包霉"表示 *Neurospora crassa*(粗糙脉孢菌),等等。而学名则指一个菌种的科学名称,它是按照《国际细菌命名法规》命名的、国际学术界公认并通用的正式名字。一个微生物学工作者必须熟悉一批常见、常用微生物的学名,这不仅因为它们是国际通用的名字,而且可以在阅读文献和听取各种专业报告时,通过自己所熟悉的学名而立即联想起有关该菌的一系列生物学知识和实践应用知识,从而提高自己的业务工作能力。一个种的学名是用拉丁词或拉丁化的词组成的。在出版物中应排成斜体字,在书写或打字时，应在学名之下划一横线，以表示它应是斜体字母。根据双名法的规则，学名通常由一个属名加一个种的加词构成。出现在分类学文献中的学名，在此两者之后往往还加上首次定名人（用括号括住）、现名定名人和现名定名年份，但在一般使用时，这几个部分总是省略的。

下面介绍有关学名的若干规定与常识。

1. 属（或亚属）名

属（或亚属）名是一个表示该种微生物主要特征的名词或用作名词的形容词，单数，其第一个字母应大写。其词源可来自拉丁词、希腊词或其他拉丁化的外来词，也可以组合方式形成。例如：由单个希腊词干组成的 *Clostridium*（梭菌属）；由两个希腊词干组成的 *Haemophilus*（嗜血菌属）；由单个拉丁词干组成的 *Spirillum*（螺菌属）；由两个拉丁词干组成的 *Lactobacillus*（乳杆菌属）；由拉丁和希腊词干混合组成的 *Flavobacterium*（黄杆菌属）；由拉丁化的人名组成的 *Shigella*（志贺氏菌属）、*Ricolesia*（立克里二氏体属）等。在前后有两个或数个学名排在一起，且在其属名相同的情况下，后一学名中的属名可缩写成一个大写字母加一句号的形式，如 *Bacillus*（芽孢杆菌属）可写成"*B.*"，*Streptomyces*（链霉菌属）可缩写成"*S.*"，*Pseudomonas*（假单胞菌属）可缩写成"*P.*"，*Aspergillus*（曲霉属）可写成"*A.*"等。如果有可能产生混淆，也可写两至三个字母，例如"*Bac.*"（*Bacillus*）、"*Ps.*"（*Pseudomonas*）和"*Pen.*"（*Penicillium*，青霉属）等。

2. 种的加词

种的加词代表一个种的次要特征，同样由拉丁词、希腊词或拉丁化的外来词所组成、字首一律小写（即使它是由某一人名衍化而来的，首字母也不应大写）。它可以是一个形容词或名词。如果是形容词，其性必须与其形容的属名的性相一致，例如在 *Staphylococcus aureus*（金黄色葡萄球菌）中的 *aureus* 为阳性。在出版物中，种的加词与属名一起均应排成斜体。在实际工作中，有时手头筛选到一个有用的菌种，其属名很易确定，但种名还未确定。在这种情况下，当发表论文或进行学术交流时，其种的加词暂时可以用"sp."（正体字）代替。例如"*Racillus* sp."即表示一个尚未定出种名的芽孢杆菌，可译为"一种芽孢杆菌"，同样，"*Bacillus* spp."（spp. 为 species 复数的简写）表示一批尚未定种名的芽孢杆菌，故可译为"若干芽孢杆菌"。

3. 学名的发音

按规定，学名均应按拉丁字母发音规则发音。事实上，英、美等国学者经常按自己的文种来对学名发音，且影响颇大。

9.1.3　亚种以下的分类单元

亚种以下的分类单元（Infrasub Specifictaxa）很多，它的提出和使用均不受细菌命名法规的限制。

1. 亚种（Subspecies, subsp., ssp.）

亚种是种的进一步细分单元，一般指其某一明显而稳定的特征与模式种不同的种。在三名法中，常在属名、种的加词后写一个"subsp."，然后再写上具体的亚种的加词。

2. 变种（Variety, var.）

变种是亚种的同义词，因易引起混乱，故《国际细菌命名法规》（1975）已规定它在命名法中没有地位，且不主张使用。

3. 型（Form）

在亚种以下的"型"曾用于表示细菌菌株，但目前已废除。目前尚在使用的是以"型"作后缀使用，例如生物变异型（Biovar）、化学型（Chemoform）等。

4. 类群（Group）

类群是一个在分类上没有地位的普通名词，它可非正式地指定一组具有某些共同性状的生物。如果某微生物学家在他对一组菌种不准备做深入鉴定，但愿意发表其结果并征求别人的意见时，也可用类群这个词。例如，当初称作"ⅡD 类群"的细菌，后来被别人命名为 *Cardiobacterium hominis*（人心杆菌）。

5. 菌株（Strain）

菌株又称品系（在病毒中则称毒株或株），表示任何由一个独立分离的单细胞（或单个病毒粒子）繁殖而成的纯种群体及其一切后代。因此，一种微生物的每一不同来源的纯培养物均可称为该菌种的一个菌株。由此可知：

（1）菌株几乎是无数的。

（2）菌株强调的是遗传型纯的谱系。

（3）菌株与克隆即无性繁殖系的概念相似。

（4）在同一菌种的不同菌株间，在作为分类鉴定的主要性状上虽相同，但作为非鉴定用的"小"性状可以有很大差异，尤其是生化性状、代谢产物（抗生素、酶、有机酸等）的产量性状等。

（5）菌株的名称都放在学名（即只有属名和种的加词者）的后面，可随意地用字母、符号、编号或字母加编号等自行决定。例如：大肠（埃希氏）杆菌的两个菌株（B 和 k12 菌株）为 *Escherichia coli* B 和 *E.coli* k12；枯草（芽孢）杆菌的两个菌株为 *Bacillus subtilis as* 1.398（可生产蛋白酶）和 *B.subtilis bf* 7658（可生产 α 淀粉酶）；丙酮丁醇梭菌的一个菌株为 *Clostridium acetobutylicum atcc* 824；产黄青霉的一个菌株为 *Penicillium chrysogenum q*176（早年青霉素的生产菌株）。

在上述各菌株符号中，有的是随意的，有的是研究机构的名称缩写，有的则是菌种保藏机构的缩写，如 AS 即代表 Academiasinica（中国科学院），ATCC 即代表 American Type Culture Collection（美国模式菌种保藏中心），等等。

由此可知，菌株实际上是某一微生物达到"遗传性纯"的标志，因此，一旦某菌株发生自发变异或经诱变、杂交或其他方式发生遗传重组后，均应标上新的菌株名称。当我们在进行菌种保藏、筛选或科学研究，进行学术交流或发表论文，或利用菌种进行生产时，都必须同时标明该菌种及菌株名称。前面已经提到，模式菌株是一个种的具体活标本，所以十分重要。它必须是该菌种的活培养物，是从一个指定为命名模式的菌株传代而来的。它应保持着纯培养状态，即在性状上必须与原初描述密切相符。模式菌株可用多种方式指定，例如可由原始作者指定，如原始菌株已丧失则可再提一个新的模式，等等。

在清楚地理解菌株概念的基础上，初学者还应能善于辨别菌株、菌落（Colony）、菌苔（Lawn）、斜面（Slunt）、菌种（Culture）、克隆（Clone）或纯培养物（Pureculture）等各名词间的区别及其联系。

6. 其他名词汇总

小种(Race)又称品种、宗或生产小系等，它的涵义很乱，在真菌学中常相当于生理型，在动物学中常指生态型，而在发酵工业中，则常指自生产中选育出来的自发突变菌株。相(Phase)一般指自然存在的微生物交互变异中的一定阶段。态(State)通常指微生物的菌落变异状态，如粗糙、光滑或黏液状等。

9.2　生物界中微生物的地位

9.2.1　生物的界级分类学说

对生物究竟分几界的问题，在人类发展历史上存在着一个由浅入深、由简至繁、由低级至高级的认识过程。总的来说，在人类发现微生物并对它们进行深入研究之前，只能把一切生物分成截然不同的两大界——动物界和植物界；随着人们对微生物认识的逐步深化，近一百多年来，从两界系统经历过三界系统、四界系统、五界系统甚至六界系统，最后又出现了三原界(或三总界)系统。

1. 二界到五界系统介绍及提出

人类的祖先从动物界进入人类的行列之后，大约 300 万年以来，由于生存的需要，在生活的实践中对周围赖以取得衣、食之源的动植物，逐步有些粗浅的了解。随着社会的不断发展及人类认识能力的不断提高，人们对于动植物形态和类别的认识也逐步有了一些系统的知识。在我国的春秋时期，已形成了我国古代人民对生物分成动物和植物两大类的认识，这就是最早的二界系统。例如，在当时的《周礼•地官》、《考工记》等著作中反映的二界系统为植物和动物两界。在国外，于公元前 4 世纪时亚里士多德也提出了生物可分为动物和植物的二界系统。对二界系统较为科学的叙述是 1753 年由瑞典博物学家林奈(Carlvonlinné，其拉丁名为 *Carroluslinneaus*)在《植物种志》中提出来的。

随着人类对微生物知识的日益丰富，E.N.Haeckel(1866)建议在动物界和植物界之外，应加上一个由低等生物组成的第三界——原生生物界(Protista)，它主要由一些单细胞生物及"无核类"(Monera)组成。在此以前，另一学者 Hogg(1860)也提出过设立一个类似的原始生物界(Protoctista)的建议。在 20 世纪早期，又有许多学者支持三界系统，且对第三界的名称提出过不同的建议，例如 Conard(1939)的菌物界(Mycetalia，包括真菌和细菌)或Dodson(1971)的菌界(Mychota，包括病毒、细菌和蓝细菌)，等等。

Copeland 很早(1938)就提出过四界系统的设想，后来(1956)更日臻成熟。其四个界为：植物界、动物界(除原生动物外)、原始生物界(原生动物、真菌、部分藻类)和菌界(细菌、蓝细菌)。此后，Whittaker(1959)和 Leedale(1974)等又提出了改进意见，前者把动物界和植物界以外的两界称真菌界(有人建议译为菌物界)和原生生物界，后者则把动、植物和真菌界以外的生物称原核生物界(Monera)。

1969 年，R.H.Whittaker 在 Science(《科学》)杂志上发表了一篇"生物界级分类的新观点"的著名论文。他在吸取了前人工作经验的基础上，提出了一个纵横统一的五界学说，以纵向显示从原核生物到真核单细胞生物再到真核多细胞生物的三大进化阶段，而以横向显示光合营养(Photosynthesis)、吸收式营养(Absorption)和摄食式营养(Ingestion)这三大进化方向。因此它的学说获得学术界的巨大反响和普遍支持，影响极大。

五界系统(见图 9-1)包括动物界(Animalia)、植物界(Plantae)、原生生物界(Protista，包括原生动物、单细胞藻类、黏菌等)、真菌界(Fungi，包括真菌和酵母菌)以及原核生物界(Monera，包括细菌、蓝细菌等)。

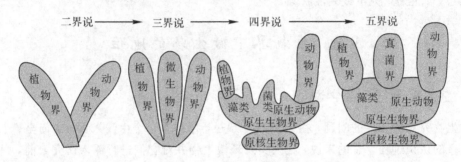

图 9-1　生物二界到五界系统结构模式图

Jahn 等于 1949 年曾提出过一个六界系统，包括后生动物界(Metazoa)、后生植物界(Metaphyta)、真菌界、原生生物界、原核生物界和病毒界(Archetista)。我国学者王大耜等(1977)在 Whittaker 五界系统的基础上，也提出过应增加一个病毒界(Vira)的六界系统。

2. 三总界五界系统

我国学者陈世骧等曾建议生物应分为三总界和五界，即按生物历史发展的三个阶段的不同来分三个总界，再按生态系统的差别来分五个界，即非细胞总界(Super Kingdom Acytonia)，原核总界(Super Kingdom Procaryota)——包括细菌界(Kingdom Mycomonera)和蓝细菌界(Kingdom Phycomonera)，真核总界(Super Kingdom Eucaryota)——包括植物界(Kingdom Plantae)、真菌界(Kingdom Fungi)和动物界(Kingdom Animalia)。该系统的优点是三个总界的层次分明，没有含糊不清的中间类型存在，同时，原核总界根据有否光合放氧而分成两界，而真核总界的分界标准更易掌握，即凡细胞有壁又有叶绿体者为植物界，细胞有壁而无叶绿体者为真菌界，细胞无壁又无叶绿体者，则属动物界。当然，本系统也有其缺点，即把病毒单独列为一个"非细胞总界"。从表面上来看，它似乎很有道理，但从进化的角度来看，现有的病毒绝不是进化历史上比原核生物更低级和原始的生物类型。因此，病毒在生物界级分类上的位置暂时还是学术上的一个难点。

3. 三原界系统

20 世纪 70 年代以后，由于对各大类生物进行深入的分子生物学研究并累积了大量的研究资料，尤其是 Woese(1977)对它们的 16S rRNA 核苷酸顺序的同源性进行测定后，终于在 1978 年由 R.H.Whittaker 和 L.Margulis 提出了一个崭新的三原界(Urkingdom)学说。

在生物进化过程的早期，存在着一类各生物的共同祖先(Universal Ancestor)，由它分三条进化路线，亦即形成了三个原界：

(1) 古细菌(Archaebacteria)原界，包括产甲烷、极端嗜盐菌和嗜热嗜酸菌；

(2) 真细菌(Eubacteria)原界，包括蓝细菌和各种除古细菌以外的其他原核生物；

（3）真核生物（Eucaryotes）原界，包括原生生物、真菌、动物和植物。

三原界学说还吸收了关于真核生物是起源于原核细胞间的内共生即"内共生学说"的精髓，并使其内容更加完善了。

系统地提出内共生学说者主要是 Margulis。她在《真核细胞的起源》（1970）一书中，曾论述了真核细胞进化中的线粒体、叶绿体和鞭毛的共生起源。她认为，在细胞进化过程中，一种细胞捕捉了另一种细胞而未能消化它，结果两者发生了内共生，从而完成了进化历史上质的飞跃。具体地说，最初可能由一种类似支原体的较大型的异养、厌氧原核生物吞进了一种小型的好氧原核生物，很像现代的 *Paracoccus denitrificans*（脱氮副球菌），从而使后者成了前者的内共生生物，导致线粒体的起源。后来这种具线粒体的变形虫状细胞又与螺旋体状原核生物发生细胞融合，从而形成具鞭毛、能运动的真核生物，它如果沿着这一方向继续进化，就可演化成原生动物和真菌，而原生动物又可进一步进化到多细胞动物。相反，如果它进一步与原始的蓝细菌发生内共生，则蓝细菌就成了细胞内的叶绿体，最终它就可演化成各种绿色植物。

促使人们提出三原界学说的最重要原因是具有一系列独特性状的曾称作"第三生物"的古细菌的发现。与真细菌相比，古细菌有以下几个特点：

（1）细胞膜的类脂特殊，古细菌所含的类脂是不可皂化的，其中的中性类脂以类异戊二烯（Isoprenoid）类的烃化物为主，极性类脂则以植烷甘油醚（Phytanyl Glycerol Ethers）为主；

（2）细胞壁成分独特而多样，有的以蛋白质为主，有的含杂多糖，有的类似于肽聚糖（"假肽聚糖"），但不论是何种成分，它们都不含胞壁酸、D 型氨基酸和二氨基庚二酸；

（3）核糖体的 16S rRNA 的核苷酸顺序独特，既不同于真细菌，也不同于真核生物；

（4）tRNA 成分的核苷酸顺序也很特殊，且不存在胸腺嘧啶；

（5）蛋白质合成的起始密码始于甲硫氨酸，与真核生物相同；

（6）对抗生素等的敏感性，对那些作用于真细菌细胞壁的抗生素如青霉素、头孢霉素和 D-环丝氨酸等不敏感，对真细菌的转译有抑制作用的氯霉素不敏感，对真核生物的转译有抑制作用的白喉毒素却十分敏感；

（7）生态条件独特，有的是严格厌氧菌，如产甲烷菌（*Metnanogens*），有的是极端嗜盐菌（*Extreme halophiles*），有的则是嗜热嗜酸菌（*Thermoacidophiles*）。

从以上所介绍的各种生物界级分类系统的发展历史来看，不管哪个系统，除早已确立的动物界和植物界之外，其余各界都是随着人类对微生物的深入研究和认识后才出现和发展起来的。这就充分说明，微生物在生物界级分类中占据着特殊重要的地位，如果按内共生学说来分析问题，即使是表面上与微生物无关系的动物界和植物界，实际上在其身上还是携带着微生物的"影子"。

9.2.2　微生物的系统进化

在具有 45 亿年历史的地球上，最古老的化石中，发现类似细菌的生物约在 35 亿年前已出现，而蓝细菌类光合原核生物出现在 28 亿年前的化石中。目前普遍接受的观点是，在地球刚形成时，由于当时的特定条件，在地球上先出现化学进化阶段，继而发展到生物进化阶段。

1. 原始地球的条件

在生物起源前,地球已经历了大约 10 亿年的进化史。在地球形成过程中,它通过物质的凝聚作用使自己逐步分成密度上有明显差异的多个层次:由铁和镍为主的地核在最内层,其外依次是由铁和硅酸镁为主的地幔,一薄层主要由较轻的硅酸盐组成的地壳、地表的水圈和最外层的气态大气圈。后两者是与生命起源密切有关的两个层次。

原始地球上的大气与现在的完全不同,它在化学上是还原性的,即含有大量的水蒸气、CH_4、NH_3、H_2S 和少量的 H_2,游离态的 O_2 基本上不存在。原始地球上还存在着大量组成生命物质所需要的各种元素,如 O、Si、Mg、S、Na、Al、P、H、C、Cl、F 和 N 等。此外,原始地球上还具有使无机分子发生化学反应而生成各种有机分子的各种能源,如热能、太阳能、雷电能、放射性元素产生的辐射能以及陨石发生的冲击波能等。

2. 化学进化阶段

化学进化阶段又可分为以下三个重要过程:

(1)从无机小分子物质合成有机小分子物质。

原始大气中的 CH_4、NH_3、H_2O、H_2S 和 H_2 等在紫外线、宇宙射线、闪电及局部高温等高能条件下,可自然地合成一些简单的有机化合物,例如氨基酸、核苷酸和单糖等。这一过程早在 1953 年已被 Miller 等的著名实验所证实。他们将甲烷、氨、水蒸气及氢四种气体混合在一个密闭装置中,通过火花放电,经一星期处理后,可产生 11 种氨基酸,其中有四种是组成天然蛋白质所必需的氨基酸。后来人们在改变气体和在不同的能源作用下还合成了各种其他有机小分子,如嘌呤、嘧啶、核糖、脱氧核糖、脂肪酸、核苷酸、卟啉和烟酰胺等。

(2)由有机小分子物质形成生物大分子。

在生物大分子中,最重要的是核酸与蛋白质。目前在人为模拟原始地球的条件下,已能合成寡核苷酸。例如,可用乙基偏磷酸盐在 50℃ 条件下,使单核苷酸缩合形成聚核苷酸(产量可达 20% 左右)。当大量氨基酸在水溶液中蒸发干燥后,可发生脱水反应,从而可形成构成生命所必要的蛋白质。有人把氨基酸混合物加热到 60℃,在多磷酸存在的条件下,经过一天左右就可得到一种蛋白,有时其分子可含 200 多个氨基酸。

(3)多分子体系的形成与原始生命的出现。

蛋白质和核酸这两种生物大分子在海水中并在较高温度下极易破坏。只有当它们形成多分子体系时,才可显示若干生命现象,并有可能保存下来。形成多分子体系的途径首先是浓缩,例如可通过蒸发或吸附于黏土表面进行浓缩。接着就是使上述浓缩物的内部产生一定的物理化学结构并在外部形成一层界面膜,使这种浓缩物成为一个微小的独立系统。至今对这一过程还只有若干推测,例如 Oparin 提出的团聚体学说(Coacervate Theory)和Fox 的微球体学说(Micellar Theory)等。

团聚体是通过胶粒的凝聚作用而形成的。Oparin 发现,用透明的白明胶水溶液与阿拉伯胶水溶液混在一起后,就变得混浊了,这时,在显微镜下可看到出现了无数微小的团聚体,它们与周围溶液间存在着明显的界限。微球体学说则认为由类蛋白体形成的微球体可能是最原始的多分子体系。如果把一个类蛋白的浓缩水溶液加热到 130~180℃,就能自发地聚合成许多直径为 1~2 μm 的微球体。它们虽无脂类,也能形成一层类似于细胞膜双脂质层的外膜。在适当的条件下，它们会消耗溶解的类蛋白而进行生长，且可通过与细菌类似的分裂方式进行增殖。这种微球体大小均一，形态稳定，会在高渗或低渗溶液中发生收缩或膨胀，还可被染成革兰氏阳性或阴性的颜色。当然，不管是团聚体学说或微球体学说，都没有提供有关在生命活动中至关重要的酶的催化作用的起源与遗传密码的起源问题，因此，目前在细胞起源中还有许多基本理论问题仅停留在"合理设想"阶段。但是，比较一致的看法是，在生命发生以前，原始海洋里应该经过一个充满有初步结构和一定功能的某种有机凝胶状小体的阶段，再通过长期的自然选择，就为细胞起源提供了必要的物质前提。

3. 生物进化阶段

在化学进化的基础上，就进入了一系列生机勃勃、万象更新、彻底改变地球面貌的生物进化阶段。有关这一阶段的总的趋势、几个主要方向和进化的结局已在本节的第一部分作过初步介绍。这里仅以原核微生物为主讨论生物进化中的几个可能环节。

根据现代科学的推测，在生命起源前的原始地球表面，在还原性大气层之下，有一个充满着丰富的团聚体、微球体等大分子物质和氨基酸、核苷酸、糖类、脂类等小分子有机物的海洋——"原始汤"(Primordial Soup)。在这一特定条件下，产生并依次演变出一系列相应生理类型和独特形态构造的原核生物，与此同时，它们也把周围环境逐步改造成更有利于自身发展的氧化性大气层，进而为真核生物的形成和发展创造了良好的条件。

1) 异养厌氧型原核生物的产生

(1) 原始的支原体类(Mycoplasmas)。

原始的支原体类可能是一类最早出现的生物。它们有细胞膜而无细胞壁，因此对渗透压的适应能力差；它们只能吸收环境中大量存在的现成有机物，通过 EMP 和 HMP 的发酵方式由底物水平磷酸化产生能量，产能效率极低；酶系极其简单(详见第 4 章)。

(2) 原始的拟杆菌类(Bacteroides)。

原始的拟杆菌类与原始的支原体类有相似的营养和产能方式，只是产生了细胞壁，因而可适应环境中不同的渗透压。

(3) 原始的梭菌类(Clostridium)。

原始的梭菌类的细胞内已分化出芽孢，细胞有壁和鞭毛；出现了氢化酶，故能通过 $NADH_2$ 的氧化而释放 H_2；能生长在还原性底物上；有的已存在能固定大气氮的固氮酶；除能通过一般的发酵方式产生能量外，还能进行 Stickland 反应产能。

(4) 原始的脱硫弧菌类(Desulfovibrio)。

原始的脱硫弧菌类是一类能利用铁卟啉(细胞色素)进行厌氧呼吸产能的细菌。它们在厌氧条件下，能进行电子传递链的磷酸化，其最终氢受体是环境中大量存在的由 H_2S 与臭氧相互反应的产物——硫酸盐。

2) 自养厌氧型原核生物的产生

(1) 原始的产甲烷菌类(Methanogens)。

当"原始汤"中的有机营养物逐步耗尽后，能利用原始大气中的 H_2 使 CO_2 还原成甲烷(CH_4)的自养型厌氧性古细菌开始出现。它们已具有电子传递链磷酸化系统，能产生质子梯度并导致 ATP 的形成；估计在它们的能量代谢中已出现了含 Fe 和 Ni 的四吡咯类辅酶；

此外，还可借乙酰 CoA 途径来固定 CO_2。

（2）原始的红螺菌类（Rhodospirillum）。

原始的红螺菌类是一类能在厌氧条件下利用日光能和同化有机物的最原始的光合细菌——光能有机营养菌。在其中已出现镁卟啉和菌绿素，并能利用 H_2S 作电子供体，通过循环光合磷酸化的方式产生能量。

（3）原始的绿菌类（Chlorobium）。

原始的绿菌类是一类光能无机营养菌，它们除能利用光能通过循环光合磷酸化产生 ATP 外，还能通过 Calvin 循环即核酮糖二磷酸羧化酶固定 CO_2，以产生有机物质。

3）光能自养放氧型原核生物的产生

一些原始的蓝细菌（Cyanobacteria）是这类原核生物的代表。它们已能以非循环光合磷酸化的方式利用日光能产生 ATP，并借 Calvin 循环固定 CO_2 以合成大量有机物。但最重要的一点是，它们能通过 H_2O 的光解作用产生还原 CO_2 所需要的氢，并同时释放出具有能根本改造地球大环境的 O_2。当然，它们所含的菌绿素还是以单条状分散在细胞内的类囊体中。由于在光合作用中可释放出 O_2，故自从蓝细菌在地球上起源后，就逐步改变了地球大气层的性质，使原来一直呈还原性的大气逐步转化成氧化性的大气，从而为一切能量利用率极高的好氧性生物的起源和发展开辟了前所未有的广阔前景。从整个地球来看，只有当其上产生了具有超氧化物歧化酶（SOD）的好氧性生物后，生物进化的速度才大为提高，并导致真核生物的起源和繁荣发展。另外，有了 O_2，在强烈的紫外线和雷电的作用下，就使在 $20 \sim 25$ km 高空的原始大气层中形成了一个臭氧层屏障，只有依靠它，才能避免来自太阳的、对一切生物有强大杀伤力的紫外线辐射到地球表层，从而使生物的生存环境从以前的岩石底下或海洋深层逐步上升到地表和海洋表层，最终使地球表面充满着繁茂的各种类型动、植物和微生物。此外，有了 O_2 还对地球表层的岩石风化、矿物形成和地貌变迁产生了巨大的推动力。

4）好氧性化能异养原核生物的产生

由于厌氧条件下生物产能的效率极低，故在大气中累积了一定浓度的 O_2 后，生物的进化就朝向产能效率高得多的有氧呼吸的方向发展，这是生物进化史上的一次重大飞跃。好氧性化能异养原核生物是由光能自养细菌进化而来的。原始的假单胞菌类（Pseudomonas）和球菌类，例如像现在的 Paracoccus denitrificans（脱氮副球菌）可能是一批最早的好氧性化能异养菌。它们有一套原始的呼吸链以执行较先进的氧化磷酸化产能机制，其细胞色素已演变到能利用分子 O_2 作为最终电子受体的末端氧化酶阶段。通过它们，可进一步衍生出多种类型的能执行独特呼吸功能的原核生物呼吸链。据估计，好氧呼吸原核生物可能在 2.1×10^9 年前就已出现，因地质学上已证明在 2.7×10^9 年前就已有少量 O_2。

至此，若干主要原核生物类型的进化轮廓已有了初步的描绘。据推测，自 1.2×10^9 年前以来，地球上生物进化的进程加速，且它们都是建立在真核植物的产氧光合作用这一稳固基础上的。直至 0.6×10^9 年以前，大气含氧量从 2% 左右开始，由于高等绿色植物在地球陆地表面繁茂地生长，才逐步达到今天的 21% 这一高水平。自从真核生物起源以来，生物的进化的主线是有性生殖方式的起源、三极生态系统的建立、细胞的分化和多细胞生物的形成，生物生存范围从水生扩大到陆生、从低等到高等，直至从猿到人。

9.3　各大类微生物的分类系统纲要

微生物分类学的最终目标是要建立起一套接近生物系统发育规律的自然分类系统。可是,由于微生物分类学还是一门比较年轻的学科,离开上述目标还相距极远,因此,可认为目前正处在"百家争鸣"的发展过程中,其特点是分类体系众多,每种分类体系能维持的时限甚短,并带有较明显的人为性和实用性。这可从国际性权威著作《伯杰氏细菌鉴定手册》自 1923 年来发行的多个版次及每一版内容的巨大变化而得到证明。

9.3.1　原核生物分类系统纲要

1.《伯杰氏系统细菌学手册》简介

原核生物包括古生菌与细菌两个域,其中古生菌域至今已记载过 208 种,细菌域为 4727 种(2000 年)。要编制一部原核生物的分类手册,是一件学术意义十分重大,同时又是一件艰难且工作量极其浩大的基础性工作。在整个 20 世纪中,能全面概括原核生物分类体系的权威著作比较稀少,如《细菌分类图说》、《伯杰氏鉴定细菌学手册》、《细菌与放线菌的鉴定》、《细菌分类学》、《原核生物》等等。由于原核生物分类研究的快速发展、分子遗传学等新技术的普遍应用和文献信息量的剧增,上述各著作中,只有以国际学术界的权威学者不间断地集体修订为特色的《伯杰氏手册》,才有可能脱颖而出一枝独秀。它已先后修订出版了 11 个版本,客观上成了各国微生物分类学界公认的一本经典佳作,甚至有人称它为细菌分类学的"圣经"。该手册最早成书于 1923 年,第一版名为《伯杰氏鉴定细菌学手册》。此后,由其他学者不断修订,从 1974 年的第八版起,编写队伍进一步国际化和扩大化,至 1994 年已出至第九版。另外,由于 $G+C$ mol% 测定、核酸杂交和 16S rRNA 寡核苷酸序列测定等新技术和新指标的引入,使原核生物分类从以往以表型、实用性鉴定指标为主的旧体系向鉴定遗传型的系统进化分类新体系逐渐转变,于是,从 20 世纪 80 年代初起,该手册组织了国际上 20 余国的 300 多位专家,合作编写了 4 卷本的新手册,书名改为《伯杰氏系统细菌学手册》,简称《系统手册》。《系统手册》分为 5 卷出版,内容极其丰富,手册把原核生物分为古生菌界和细菌界两界。古生菌界共包括 2 门、5 组、8 纲、11 目、17 科和 63 属,共有 208 个种;细菌界包括 16 门、26 组、27 纲、62 目、163 科和 814 属,共有 4727 个种,至今所记载过的整个原核生物共有 4935 种。

2. 原核生物分类系统纲要

按《伯杰氏系统细菌学手册》(1994),把所有细菌(包括古细菌在内)都放在原核生物界的四个门中。原核生物界具有以下几个特点:

(1) 呈单细胞或由单细胞组成的简单集合体状;

(2) 基因载体与细胞质之间无单位膜相隔;

(3) 细胞以简单二等分裂方式增殖,无有丝分裂或减数分裂;

(4) 细胞内没有由单位膜包围且与细胞其他部位相分隔的细胞器;

(5) 核糖体的沉降系数为 70S,散在细胞质内;

(6) 无细胞质流及与此相关的现象。

原核生物界包括以下四个门：

（1）薄壁菌门，指革兰氏阴性、薄壁类型的原核生物；

（2）厚壁菌门，指革兰氏阳性、细胞壁厚而硬型的原核生物；

（3）柔膜菌门，指无细胞壁、细胞柔软的原核生物；

（4）疵壁菌门，指细胞壁中缺乏常规肽聚糖成分的原核生物。

9.3.2 真核生物——真菌的分类系统纲要

真菌是生物界中的一个大类，有其独自的特点和起源，种类极多，分布广泛。据Ainsworth(1968)的意见，已知的真菌有 5 万种（但已定过名的有 10 万种，其中有的是同种异名或一种多名的），但总数估计在 10～25 万种以上。

前已述及，真菌早已被认为应从植物界中划分出来而自成一界。这是因为：

（1）真菌的营养方式是分解吸收式的，在生态系统中，真菌扮演着分解者的角色。

（2）真菌具有独特的细胞结构和化学成分，例如其细胞壁的主要组分为几丁质，无叶绿体，菌丝细胞中存在着由原生质膜折叠成的特殊囊状结构——边缘体(Lomasome，即须边体或质膜外泡)，其线粒体的形状结构不像植物线粒体那样规则和坚实，其核糖体是不规则地散布着的，不像植物是连接在内质网上的，以及其内质网多与核膜相连而少与原生质膜相连，且呈松散和不规则分布。

（3）组织分化程度差，一般有发达的菌丝体和各种子实体构造。

（4）核分裂方式简单，除正常的有性生殖外，还有准性生殖这种发生在体细胞间的特殊的基因重组方式，从而导致变异和广泛适应不同环境的特性。

（5）真菌细胞色素 C(由 164 个氨基酸组成)的结构较接近动物而远于植物，它与动、植物间的差异，要大于动物与植物间的差异。这些事实都说明，现代生物学必须把真菌单独列为一个界。真菌分类系统很多。自 1729 年 Michei 对真菌进行首次分类以来，有代表性的真菌分类系统不下十余个。

9.4 微生物的分类鉴定及信息学应用

菌种鉴定工作是各类微生物学实验室都经常遇到的基础性工作。不论鉴定对象属哪一类，其工作步骤都离不开三步：获得该微生物的纯培养物(Pure Culture)；测定一系列必要的鉴定指标；查找权威性的鉴定手册。

不同的微生物往往有自己不同的重点鉴定指标。例如：在鉴定形态特征较丰富、形体较大的真菌等微生物时，常以其形态特征为主要指标；在鉴定放线菌和酵母菌时，往往形态特征与生理特征兼用；而在鉴定形态特征较少的细菌时，则须使用较多的生理、生化和遗传等指标；在鉴定病毒时，除使用电子显微镜和各种生化、免疫等技术外，还要使用一系列独特的方法。

通常把鉴定微生物的技术分成以下四个不同水平：

（1）细胞的形态和特性水平：例如用经典的研究方法，观察细胞的形态特征、运动性、酶反应、营养要求和生长条件等。

（2）细胞组分水平：包括细胞组成成分如细胞壁成分、细胞氨基酸库、脂类、醌类、光合色素等的分析,所用的技术除常规实验室技术外,还使用红外光谱、气相色谱和质谱分析等新技术。

（3）蛋白质水平：包括氨基酸序列分析、凝胶电泳和血清学反应等若干现代技术。

（4）基因或 DNA 水平：包括核酸分子杂交（DNA 与 DNA 或 DNA 与 RNA）、G＋C mol％值的测定、遗传信息的转化和转导、16S rRNA（核糖体 RNA）寡核苷酸组分分析,以及 DNA 或 RNA 的核苷酸顺序分析等。

在微生物分类学发展的早期,主要的分类鉴定指标尚停留在细胞的形态和习性水平上,这类方法可称作经典的分类鉴定方法；从 20 世纪 60 年代起,后三个水平的分类鉴定的理论和技术即化学分类学（Chemotaxonomy 或 Chemotaxo Systematics）开始发展,并为探索微生物的自然分类系统打下了坚实的基础,这些方法再加上数值分类法,可称为现代的分类鉴定方法。

9.4.1　宏观经典分类鉴定方法

1. 经典的鉴定指标

所谓经典的分类鉴定方法,是相对于现代的分类鉴定方法而言的,通常指长期以来在常规鉴定中普遍采用的一些形态、生理、生化、生态、生活史和血清学反应等指标等。在对各种细胞型微生物进行鉴定的工作中,经典的表型指标很多,这些指标是微生物鉴定中最常用、最方便和最重要的数据,也是任何现代化的分类鉴定方法的基本依据。

（1）形态：个体细胞形态、大小、排列、运动性、特殊构造和染色反应等；群体菌落形态,在半固体或液体培养基中的生长状态。

（2）生理、生化反应：营养要求的能源、碳源、氮源、生长因子等；产酶种类和反应特性等；代谢产物种类产量、颜色和显色反应等；对药物的敏感性。

（3）生态特性：生长温度,与氧、pH 值、渗透压的关系,宿主种类,与宿主的关系等。

（4）生活史,有性生殖情况。

（5）血清学反应。

（6）对噬菌体的敏感性及其他。

2. 微生物的微型、简便、快速或自动化鉴定技术

应用常规的方法,对某一未知纯培养物进行鉴定,则不仅工作量十分浩大,而且对技术熟练度的要求也很高。为此,一般微生物工作者常视菌种鉴定工作为畏途。这也促进了微生物分类鉴定工作者改革传统鉴定技术的种种尝试,由此出现了多种简便、快速、微量或自动化的鉴定技术,它们不但有利于普及菌种鉴定技术,而且还大大提高了工作效率。国内外都有系列化、标准化和商品化的鉴定系统出售,较有代表性的如鉴定各种细菌用的 API 系统、Enterotube 系统以及 Biolog 全自动和手动系统等。

1）API 系统

API 系统是一种能同时测定 20 项以上生化指标,因而可用作快速鉴定细菌的小型系统（24 cm×4.5 cm,法国生产）,其上整齐地排列着 20 个塑料小管,管内加有适量糖类等生化反应底物的干粉（有标签标明）和反应产物的显色剂。每份产品都有薄膜覆盖,保证无杂菌污染,使用时,先打开附有的一小瓶无菌基本培养基（液体）,用于稀释待鉴定的纯菌落或菌苔。实验时,先把制成的浓度适中的细菌悬液吸入无菌滴管中,待撕开覆盖膜后,一一加入到每个小管中(每管约加 0.1 mL)。一般经 24～48 h 保温后,即可看出每个小管是否发生显色反应,并将结果记录在相应的表格中,再加上若干补充指标,包括细胞形态、大小、运动性、产色素、溶血性、过氧化氢酶、芽孢有无和革兰氏染色反应等后,就可按规定对结果进行编码、查检索表,最后获得该菌种的鉴定结果。21 世纪以来,此系统已为国际大量实验室普遍选用。

2) Enterotube 系统

Enterotube 又称肠管系统,它是一种用一条有 8～12 个分隔小室的划艇形塑料管制成,面上有塑料薄膜覆盖,可防杂菌污染。每一小室中灌有能鉴别不同生化反应的固体培养基(摆成斜面状),所有小室间都有一孔,由一条接种用金属丝纵贯其中,接种丝的两端突出在塑料管外,使用前有塑料帽遮盖着。当鉴定一未知菌时,先把两端塑料帽旋下,用一端的接种丝沾取待检菌落,接着在另一端拉出接种丝,然后再回复原状,以使每个小室的培养基都接上菌种。培养后,按与上述 API 系统类似的手续记录、编码和鉴定菌种。

3) Biolog 全自动和手动系统

Biolog 全自动和手动系统是一种由美国安普科技中心所生产的仪器。此系统的商品化,开创了细菌鉴定史上新的一页。其特点是自动化、快速(4～24 h)、高效和应用范围广。据介绍,它目前已可鉴定 1140 种常见和不常见的微生物,包括几乎全部人类病原菌,190 种动、植物病原菌以及部分与环境有关的细菌等。此系统适用于动、植物检疫,临床和兽医的检验,食品、饮水卫生的监控,药物生产,环境保护,发酵过程控制,生物工程研究,以及土壤学、生态学和其他研究工作等。该鉴定系统中的关键部件是一块有 96 孔的细菌培养板,其中 95 孔中各加有氧化还原指示剂和不同的发酵性碳源的培养基干粉,另一孔为清水对照。鉴定前,先把待检纯种制成适当浓度的悬液,再吸入一个有 8 个头子的接种器中,接着用接种器按 12 下即可接种完 96 孔菌液。在 37℃下培养 4～24 h 后,把此培养板放进检察室用分光光度计检测,再通过计算机统计即可鉴定该样品属何种微生物了。

9.4.2 微观现代水平分类鉴定方法

近年来,随着分子生物学的发展和各项新技术的广泛应用,促使微生物分类鉴定工作有了飞速的发展。对微生物鉴定工作来说,已从经典的表型特征的鉴定深入到现代的遗传学特性的鉴定、细胞化学组分的精确分析以及利用电子计算机进行数值分类研究等新的层次上。

1. 通过核酸分析鉴定微生物遗传型

DNA 是除少数 RNA 病毒以外的一切微生物的遗传信息载体。每一种微生物均有其自己特有的、稳定的 DNA 即基因组的成分和结构,不同种微生物间基因组序列的差异程度代表着它们之间亲缘关系的远近、疏密。因此,测定每种微生物 DNA 的若干代表性数据,对微生物的分类和鉴定工作极为重要。

1) DNA 碱基比例的测定

DNA 碱基比例是指(G+C) mol％值,简称 GC 比,它表示 DNA 分子中鸟嘌呤(G)和胞嘧啶(C)所占的摩尔百分比值:(G+C) mol％＝(G+C)/(A+T+G+C)×100％。这是目前发表任何微生物新种时所必须具有的重要指标。各大类生物 GC 比的范围不同，有的很宽，如细菌，有的很窄，如动物。

GC 比具有以下几个特点：

（1）亲缘关系相近的种，其基因组的核苷酸序列相近，故两者的 GC 比也接近；反之，GC 比相近的两个种，它们的亲缘关系则不一定都很接近，原因是核苷酸的序列可差别很大。

（2）GC 比差距很大的两种微生物，它们的亲缘关系必然较远。

（3）GC 比是建立新分类单元时的可靠指标。据测定，GC 比相差低于 2% 时，没有分类学上的意义；种内各菌株间的差别为 2.5%～4.0%；若相差在 5% 以上，就可认为属于不同的种了；假如差距超过 10%，一般就可以认为是不同的属了。

测定 DNA 中 GC 比的方法很多，其中的解链温度(Tm，即熔解温度或热变性温度)法因具有操作简便、重复性好等优点，故最为常用。其原理为：在 DNA 双链的碱基对组成中，AT 间仅形成两个氢键，结合较弱，而 GC 间可形成 3 个氢键，结合较牢。天然的双链 DNA 在一定的离子强度和 pH 值下逐步加热变性时，随着碱基对间氢键的不断打开，天然的互补双螺旋就逐步变为单链状态，从而导致核苷酸中碱基的陆续暴露，于是在 260 nm 处紫外吸收值就明显增高，从而出现了增色反应。一旦双链完全变成单链，紫外吸收就停止增加。这种由增色效应而反映出来的打开氢键的 DNA 热变性过程，是在一个狭窄的温度范围内完成的。在此过程中，紫外吸收增高的中点值所对应的温度，即为 Tm 值。由于打开 GC 之间 3 个氢键所需温度较高，故根据某 DNA 样品的 Tm 值就可计算出 GC 对的绝对含量。

2）核酸分子杂交法

核酸分子杂交法按碱基的互补配对原理，用人工方法对两条不同来源的单链核酸进行复性(即退火)，以构建新的杂合双链核酸的技术，称为核酸杂交。此法可用于 DNA-DNA、DNA-rRNA 和 rRNA-rRNA 分子间的杂交，它是测定核酸分子同源程度和不同物种间亲缘关系的有效手段。

某一物种 DNA 碱基的排列顺序是其长期进化的历史在分子水平上的纪录，它是比 GC 比更细致和更精确的遗传性状指标。亲缘关系越近的微生物，其碱基序列也越接近，反之亦然。一般认为，若两菌间 GC 比相差 1%，则碱基序列的共同区域就约减少 9%；若 GC 比相差 10% 以上，则两者的共向序列就极少了。若有一群 GC 比范围在 5% 以内的菌株，要鉴定它们是否都属于一个物种，就必须通过 DNA-DNA 间的分子杂交。

DNA-DNA 分子杂交的基本原理为：根据双链 DNA(dsDNA)分子解链的可逆性和碱基配对的专一性，将不同来源的待测 DNA 在体外分别加热使其解链成单链 DNA(ssDNA)，然后在合适条件下再混合，使其复性并形成杂合的 dsDNA，最后再测定其间的杂交百分率。

DNA-DNA 分子杂交的具体方法很多，常用的固相杂交法(直接法)是把待测菌株的 dsDNA 先解链成 ssDNA，把它固定在硝酸纤维素滤膜或琼脂等固相支持物上，然后把它挂到含有经同位素标记、酶切并解链过的参照菌株的 ssDNA 液中，在适宜的条件下，让它们在膜上复性，重新配对成新的 dsDNA。再洗去膜上未结合的标记 DNA 片段后，最终测定留在膜上杂合 DNA 的放射性强度。最后，以参照菌株自身复性的 dsDNA 的放射性强度值为 100%，计算出被测菌株与参照菌株杂合 DNA 的相对放射强度值，此即其间的同源性或相似性程度。核酸杂交技术对有争议的种的界定和确定新种有着重要的作用，一般认为 DNA-DNA 杂交同源性超过 60% 的菌株可以是同种，同源性超过 70% 者是同一亚种，而同源性为 20%～60% 时，则属于同一个属。

3）rRNA 寡核苷酸编目分析

rRNA 寡核苷酸编目分析是一种通过分析原核或真核细胞中最稳定的 rRNA 寡核苷酸序列同源性程度，以确定不同生物间的亲缘关系和进化谱系的方法。"三域学说"的提出正是根据 rRNA 寡核苷酸编目分析结果。在约 38 亿年漫长的生物进化历史中，由于 rRNA 始终执行着相同的生理功能，因此其核苷酸序列的变化要比 DNA 中的相应变化慢得多和保守得多。例如，各种细菌 rRNA 中的 GC 比都在 53% 左右。

选用 16S rRNA 或 18S rRNA 作生物进化和系统分类研究有以下几个优点：

（1）它们普遍存在于一切细胞内，不论是原核生物和真核生物，因此可比较它们在进化中的相互关系；

（2）它们的生理功能既重要又恒定；

（3）在细胞中的含量较高、较易提取；

（4）编码 rRNA 的基因十分稳定；

（5）rRNA 的某些核苷酸序列非常保守，虽经 30 余亿年的进化历程仍能保持其原初状态；

（6）相对分子质量适中，不但核苷酸数适中，而且信息量大、易于分析，故成了理想的研究材料。

16S 或 18S rRNA 寡核苷酸编目分析所依据的基本原理是：用一种 RNA 酶水解 rRNA 后，可产生一系列寡核苷酸片段，如果两种或两株微生物的亲缘关系越近，则其所产生的寡核苷酸片段的序列也越接近，反之亦然。实验方法大体是：将事先用 ^{32}P 标记的被测菌株 rRNA 提纯，用可专一地水解 G 上 $3'$ 端磷酸酯键的 T1 RNA 酶进行水解，于是产生一系列以 G 为末端的长度不一的寡核苷酸片段，接着把它们进行双向电泳分离，再用放射自显影技术获得 rRNA 寡核苷酸群的指纹图谱，以此确定不同长度寡核苷酸斑点在电泳图谱上的位置，然后将图谱中链长在 6 个核苷酸以上的寡核苷酸作序列分析，把获得的结果按不同长度进行编目、列表。通过比较、计算和分析，就可定量地知道各被测菌株间的亲缘关系。通过 T1 RNA 酶的水解，一般可使 rRNA 形成 1～20 个核苷酸单位的寡核苷酸片段。计算两菌株间寡核苷酸间的缔合系数或相关系数 S_{AB} 值：

$$S_{AB} = \frac{2N_{AB}}{N_A + N_B}$$

式中，N_{AB} 是 A、B 两被测菌株所共有的核苷酸序列数，而 N_A 和 N_B 则是两个菌株分别具有的核苷酸序列数。根据 S_{AB} 值进行数值分析后，就可推知其间的亲缘关系。

上述的 16S rRNA 寡核苷酸编目分析法由于所获信息量较少以及计算中易引起误差等原因，限制了它的应用。自 20 世纪 80 年代末以来，已发展出较先进的 rRNA 全序列分析方法来克服上述方法的不足。

4）微生物全基因组序列的测定

20 世纪 90 年代后期开始了微生物基因组的研究。这项研究是从对微生物完整的全基因核苷酸测序入手，在分析基因结构的基础上，认识微生物的完整生物学功能。微生物基因组计划(Microbial Genome Program)被认为是生命科学领域的一项大工程。病毒作为最小的一种微生物，至 1998 年，全球已完成了 572 株病毒基因组的序列测定，覆盖了主要病毒科的代表株。我国学者也完成了对痘苗病毒天坛株和甲、乙、丙、戊、庚型肝炎病毒株，以及两株虫媒病毒基因组的全序列测定。在痘苗天坛株基因中已发现与人细胞因子相关的受体编码基因有开发前景。重组乙肝疫苗就是用病毒的表面抗原基因在酵母菌中表达而成的。在我国该疫苗的年产值达数亿元。溶栓药、重组链激酶就是利用链球菌编码的链激酶基因表达而制成的新型药物，已获较高的经济效益。

当前，对病毒基因组的研究已进入后基因组研究阶段，即基因功能的研究阶段，研究重点已从基因组结构转至对病毒与宿主细胞相互作用的功能性研究。我国学者通过分析病毒的某些基因结构，已发现它们与病毒的复制性及免疫原性改变有关。法国学者罗杰蒙特(V.Rogenmotel)已将生物传感器技术用于病毒与细胞受体的识别机理研究。利用这类研究策略可以开发新的诊断试剂。

2. 细胞化学成分用作鉴定指标

1) 细胞壁的化学成分

原核生物细胞壁成分的分析，对菌种鉴定有一定的作用。例如，根据不同细菌和放线菌的肽聚糖分子中肽尾第三位氨基酸的种类、肽桥的结构以及与邻近肽尾交联的位置，就可把它们分成以下五类：

(1) 第三位为内消旋二氨基庚二酸(meso-DAP)、与邻近肽尾以 3-4 交联者；

(2) 第三位为赖氨酸，与邻近肽尾以 3-4 交联者；

(3) 第三位为 L-DAP，与邻近肽尾以 3-4 交联者；

(4) 第三位为 L-鸟氨酸，与邻近肽尾以 3-4 交联者；

(5) 第三位氨基酸的种类不固定，肽桥由一含两个氨基的碱性氨基酸组成，它位于甲链第二位的 D-Glu 与乙链第四位的 D-Ala 的羧基间者。

2) 全细胞水解液的糖型

放线菌全细胞水解液可分为以下四类主要糖型：

(1) 阿拉伯糖、半乳糖；

(2) 马杜拉糖、阿拉伯糖；

(3) 无糖；

(4) 木糖，阿拉伯糖。

3) 磷酸类脂成分的分析

位于细菌、放线菌细胞膜上的磷酸类脂成分在不同属中有所不同，可用于鉴别属的指标。

4) 枝菌酸的分析

Nocardia、*Mycobacterium*(分枝杆菌属)和 *Corynebacterium* 属称"诺卡氏菌形放线菌"，它们在形态、构造和细胞壁成分上难以区分，但三者所含枝菌酸的碳链长度差别明显，分别是 80、50 和 30 个碳原子，故可用于分属。

5）醌类的分析

原核生物有的含甲基萘醌（即维生素 K），有的含泛醌（即辅酶 Q），它们在放线菌鉴定上有一定的价值。

6）气相色谱技术用于微生物鉴定

气相色谱技术（GC）可分析微个物细胞和代谢产物中的脂肪酸和醇类等成分，对厌氧菌等的鉴定十分有用。

3. 数值分类法

数值分类法又称统计分类法，是一种依据数值分析的原理，借助现代计算机技术对拟分类的微生物对象按大量表型性状的相似性程度进行统计、归类的方法。数值分类的原理是约在 200 年前与林奈同代人 M.Adanson（1727 — 1806 年，法国植物学家）提出来的。直到 1957 年，由于电子计算机技术的迅速发展，这一古老的思想才有可能变为现实，因此，数值分类学又称电子计算机分类学。

在工作开始时，必须先准备一批待研究的菌株和有关典型菌种的菌株，它们被称作OTU（操作分类单位）。由于数值分类中的相关系数 S_{sm}（简单匹配相关系数）或 S_j 是以被研究菌株间共同特征的相关性为基础的，因此要求用 50 个以上甚至几百个特征进行比较，且所用特征越多，所得结果就越精确。在比较不同的菌株时，都要采用一套共同的可比特征，包括形态、生理、生化、遗传、生态和免疫学等特征。分类工作的基本步骤如下：

（1）计算两菌株间的相关系数。有以下两种计算方式：

$$S_{sm} = \frac{a+d}{a+b+c+d}; \; S_j = \frac{a}{a+b+c}$$

式中，a 为两菌株均呈正反应的性状数，b 为菌株甲呈正反应而乙呈负反应的性状数，c 为菌株甲呈负反应而乙呈正反应的性状数，d 为两菌株均呈负反应的性状数。从式中可知 S_{sm} 值既包含正反应性状，也包含负反应性状，而 S_j 则仅包含正反应性状，而不包含负反应性状。

（2）列出相似度矩阵。对所研究的各个菌株都按配对方式计算出它们的相关系数后，可把所得数据填入相似度矩阵中，并按相关系数高低排列。

（3）将矩阵图转换成树状谱。矩阵图转换成树状谱后，可以为按数值关系判断分类谱系提供更直观的材料。由于数值分类法是按大量生物表型特征的总相似性进行分类的，故其结果不可能直接反映系统发育的自然规律，因此，由数值分类法获得的类群只能称为表元或表观群，而不能当做严格的分类单元。

9.4.3　科研应用拓展——构建微生物系统进化树

系统发育树又名分子进化树，是生物信息学中描述不同生物之间的相关关系的方法。通过系统学分类分析可以帮助人们了解所有生物的进化历史过程。这一过程并不能够直接看到，人们只能通过相关线索了解历史上曾经发生了什么，而科学家就是用这些线索建立各种假说、模型，甚至是生命发生的历史。在系统学分类的研究中，最常用的可视化表示进化关系的方法就是绘制系统发育进化树（Phylogenetic Trees），用一种类似树状分支的图形来概括各种（类）生物之间的亲缘关系。通过比较生物大分子序列差异的数值构建的系统树称为分子系统树(Molecular Phylogenetic Tree)。进化树由节点(Node)和进化分支(Branch)组成,每一节点表示一个分类学单元(属、种群、个体等),进化分支定义了分类单元(祖先与后代)之间的关系,一个分支只能连接两个相邻的节点。进化树分支的图像称为进化的拓扑结构,其中分支长度表示该分支进化过程中变化的程度,标有分支长度的进化分支叫标度支(Scaled Branch)。校正后的标度树(Scaled Tree)常常用年代表示,这样的树通常根据某一或部分基因的理论分析而得出。进化分支可以没有分支长度的标注(Unscaled),没有被标注的分支其长度不表示变化的程度,虽然分支的有些地方用数点进行了注释。

系统进化树可以是有根(Rooted)的,也可以是无根(Unrooted)的,即分为有根树和无根树两类。在有根树中,有一个叫根(Root)的特殊节点,用来表示共同的祖先,由该点通过唯一途径可产生其他节点;有根树是具有方向的树,包含唯一的节点,没有确认共同祖先或进化途径。最常用的确定树根的方法是使用一个或多个无可争议的同源物种作为"外群"(Out Group),这个外群要足够近,以提供足够的信息,但又不能太近以致不能和树中的种类相混。把有根树去掉根即成为无根树。一棵无根树在没有其他信息(外群)或假设(如假设最大枝长为根)时不能确定其树根。无根树是没有方向的,其中线段的两个演化方向都有可能。

Kidd 和 Sgaramelh-Zonta(1971)最早提出基于距离数据的系统发育树重构算法,从所有可能的进化树中选择进化分支长度总和最小的那棵树。距离法通常不能找到精确的最小进化树,只能找到近似的最小进化树,但是它的计算速度非常快,而且准确率较高,因此被广泛应用于系统发育分析。最大简约法首先是由 Camin 和 Sokal(1965)提出来的,经过 Hein(1993)的研究发展使得用最大简约法来建立进化树得到极大的发展及应用。最大简约法是基于奥卡姆剃刀原则(Occam's Razor)而发展起来的一种进化树重构的方法,即突变越少的进化关系就越有可能是物种之间的真实的进化关系,系统发生突变越少得到的系统发生结论就越可信。用简约法推断系统发生关系,首先判断信息位点。信息位点是那些产生突变能把其中的一棵树同其他树区别开来的位点。简约法中只考虑信息位点而不考虑非信息位点。

1. 构建系统发育树需要注意的问题

构建系统发育树需要注意以下问题:

(1) 相似与同源的区别:只有当序列是从一个祖先进化分歧而来时,它们才是同源的。

(2) 序列和片段可能会彼此相似,但是有些相似却不是因为进化关系或者生物学功能相近的缘故,序列组成特异或者含有片段重复是最明显的例子;其次是非特异性序列相似。

(3) 系统发育树法:物种间的相似性和差异性可以被用来推断进化关系。

(4) 自然界中的分类系统是武断的,也就是说,没有一个标准的差异衡量方法来定义种、属、科或者目。

(5) 枝长可以用来表示类间的真实进化距离。

(6) 重要的是理解系统发育分析中的计算能力的限制。任何构树的实验目的基本上就是从许多不正确的树中挑选正确的树。

(7) 没有一种方法能够保证一个系统发育树一定代表了真实进化途径。然而,有些方法可以检测系统发育树检测的可靠性。第一，如果用不同方法构建树能得到同样的结果，这可以很好地证明该树是可信的；第二，数据可以被重新取样(Bootstrap)，来检测进化树统计上的重要性。

2. 分子进化研究的基本方法

对于进化研究，主要通过构建系统发育过程有助于通过物种间隐含的种系关系揭示进化动力的实质。

表型的(Phenetic)和遗传的(Cladistic)数据有着明显差异。Sneath 和 Sokal(1973)将表型性关系定义为根据物体一组表型性状所获得的相似性，而遗传性关系含有祖先的信息，因而可用于研究进化的途径。这两种关系可用于系统进化树(Phylogenetic Tree)或树状图(Dendrogram)来表示。表型分枝图(Phenogram)和进化分枝图(Cladogram)两个术语已用于表示分别根据表型性的和遗传性的关系所建立的关系树。进化分枝图可以显示事件或类群间的进化时间，而表型分枝图则不需要时间概念。文献中，更多的是使用"系统进化树"一词来表示进化的途径，另外还有系统发育树、物种树(Species Tree)、基因树等一些相同或含义略有差异的名称。

上文讲过，系统进化树分为有根树和无根树两种，有根树反映了树上物种或基因的时间顺序，而无根树只反映分类单元之间的距离而不涉及谁是谁的祖先问题。

用于构建系统进化树的数据有两种类型：一种是特征数据(Character Data)，它提供了基因、个体、群体或物种的信息；二是距离数据(Distance Data)或相似性数据(Similarity Data)，它涉及的则是成对基因、个体、群体或物种的信息。距离数据可由特征数据计算获得，但反过来则不行。这些数据可以矩阵的形式表达。距离矩阵(Distance Matrix)是在计算得到的距离数据基础上获得的，距离的计算总体上是要依据一定的遗传模型，并能够表示出两个分类单位间的变化量。系统进化树的构建质量依赖于距离估算的准确性。

3. 构建系统进化树的详细步骤

1) 建树前的准备工作

(1) 相似序列的获得——BLAST。

BLAST 是目前常用的数据库搜索程序，它是 Basic Local Alignment Search Tool 的缩写，意为"基本局部相似性比对搜索工具"。国际著名生物信息中心都提供基于 Web 的 BLAST 服务器。BLAST 算法的基本思路是首先找出检测序列和目标序列之间相似性程度最高的片段，并作为内核向两端延伸，以找出尽可能长的相似序列片段。

首先登录到提供 BLAST 服务的常用网站，比如国内的 CBI、美国的 NCBI、欧洲的 EBI 和日本的 DDBJ。这些网站提供的 BLAST 服务在界面上差不多，但所用的程序有所差异。它们都有一个大的文本框，用于粘贴需要搜索的序列。把序列以 Fasta 格式(即第一行为说明行，以"大于"符号开始，后面是序列的名称、说明等，其中"大于"是必需的，名称及说明等可以是任意形式，换行之后是序列)粘贴到那个大的文本框，选择合适的 BLAST 程序和数据库，就可以开始搜索了。如果是 DNA 序列，一般选择 BLASTN 搜索 DNA 数据库。

这里以 NCBI 为例。登录 NCBI 主页-点击 BLAST -点击 Nucleotide - Nucleotide BLAST (BLASTN)-在 Search 文本框中粘贴检测序列-点击 BLAST -点击 Format -得到

result of BLAST。

>gi｜28171832｜gb｜ay155203.1｜ nocardia sp. atcc 49872 16S ribosomal RNA gene，complete sequence

score ＝ 2020 bits (1019)，expect ＝ 0.0

identities ＝ 1382/1497（92％），gaps ＝ 8/1497（0％）

strand ＝ plus / plus

query：1 gacgaacgctggcggcgtgcttaacacatgcaagtcgagcggaaaggcccttcgggggt 60；

sbjct：1 gacgaacgctggcggcgtgcttaacacatgcaagtcgagcggtaaggcccttcggggt 58；

query：61 actcgagcggcgaacgggtgagtaacacgtgggtaacctgccttcagctctgggataagc 120；

sbjct：59 acacgagcggcgaacgggtgagtaacacgtgggtgatctgcctcgtactctgggataagc 118；

score：指的是提交的序列和搜索出的序列之间的分值，越高说明越相似；

expect：比对的期望值。比对越好，expect 越小，一般在核酸层次的比对，expect＜1e－10，就比对很好了，多数情况下为 0；

identities：提交的序列和参比序列的相似性，如上所指为 1497 个核苷酸中二者有 1382 个相同；

gaps：一般翻译成空位，指的是对不上的碱基数目；

strand：链的方向，plus / minus 意味着提交的序列和参比序列是反向互补的，如果是 plus / plus 则二者皆为正向。

（2）序列格式：Fasta 格式。

为了数据分析方便出现了十分简单的 Fasta 数据格式。Fasta 格式又称为 Pearson 格式，该种序列格式要求序列的标题行以大于号"＞"开头，下一行起为具体的序列。一般建议每行的字符数不超过 60 或 80 个，以方便程序处理。多条核酸和蛋白质序列格式即将该格式连续列出即可，如下所示：

＞E.coli

1 aaattgaaga gtttgatcat ggctcagatt gaacgctggc ggcaggccta acacatgcaa

gtcgaacggt aacaggaaga agcttgcttc tttgctgacg agtggcggac …

＞ay631071

1 gacgaacgct ggcggcgtgc ttaacacatg caagtcgagc ggaaaggccc tttcgggggt

61 actcgagcgg cgaacgggtg agtaacacgt gggtaacctg ccttcagctc tgggataagc

…

其中，"＞"为 Clustal X 默认的序列输入格式，必不可少。其后可以是种属名称，也可以是序列在 Genbank 中的登录号（Accession No.），自编号也可以，不过需要注意名字不能太长，一般由英文字母和数字组成，开首几个字母最好不要相同，因为有时 Clustal X 程序只默认前几位为该序列名称。回车换行后是序列。将检测序列和搜索到的同源序列以 Fasta 格式编辑成为一个文本文件（如 c:\temp\jc.txt），即可导入 Clustal X 等程序进行比对建树。

2）构建系统进化树的相关软件和操作步骤

构建系统进化树的主要步骤是比对、建立取代模型、建立进化树以及进化树评估。鉴于以上对于构建系统进化树的评价，以下主要介绍 N-J Tree 构建的相关软件和操作步骤。

用 Clustal X 构建 N-J 系统进化树的过程如下：

(1) 打开 Clustal X 程序，载入源文件。

file – load sequences – c：\temp\jc.txt.

(2) 序列比对。

alignment – output format options – clustal format；clustalw sequence numbers：on

alignment – do complete alignment

(output guide tree file，c：\temp\jc.dnd；output alignment file，c：\temp\jc.aln；)

→ waiting…

等待时间与序列长度、数量以及计算机配置有关。

(3) 掐头去尾。

file – save sequence as…

format：clustal

gde output case：lower

clustalw sequence numbers：on

save from residue：39 to 1504（以前后最短序列为准）

save sequence as：c：\temp\jc – a.aln

ok

将开始和末尾处长短不同的序列剪切整齐。这里，因为测序引物不尽相同，所以比对后序列参差不齐。一般来说，要"掐头去尾"，以避免因序列前后参差不齐而增加序列间的差异。剪切后的文件存为 aln 格式。

(4) 重新载入剪切后的序列。

file – load sequences – replace existing sequences? – yes – c：\temp\jc – a.aln

(5) 进化树格式输出。

output files：√ clustal format tree √ phylip format tree √ phylip distance matrix

bootstrap labels on：node

close

trees – exclude positions with gaps

trees – bootstrap n – j tree：

random number generator seed(1 – 1000)：111

number of bootstrap trails(1 – 1000)：1000

save clustal tree as：c：\temp\jc – a.njb

save phylip tree as：c：\temp\jc – a.njbphb

ok → waiting…

等待时间与序列长度、数量以及计算机配置有关。在此过程中，生成进化树文件 *.njbphb，可以用 treeview 打开查看。

(6) 使用 N – J 法进行建树。

save clustal tree as：c：\temp\jc – a.nj

save phylip tree as：c：\temp\jc – a.njph

save distance matrix as：c：\temp\jc – a.njphdst

ok

此过程中生成的报告文件 ∗.nj 比较有用，里面列出了比对序列两两之间的相似度，以及转换和颠换分别各占多少。

（7）查看建树图。

file – open – c:\temp\jc – a.njbphb

tree – phylogram(unrooted, slanted cladogram, rectangular cladogram(多种树型)

tree – show inteRNAl edge labels (bootstrap value)(显示数值)

tree – define outgroup⋯ → ingroup＞outgroup → ok(定义外群)

tree – root with outgroup

通常需要对系统进化树进行编辑，这时首先要复制至幻灯片上，然后复制至 Word 文档上，再进行图片编辑。如果直接复制至 Word 文档则显示乱码，而系统进化树不能正确显示。

3）Mega 建树

虽然 Clustal X 可以构建系统进化树，但是结果比较粗放，现在一般很少用它构树，Mega 因为操作简单，结果美观，很多研究者选择用它来建树。

（1）用 Clustal X 进行序列比对，剪切后生成 c:\temp\jc – a.aln 文件(同上)。

（2）打开 Bioedit 程序，将目标文件格式转化为 Fasta 格式。

file – open – c:\temp\jc – a.aln,

file – save as – c:\temp\jc – b.fas;

（3）打开 Mega 程序，转化为 Mega 格式并激活目标文件。

file – convert to mega format – c:\temp\jc – b.fas → c:\temp\jc – b.meg,

关闭 text editor 窗口-(do you want to save your changes before closing? – yes);

me to activate a data file – c:\temp\jc – b.meg – ok –

(protein – coding nucleotide sequence data? – no);

phylogeny – neighbor – joining(nj)

distance options – models – nucleotide;kimura 2 – parameter;

transitions＋transversions;

include sites –⊙pairwise deletion

test of phylogeny –⊙bootstrap; replications 1000; random seed 64238

ok

（4）将结果粘贴至 Word 文档进行编辑。

此外，subtree 中提供了多个命令可以对生成的系统进化树进行编辑，Mega 窗口左侧提供了很多快捷键方便使用；view 中则给出了多个树型的模式，下面只介绍几种最常用的模式。

subtree – swap：任意相邻两个分支互换位置。

– flip：所选分支翻转 180°。

– compress/expand：合并/展开多个分支。

– root：定义外群。

view – topology：只显示树的拓扑结构。

- tree/branch style：多种树型转换。

- options：关于树的诸多方面的改动。

4）Treecon 建树

打开 Clustal X，步骤为：file – load sequences – jc – a.aln，file – save sequence as…（format – phylip；save from residue – 1 to 末尾；save sequence as：c:\temp\jc.phy）；打开 Treecon 程序。

（1）进化距离计算。

点击 distance estimation – start distance estimation，打开上面保存的 jc.phy 文件，sequence type – nuleic acid sequence，sequence format – phylip interleaved，select all，ok；

distance estimation – jukes&cantor（or kimura），alignment positions – all，bootstrap analysis – yes，insertions&deletions – not taken into account，ok；

bootstrap samples – 1000，ok；

finished – ok。

（2）建树。

点击 infer tree topology – start inferring tree topology，method – neighbor – joining，bootstrap analysis – yes，ok.；

finished – ok。

（3）有根及无根树的选择。

点击 root unrooted trees – start rooting unrooted trees，outgroup opition – single sequence（forced），bootstrap analysis – yes，ok；

select root – x89947，ok；

finished – ok。

（4）绘制系统进化树。

点击 draw phylogenetic tree，file – open –（new）tree，show – bootstrap values/distance scale。

file – copy，粘贴至 Word 文档，编辑。

Treecon 的操作过程看起来似乎较 Mega 烦琐，且运算速度明显不及 Mega，如果参数选择一样，则用它构建出来的系统树几乎和 Mega 构建的完全一样，只是在细节上，比如 bootstrap 值二者在某些分支稍有不同。在参数选择方面，Treecon 和 Mega 也有些不同，但总体上相差不大。

5）Phylip 建树

Phylip 是多个软件的压缩包，下载后双击则自动解压。解压后就会发现 Phylip 的功能极其强大，主要包括六个方面的功能软件：DNA 和蛋白质序列数据的分析软件；序列数据转变成距离数据后，对距离数据分析的软件；对基因频率和连续元素分析的软件；把序列的每个碱基/氨基酸独立看待（碱基/氨基酸只有 0 和 1 的状态）时，对序列进行分析的软件；按照 dollo 简约性算法对序列进行分析的软件；绘制和修改进化树的软件。在此，主要对 DNA 序列分析和构建系统树的功能软件进行说明。

（1）生成 phy 格式文件。

首先用 Clustal X 等软件打开剪切后的序列文件 c:\temp\jc - a.aln 另存为 c:\temp\jc. phy(使用 file - save sequences as 命令,format 项选"phy")。用 Bioedit 或记事本打开序列文件。

（2）打开 phylip 软件包里的 seqboot。

seqboot.exe：can't find input file "infile"

please enter a new file name> c:\temp\jc.phy

按路径输入刚才生成的 ∗.phy 文件,显示如下:

bootstrapping algorithm,version3.6a3

settings for this run:

d sequence, morph, rest., gene freqs? molecular sequences

j bootstrap, jackknife, permute, rewrite? bootstrap

b block size for block - bootstrapping? 1 <regular bootstrap.>

r how many replicates? 100

w read weights of characters? no

c read categories of sites? no

f write out data sets or just weights? data sets

i input sequences interleaved? yes

0 terminal type <ibm pc, ansi, none> none

1 print out the data at start of run no

2 print indications of progress of run yes

y to accept these of type the letter for one to change

r

number of replicates?

1000

0

settings for this run:

d sequence, morph, rest., gene freqs? molecular sequences

j bootstrap, jackknife, permute, rewrite? bootstrap

b block size for block - bootstrapping? 1 <regular bootstrap>

r how many replicates? 1000

w read weights of characters? no

c read categories of sites? no

f write out data sets or just weights? data sets

i input sequences interleaved? yes

0 terminal type <ibm pc, ansi, none> ibm pc

1 print out the data at start of run no

2 print indications of progress of run yes

y to accept these of type the letter for one to change

y

random number seed (must be odd)?

5(any odd number)

completed replicate number 100

completed replicate number 200

completed replicate number 300

completed replicate number 400

completed replicate number 500

completed replicate number 600

completed replicate number 700

completed replicate number 800

completed replicate number 900

completed replicate number 1000

上面的 d、j、r、i、0、1、2 代表可选择的选项，键入这些字母和数字后敲回车键，程序的条件就会发生改变。d 选项无须改变。j 选项有三种条件可以选择，分别是 bootstrap、jackknife 和 permute。r 选项让使用者输入 republicate 的数目。所谓 republicate 就是用 bootstrap 法生成的一个多序列组。根据多序列中所含的序列的数目的不同可以选取不同的 republicate。设置好条件后，键入 y 按回车，得到一个文件 outfile：c:\program files\phylip\exe\outfile。

（3）打开 DNAdist.exe。

nucleic acid sequence distance matrix program，version3.6a3

settings for this run：

d distance ＜f84, kimura, jukes-cantor, logdet＞? f84

g gamma distributed rates across sites? no

t transition/transversion ratio? 2.0

c one category of substitution rates? yes

w use weights for sites? no

f use emperical base frequencies? yes

l form of distance matrix? square

m analyze multiple data sets? no

i input sequences interleaved? yes

0 terminal type ＜ibm pc, ansi, none＞? ＜none＞

1 print out the data at start of run no

2 print indications of progress of run yes

y toaccept these of type the letter for one to change

d

d distance ＜f84, kimura, jukes-cantor, logdet＞? kimura 2-parameter

m

multiple data sets or multiple weighs? (type d or w)

d

how many data sets?

1000

0

settings for this run：

d distance ＜f84, kimura, jukes – cantor, logdet＞? kimura 2 – parameter

g gamma distributed rates across sites? no

t transition/transversion ratio? 2.0

c one category of substitution rates? yes

w use weights for sites? no

f use emperical base frequencies? yes

l form of distance matrix? square

m analyze multiple data sets? yes, 1000 data sets

i input sequences interleaved? yes

0 terminal type ＜ibm pc, ansi, none＞? ibm pc

1 print out the data at start of run no

2 print indications of progress of run yes

y to accept these of type the letterfor one to change

选项 d 有四种距离模式可以选择，分别是 kimura 2 – parameter、jin/nei、maximum – likelihood 和 jukes – cantor。选项 t 一般键入一个 1.5～3.0 的数字。选项 m 键入 1000。运行后生成文件 c:\program files\phylip\exe\outfile。重命名 outfile→infile。

（4）打开 neighbor.exe。

neighbor – joining/upgma method version3.6a3

settings for this run：

n neighbor – joining or upgma tree? neighbor – joining

o outgroup root? no, use as outgroup species 1

l lower – triangular data metrix? no

r upper – triangular data metrix? no

s subreplication? no

j randomize input order of species? no, use input order

m analyze multiple data sets? no

0 terminal type ＜ibm pc, ansi, none＞? ＜none＞

1 print out the data at start of run no

2 print indications of progress of run yes

3 print out tree yes

4 write out trees onto tree file? yes

y to accept these oftype the letter for one to change

m

how many data sets?

1000

random number seed （must be odd）?

5

settings for this run：

n neighbor – joining or upgma tree? neighbor – joining

o outgroup root? no, use as outgroup species 1

l lower – triangular data metrix? no

r upper – triangular data metrix? no

s subreplication? no

j randomize input order of species? yes＜random number seed ＝ 1＞

m analyze multiple data sets? yes，1000 sets

0 terminal type ＜ibm pc, ansi, none＞? ibm pc

1 print out the data at start of run no

2 print indications of progress of run yes

3 print out tree yes

4 write out trees onto tree file? yes

y to accept these of type the letter for one to change

y

生成文件 c:\program files\phylip\exe\outtree&outfile。重命名 outtree→intree, out-file→infile。

（5）打开 consense.exe。

consensus tree program，version3.6a3

settings for this run：

c consensus type ＜mre, strict, mr, mi＞? majority rule (extended)

o outgroop root? no，use as outgroup species 1

r trees to be treated as rooted? no

t terminal type ＜ibm pc, ansi, none＞? ＜none＞

1 print out the sets of the species yes

2 print indications of progress of run yes

3 print out tree yes

4 write out trees onto tree file? yes

are these settings correct? ＜type y or the letter for one to change＞

r

t

settings for this run：

c consensus type ＜mre, strict, mr, mi＞? majority rule (extended)

r trees to be treated as rooted? yes

t terminal type ＜ibm pc, ansi, none＞? ibm pc

1 print out the sets of the species yes

2 print indications of progress of run yes

3 print out tree yes

4 write out trees onto tree file? yes

y

生成文件 c:\program files\phylip\exe\outtree。重命名 outtree→ jc.tre。

（6）打开 treeview。

打开 c:\program files\phylip\exe\jc.tre，以下操作参照前述详细说明即可（见图 9-2）。

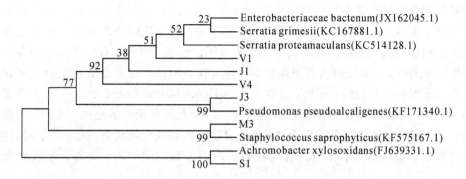

图 9-2　构建完成的微生物系统进化树及进化距离结果示例

4. 基于 16S rRNA 构建微生物系统进化树的意义

总结 16S rRNA 的意义，应该说它对整个微生物学分类进化研究乃至整个生命科学界都是极其重要的，最终将其意义归纳为五点：① 16S rRNA 使生物进化的研究范围真正覆盖所有生物类群。传统的生物进化研究，主要基于复杂的形态学和化石记载，因此多限于研究后生生物（Metazoa），而后者仅占整个生物进化历程的 1/5；② 提出了一种全新的正确衡量生物间系统发育关系的方法；③ 对探索生命起源及原始生命的发育进程提供了线索和理论依据；④ 突破了细菌分类仅靠形态学和生理生化特性的限制，建立了全新的微生物分类、鉴定理论；⑤ 为微生物生物多样性和微生物生态学研究建立了全新的研究理论和研究方法，特别是不经培养直接对生态环境中的微生物进行研究。下面就其在各个领域的应用加以简单阐述。

1）16S rRNA 基因在细菌菌种鉴定中的应用

1977 年，C.Woese 通过对各种生物的 rRNA 进行分析，认为 16S rRNA 基因及其类似的 rRNA 基因序列作为生物系统发育指标最为合适，提出了可将自然界的生命分为真细菌、古细菌和真核生物三域（Domain），揭示了各生物之间的系统发育关系，使微生物学进入成熟时期，因此许多研究采用测 16S rRNA 基因部分序列的方法进行多样性分析。Funke 等测定从人体分离到的棒杆菌依赖补体细胞毒性 I 组及其类似棒杆菌的 16S rRNA 序列，通过对这些序列的比较发现这两个棒杆菌组都属于放线菌属，再结合其他的分子实验结果及以前的生化试验结果，提出其为放线菌一个新种，即钮氏放线菌。Gaydos 等通过对肺炎衣原体的 1554 bp 16S rRNA 序列与鹦鹉热衣原体及砂眼衣原体的 16S rRNA 序列进行同源性比较并绘制了系统进化树，发现肺炎衣原体与后两者的同源性分别为 96% 和 94%，证实了以前根据其他方法研究所得出的结论，同时说明从遗传进化角度来看，肺炎衣原体与鹦鹉热衣原体的进化关系比与砂眼衣原体的关系更近。随着大部分细菌的 16S rRNA 序列的获得以及核酸扩增 16S rRNA 序列测定自动化分析系统的问世，必将引起细菌分类的一次重大变革，它可以使人们进一步了解细菌的进化关系，从而产生以 16S rRNA 序列分析为主体的所有细菌的系统发育树。

2）16S rRNA 基因在疾病诊断方面的应用

目前，几乎所有病原菌的 16S rRNA 基因测序均已完成，因此 16S rRNA 被选为细菌病原体 PCR 扩增部分或全部序列的目标。16S rRNA 序列分析为基础的细菌检测法在目前识别异常细菌引起的疾病上扮演着重要的角色。Relman 等利用 16S rRNA 序列中的保守区段设计了寡核苷酸引物,用来扩增杆菌性血管瘤病人的靶 DNA 序列。他们还发现现在具有一定病症的病人的组织污染物中已发现有细菌形成,但并没有培养出致病菌。近几年,人欧利希氏病、肠原性脂肪代谢障和少菌性骨髓炎的致病因子也是通过 PCR 扩增 16S rRNA 进行序列分析发现的;同样,疏螺旋体的不同区域分离物根据此法也已被鉴定。由于细菌种间 16S rRNA 基因序列间隔区在长度、序列上具有相对多变性,所以利用保守区的基因作为引物,对间隔区进行克隆和分析,就能为病原微生物的各菌株、种、属的鉴定、分型提供依据。该检测技术目前已被成功地运用到了病原菌的种、属以及家族种类的鉴定中。

3) 16S rRNA 基因在环境保护中的应用

随着微生物核糖体数据库的日益完善,16S rRNA 序列分析已应用于海洋、湖泊、土壤、大气等环境微生物多样性分析。不少学者利用 16S rRNA 基因序列分析技术研究了多种环境的微生物多样性,并得到了一些有意义的结果。例如:Glovanoni 等研究了 Sargasso 海洋中浮游细菌的遗传多样性,因此提高了海洋微生物中致病菌的检测速度,对于提高海产品质量及维护人类身体健康有重要的实际意义;Tanner 等发现不同污染物对细菌群落多样性有显著的作用;Oureas 等发现农业土壤微生物群落显著生理活性差异及其多样性;Nuble 等发现氧化光能利用菌群落 16S rRNA 基因的丰度与其形态型显著相关。吴春笃教授等对镇江城市污水中微生物的 16S rRNA 进行检测,发现污水中细菌 16S rRNA 基因主要来自变形细菌(*Proteobacteria*)的各亚族,占总检序列的 86.3%,还有脱铁杆菌门(*Deferribacteres*)、厚壁菌门(*Firmicutes*)和拟杆菌门(*Bacteroidetes*)等类群,该发现为制定治理城市污水生物性污染的措施提供了科学依据。随着各种学科的不断发展和学科间的交叉应用,16S rRNA 基因将会在环境保护中发挥更大的作用。

本节简要介绍了鉴定各种微生物的经典和现代方法。各种现代的分类鉴定技术虽然有其无可比拟的优点,但对一般实验室或临床等实践上的菌种鉴定还是无法也不必应用的。在那里,作常规鉴定菌种仍是用传统鉴定中的各种指标,所不同的只是目前已尽量采用快速、简便、微型、可靠和廉价的新型商品化的鉴定系统,如鉴定各种细菌的 API 系统、Enterotube系统、R/B 系统、Minitek 系统、Microid 系统、IDS 系统、Spectrum10 系统等。

9.5 科研拓展——微生物进化的争论

在达尔文的《物种起源》里,微生物是被忽视的群体——在物种进化的大戏中,它们也许连"龙套"都不算。然而,有科学家却认为,微生物也许不只是窃取营养的"小偷",在物种进化过程中,这些与动植物共生的"小东西"扮演着出乎人们预料的重要角色。"主角"还是"龙套"?这场争论仍在进行中。

20 世纪 80 年代,理查德·杰斐逊发现了一件让他震惊的事——人类体内的微生物在某些关键进程中扮演着关键角色。例如,多达 65% 的睾丸素的循环过程可能与微生物有关。睾丸素是人体内重要的雄性激素,这也就意味着,微生物会影响我们体内的性激素水平。还有研究发现,微生物在"塑造"我们体味的过程中起着重要作用——它是产生微小芳香分子的关键之一。尽管体味是否影响人类的择偶在科学界还存有争议,但在某些动物身上，它们确实发挥着作用。杰斐逊据此指出："生育、繁殖和择偶，达尔文自然选择中的'三驾马车'，全都受到微生物的影响。"这或许意味着，动植物能不能成功繁衍后代，部分取决于生活在它们身上的独特的微生物组合。

杰斐逊得出这样的结论：微生物在进化过程中非常重要，因此，科学家们应该把动植物跟寄生于其上的微生物看成一个整体，并称之为"功能单元"。"这个单元由许多个体基因组构成，有时甚至上千，其中的组合及数目还在不断变化。"杰斐逊主张，这种功能单元才是自然选择的基本单元，并进一步提出"全基因组"的演化理论。

以色列特拉维夫大学的微生物学家尤金·罗森伯格在研究地中海东岸的珊瑚时也得到了相似的结论。他发现，这里的珊瑚曾感染希利氏弧菌，并触发了白化，但经过一段时间后，珊瑚却恢复原样，没有大面积白化。这使他意识到，如果微生物的变化能够让珊瑚抵御感染，并且代代相传，那么尽管这些珊瑚的基因组并没有发生任何改变，但它们还是进化出了抵御白化的能力。这说明一种生物能否存活，或者说能否适应变化，起决定性作用的往往不只是它自己的基因，还有它能够继承的那些微生物群落。

罗森伯格也提出，把生物跟寄生于其上的菌群分开，只是为了研究方便而采用的一种人为方式。他说，在自然选择的眼中，宿主基因组和微生物基因组是一个整体，它们才是自然选择的对象。罗森伯格因此预言：大多数动物会从上一代身上继承基本相同的微生物，亲缘关系较近的物种也会拥有亲缘关系较近的微生物。

这些观点得到了一些微生物学家的支持。美国范德比尔特大学的微生物生态学家塞思·波登斯坦也认为，在生物进化的研究中，"应该研究使这个整体发挥功能的全部遗传信息才对"。在相关研究中，波登斯坦的研究团队用抗生素"利福平"杀死了白蚁体内的某些微生物。他们发现，与未用抗生素的白蚁相比，用过抗生素的白蚁产下的后代数量要少得多。他们推测，原因应该是肠道菌群被抗生素破坏，从而降低了这类白蚁从食物中获取营养的能力。波登斯坦还发现，在金小蜂中，演化亲缘关系越近的蜂种，体内的微生物群落也更相似——这完全符合罗森伯格的预言。

如果这一理论被验证，那么对物种进化而言，这就不仅仅是一种非常有趣的可能性，整个理论也可能被修改。然而，演化生物学界的大多数科学家依然对此持否定态度。英国牛津大学研究群体演化的安迪·加德纳就是反对者之一。他说："我想说，大部分演化生物学家都会同意，（宿主与微生物之间）肯定存在大量合作，但它们之间也有冲突，微生物有时也会对宿主做一些不利的事情，因此我不太倾向于把它们纳入一个整合的生物体。"对此持怀疑态度的人们还有另外一条理由——这是早已被证明的"错误"结论。19 世纪初，让·蒂斯特·拉马克曾提出一套演化理论，认为生物能够把有生之年里获得的适应性特征传给后代。尽管达尔文也有过类似想法，但随着现代遗传学的发展，这样的观点已经被推翻了。但罗森伯格坚持：动物有时候能够把后天获得的特征遗传下去，这个过程是可以用实验来验证的。罗森伯格与学生尝试重复了一项前人的实验——改变果蝇的饮食，观察其后代是否会改变择偶标准。他们发现，两代之后，以糖浆为食的果蝇不再与以淀粉为食的果蝇交配。但使用"利福平"杀死果蝇的细菌后，"淀粉果蝇"与"糖浆果蝇"又交配在了一起。这或许说明，微生物对宿主的繁殖和择偶非常重要。

尽管自然选择解释了物种如何随时间变化，但对解释新物种最初如何产生这个问题却束手无策。达尔文在《物种起源》中也没有讲清楚这个问题。一般而言，生物学家把一群能够相互交配产生后代的相似生物定义为一个物种。这样也意味着，任何能够阻止生物种群交配的因素，都有可能导致新物种的形成，例如一条山脉的崛起、一座岛屿同大陆的分离、择偶偏好的改变、某种基因突变导致两个品种杂交产下的后代无法存活……尽管这其中的大多数细节都还存在大量争议，但如果饮食变化导致肠道细菌的改变，进而影响了果蝇择偶的偏好，那么从理论上讲，这就有可能导致一个物种一分为二——出现新的物种。

这种情况还有待证明。美国斯沃斯莫尔学院的演化生物学家斯科特·吉尔伯特就对此提出了质疑，"我认为我们还没有任何证据能够证明，确实有物种由于微生物而形成"，"我还得不出那样的结论"，"我只能说，共生生物有能力提供可以被自然选择的多样性"。美国芝加哥大学的演化生物学家杰瑞·科因非常赞同斯科特·吉尔伯特的观点，"我几乎找不到任何内共生菌导致物种形成的例子，却能列出一大堆生物基因改变产生新物种的例证"。美国纽约宾汉顿大学研究群体选择的戴维·斯隆·威尔逊也认为，就算真的证明共生微生物在新物种的形成过程中起着重要作用，那也不一定就支持把生物看成是"拥有全基因组的超有机体"这一观点——物种形成可能只是微生物操纵宿主而带来的副产物，并不是微生物和宿主为了共同利益一起演化的结果。

对于这些质疑，罗森伯格的回应是："话说得没错，但我们的研究才刚刚开始。"罗森伯格认为现在甚至不知道大多数动物身上都有哪些微生物，更不用说理解它们在进化中所起的作用了。"我们以往倾向于把微生物与核基因分开对待，但我认为现在的一些研究证明微生物与核基因组同样重要。"波登斯坦说，"至少目前来看，复杂生命的'共生'概念，还会在基础生物学和生物医学领域长久地存在下去"。

复习思考题

1. 什么是学名？什么是双名法？什么是三名法？微生物学工作者或其他生命科学工作者为什么一定要熟悉学名的知识和牢记一批微生物学名？

2. 试比较亚种、变种、型和类群的异同，并举例说明之。

3. 什么叫菌株？为什么说正确理解菌株的涵义对开展微生物学工作极为重要？

4. 什么是三原界学说？提出这一学说的科学依据是什么？

5. 试述原核生物进化的可能途径。

6. 试根据内共生学说来解释真核生物进化的可能途径。为什么说在高等动植物的细胞内也总是存在着微生物的"影子"？

7. 试比较古细菌、真细菌和真核生物间的异同点。

8. 用于微生物鉴定中的经典方法主要有哪些？近年来在实用上发生了哪些变化？

9. 在现代微生物分类鉴定工作中，出现了哪些新技术和新方法？

10. 鉴定微生物遗传型的分子生物学方法有哪些？其基本原理是什么？各方法的应用范围如何？

第10章　微生物与免疫学

第 10 章　课件

免疫学最早起源于微生物学中的病原微生物和病毒，和微生物学息息相关，密不可分，已成为当前生命科学领域中发展最快、影响最大的学科之一。由于免疫学已从个体水平、细胞水平发展到分子水平和蛋白质水平，乃至当今的各类组学水平，并由于其中许多基本理论问题有了突破，因此衍生出大量新的分支学科、边缘学科和应用学科。任何微生物学工作者，都必须具备一定的现代免疫学基础知识和实验技术。免疫学方法对生命科学的各个重要理论研究领域有着极其重要的作用，例如在蛋白质定量、探测蛋白质分子构象、核酸免疫化学研究、酶免疫测定技术以及微生物的分类、鉴定等许多研究领域中都有着十分广泛的应用。

感染与免疫的规律，是人类诊断、预防和治疗各种传染病的理论基础；免疫学方法因其高度特异性和灵敏度(达到 $10^{-9} \sim 10^{-12}$ 水平)，不但可用于基础理论研究中对众多生物大分子的定性、定量和定位，而且对多种疾病的诊断、法医检验、生化测定、医疗保健、生物制品生产、肿瘤防治、定向药物的研制和反生物战等多项实际应用都有极其重要的作用。感染与免疫同样也是讨论病原微生物与其宿主(以人体和高等脊椎动物为主)间的相互关系，它是微生物生态学中一部分内容的深化和发展。学习本章内容有着重要的理论与实际意义。

10.1　感　染

10.1.1　感染的概念

感染(Infection)是指寄生物和宿主间发生相互关系的一个过程，具体内容是：当外源或内源的少量寄生物突破其宿主的"三道防线"(机械防御、非特异性免疫和特异性免疫系统)后，在宿主的一定部位生长繁殖，并引起一系列病理生理的过程。如果寄生物长期保持着潜伏状态或亚临床的感染状态，则传染病就不至于发生；相反，如果环境条件有利于寄生物的大量繁殖，则会随之产生大量的酶和毒素来损害其宿主。

10.1.2　决定感染的因素

病原菌、宿主和环境是决定感染结局的三个因素，现分述如下。

1. 病原菌

病原菌或病原体(Pathogen)能否引起宿主患传染病，取决于它的毒力、侵入数量和侵入途径。

1) 毒力(Virulence)

毒力又称致病力(Pathogenicity)，表示病原体致病能力的大小。对细菌性病原体来说，其毒力就是菌体对宿主体表的吸附，向体内侵入，在体内定居、生长和繁殖，向周围的扩散蔓延，对宿主防御机能的抵抗，以及产生损害宿主的毒素等一系列能力的总和。由于不同细菌在结构、代谢类型、代谢产物以及生长繁殖所需的条件等方面的不同，它们的毒力也有很大的差异。下面把构成毒力的诸因素归结为侵袭力和毒素两方面来讨论。

(1) 侵袭力(Invastiveness)指病原菌突破宿主防御机能，以在其中进行生长繁殖和实现蔓延扩散的能力，它由三方面组成。

① 吸附和侵入能力。除少数病原菌是因昆虫叮咬或外伤而进入宿主引起其感染外，多数是通过吸附于宿主的上皮细胞表面而实现的。例如：*Neisseria gonorrhoeae*(淋病奈瑟氏球菌)的菌毛可使其吸附于尿道黏膜上皮的表面而不被尿流冲走；一些属于肠道杆菌——*Escherichia coli*(大肠杆菌)和 *Salmonella*(沙门氏菌属)以及其他如 *Vibrio*(弧菌属)等的细菌，可通过其菌毛而吸附于肠道的上皮细胞上；*Streptococcus mutans*(变异链球菌)能用蔗糖合成葡聚糖，促使细菌与牙齿表面粘连成"菌斑"，而若干 *Lactobacillus*(乳杆菌属)的代表则可在"菌斑"上进一步发酵蔗糖产生大量有机酸(pH 值降至 4.5 左右)，两者共同作用，导致牙釉质及牙质脱钙，造成龋齿。

有的侵入细胞内生长繁殖并产生毒素，使细胞死亡，造成溃疡，如 *Shigella dysenteriae*(痢疾志贺氏菌)；病原菌吸附于宿主细胞表面后，有的不再侵入，仅在原处生长繁殖并引起疾病，如 *Vibrio cholerae*(霍乱弧菌)；有的则通过黏膜上皮细胞或细胞间质侵入表层下部组织或血液中进一步扩散，如 *Streptococcus hemolyticus*(溶血链球菌)引起的化脓性感染等。

② 繁殖与扩散能力。这是病原菌引起宿主患传染病的重要条件，不同的病原菌有其自己特有的在宿主体内繁殖与扩散的能力。例如：胶原酶(Collagenase)能水解胶原蛋白，以利于病原菌在组织中扩散，*Clostridium perfringens*(产气荚膜梭菌)等可产此酶；透明质酸酶(Hyaluronidase)旧称扩散因子(Spreading Factor)，可水解机体结缔组织中的透明质酸，从而使该组织疏松、通透性增加，有利于病原菌迅速扩散，引起全身性感染，*Streptococcus*(链球菌属)、*Staphylococcus*(葡萄球菌属)、*Clostridium*(梭菌属)和 *Pneumococcus*(肺炎球菌属)的若干种可产此酶；卵磷脂酶(Lecithinase)又称 α 毒素，可水解各种组织的细胞，尤其是红细胞，*Clostridium perfringens*(产气荚膜梭菌)的毒力主要是由于其卵磷脂酶的作用，此外，蛇毒液中也含有此酶；链激酶(Streptokinase)即血纤维蛋白溶酶(Fibrinolysin)，能激活血纤维蛋白溶酶原(胞浆素原)，使之变成血纤维蛋白溶酶(胞浆素)，再由后者把血浆中的纤维蛋白凝块水解，以利于病原菌在组织中扩散，*Streptococcus hemolyticus*(溶血链球菌)可产此酶；血浆凝固酶(Coagulase)作为有加速血浆凝固成纤维蛋白屏障，以保护病原菌免受宿主的吞噬细胞和抗体的作用，*Staphylococcus aureus*(金黄色葡萄球菌)可产此酶。

③ 对宿主防御机能的抵抗力。这种抵抗力主要表现在：抵御宿主吞噬细胞的吞噬作用(如一些链球菌可产生溶血素，以抑制白细胞的趋化作用；肺炎球菌的荚膜多糖，许多革兰氏阴性细菌细胞壁表面的脂多糖(LPS)都有抗吞噬细胞的作用)；抵抗吞噬细胞的杀死和消化作用(如麻风分枝杆菌)；毒杀吞噬细胞的作用(如痢疾志贺氏菌)；抵抗宿主组织和体液中的各种抗菌物质(如炭疽芽孢杆菌产生一种称为攻击素的聚谷氨酸，以抵抗正常血清中的一些天然抗菌因子)。

此外，许多病原菌还能产生不同物质，以抵抗宿主组织和体液中的各种抗菌物质。例如，*Bacillus anthracis*（炭疽芽孢杆菌）可产生一种称为攻击素（Aggresin）的聚谷氨酸，以抵抗正常血清中的一些天然抗菌因子。

（2）毒素（Toxin）。

① 外毒素与内毒素的特性及其比较。外毒素（Exotoxin）是细菌在生长过程中不断分泌到菌体外的毒性蛋白质，主要由革兰氏阳性细菌产生；内毒素（Endotoxin）是革兰氏阴性细菌的外壁物质，主要成分是脂多糖，因在活细菌中不分泌到体外，仅在细菌自溶或人工裂解后才释放，故称内毒素。有关外毒素和内毒素的具体特性及两者的比较可见表 10-1。许多致病细菌能产生毒性很强的外毒素。外毒素虽都是蛋白质，但有的属于酶，它们在刚分泌时是一种酶原，待其与易感细胞结合后，因经蛋白酶的部分分解而变成毒性很强的酶；另一些外毒素则由两个亚单位组成，其中之一有毒性，另一个则起着与易感细胞相结合的功能。

表 10-1　外毒素和内毒素的区别

性质	外毒素	内毒素
存在部位	由活的细菌释放至细菌体外	为细菌细胞壁结构成分，菌体崩解后释出
细菌种类	以革兰氏阳性菌多见	以革兰氏阴性菌多见
化学组成	蛋白质（分子量 27 000～900 000）	磷脂-多糖-蛋白质复合物（毒性主要为类脂 A）
稳定性	不稳定，60℃以上能迅速破坏	耐热，60℃耐受数小时
毒性作用	强，微量对实验动物有致死作用（以 μg 计量）。各种外毒素有选择作用，可引起特殊病变，不引起宿主发热反应。可抑制蛋白质合成，有细胞毒性、神经毒性、紊乱水盐代谢等	稍弱，对实验动物致死作用的量比外毒素大。各种细菌内毒素的毒性作用大致相同，可引起发热、弥散性血管内凝血、粒细胞减少血症、施瓦兹曼现象等
抗原性	强，可刺激机体产生高效价的抗毒素。经甲醛处理，可脱毒成为类毒霉，仍有较强的抗原性，可用于人工自动免疫	刺激机体对多糖成分产生抗体，不形成抗毒素，不能经甲醛处理成为类毒素

② 类毒素（Toxoid）。类毒素是细菌的外毒素用 0.3%～0.4% 的甲醛进行化学脱毒后仍保留着原有抗原性的生物制品，将其注射机体后，使机体具有免疫功能。常用的类毒素有白喉类毒素、破伤风类毒素和肉毒类毒素等。其作用原理简述为：细菌的外毒素经甲醛处理后，失去毒性而仍保留其免疫原性，能刺激机体产生保护性免疫。常用甲醛溶液的浓度是 0.3%～0.4%，它可使细菌外毒素的电荷发生改变，封闭其自由氨基，产生甲烯化合物。其他基团（如吲哚异吡唑环）与侧链的关系亦可改变，成为类毒素。常用的类毒素有白喉类毒素和破伤风类毒素。另外，若在类毒素中加入适量的磷酸铝或氢氧化铝，即成吸附精制类毒素。

该类制剂在体内吸收较慢，能较长时间刺激机体，使机体产生高滴度抗体，增强免疫效果。类毒素也可与死疫苗混合制成联合疫苗。例如，百白破三联疫苗就是由百日咳死菌苗、白喉类毒素、破伤风类毒素混合制成的，注射后可同时预防儿童易发的白喉、百日咳和破伤风三种疾病。类毒素在预防由外毒素引起的传染病中起着重要作用，可用于人和动物的免疫接种，使其通过人工自动免疫获得抗病能力；还可用来免疫动物，再从动物血液中提取含抗毒素的血清，将此抗血清注入人体后，可使人体通过被动免疫的方式，立即获得相应的特异性免疫力。

2）侵入的病原菌数量

不同的病原菌有不同的致病剂量，例如 *Salmonella typhi*（伤寒沙门氏菌）引起伤寒症须摄入几亿至十亿个细菌，*Vibrio cholerae*（霍乱弧菌）引起霍乱症还要比它多许多倍，毒力完全的 *Shigella dysenteriae*（痢疾志贺氏菌）只要 7 个菌即可致痢疾，而 *Yersinia pestis*（鼠疫耶尔森氏菌，又称"鼠疫巴氏杆菌"）也只要几个细胞即可引起易感宿主患鼠疫。

3）侵入途径

除了病原菌的毒力和数量之外，要完成对宿主的传染并引起疾病，还必须有一个合适的侵入门径。这是因为，宿主的不同部位、不同组织对不同微生物的敏感性是不同的。

（1）消化道。易侵入消化道的病原菌有 *Salmonella typhi*（伤寒沙门氏菌）、*Shigella dysenteriae*（痢疾志贺氏菌）、*Vibrio cholerae*（霍乱弧菌）、*Campylobacter jejuni*（空肠弯曲菌）以及若干引起食物中毒的病原菌和肝炎病毒等。凡通过消化道传染的病原体，都具有抗唾液和其他消化液中不同酶的作用，而且能耐胃内的高酸度。

（2）呼吸道。对呼吸道有特异亲和力的病原菌有 *Mycobacterium tuberculosis*（结核分枝杆菌）、*Legionella pneumophila*（嗜肺军团菌）、*Pneumococcus pneumoniae*（肺炎肺炎球菌）、*Corynebacterium diphtheriae*（白喉棒杆菌）、*Bordetella pertussis*（百日咳博德特氏菌）、*Neisseria meningitidis*（脑膜炎奈瑟氏球菌）以及若干呼吸道病毒等，如图 10 - 1 所示。

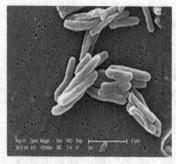 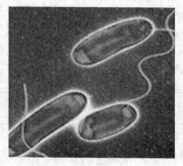 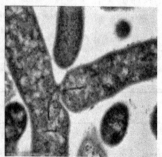

结核分枝杆菌　　　　　　　　嗜肺军团菌　　　　　　　　白喉棒杆菌

图 10-1　对呼吸道有特异亲和力的病原菌

（3）皮肤伤口。通过皮肤伤口侵入的病原菌有多种。例如，经浅部皮肤伤口侵入的有 *Staphylococcus aureus*（金黄色葡萄球菌），经深部损伤而侵入的有 *Clostridium tetani*（破伤风梭菌）。此外，*Bacillus anthracis*（炭疽芽孢杆菌）可通过皮肤侵入，然后经循环系统的运转而在体内扩散；*Rickettsia rickettsii*（立氏立克次氏体，落基山斑疹伤寒的病原体）是通过蜱类叮咬而由皮肤侵入的；狂犬病毒则是疯狗或其他动物咬伤人时从伤口带入体内的。

（4）泌尿生殖道。*Neisseria gonorrhoeae*（淋病奈瑟氏球菌）和 *Treponema pallidum*（苍白密螺旋体，即"梅毒密螺旋体"）等引起性病的病原菌通常是通过泌尿生殖道侵害人体的。近年来性病原体的范围有所扩大，侵入门径也相应扩大，故已把原来的"性病"改为"性传播疾病"（STD），尤其是 20 世纪 70 年代起出现的艾滋病（AIDs，其病原体应称作"人类免疫缺损病毒"即 HIV 或 Human Immune Deficiency Virus）、生殖器念珠菌病、阴道棒杆菌病和嗜血杆菌性阴道炎等多种"第二代性病"，其危害甚大，应注意防治。

（5）垂直传播。常见经垂直传播的感染性疾病有：① 乙型肝炎，一方面指患有乙肝的孕妇怀孕时，胎儿在子宫内就被感染上了乙肝病毒，另一方面是孕妇在分娩时通过产道婴儿吸入带乙肝病毒的羊水，或是因吸吮母乳而被感染。② 先天性风疹综合征。风疹病毒是风疹的病原体，呈世界性分布，春季是流行高峰。孕妇在妊娠头 4 个月内感染了风疹病毒，病毒以胎盘垂直传播感染胎儿，引起先天性风疹综合征，表现为耳聋、失明、智力低下、先天性心脏病，有的还会引起孕妇流产或胎儿出生后死亡。风疹病毒自然感染后可获得持久免疫力。

（6）其他途径。有些病原菌可通过多种途径侵害其宿主，例如 *Mycobacterium tuberculosis*（结核分枝杆菌）和 *Bacillus anthracis*（炭疽芽孢杆菌）等可通过呼吸道、消化道和皮肤等多种途径侵害宿主，并引起相应部位或全身性的疾病。

2. 宿主的免疫力

同种生物的不同个体，当它们与病原菌接触后，有的患病，而有的却安然无恙，其原因是不同个体间免疫力的不同。所谓免疫或称免疫性、免疫力（Immunity），经典的概念是指机体免除传染性疾病的能力。随着免疫学的飞速发展，免疫的概念已变得更为丰富和全面了。现代免疫概念认为，免疫是机体识别和排除抗原性异物的一种保护性功能，在正常条件下对机体有利，在异常条件下也可损害机体。简要来说，免疫功能包括：

（1）免疫防御（Immunologic Defence）：指机体抵抗和清除病原微生物或其他异物的功能。免疫预防功能发生异常可引起疾病，如反应过高可出现超敏反应，反应过低可导致免疫缺陷病。

（2）免疫稳定（Immunologic Homeostasis）：指机体清除损伤或衰老的细胞，维持其生理平衡的功能。免疫稳定功能失调可导致自身免疫病。

（3）免疫监视（Immunologic Serveillance）：指机体识别和清除体内出现的突变细胞，防止发生肿瘤的功能。免疫监视功能低下，易患恶性肿瘤。

3. 环境因素

传染的发生与发展除取决于上述的病原体的毒力、数量、侵入途径和宿主的免疫力外，还取决于对以上因素都有影响的环境因素。良好的环境因素有助于提高机体的免疫力，也有助于限制、消灭自然疫源和控制病原体的传播，因而可以防止传染病的发生或流行。

10.1.3　感染的三种典型状况

病原菌侵入其宿主后，按病原菌、宿主与环境三方面力量的对比或影响的大小决定着传染的结局。其结局不外乎有下列三种。

1. 隐性感染(Inapparent Infection)

如果宿主的免疫力很强，而病原菌的毒力相对较弱，数量又较少，传染后只引起宿主的轻微损害，且很快就将病原体彻底消灭，因而基本上不出现临床症状者，称为隐性感染。

2. 带菌状态(Carrier State)

如果病原菌与宿主双方都有一定的优势，但病原体仅被限制于某一局部且无法大量繁殖，两者长期处于相持的状态，就称带菌状态。这种长期处于带菌状态的宿主，称为带菌者(Carrier)。在隐性传染或传染病痊愈后，宿主常会成为带菌者，如不注意，就成为该传染病的传染源，十分危险。这种情况在伤寒、白喉等传染病中时有发生。"伤寒玛丽"的历史必须引以为戒。"伤寒玛丽"的真名为 Mary Mallon，是美国的一位女厨师，1906 年受雇于一名将军家，不到 3 星期就使全家包括保姆在内的 11 人中的 6 人患了伤寒，而当地却没有任何人患此病。经检验，她是一个健康的带菌者，在粪便中连续排出沙门氏菌(*Salmonella*)。后经仔细研究，证实以往在美国有 7 个地区多达 1500 个伤寒患者都是由她传染的。

3. 显性感染(Apparent Infection)

如果宿主的免疫力较低，或入侵病原菌的毒力较强、数量较多，病原菌很快在体内繁殖并产生大量有毒产物，使宿主的细胞和组织蒙受严重损害，生理功能异常，于是就出现了一系列临床症状，这就是显性感染或传染病。

按发病时间的长短可把显性感染分为急性感染(Acute Infection)和慢性感染(Chronic Infection)两种。前者的病程仅数日至数周，如流行性脑膜炎和霍乱等；后者的病程往往长达数月至数年，如结核病和麻风病等。

按发病部位的不同，显性感染又被分为局部感染(Local Infection)和全身感染(Systemic Infection)两种。全身感染按其性质和严重性的不同，大体可分以下四种类型：

(1) 脓毒血症(Pyemia)。一些化脓性细菌在引起宿主的败血症的同时，又在其许多脏器(肺、肝、脑、肾、皮下组织等)中引起化脓性病灶者，称为脓毒血症。例如，*Staphylococcus aureus*(金黄色葡萄球菌)就可引起脓毒血症。

(2) 败血症(Septicemia)。病原菌侵入血流，并在其中大量繁殖，造成宿主严重损伤和全身性中毒症状者，称为败血症。例如，*Pseudomonas aeruginosa*(铜绿假单胞菌，旧称"绿脓杆菌")等会引起败血症等。

(3) 毒血症(Toxemia)。病原菌限制在局部病灶，只有其所产的毒素进入全身血流而引起的全身性症状，称为毒血症，常见的有白喉、破伤风等症。

(4) 菌血症(Bacteremia)。病原菌由局部的原发病灶侵入血流后传播至远处组织，但未在血流中繁殖的传染病，称为菌血症。

10.2 非特异性免疫

凡在生物进化过程中形成的天生即有、相对稳定、无特殊针对性的对病原微生物的天然抵抗力，称为非特异性免疫或先天免疫。对人和高等动物来说，非特异性免疫主要由宿主的屏障结构、吞噬细胞的吞噬功能、正常组织和体液中的抗菌物质以及炎症反应等所组成，现分别叙述如下。

10.2.1　机体屏障

1. 皮肤与黏膜

皮肤与黏膜是宿主对付病原菌的"第一道防线"，它们对于病原微生物具有以下三种作用：

（1）机械的阻挡和排除作用。完整和健康的皮肤与黏膜能有效地阻挡各种病原体的侵入。

（2）分泌液中所含化学物质有局部抗菌作用。汗腺可以分泌乳酸，皮脂腺可分泌脂肪酸，胃黏膜能分泌胃酸，阴道黏膜能分泌酸性物质，前列腺可以分泌精胺，泪腺、唾液腺、乳腺和呼吸道黏膜均可分泌溶菌酶。这些成分均有一定的制菌作用，例如胃酸可杀死 *Salmonella typhi*（伤寒沙门氏菌）、*Shigella dysenteriae*（痢疾志贺氏菌）和 *Vibrio cholerae*（霍乱弧菌）等。

（3）正常菌群的拮抗作用。人体的皮肤和黏膜上生存着大量正常菌群，常常由于它们的数量大和产生特殊代谢产物而抑制周围病原菌的侵入。例如：皮肤上 *Propionibacterium acnes*（痤疮丙酸杆菌）产生的脂类能抑制 *Staphylococcus aureus*（金黄色葡萄球菌）和 *Streptococcus pyogenes*（酿脓链球菌）的生长；肠道中一些厌氧菌产生的脂肪酸能阻止沙门氏菌的生存；肠道中 *Escherichia coli*（大肠杆菌）产生的大肠菌素（Colicin）和其他酸性产物能抑制 *S.dysenteriae* 和 *S.aureus* 等。

2. 屏障结构

1）血脑屏障

血脑屏障不是一种专有的解剖结构，主要由软脑膜、脉络丛、脑血管及星状胶质细胞等组成。其组织学部位主要是脑毛细血管的内皮细胞层，它具有细胞间连接紧密、胞饮作用微弱的特点，可阻挡病原体及其有毒产物从血流透入脑组织或脑脊液，从而保护中枢神经系统。婴幼儿因其血脑屏障还未发育完善，故易患脑膜炎或流行性乙型脑炎等传染病。

2）血胎屏障

血胎屏障是由母体子宫内膜的底蜕膜和胎儿的绒毛膜共同组成的，当它发育成熟（一般在妊娠 3 个月后）后，不妨碍母子间的物质交换，但具有防止母体内的病原体进入胎儿的功能。

10.2.2　细胞因素

当病原体一旦突破了上述"第一道防线"即屏障结构后，就遇到了宿主的非特异性免疫系统，即"第二道防线"。这里先来讨论一下吞噬细胞及其吞噬功能。

人体及高等动物的血细胞通常由红细胞（440～550 万个/mL）、白细胞（4500～9000 个/mL）和血小板（15～40 万个/mL）三部分组成。其中白细胞的种类最多，担任着各种免疫功能，因此被称作机体的"白色卫士"。现先把各类白细胞（见图 10-2）及其特点作一简明的总结，为避免与后续知识点重复，以下仅对两种经典细胞进行阐述，其他细胞功能将在抗原抗体部分中分别进行讲解。

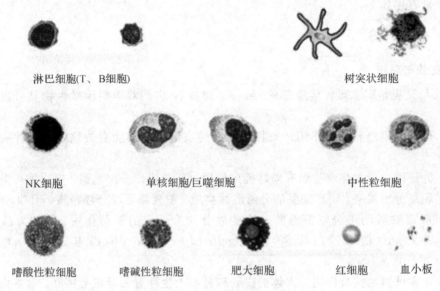

淋巴细胞(T、B细胞)　　　　　　　　　　　　　　　　　　　　树突状细胞

NK细胞　　　　　　　单核细胞/巨噬细胞　　　　　　　中性粒细胞

嗜酸性粒细胞　　　嗜碱性粒细胞　　　　肥大细胞　　　　红细胞　　　血小板

图 10-2　各种免疫细胞形态种类

1. 嗜中性粒细胞的吞噬功能

嗜中性粒细胞(Neutrophil)是一种数量最多的小吞噬细胞，它们从骨髓中成熟并释放至血液中，其半衰期约为 6～7 小时。当急性感染时，嗜中性粒细胞急剧增加，它们可以穿越血管壁，发挥其吞噬功能。其过程有以下四个阶段：

1) 趋化作用(Chemotaxis)

许多病原菌(如肺炎球菌、链球菌、炭疽芽孢杆菌和白喉棒杆菌等)都可产生趋化因子，它们可与嗜中性粒细胞表面的受体结合，激活其酯酶和 HMP 途径，使细胞内 Ca^{2+} 大量流失，导致微丝和微管装置推动细胞向病原菌的方向迅速移动。

2) 调理作用

调理作用是指宿主体液中的抗体与补体等物质结合或覆盖于病原体的表面，使其更易被吞噬细胞所吞噬。凡有调理作用的特异抗体即称调理素。它们与病原体结合后，再通过抗体分子上游离的 Fc 端与吞噬细胞膜上的 Fc 受体作用，从而把病原体吸附到细胞表面。有时，在没有调理作用的情况下，由于病原体尤其是有荚膜的细菌和吞噬细胞都附着在粗糙的固相表面，使原来不能吞噬的病原体也可被吞噬，这就是表面吞噬作用。

3) 吞入作用

嗜中性粒细胞伸出伪足将经调理后的病原体包围，形成吞噬体(Phagosome)。随后嗜中性粒细胞产生多种高活性的杀菌物质，如超氧阴离子自由基(O^{2-})、H_2O_2，产能代谢由 EMP 途径转向 HMP 途径，耗氧量增高。接着原先充满在细胞中的各种颗粒迅速向吞噬体移动，两者融合后形成吞噬溶酶体(Phagolysosome)，于是细胞中的颗粒体消失。在嗜中性粒细胞中的大量颗粒体又称溶酶体，可分三种类型：①含有大量水解酶、髓过氧化物酶(Myeloperoxidase，MPO)、溶菌酶、弹性蛋白酶、碱性多肽，如吞噬细胞杀菌素(Phagocytin)和白细胞素(Leukin)等的嗜天青颗粒；②数量较多的含乳铁蛋白(Lactoferrin)和溶菌酶

(Lysozyme)的特殊颗粒；③含酸性磷酸酶但抗病原体功能尚不清楚的颗粒。

4）杀灭作用

通过上述三类溶酶体释放的酶和有关物质对吞噬溶酶体中病原体的作用，达到了对外来病原体的杀灭和消化作用。图 10-3 所示为吞噬细胞杀灭过程示意图。

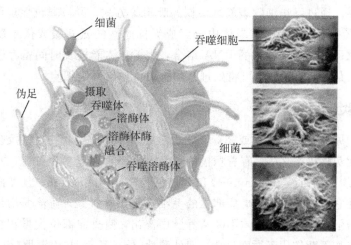

图 10-3　吞噬细胞杀灭过程示意图

2. 巨噬细胞及其功能

巨噬细胞（Macrophage）在机体免疫中有着极其重要的作用，最初只知道它有吞噬外来异物的作用，因此只认为是一种非特殊性的免疫作用。随着研究的深入，发现其在协同 T、B 淋巴细胞参与特异性免疫反应及在抗感染、抗肿瘤等方面都有着重要的作用。巨噬细胞由单核细胞发育而成，成熟后的体积较大（人类巨噬细胞的直径可达 $20 \sim 80 \ \mu m$）。游离于血液中与固定在不同组织中的巨噬细胞的形态和名称不同。在光学显微镜下，可见有圆形或其他形状的核，染色质较浓缩，经特殊染色还可见到线粒体、高尔基体和中心体等。在电子显微镜下，还可进一步看到内质网、溶酶体、微丝、微管和吞噬体等。

巨噬细胞在免疫过程中主要有以下几种功能：

1）吞噬作用

巨噬细胞的吞噬作用与上述嗜中性粒细胞相仿，也经过趋化、调理、吞入和杀灭四个阶段。

2）分泌可溶性活性物质

巨噬细胞除通过细胞参与的加工、处理抗原外，还可因受外来刺激而分泌多种可溶性活性物质，借此来调节免疫功能，包括激活淋巴细胞、杀伤肿瘤细胞、促进炎症反应或加强吞噬细胞的吞噬、消化作用等，例如淋巴细胞激活因子（LAF）、遗传相关巨噬细胞因子（GRF）、非特异巨噬细胞因子（NMF）、绵羊红细胞溶解因子、肿瘤抗原识别因子（RF）、干扰素（IFN）、前列腺素 E（PGE）、肿瘤坏死因子（TNF）、酸性水解酶类、中性蛋白酶类以及溶菌酶，等等。

3）抗癌作用

在动物实验中，已肯定巨噬细胞有明显的抗癌作用。它对癌细胞的杀伤可通过吞噬、抑制或溶解等方式来进行。卡介苗、*Corynebacterium parvum*（小棒杆菌）、若干多糖类物质等可提高巨噬细胞的数量和吞噬力，促进抗癌作用。

4）参与免疫应答

巨噬细胞可通过吞噬、处理及传递三个步骤，对外来抗原物质进行加工，以适应激活淋巴细胞的需要。通过巨噬细胞表面粘多糖的吸附等方式，可与颗粒性抗原结合，结合后的抗原约有 90% 被吞噬，并在吞噬体内分解成无抗原性的氨基酸或低聚肽，未被分解的 10% 以下的抗原可与巨噬细胞中的 RNA 结合，此复合体能较长时间留存于膜的表面，抗原性有所增强。最后，巨噬细胞可将处理过的抗原传递给淋巴细胞。

10.2.3　免疫炎症反应

炎症发生的原因有多种。人或高等动物因感染病原体而引起的炎症反应，是宿主对病原体的非特异性免疫机制之一，有着积极的意义。广泛存在于多种细胞（白细胞、红细胞、血小板等）和组织中的组胺（Histamine）和 5-羟色胺（Serotonin，5-ht）在炎症发生早期有着重要的作用。在它们的作用下，炎症部位的毛细血管迅速扩张，血流量增加；由于毛细血管壁通透性的增强，可溶性蛋白质不断从静脉中渗出，使炎症部位大量积潴体液；由于病原体及其代谢产物不断作用于吞噬细胞，使外源性（外毒素等）与内源性（蛋白质）热原质由血液传送至下丘脑部位的体温调节中枢；随着炎症的发展，原先附着在毛细血管内壁的大量多形核粒细胞纷纷透过细胞间隙进入组织，炎症后期，因多形核粒细胞一般只能生存 1～2 天，死亡后又可释放吸引单核细胞的炎症物质，故这时由单核细胞取代多形核粒细胞；如果炎症的病原体是细菌，则多形核粒细胞可因其释放的趋化因子而移向感染中心，随着炎症的发展，吞噬细胞释放的溶菌酶不但杀伤病原菌，还会损伤邻近的组织细胞；此外，在发炎时，还有大量淋巴细胞从毛细血管通过穿越细胞的方式进入炎症区。以上这些原因集中在一起，使炎症部位带来了红、肿、热、痛和机能障碍等五种明显症状。在炎症后期，形成了含血清、细菌、死细胞和白细胞的浓缩物，这就是脓。

炎症既是一种病理过程，又是一种防御病原体的积极方式，这是因为：

（1）动员了大量吞噬细胞聚集在炎症部位；

（2）血流的加速使血液中的抗菌因子和抗体发生局部浓集；

（3）死亡的宿主细胞的堆集可释放出抗微生物的物质；

（4）炎症中心氧浓度的下降和乳酸的累积，有利于抑制多种病原菌的生长；

（5）炎症部位的高温还可降低某些病原体的繁殖速度。

10.2.4　体液及组织中的抗菌物

在正常的体液和组织中含有多种抗菌物质，它们一般不是直接杀灭病原体，但却能配合免疫细胞、抗体或其他防御因子，使它们发挥较强的免疫功能。现择要介绍其中的干扰素和补体。

1. 干扰素（Interferon，IFN）

干扰素是 Isaacs 等于 1957 年在研究流感病毒的干扰现象时发现的。1980 年国际干扰素命名委员会给干扰素下了一个定义："干扰素是一类在同种细胞上具有抗病毒活性的蛋白质，其活性的发挥又受细胞基因组的调节和控制，涉及 RNA 和蛋白质的合成。"由此可见，干扰素是一种蛋白质，例如天然干扰素是一种糖蛋白，*Escherichia coli*（大肠杆菌）"工程菌"所产生的人干扰素则是一种不带糖分子的蛋白质；脊椎动物的细胞内广泛存在着合成干扰素的结构基因和调节基因，当其受干扰素诱生剂作用后，干扰素基因可转录出相应的 mRNA，再转译出干扰素蛋白；干扰素本身不能灭活病毒，其活性受细胞内另一基因组的控制，在它的控制下，通过细胞产生多种蛋白质来阻断病毒的增殖；干扰素的抗病毒活性是广谱的。

目前所知道的人干扰素有 α 干扰素（白细胞干扰素）、β 干扰素（成纤维细胞干扰素）和 γ 干扰素（免疫干扰素或 Ⅱ 型干扰素）三种。三者的理化性质虽有不同，但它们都有抗病毒增殖活性、免疫调节活性、细胞分裂抑制活性、抑制肿瘤生长活性和改变细胞膜生物学特性等功能。干扰素的分子量约为 2×10^4 Da，其生物学活性极高，1 mg 纯干扰素约有 10 亿个活性单位。据估计，10 个以下或甚至只要 1 个干扰素分子即可使 1 个细胞产生抗病毒功能。干扰素活性是广谱的和具选择性的，亦即它几乎可作用于一切病毒，并仅作用于受病毒感染等的异常细胞。干扰素有一定的种属特异性，这意味着它作用于与产生它的细胞是同种时，一般其活性更大。例如，人的干扰素可更有效地增强人细胞的抗病毒增殖活性。

并不是只有病毒才能诱生干扰素。能诱生干扰素的物质很多，它们被称为干扰素诱生剂。例如：

（1）各种活的或灭活的病毒，包括含 RNA 或 DNA 的各种动物病毒、植物病毒、昆虫病毒和真菌病毒；

（2）人工合成的双链 RNA，如聚次黄嘌呤核苷酸、聚胞嘧啶核苷酸；

（3）在细胞内繁殖的各种微生物，如细菌、立克次氏体、支原体、衣原体和若干原生动物（弓形体、疟原虫）等；

（4）微生物产物，如细菌的脂多糖和真菌多糖等；

（5）多聚物，如多羧基聚合物（吡喃、聚丙烯酸等）、聚硫酸盐和聚磷酸盐等；

（6）低分子物质，如环己亚胺、卡那霉素、梯洛龙（Tilorone）及其衍生物、二苄呋喃、碱性染料和丙烷二胺等；

（7）细胞有丝分裂素，如植物血凝素（Phyto Haemo Agglutinin，PHA）、伴刀豆球蛋白 A（Concanav Alina，CONA）和葡萄球菌肠毒素 α 等（可诱生 γ 干扰素）；

（8）特异性免疫诱导（可诱生 γ 干扰素）。

在以上八类干扰素诱生剂中，以前两类的诱生能力为最强。

干扰素的诱导过程和作用机制较为复杂，总的过程为：病毒侵染人或动物细胞后，在其中复制时可产生 dsRNA（双链 RNA），并进一步诱导出干扰素 RNA，再由它转译出干扰素，同时宿主细胞死亡。这种干扰素被分泌出来后，主要对同种细胞上的相应受体有极高的亲和性，两者结合后，可刺激该细胞合成抗病毒蛋白（Antiviral Protein，AVP；或称转译抑制蛋白 TIP，Translation Inhibitory Protein）。这些 AVP 与侵染病毒的 dsRNA 发生复合后，AVP 被活化。活化的 AVP 可降解病毒 mRNA，从而阻止其转译出病毒蛋白，这样，病毒的增殖就受到了抑制。其全过程如图 10-4 所示。

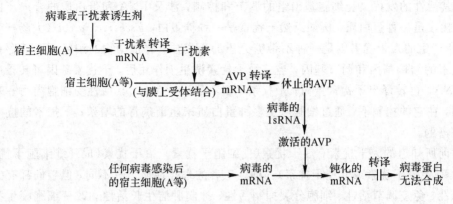

图 10-4　干扰素作用示意图

由上可知，干扰素是脊椎动物细胞所产生的防御外来物质尤其是防御"有害核酸"入侵的物质，它是与脊椎动物个体的免疫系统有分工的另一类免疫防御系统。当然，干扰素系统是以细胞为单位，并没有组织与细胞水平上的严格分化；干扰素的诱生剂主要是双链核苷酸，其反应产物（干扰素）与刺激原（诱生剂）之间并无特异性，且作用时间短，一般不存在回忆反应。干扰素诱生剂虽很多，但因它们普遍都有毒性而部分有抗原性，故无法用于临床。外源性干扰素因具有毒性低、同种间无抗原性、反复注射无耐受现象以及有起效时间快等优点，所以其制备方法发展很快。目前，人 α、β 干扰素已可用于临床。人 α 干扰素可用人血白细胞或可无限繁殖的一种类淋巴细胞（Namalwa 细胞）来制备；人 β 干扰素可用人成纤维细胞来制备。至今，干扰素的基因工程早已成功，它在各种病毒性疾病治疗上的普遍应用已指日可待。

2. 补体（Complement）

补体是存在于正常人体或动物血清中的一组（11 种）非特异性血清蛋白，主要是 β 及 γ 球蛋白，它是一类酶原，能被任何抗原与抗体的复合物所激活。由于它在抗原抗体反应中有补充抗体作用的功能，故称补体。激活后的补体，具有溶解细胞膜、杀灭病毒、促进吞噬细胞的吞噬和释放组胺等多种功能。其性质不稳定，一般在室温下放置数天或在 56℃ 下放置 30 分钟即可失活。补体由巨噬细胞、肠道上皮细胞及肝、脾细胞所产生。在实验室中所需补体通常取自豚鼠血。在变态反应（Allergy）或过敏反应（Hyper Sensitivity）中，抗原抗体的复合物与补体结合后，可使细胞释放大量组胺，从而引起组织细胞的严重破坏，甚至使机体致死。由于下述途径涉及后续抗原（Ag）-抗体（Ab）相关知识，因此建议先粗略学习，而后进行深入学习。

1）经典途径

经典途径是由抗原-抗体复合物结合于补体成分 C1，自 C1 至 C9 依次激活的途径，整个激活过程可分为识别和活化两个阶段。

（1）识别阶段：Ag 与 Ab 结合后，Ab 发生构象改变，使 Fc 段的补体结合部位暴露，补体 C1 与 Ab 结合并被激活，这一过程被称为补体激活的启动或识别。

（2）活化阶段：活化的 C1s（C1qsrs）依次酶解 C4、C2，形成具有酶活性的 C3 转化酶，后者进一步酶解 C3 并形成 C5 转化酶。此即经典途径的活化阶段。C1s 作用于 C4，所产生的小片段 C4a 释放入液相；大片段的 C4b 可与胞膜或抗原-抗体复合物结合。在 Mg²⁺存在的情况下，C2 可与附着有 C4b 的细胞表面结合，继而被 C1s 裂解，所产生的小片段 C2a 被释放入液相，而大片段 C2b 可与 C4b 形成 C4b2b 复合物，即经典途径 C3 转化酶。C4b2b 中的 C4b 可与 C3 结合，C2b 可水解 C3，所产生的小片段 C3a 释放入液相，大片段为 C3b。大部分 C3b 与水分子作用，不再参与补体级联反应；10% 左右的 C3b 分子可与细胞表面的 C4b2b 结合，形成 C4b2b3b 复合物，即经典途径的 C5 转化酶（见图 10 - 5）。

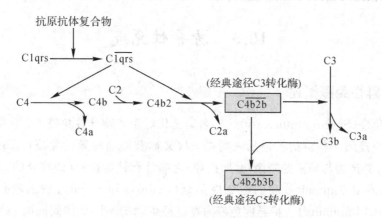

图 10 - 5　补体激活经典途径

2）替代途径

不经 C1、C4、C2 途径，而由 C3、B 因子、D 因子参与的激活过程，称为补体活化的替代途径，也叫第二途径。某些细菌、革兰氏阴性菌的内毒素、酵母多糖、葡聚糖、凝聚的 IgA 和 IgG4 以及其他哺乳动物细胞，都可以不通过 C1q 的活化而直接"激活"旁路途径。这些成分实际上是提供了补体激活级联反应得以进行的接触表面。这种激活方式可不依赖于特异性抗体的形成，因此能在感染早期为机体提供有效的防御机制。C3 是启动旁路途径并参与其后级联反应的关键分子（见图 10 - 6）。

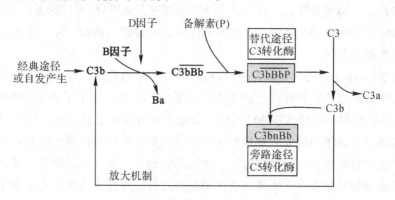

图 10 - 6　补体激活替代途径

3）补体的功能

补体主要有以下功能：

（1）能够溶解和杀伤细胞："膜攻击复合物"可造成靶细胞膜穿孔，内容物外泄，胞外低渗液进入胞内，靶细胞肿胀死亡。

（2）能够中和病毒：补体片断有助于吞噬细胞吞噬和清除病毒抗体复合物，阻断病毒颗粒对靶细胞的黏附和穿透。

（3）具有趋化作用：补体片段具有趋化作用，能促使吞噬细胞向病原微生物移行和集中，从而对病原微生物进行吞噬。

（4）其他功能：补体还具有免疫吸附、过敏毒素等功能。

10.3 特异性免疫

10.3.1 特异性免疫概述

特异性免疫(Specific Immunity)这一名词是相对于非特异性免疫的，它是生物个体在其后天活动中接触了相应的抗原后获得的，故又称获得的特异性免疫(Acquired Specific Immunity)。其产物与相应的刺激物(即抗原)之间是有针对性的(即特异的)，包括体液免疫系统(Humoral Immunity)和细胞免疫系统(Cellular Immunity)或细胞介导免疫系统(Cell Mediated Immunity)。特异性免疫力在同种生物的不同个体间或同一个体在不同条件下有很大的差别。

特异性免疫力可通过自动和被动两种方式获得。

1. 自动获得

自动获得是一类通过临床(出现症状的)或亚临床(无症状的)的感染后获得，也可通过人工接种后获得特异性免疫力的方式。某些传染病如白喉、天花和流行性腮腺炎等可诱导长期的免疫力，而另一些传染病如流行性感冒等只能引起短期的免疫力。

2. 被动获得

被动获得是一类通过输血、输入淋巴细胞或注射血清组分(丙种球蛋白等)的方式把现成的抗体输入未经免疫的个体中，使其获得免疫力的方式。例如，为不慎外伤者注射破伤风抗毒素即为被动获得。

免疫应答(Immune Response)一般仅指特异性免疫的进行过程。这是一个从抗原的刺激开始，机体内的抗原特异性淋巴细胞识别抗原(感应)后，发生了活化、增殖、分化等一系列变化，并表现出一定的体液免疫或(和)细胞免疫效应的过程，如图10-7所示。因此，免疫应答实质上可理解为抗原有选择性地刺激能识别它的特异性淋巴细胞，继而触发一系列变化和产生免疫效应的一种生理过程。免疫应答的突出特征是识别异己且具有特异性和记忆性。免疫应答只指发生在机体内的一类免疫反应。免疫应答的过程十分复杂，整个过程可分为感应阶段(Inductive Stage)、增殖和分化阶段(Proliferative and Differentiation Stage)以及效应阶段(Effective Stage)三个阶段。在此过程中，还须有单核吞噬细胞系统的参与。根据参与的免疫活性细胞的种类和功能的不同，免疫应答又可分为细胞免疫和体液免疫两个不同类型。当机体受到抗原刺激后，一类小淋巴细胞——依赖胸腺的 T 细胞发生增生、分化，直接攻击靶细胞或间接地释放一些淋巴因子，这类免疫作用称为细胞免疫。

相反,当机体受到抗原刺激后,来源于骨髓的小淋巴细胞——B 细胞进行增生和分化为浆细胞,它可合成称作抗体的各类免疫球蛋白,例如 IgG、IgA、IgM、IgD 和 IgE,并把它们释放到体液中去发挥免疫作用,这就是体液免疫。

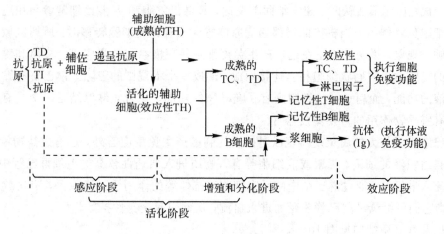

图 10 - 7　免疫应答的过程

在图 10 - 7 中,TD 抗原即胸腺依赖型抗原(Thymus Dependentantigen),血细胞、血清成分和细菌等大多数抗原属于 TD 抗原。它需要辅助细胞(Accessory Cells)即抗原呈递细胞(Antigen Presenting Cell,包括游离的巨噬细胞和若干非吞噬性细胞)的递呈抗原以及 T 细胞的辅助才能刺激机体产生 IgG 等抗体,同时也刺激机体执行细胞免疫功能。TD 抗原还可引起回忆应答。TI 抗原即非胸腺依赖性抗原(Thymus Independent Antigen),如细菌多糖、聚合鞭毛蛋白等。它刺激机体产生抗体时,不需要 T 细胞的辅助或依赖程度很低。TI 抗原一般仅引起机体产生体液免疫的功能,通常仅产生 IgM 抗体,且不能引起回忆应答。图 10 - 7 中的 TH 为辅助性 T 细胞,TC 为细胞毒性 T 细胞,TD 为迟发型超敏 T 细胞。特异性免疫是由免疫系统来执行其功能的。免疫系统主要包括免疫器官、免疫细胞和免疫分子三部分,现分述如下。

10.3.2　免疫器官

免疫器官可按其功能的不同而分为外周免疫器官和中枢免疫器官两大类。

1. 外周免疫器官(Peripheral Immune Organ)

由中枢免疫器官产生的 T、B 淋巴细胞在外周免疫器官——脾脏和淋巴结等处定居,在遇抗原刺激后,它们就开始增殖,并进一步分化为致敏淋巴细胞或产生抗体的浆细胞,以执行其免疫功能。

1) 淋巴结(Lymphnode)

淋巴结俗称淋巴腺,全身共约有 500～600 个,大小不等,一般呈蚕豆状,主要分布在颈部、肠系膜、腋窝、腘窝、腹股沟和肺门等处。淋巴结的实质由淋巴组织和淋巴窦构成。周缘部分的淋巴组织较致密,染色深,即为皮质。皮质主要由球形的淋巴小结、弥散淋巴组织和淋巴窦组成。淋巴小结的中央染色较浅,称生发中心,它主要由 B 淋巴细胞和巨噬细胞所组成；弥散淋巴组织位于淋巴小结之间和皮质深层处，此区主要由胸腺迁来的 T 淋巴细胞组成，故称胸腺依赖区。髓质主要由髓索即淋巴索和淋巴窦构成。髓索的主要成分是 B 淋巴细胞、浆细胞和巨噬细胞。免疫功能活跃时髓索发达，浆细胞增多，于是就有大量抗体合成；功能不活跃时，髓索细而不发达。B 淋巴细胞和 T 淋巴细胞参与相应的体液免疫和细胞免疫作用。当机体的局部遇病原体感染或有肿瘤细胞转移时，所属区域的淋巴结常有肿大现象，说明它们正在迅速产生免疫细胞并积极参与免疫应答。皮质和髓质内的淋巴窦的窦壁由扁平网状细胞相互连接而成，形成一个不规则的腔隙。淋巴窦有贮存和运输淋巴液的功能，而扁平网状细胞则有吞噬异物的功能。因此，淋巴结是一个具有消除侵入机体有害异物作用的重要免疫器官。

淋巴结除了作为外周免疫器官以对抗原的刺激产生免疫应答外，还有过滤功能，它可以使来自组织液的细菌、毒素或癌细胞等有害物质进入通透性较高的毛细淋巴管中，再随淋巴液流入淋巴结，通过淋巴结中的巨噬细胞和抗体等的作用予以清除。若有害物质过多过强，则它们可继续沿淋巴管蔓延而进入血流，从而引起全身性扩散。

淋巴及其显微结构见图 10-8。

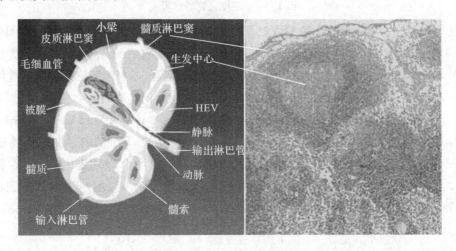

图 10-8　淋巴及其显微结构

2）脾脏（Spleen）

脾脏是人和脊椎动物体内最大的免疫器官，是产生致敏淋巴细胞和抗体的重要场所，还具有过滤和贮存血液以及清除衰老细胞和微生物等的功能。脾脏分为皮膜和实质两部分，后者又可分为白髓和红髓。白髓是一种包围在中央动脉外的淋巴组织，内中多含 T 细胞，只有少量浆细胞和巨噬细胞。有时白髓中也含有由 B 淋巴细胞组成的生发中心。红髓分布在白髓的周围，由脾索和髓窦构成。脾索中主要含 B 淋巴细胞，并有大量的巨噬细胞和浆细胞。脾脏中大约含 $40\%\sim50\%$ 的 T 细胞及 $40\%\sim50\%$ 的 B 细胞，此外还含有一定量的巨噬细胞，它们共同在机体防御和清除异物中发挥重要的作用。

3）其他淋巴组织

除了上述的淋巴结和脾脏外，尚有若干外周淋巴器官，例如扁桃体、阑尾、肠集合淋巴结等，它们中的淋巴细胞、浆细胞和巨噬细胞在机体抵抗外来异物中均起着一定的作用。

2. 中枢免疫器官(Central Immune Organ)

中枢免疫器官又称一级淋巴器官(Primary Lymphatic Organ)，是免疫细胞发生、分化和成熟的场所。

1) 骨髓(Bonemarrow)

骨髓是形成各类淋巴细胞、巨噬细胞和各种血细胞的场所。骨髓中的多能干细胞(Multipotential Stem Cell)具有很强的分化能力，主要可分化成以下两种：

(1) 髓样干细胞(Myeloid Stem Cell)：可发育成红细胞系、粒细胞系、单核细胞系和巨噬细胞系等。

(2) 淋巴干细胞：可发育成淋巴细胞，再通过胸腺或法氏囊(或类囊器官)衍化成 T 细胞或 B 细胞，最后定位于外周免疫组织。一般认为，人类或哺乳动物的骨髓是 B 细胞的成熟场所。

2) 胸腺(Thymus)

胸腺是 T 细胞分化和成熟的场所。人和哺乳动物的胸腺位于胸腔的前纵隔，紧贴在气管和大血管的前面，由左右两个大叶组成，每个大叶又可分成若干小叶。其大小依年龄而改变——幼年时期，腺体逐渐增大，随着性的成熟，胸腺逐渐退化，老年时胸腺变得很小(15 g 以下)，充满着脂肪组织。

胸腺小叶的外周为皮质，中间为髓质。皮质由淋巴细胞(即胸腺细胞)及少量网状上皮细胞组成，髓质中淋巴细胞较少，而网状上皮细胞较多。由骨髓内的多能干细胞发展成的前 T 细胞通过血液流入胸腺后，先在皮质内增殖、分化成淋巴细胞。其中大部分死亡并由巨噬细胞加以清除，只有少部分(小于 5%)才可进入髓质继续发育并逐步成熟，成为具有免疫活性的 T 细胞(即 T 淋巴细胞或胸腺依赖淋巴细胞)。成熟的 T 细胞从髓部通过毛细血管的管壁进入血流，到达外周淋巴器官的特定区域——胸腺依赖区(Thymus Dependent Area)定居，在那里发挥细胞免疫功能，并协同体液免疫的形成。胸腺中的网状上皮细胞具有分泌胸腺因子(Thymic Factors)的功能。胸腺因子的种类很多，有胸腺素(Thymosin)、胸腺生成素(Thymo Poietin) I / II 等，它们对 T 细胞的发生和成熟等具有重要的作用。T 细胞成熟主要是通过胸腺因子和胸腺微环境的共同作用而完成的。

3) 法氏囊或类囊器官

法氏囊(Bursaoffabricius)为鸟类所特有，由于其位于泄殖腔的后上方，故又称腔上囊。它是一个促进鸟类 B 细胞分化、发育的中枢淋巴器官，呈囊状，囊壁内充满着淋巴细胞。由骨髓多能干细胞分化而成的前 B 细胞由于激素和囊内微环境的影响，可分化并成熟为 B 细胞，然后再进入血流而分布到淋巴结、脾脏和外周血液中，以发挥其体液免疫的功能。人和哺乳动物均无法氏囊，目前认为骨髓可能起着类似的功能。

图 10 - 9 所示为免疫器官总结。

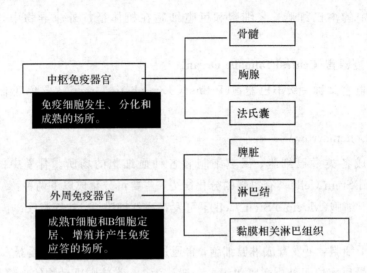

图 10-9 免疫器官总结

10.3.3　免疫细胞的作用

免疫细胞(Immunocyte)的涵义很广,包括各类淋巴细胞(T、B、D、K 和 NK 等细胞)、单核细胞、巨噬细胞和粒细胞等一切与免疫有关的细胞,而免疫活性细胞(Immunologically Competent Cell)则仅指能特异地识别抗原,即能接受抗原的刺激,并随后进行分化、增殖和产生抗体或淋巴因子,以发挥特异性免疫应答的一类细胞群。T 淋巴细胞和 B 淋巴细胞是最主要的免疫活性细胞。近年来,陆续发现 K、NK、N 和 D 细胞也参与免疫应答,因此免疫活性细胞的范围有所扩大。此外,由于单核吞噬细胞既参与非特异性免疫,又在特异性免疫的形成过程中发挥重要的作用,因此,也有人将它列入免疫活性细胞的范围。

免疫活性细胞均来源于多能干细胞(Multipotenial Stem Cell),即造血干细胞(Hemopoietic Stem Cell)。在人或哺乳动物个体发育的胚胎期,干细胞最早(第 3 周)出现在卵黄囊的血岛内,以后(第 6 周至出生前)出现在肝脏中,最后(5 个月后直至成年)则主要存在于骨髓内。多能干细胞分化成各种血细胞尤其是免疫活性细胞的情况见图 10-10。

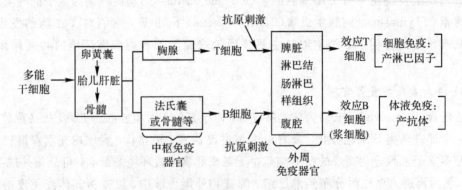

图 10-10　T、B 淋巴细胞的来源及功能

1. T 细胞

T 细胞即 T 淋巴细胞,是一种具有免疫活性的小淋巴细胞,成体中起源于骨髓,在胸腺中成熟后分布到外周淋巴器官及外周血液中,其功能是执行细胞免疫。由于从胚胎发育的第 11 周起 T 细胞就由干细胞经血流输送到胸腺,并在胸腺的作用下分化、成熟,故又称胸腺依赖淋巴细胞(Thymus Dependent Lymphocyte)。自卵黄囊、胎肝和骨髓产生的 T 细胞的干细胞称胸腺前细胞,而经过胸腺处理并分化成熟的 T 细胞,称胸腺后细胞。在这一系列的分化过程中,T 细胞的表面标志(包括受体和抗原)及功能发生了相应的变化。

T 细胞定位于周围淋巴结的副皮质区及脾脏白髓部分,并可经血液、组织、淋巴不断释放到外周血循环中。当受到抗原刺激后,T 细胞会进一步分化、增殖,以发挥其特异性的细胞免疫功能。

T 细胞表面有其独特的表面标志(Surface Maker),包括表面受体和表面抗原两类。第一类标志如绵羊红细胞受体(E 受体)和有丝分裂原受体等。E 受体指 T 细胞上能与绵羊红细胞(Erythrocyte)结合的受体,它能与周围的绵羊红细胞相结合而形成一玫瑰花状物,这种试验就称 E 花结试验或 E 玫瑰花结试验(E-rosette Test),可用于检测外周血中 T 细胞的数目及其比例。正常人外周血中 T 细胞约占总淋巴细胞数的 $60\% \sim 70\%$。在体外条件下,能与淋巴细胞表面的相应受体结合并刺激淋巴细胞,促使其 DNA 合成和进行有丝分裂,因而可将其转化为淋巴母细胞的一类物质称有丝分裂原,而淋巴细胞表面的相应受体则称有丝分裂原受体。第二类表面标志是 T 细胞的抗原受体,它是机体免疫系统执行复杂和精确的识别抗原性异物的物质基础之一。据初步研究,发现 T 细胞表面的抗原受体由 α 和 β 两条多肽链组成,每条链与 Ig 的 Fab 片段相似,镶嵌在 T 细胞膜内。此外,T 细胞还有 Fc 受体和补体受体等结构。

T 细胞表面抗原是在细胞分化中形成的,种类很多,可用它把 T 细胞划分成许多亚群。不同动物的 T 细胞其表面抗原各有特点。近年来,已应用单克隆抗体技术来检测相应的表面抗原。根据 T 细胞的发育阶段、表面标志或功能,可把 T 细胞分成若干亚群。以下将按其功能来介绍几个主要亚群。

1)调节 T 细胞(Regulator,TR)

(1)辅助性 T 细胞(Thelper,TH)。

辅助性 T 细胞的主要功能是辅助 B 细胞,促使 B 细胞的活化和产生抗体。有些称作 T 细胞依赖抗原(胸腺依赖抗原)者,由它们刺激 B 细胞产生抗体时必须有 TH 细胞的参与。TH 可与 T 细胞依赖抗原的蛋白质载体结合,释放出非特异性因子,而 B 细胞则可与 T 细胞依赖抗原的半抗原部分结合。在 TH 细胞产生的非特异性因子的协助下,B 细胞被激活、增殖,并转化为产生抗体的浆细胞。

(2)抑制性 T 细胞(Tsuppressor,TS)。

抑制性 T 细胞可抑制 TH、TC 和 B 细胞的功能,由此使机体的有关淋巴细胞的增殖得到控制。

2)效应 T 细胞(Effector,TE)。

(1)迟发型超敏 T 细胞(Delayed Type Hypersensitivity Initiator,TDTH)。

抑制性 T 细胞又称迟发型 T 细胞(TD)。TDTH 遇抗原后,可被活化增殖而释放 50

种以上的淋巴因子(Lymphokinase，LK)，它们可在反应的局部引起以单核细胞浸润为主的炎症，称作迟发性超敏反应(DTH)，它可清除感染有慢性的或胞内感染的病原体(如结核分枝杆菌、布鲁氏菌和破伤风梭菌等)，在肿瘤免疫、移植排斥反应和自身免疫病中也有重要作用。淋巴因子的释放是由特异抗原刺激的结果，但淋巴因子的作用一般是无特异性的，亦即不是直接针对抗原的。

(2) 巨噬细胞移动抑制因子(Macrophage Migration Inhibition Factor，MIF)。

这是一种分子量为 $2\times10^4\sim4\times10^4$ Da 的糖蛋白，能抑制正常巨噬细胞的移动，以使其稳定在炎症部位而发挥其正常的吞噬功能。此外，MIF 还能增强吞噬细胞的摄菌和杀菌能力。

(3) 巨噬细胞趋化因子(Macrophage Chemotactic Factor，MCF)。

巨噬细胞趋化因子可吸引巨噬细胞到淋巴因子释放的部位，即细菌感染的部位以发挥其吞噬功能。

(4) 巨噬细胞活化因子(Macrophage Activating Factor，MAF)。

巨噬细胞活化因子的理化性质与 MIF 相似，可活化巨噬细胞，增强其代谢活动，出现和增强对引起迟发型超敏反应的致病因子(如细菌或肿瘤细胞)的杀伤能力。

(5) 淋巴细胞生长因子类(Lymphocyte Growth Factors，LGF)。

淋巴细胞生长因子类是一些能引导血液中淋巴细胞 DNA 合成的生长因子，例如 IL-2 (Interleukin-2，即 T 细胞生长因子 TCGF)可促进 TH 及 TC 细胞亚群的增殖、分化和成熟，还可促进其在体外长期生长；又如 B 细胞生长因子(BCGF)可作用于 B 细胞以促进它的增殖。

(6) 白细胞趋化因子(Leucocyte Chemotactic Factor，LCF)。

白细胞趋化因子可将各种多形核粒细胞包括嗜中性、嗜酸性和嗜碱性粒细胞吸引在感染有病原体的部位。

(7) 白细胞移动抑制因子(Leucocyte Inhibitory Factor，LIF)。

白细胞移动抑制因子能抑制多形核粒细胞的移动，使其保留在炎症区而发挥吞噬作用。

(8) 淋巴毒素(Lympho Toxin，LT)。

淋巴毒素由致敏淋巴细胞所释放，能杀伤除淋巴细胞外的其他带相应抗原的靶细胞，能发挥缓慢而普遍的细胞毒作用，甚至使其溶解，还能非特异地溶解某些靶细胞。

(9) γ-干扰素(IFN-γ)。

γ-干扰素即Ⅱ型干扰素或免疫干扰素，它与前面提到过的 α-干扰素和 β-干扰素(Ⅰ型干扰素)不同，是由特异性抗原诱导 T 细胞而产生的，其作用同样是使未感染病毒的细胞产生可抑制或干扰病毒增殖的抗病毒蛋白(AVP)。

(10) Ia 抗原诱导因子(Ia Antigen Inducing Factor)。

Ia 抗原诱导因子是一种能在体内或体外诱导巨噬细胞表达 Ia 抗原(即免疫相关抗原，Immuno Associated Antigen)的淋巴因子，是一种蛋白质，其分子量为 5×10^4 Da。由于它能使巨噬细胞这种抗原递呈细胞表达 Ia 抗原，故可间接促进 T 细胞对抗原的识别。

(11) 转移因子(TF，Transfer Factor)。

转移因子是由致敏 T 细胞经特异抗原作用后所释放出来的一种低分子可透析成分，它能使原来细胞免疫力低下的或缺损的个体获得细胞免疫的能力。因其分子量小又无抗原性，故已可提取并制成注射用的生物制品，在治疗由 *Candida albicans*（白假丝酵母）引起的"白色念珠菌病"以及结核病、麻风病、全身性牛痘、带状疱疹、某些原发性细菌免疫缺陷病和恶性肿瘤等疾病时，具有一定的疗效。

（12）有丝分裂原因子（Mitogenic Factor，MF）。

有丝分裂原因子由致敏淋巴细胞重新遇到特异性抗原时产生，它可促使未致敏的淋巴细胞转化成致敏淋巴细胞。

（13）细胞毒 T 细胞（Cyto Toxictlymphocyte，TC）。

细胞毒 T 细胞又称杀伤性 T 细胞（T Killer Cell），它能杀伤带抗原的靶细胞，例如肿瘤细胞、移植细胞或受病原体感染的宿主组织细胞等。

2. B 细胞

B 细胞即 B 淋巴细胞。骨髓中的多能干细胞通过淋巴干细胞再分化为前 B 细胞。前 B 细胞在哺乳动物的骨髓中或鸟类的腔上囊中再分化成熟为 B 细胞，因而 B 细胞又称骨髓依赖性淋巴细胞（Bonemarrow Dependent Lymphocyte）或囊依赖性淋巴细胞（Bursa Dependent Lymphocyte）。

1）B 细胞的表面受体

B 细胞与 T 细胞外形虽相同，但其膜的表面结构即表面标志却有一定的差异。例如，B 细胞表面的有丝分裂原（Mitogen）受体与 T 细胞的不同，因此，两者各可受不同的有丝分裂原而作相应的转化。

另外，已知作为识别抗原性异物的 B 细胞膜表面的抗原受体，是一类镶嵌于膜脂质双分子层中的膜表面免疫球蛋白（SMIg，Surface Membrane Immuno Globulin），主要成分是单体的 IgM 和 IgD。因此，SMIg 既是相应抗原的特异性受体，又是一种具免疫球蛋白抗原决定簇的表面抗原，能与抗免疫球蛋白的抗体进行特异性结合。根据这一特性，就可用检出 SMIg 的免疫荧光法来鉴定 B 细胞。

此外，B 细胞表面还有补体受体和 Fc（抗体的可结晶片段）受体等。

2）B 细胞的表面抗原

B 细胞的表面抗原为 SMIg，即上述的 B 细胞抗原受体。随着 B 细胞分化程度的深入，细胞膜表面依次出现与膜结合的单体 IgM 和 IgD。

3）B 细胞的亚群和功能

对 B 细胞亚群的研究要比 T 细胞少。有一种分类是根据 B 细胞产生抗体时是否需要 T 细胞的辅助而把它分为两类：① B1 细胞——T 细胞非依赖性；② B2 细胞——T 细胞依赖性。

3. 其他淋巴细胞

在外周血中的淋巴细胞，大多数是具有独特表面标志的 T 细胞和 B 细胞；还有少部分淋巴细胞缺乏上述两种细胞的表面标志，就称为裸细胞或 N 细胞（Null 细胞）；另外少数细胞则同时兼有这两种表面标志，故被称作双重标志细胞或 D 细胞。由于对它们的本质尚不够了解，故以下仅讨论另外两种细胞表面抗原受体 IgM 数量虽少，但研究得较多的淋巴细胞。

1) K 细胞

K 细胞即杀伤细胞(Killer Cell)，占人外周血中淋巴细胞总数的 5%～10%，它能专一地杀伤被 IgG 抗体所覆盖的靶细胞。这时，IgG 分子的 Fc 片段可与 K 细胞表面的 Fc 受体结合，从而触发 K 细胞的杀伤作用。因此，K 细胞与靶细胞的作用是非特异性的。由于这种杀伤作用要以特异性的抗体作媒介，故它是一种抗体依赖性细胞介导的细胞毒作用(ADCC，Antibody Dependent Cell Mediated Cytotoxicity)。K 细胞的 ADCC 效应很高，它可在体内仅有微量特异性抗体时发挥对靶细胞的杀伤作用，例如对不易被吞噬的寄生虫等较大型病原体、恶性肿瘤细胞、受病毒感染的宿主细胞或同种移植物等具有杀伤作用。

2) NK 细胞

NK 细胞即自然杀伤细胞(Natural Killer Cell)，因在其细胞质中有嗜天青颗粒且细胞较大，故也称大颗粒性淋巴细胞(LGL，Large Granular Lymphocyte)。它可在无抗体或无抗原致敏的情况下去杀伤某些肿瘤细胞或被病毒感染的细胞，因此不同于上述的 K 细胞和前述的 Tc 细胞。NK 细胞在机体内的分布较广，主要发挥抗肿瘤免疫的作用。

10.3.4　免疫相关分子在体液免疫中的作用

免疫分子主要指抗原及抗体，是现代分子免疫学的主要研究对象，近年来有关研究的进展迅速、影响巨大。自从 19 世纪末 Emil von behring 发现抗体以来，历经 K. Landsteiner(1917)对抗原特性的研究，N.Jerne 和 M.Burnet(20 世纪 50 年代末)对抗体形成克隆选择学说的提出，R.R.Porter 和 G.M.Edelman(20 世纪 60 年代)对抗体分子及其酶解片段分子结构的研究，G.Kohler 和 C.Milstein(1975)创造了获得单克隆抗体的淋巴细胞杂交瘤技术，以及利根川进(1980)提出的抗体结构多样化的基因结构理论等的重大发展阶段，使得免疫分子的研究已成为现代免疫学甚至现代生命科学中发展最快、影响最大的领域之一。

1. 抗原

1) 基本概念

按照现代免疫学的观点，抗原(Ag，Antigen)是能与机体中相应克隆的淋巴细胞上的独特抗原受体发生特异性结合，从而诱导该淋巴细胞发生免疫应答，并能与相应的抗体在体外发生特异性结合反应的一类物质。抗原又称免疫原(Immunogen)。因此，抗原物质一般应同时具备免疫原性(Immuno Genicity)和免疫反应性(Immunore Activity)两个特性。前者指具有刺激机体产生免疫应答能力的特性，习惯上又称抗原性(Antigenicity)；后者则指具有与免疫应答的产物发生相互反应的特性。凡同时具备上述两个特性的抗原称完全抗原(Complete Antigen)，大多数常见的抗原都是完全抗原，例如大多数蛋白质、细菌细胞、细菌外毒素、病毒和动物血清等。只具有免疫反应性而无免疫原性的物质，称为半抗原(Hapten)或不完全抗原(Incomplete Antigen)。有些分子量小于 4000 Da 的简单有机分子(例如大多数多糖、类脂、核酸及其降解物以及部分药物等)是半抗原，因它们无免疫原性，故不能刺激机体产生免疫应答。但它与蛋白载体(Carrier)结合后，就具备了免疫原性，由此刺激机体产生的抗体，就可与该半抗原发生特异结合。

2）抗原的特点

（1）分子量大。抗原物质的首要条件必须是大分子，其分子量一般都大于 1×10^4 Da，个别还超过 1×10^5 Da。低于 4×10^3 Da 的物质，一般不具抗原性。在上述范围内，一般其分子量越大则抗原性越强。但少数物质却属例外，如明胶的分子量虽高达 1×10^5 Da 左右，但因其氨基酸种类简单（缺乏苯环）且易降解，故抗原性很弱；又如胰岛素的分子量虽仅为 5734 Da，但因其氨基酸成分和结构较特殊，故具有抗原性；再如由人工合成的分子量仅为 4×10^2 Da 的物质（由三个酪氨酸与 p-偶氮苯砷酸盐组成），居然也有抗原性。

（2）结构复杂。在构成生物体的各种大分子中，蛋白质的抗原性最强，其次是若干复杂多糖，再次是核酸（它们一般只是半抗原），而类脂物质一般不具抗原性。

在蛋白质中，一般又以含有大量芳香氨基酸尤其是含酪氨酸蛋白质的抗原性最强，而以非芳香氨基酸构成的蛋白质，其抗原性就较弱。某些抗原性很弱的物质如胶原等在结合了酪氨酸残基后可增强其抗原性。多糖中只有一些复杂多糖如 *Streptococcus pneumoniae*（肺炎链球菌）的荚膜多糖等才具有抗原性。据研究，各种大分子的抗原性强弱还与它们的构象（Conformation）和易接近性（Accessibility）有关。前者可决定该抗原分子上的特殊化学基团——抗原决定簇（Antigenlc Determinant）与淋巴细胞表面的抗原受体能否密切吻合；后者则指抗原决定簇与淋巴细胞表面的抗原受体接触的难易程度。

某些结构较简单、抗原性较弱的物质，如果设法用高岭土或氢氧化铝等吸附剂使它们聚集成较"复杂"的表面结构，也可达到增强其抗原性的效果。

（3）异物性（Foreignness）。异物性指某抗原的理化性质与其所刺激的机体的自身物质间的差异程度。在正常情况下，机体的自身物质或细胞不能刺激自体的免疫系统发生免疫应答。因此，一般的抗原都必须是异种的或异体的物质。种族关系越远，组织结构间差异越大，则抗原性越强。但是，异物性并不是只有体外的物质才有的。如果某一物质（如晶状体蛋白）是自身的淋巴细胞所从未接触过的物质，或自身物质由于受外伤、感染、电离辐射或药物的影响而发生变化，也成了"异己"物质或称自身抗原（Auto Antigen），亦可引起自身免疫系统发生免疫应答，从而导致了自身免疫病。

对异物的识别机能是高等动物在发育过程中通过淋巴细胞与抗原的接触而形成的一种"非己即异"的免疫识别机能。凡淋巴细胞在胚胎期接触过的物质即"自身"物质；反之，如从未接触过的即为"异己"物质。

3）抗原决定簇

抗原决定簇又称表位（Epitope），是指抗原表面决定其特异性的特定化学基团，是决定抗原反应性能呈现高度特异性的物质基础。由于抗原表面有抗原决定簇的存在，就使抗原能与相应的淋巴细胞上的抗原受体发生特异结合，从而激活淋巴细胞并引起免疫应答。一个抗原的表面可以有一种或多种不同的抗原决定簇。每一种抗原决定簇决定着相应的特异性。抗原决定簇的分子是很小的，大体相当于相应抗体的结合部位，一般由 5~7 个氨基酸、单糖或核苷酸残基所组成。例如，蛋白质抗原每一决定簇约有 5 个氨基酸残基，葡聚糖的决定簇有 6 个己糖残基，而核酸半抗原的决定簇则由 6~8 个核苷酸残基构成。凡能与抗体分子相结合的抗原决定簇的总数，称作抗原结合价（Antigenic Valence）。有的抗原的抗原结合价是多价的（例如甲状腺球蛋白有 40 个抗原决定簇，牛血清白蛋白有 18 个，鸡蛋清分子有 10 个等），而另一些则是单价的（例如肺炎链球菌荚膜多糖水解后的简单半抗原）。

4）半抗原

半抗原是一类不完全的抗原，它只具有免疫反应性而不具有免疫原性（即抗原性）。当青霉素等药物，药理活性肽类，一些激素，cAMP、cGMP 等代谢物，嘌呤、嘧啶碱基，核苷、核苷酸、寡核苷酸，人工多聚核苷酸以及核酸大分子等分子量较小的半抗原物质与适宜的载体蛋白（如甲基化牛血清白蛋白，mBSA）结合成复合物后，就可各自通过实验手段诱发出高度特异的抗体。这种抗体可用于放射免疫测定或其他测定中，以检出极微量的相应半抗原物质。半抗原还可分成以下两类：

（1）复合半抗原：无免疫原性，但具有免疫反应性即能在试管中与相应抗体发生特异性结合，并产生可见反应。例如，细菌的荚膜多糖等即为复合半抗原。

（2）简单半抗原：既无免疫原性，也无免疫反应性，但能与抗体发生不可见的结合，其结果阻止了抗体再与相应的完全抗原或复合半抗原间的可见反应。例如，肺炎链球菌荚膜多糖的水解物即为简单半抗原或称阻抑半抗原。

5）细菌的抗原

细菌是一类重要的病原体，其化学成分极其复杂，故每种细菌都是一个由多种抗原组成的复合体。下面介绍细菌抗原的组成。

（1）表面抗原：指包围在细菌细胞壁外面的抗原，主要是荚膜抗原或微荚膜抗原。根据菌种或结构的不同，表面抗原在习惯上常有不同的名称。例如：*Streptococcus pneumoniae*（肺炎链球菌）的表面抗原称为荚膜抗原；*Escherichia coli*（大肠杆菌）、*Shigella dysenteriae*（痢疾志贺氏菌）的表面抗原称为荚膜抗原或 k 抗原（k 为德文荚膜"kapsel"之意）；*Salmonella typhi*（伤寒沙门氏菌）等的表面抗原则称为 vi 抗原，据鉴定，它是 N-乙酰半乳糖胺糖醛酸的聚合物。

（2）菌体抗原：包括存在于细胞壁、细胞膜与细胞质上的抗原。当具有鞭毛的细菌在丧失鞭毛后，菌体无法运动，菌落不能蔓延，于是菌体抗原又称 O 抗原（O 即德文 ohnehauch，指缺失鞭毛、不能运动蔓延的意思）。

（3）鞭毛抗原：存在于鞭毛上的抗原，又称 H 抗原（H 为德文 hauch 的缩写，意即菌落在培养基表面呈蔓延状态，亦即指该菌株是有鞭毛的）。

（4）菌毛抗原：存在于细菌菌毛上的抗原。

（5）外毒素和类毒素：细菌的外毒素是蛋白质，具有极强的抗原性；而类毒素是外毒素经 0.3%～0.4% 甲醛脱毒后的蛋白质，对动物无毒，但仍有极强的抗原性，因此可免疫动物以制取相应的抗体——抗毒素，用以治疗有关细菌中毒症（如白喉、破伤风等）。

6）共同抗原与交叉反应

在一个同时存在多种抗原的复杂抗原系统（如细菌细胞）中，只有该系统自身才有的独特抗原，称为特异性抗原（Specific Antigen）；而为多种复杂抗原系统所共有的抗原，则称为共同抗原（Common Antigen），又称类属抗原（Group Antigen）或交叉反应性抗原（Cross Reacting Antigen）。例如，一种细菌就因为经常同时含有这两类抗原，故能刺激机体同时产生两类相应的抗体。

为简化起见，现以甲、乙两种细菌且每种细菌只含两种抗原来进行分析。例如，甲菌含 a、b 两种抗原，故可刺激机体产生含 a、b 两种抗体的抗血清。当甲菌与其自身抗血清接触时，可发生很强的反应；又如乙菌含 a、c 两种抗原，故可刺激机体产生含 a、c 两种抗体的抗血清。当乙菌与其自身抗血清相遇时，也可发生很强的反应。如果使甲菌的菌体（含 a、b 抗原）与乙菌的抗血清（含 a、c 抗体）相接触时，由于甲、乙两菌有共同抗原 a，所以甲菌中的 a 抗原与乙菌抗血清中的 a 抗体是相应的，两者间可发生较弱的反应，反之亦然。

这类由于甲、乙两菌存在共同抗原而引起的甲菌抗原（或抗体）与乙菌的抗体（或抗原）间发生较弱的免疫反应的现象，称为交叉反应（Cross Reaction）。在制备诊断用的单价特异抗血清时，常利用交叉反应的原理将某一多价特异抗血清与共同抗原反应，再通过将形成的共同抗原和抗体复合物去除的办法，就可去掉其中的共同抗体，这种反应称为吸收反应（Absorption）；如果所用的共同抗原是颗粒状形式的，则称凝集吸收反应（Agglutination Absorption）。

2. 抗体

1）基本概念

抗体（Ab，Antibody）是高等动物体在抗原物质的刺激下，由浆细胞所产生的一类能与相应抗原发生特异性结合的免疫球蛋白。由此可知，作为抗体，必须具备以下条件：只有脊椎动物（鱼类以上）的浆细胞才能产生；必须要有抗原物质的刺激；能与相应的抗原发生特异性的结合；其化学本质是一类具有免疫功能的球蛋白。

有关抗体概念的发展，曾经历过一个较长的过程。自 1890 年 E.von Behring 和北里柴三郎用白喉毒素接种动物，并在其血清中发现一种能中和毒素的白喉抗毒素（即抗体）以来，人们曾给这种特殊的血清成分取过不同的名字，如杀菌素和溶菌素等，直至 20 世纪 30 年代才统称为抗体。1938 年，Tiselius 和 Kabat 利用其不久前才发明的自由电泳技术，证明抗体存在于电泳图谱中的 γ 球蛋白（丙种球蛋白）区域，从此就把抗体称作 γ 球蛋白。1953 年，Grabar 和 Williams 用免疫电泳发现 γ 球蛋白的区带内存在着几种化学性质不同的抗体蛋白质，说明它们是电泳不均一的，而且还发现抗体的电泳位置也不限于 γ 球蛋白区，有的还延伸至 β 甚至 a2 球蛋白区。于是，到 1968 年和 1972 年，世界卫生组织（WHO）和国际免疫学会联合会所属专门委员会先后决定，凡具有抗体活性以及与抗体有关的球蛋白统称为免疫球蛋白（Immunoglobulin，Ig），并废除了 γ 符号。从此，免疫球蛋白就成了抗体的同义词。为了对为数众多的各种抗体进行归类，WHO（1968）根据其理化性质及免疫学特性，把目前已在人类等血清中纯化的 Ig 分成五类，并统一命名为 IgG、IgA、IgM、IgD 和 IgE。

在动物的进化过程中，抗体的出现较晚。无脊椎动物不能合成抗体。它们对外界抗原刺激的反应，主要是利用天然凝集素、吞噬细胞或炎症反应去排除的。进化到脊椎动物以后，抗体就随之合成了。例如，鱼类一般都具有 IgM，两栖类一般具有 IgM 和 IgG，鸟类中一般已出现 IgM、IgG 和 IgA，在哺乳动物中，家兔仅有 IgM、IgG 及 IgA，多数种类具有 IgG、IgA、IgM 和 IgE 四种，而人类和鼠类则同时存在完整的五类 Ig。

2）Ig 的基本化学结构

在正常的人体和动物血清中，由于免疫球蛋白的极度不均一性或异质性（Heterogeneity），因此很难进行深入的结构研究。20 世纪 50 年代以后，由于蛋白质分离纯化技术的进步，尤其是发现在多发性骨髓瘤和巨球蛋白血症患者的血液和尿中存在着大量的（占血清免疫球蛋白的 95％左右）与正常抗体结构相似的均一的免疫球蛋白，终于为免疫球蛋白的结构研究提供了理想的实验材料。1962 年，Porter 和 Edelman 首先提出了 Ig 的四链结构模型。1969 年，Edelman 等首次完成了抗体分子（IgG1）一级结构的测定。IgG 的模式结构见图 10 - 11。

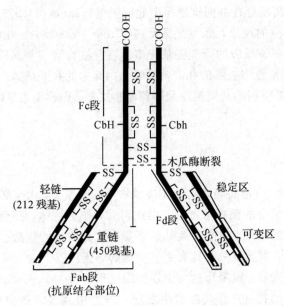

图 10 - 11　IgG 的模式结构

从图 10 - 11 中可以看出，典型的 Ig 分子是一个呈 Y 形对称的多肽链分子。近对称轴的一对较长的肽链，称为重链或 H 链（Heavy Chain）；外侧的一对较短的肽链，称为轻链或 L 链（Light Chain）。占重链 1/4 和轻链 1/2 的区域称可变区或 V 区（Variable Region），因为这一区域中的氨基酸顺序是可变的；占重链 3/4 和轻链 1/2 的区域则称恒定区或 C 区（Constant Region），因为这一区域中的氨基酸顺序是恒定的。轻链与重链间和重链与重链间分别由二硫键相连接。在重链的中央处约有 30 个氨基酸残基组成了一个能使 Ig 分子自由折叠的区域，称为铰链区（Hinge Region）。铰链区含有较多的脯氨酸，富有弹性。另外，在 Ig 的 V 区端是肽链的氨基末端（N 端），而相反的一端即为羧基末端（C 端）。

3）Ig 的化学结构组成及种类

以上已对抗体分子的链（L 链、H 链）、端（N 端、C 端）和区（V 区、C 区、铰链区）等表面特征作了介绍，下面则要对类（类别和亚类）、型（轻链的型别和亚型）、数（氨基酸残基数）、段（酶解片段）、体（单体、双体、三体和五体）、价（抗原结合价）、功能区和构象等较为复杂的特征作一介绍。

（1）Ig 的类别和亚类。根据重链的血清学类型、相对分子质量大小（亚基数）和糖含量的不同，可把抗体分成数类。如 IgG、IgA、IgM、IgD、IgE，它们重链的血清学类型可分别分为 γ、α、μ、δ、ε 等五种类型，在这五类中，再按其重链构造上的变化又可分为多个亚类。例如，人类的 IgG 可分为 IgG1、IgG2、IgG3、IgG4 这 4 个亚类，它们间除了重链间的免疫原性有所不同(分别为 γ1、γ2、γ3、γ4)外,其重链间的二硫酸数目和位置也各不相同。从量上来说,IgG 是血清中最重要的免疫球蛋白。

(2) Ig 的型别和亚型。Ig 的型别是按其轻链的血清学类型来区分的。五类 Ig 只有 λ、κ 两种型别。如果再按轻链可变区氨基酸序列差异的不同,还可把上述两种型别进一步划分为数个亚型。

(3) Ig 肽链的氨基酸数。不同的 Ig 及其亚类所含的氨基酸残基数是有差别的。一般地说,轻链的氨基酸残基数在 220 个左右,重链则是轻链的两倍,约 440 个。

(4) IgG 的酶解和化学分解片段。IgG 分子是由两轻、两重 4 条多肽链凭借若干二硫键连接而成的一种"Y"形分子,现将部分经典片段介绍如下。

① 木瓜蛋白酶(Pap)的酶解片段:两个相同的抗原结合片段(Fab)和一个可结晶片段(Fc)。Fc 上结合有糖基。Fc 在 Pap 的继续作用下,还可产生更小的肽,称为 Fc'。如用 Pap 对已用球基乙醇处理过的单股重链进行水解,就可产生一段具可变区和一小段恒定区的片段,称为 Fd。从功能上看,Fab 仍能与相应抗原作特异性结合,而 Fc 则具有固定补体的作用。

② 胃蛋白酶(Pep)的酶解片段:Pep 可将 IgG1 水解成大小不同的两个片段。大片段是由两个二硫键连接的 Fab 双体,故称 F(ab')2,它具有 Fab 的功能,但却是两个抗原结合价,且肽键稍长。小片段是与 Fc 相似但分子长度略短的重链片段,在 Pep 的继续作用下,也可进一步水解成更小的 pFc' 片段。同理,若用 Pep 对单股重链进行水解,则还可获得一个包含有可变区和一段恒定区的重链片段,此即 Fd'(Fd'比 Fd 多 10 个氨基酸)。

③ 巯基试剂的分解产物:当 IgG1 在 pH 2.5 的酸性条件下用巯基乙醇处理后,可使两条重链间的二硫键还原,于是 IgG1 就分解成两个对称的半分子。若进一步再加尿素或氯酸胍等处理,则此半分子又可进一步分解为一重链和一轻链,同时也就丧失了与抗原结合的能力。这时,如再用碘乙酸酰胺、碘乙酸等烷化剂使肪链上的 SH 基团烷基化,则可防止已还原的巯基间重新形成二硫键,从而使重链与轻链始终保持在游离态。另外,若将 F(ab')2 用巯基试剂处理,则可产生两个 Fab' 片段。

(5) Ig 的二硫键数。IgG 分子上有 12~16 个链内二硫键(每条轻链上有 2~3 个,重链上有 4~5 个)以及 2~11 个链间二硫键(IgG1＝2、IgG2＝4、IgG3＝11、IgG4＝4)。

(6) Ig 的体。Ig 主要有单体、双体和五体三种主要形式。

① 单体。由一个"Y"形分子组成的 Ig,称为单体,例如 IgG、IgD 和 IgE 等。

② 双体。由两个"Y"形分子组成的 Ig,称为双体。例如,IgA 在人的血清中主要以单体的形式存在,称为血清型 IgA 或 7SIgA。而在分泌液中,则以双体占优势,故称双体为分泌型 IgA 或 11SIgA。双体 IgA 是由两个单体通过称为 J 链即连接链的肽相连接的。J 链是一种酸性糖蛋白,其作用主要是促使单体聚合。在双体上还有一由糖蛋白构成的分泌片,由上皮细胞产生,功能是保护 IgA 免受分泌液中所含的蛋白酶水解。分泌片既可以以非共价键形式与 IgA 连接,亦可以以游离状态存在。

③ 五体。由 5 个"Y"形分子聚合成的星状 Ig,称为五体或五聚体。5 个单体间由二硫键结合在一起,它有 10 个抗原结合价,相对分子质量高达 9.0×10^5,故又称巨球蛋白,如 IgM 的五体结构。

(7) Ig 的抗原结合价。抗原结合价指每个 Ig 分子上能与抗原决定簇相结合部位的数目。由一条轻链的 V 区和一条重链的 V 区合在一起可组成一个抗原结合价。因此，Fab 是 1 价的，F(ab′)2 是 2 价的，Fd、Fd′和 Fc 等片段是零价的，Ig 的单体是 2 价的，双体是 4 价的；至于 IgM 这种五体，从理论上来判断应是 10 价的，然而，实验测定数据却只有 5 价，只是对小分子半抗原显示 10 价。一个合理的解释就是：当 IgM 与大分子抗原结合时，由于空间位置的拥挤，使每对结合价只能发挥一半的作用。

（8）Ig 的功能区。功能区又称辖区，是指 Ig 的结构单元，一般呈成对状排列。在重、轻链之间，约每 110 个氨基酸链形成一个功能区，每区都有一个内部二硫键相连。Ig 分子可看做是一个较松散连接的结构单元群。一个 Fab 片段有两对功能区，Fc 片段则有 2～3 对功能区。Fab 片段的 CL 和 VL 功能区来自一条完整的轻链，而 CH1 和 VH 则来自 N 端起的半条重链，这 4 个功能区共同组成一个抗原的结合部位。由于不同抗体的 VL 和 VH 的几个特殊部位（如 N 端起的第 20、50 和 90 位）即"高变区"或互补决定区上的氨基酸种变化极大，从而使不同抗体有可能与成千上万种的抗原进行相应的特异结合。

（9）Ig 的构象。Ig 分子在与抗原结合前发生了构象改变，它从相对松散的结构变为较致密的折叠形式，从"T"形改变成"Y"形了；未与抗原结合时，分子呈"T"形，当 Fab 片段与抗原相结合后，通过柔软的铰链区的弯曲，就成了"Y"形。这时，使原先处于隐蔽状态的补体结合部位显露了出来，并启动一系列与补体有关的免疫应答。

4）五类免疫球蛋白的结构和特性

胸腺依赖型抗体（TD）的产生一般必须同时有三种细胞的参与：抗原递呈细胞（APCs），主要是巨噬细胞，它虽无特异识别抗原的功能，却能有效地摄取、处理、递呈抗原和激活 T 细胞；T 细胞，在抗体形成过程中能特异地识别抗原，辅助 B 细胞，促使 B 细胞活化和进一步分化成浆细胞以产生抗体；B 细胞，是产生抗体的效应细胞，也有特异识别抗原的功能。因此，抗体的产生不仅是抗原与免疫细胞间相互识别的过程，还与免疫细胞间的相互识别和它们的活化、增殖及分化有关。现将上述三种细胞详述如下：

（1）巨噬细胞（MΦ）的抗原递呈作用。MΦ 对抗原无特异性识别作用，但它是一个黏性细胞，可有效黏牢、吞噬和吞饮外来的抗原。MΦ 中的溶酶体在其中一些水解酶的作用下，把细胞内的吞噬体中的大颗粒抗原降解，再经浓缩等加工步骤后，提高了该抗原的免疫原性，经进一步与细胞内的 HMC 抗原相结合后，转移到细胞表面，供 T 细胞识别。而 MΦ 也成为被抗原激活的 MΦ（Ag-MΦ），它可通过直接表面接触或通过释放淋巴因子（MΦ 因子）的方式激活淋巴细胞。MΦ 因子指由 Ag-MΦ 合成和分泌的多种单核细胞因子，包括能促进淋巴细胞活化和分裂的遗传限制因子、非抗原特异性 MΦ 因子和白细胞介素-1 等。

（2）T 细胞对 B 细胞的激活。T 细胞通过 TCR（T 细胞受体）接受由 MΦ 递呈的抗原-MHC 复合物，在 MΦ 上的 MHC-Ⅱ分子可与 TH 细胞表面的 CD4 分子发生特异作用，从而把抗原递呈给 TH。通过抗原介导的接触，使 TH 细胞释放了白细胞介素，由它再激发相应克隆 B 细胞的分裂，从而形成 B 细胞克隆。

（3）浆细胞产生抗体。被 TH 激活的 B 细胞克隆通过进一步的分化，会产生两种细胞：浆细胞和记忆细胞。浆细胞的形态较大、寿命较短（小于一周），是分泌抗体的细胞；记忆细胞则是一种形态较小、寿命较长（一年以上）的细胞，它在遇到原初抗原的再次刺激时，会迅速转变成浆细胞并分泌抗体。抗体是在浆细胞的粗糙内质网中合成的，在那里，多肽的合成由不同的多聚核糖体参与，并分别转译成 L 链和 H 链，接着转运至光面内质网直至高尔基体,在此过程中,逐步完成多肽链的装配和糖基的修饰,最后以出"芽"的方式产生许多充满抗体的小泡,待小泡转移到细胞膜上并与膜发生融合后,就可释放抗体到细胞外。

5) 机体产生抗体的两次应答规律

凡能产生抗体的高等动物,当注入抗原物质进行免疫时,都有着共同的产生抗体的规律,即存在初次免疫应答和再次免疫应答两个阶段。初次应答指首次用适量抗原注射动物后,须经一段较长的潜伏期即待免疫活性细胞进行增殖、分化后,才能在血流中检出抗体,这种抗体多为 IgM,滴度(效价)低,维持时间短,且很快会下降;再次应答则指在初次应答的抗体下降期再次注射同种抗原进行免疫时,会出现一个潜伏期明显缩短、抗体以 IgG 为主、滴度高、维持时间长的阶段。

6) 抗体形成的机制

(1) 抗体形成的克隆选择学说。这种学说 1957 年由澳大利亚学者 F. M. Burnet 提出,其要点如下:

① 在能产生抗体的高等动物体内,天生存在着大量具有不同抗原受体的免疫细胞克隆(每个成人体内约有 10^{12} 个),每个克隆产生特异抗体的能力并不取决于外来抗原物质,而是取决于其固有的、在接触该抗原前就已存在的遗传基因。

② 某一特定抗原一旦进入机体,就可与相应淋巴细胞表面上唯一的一个与其相应的特异性受体发生结合,由此就从无数克隆中选择出一个与之相对应的克隆。这一结合发挥了类似"扳机"的作用,促使这一克隆发生活化繁殖和分化,最终变成能分泌大量相应抗体的浆细胞和少量暂停分化的免疫记忆细胞。后者在再次与相应抗原接触时,也可使浆细胞成熟。

③ 当生物处于胚胎期时,其免疫系统的发育还不完善,这时,某一淋巴细胞克隆若接触相应抗原(不论外来抗原或自身抗原),则它就被消除或受抑制,就形成一个禁忌克隆,它们对机体自身抗原物质不发生免疫应答,即处于自然耐受状态,这就是免疫耐受性的原因。

④ 禁忌克隆发生突变,从而成为能与自身抗原成分起免疫应答的克隆。

克隆选择学说的优点在于其能很好解释获得性免疫的三大特点,即识别、记忆和自身禁忌,因此是当前得到广泛承认的学说。但该学说也不能解释所有的免疫现象,包括有时一纯细胞株能产生两种以上的特异抗体,强弱两抗原同时注入机体时前者可抑制后者,以及同一抗原能产生多类或多型 Ig 等现象。

(2) 抗体多样性的分子生物学机制。抗体分子呈现多样性的原因,是免疫学上一直受到关注的重大基础理论问题。1976 年,由利根川进等人用实验证明编码抗体可变区和恒定区的基因呈现分离状态,并在 B 细胞分化和成熟过程中不断进行重排等重大发现后,才使体细胞突变学说获得了有力支持。因此,利根川进获得了 1987 年诺贝尔生理学或医学奖的殊荣。归纳起来,利根川进主要阐明了以下几个主要问题:

① 编码 L 链 V 区的基因是由 VL 序列(约编码 98 个氨基酸残基)和 J 序列(约编码 13 个氨基酸残基)组成的,编码 L 链 C 区的基因称 C 序列。

② 编码 H 链 V 区的基因除 VH 和 J 序列外,在它们之间还存在一个 D 区,H 链的 C

区则由 CH 序列所编码。

③ 在胚胎期的细胞中，编码 L 链 V 区的 V 和 J 基因间分得很远，而在成体的 B 细胞中，V 和 J 基因可连在一起，但它们与 CL 序列间仍被内含子隔开。只有当整个 DNA 被转录成 mRNA 后，内含子才被切除。H 链基因的组装方式与 L 链相似。

④ V 序列有数百种不同类型，J、D、C 基因也有多种，因此，L 链 V-J 基因间的组合或 H 链 V-D-J 基因间的组合是极其多样的。再加上任何 L 链的基因又可与任何 H 链的基因发生组合，因此这又为抗体分子结构的多样性提供了充分的可能性。

⑤ V 除与 J 发生连接外，偶尔亦可与另一种 V 发生误接，从而又增加了抗体蛋白的多样性。如果再加上上述各个序列中所发生的基因突变，就为抗体分子结构的多样性又增加了新的源泉。

7) 单克隆抗体与淋巴细胞杂交瘤技术

(1) 单克隆抗体(McAb)的定义。单克隆抗体指由一纯系 B 淋巴细胞克隆经分化、增殖后的浆细胞所产生的单一成分、单一特异性的免疫球蛋白分子。特异性抗血清实际上只是多克隆抗体。

(2) 淋巴细胞杂交瘤技术。建立淋巴细胞杂交瘤技术是生产 McAb 的前提。杂交瘤技术是建立在克隆选择学说这一重大基本理论基础上，并集细胞融合方法、骨髓瘤细胞株的制备、微生物营养缺陷型的获得和选择性培养基原理在动物细胞培养中的应用等多种实验技术于一体的一项高技术。

淋巴细胞杂交瘤简称杂交瘤，是由 B 淋巴细胞和骨髓瘤细胞两者融合而成的一种既能在体内外大量增殖，又能产生大量 McAb 的杂种细胞。

淋巴细胞杂交瘤的制备方法如下：

① 选择亲本细胞株：第一种亲本细胞——骨髓瘤细胞必须事前选用 HGPRT 酶(次黄嘌呤-鸟嘌呤磷酸核糖基转移酶)缺陷型细胞或 TK 酶(胸苷激酶)缺陷型细胞，因前者不能利用外源性次黄嘌呤来合成自身核酸中所需要的嘌呤，内源性嘌呤和嘧啶的合成又被 Apr (氨基蝶呤)所阻断，故在 HAT 培养基(次黄嘌呤-氨基蝶呤-胸苷培养基)上就会死亡；后者则可阻断 dTMP 的合成，故也可使亲本骨髓瘤细胞因不能在 HAT 培养基上合成核酸而死亡。第二种亲本细胞——B 淋巴细胞是用 SRBC 先免疫小白鼠，待其在脾脏内形成激活的 B 淋巴细胞后，再取出脾脏，制成 B 细胞悬液。

② 混合双亲细胞：将 B 淋巴细胞与骨髓瘤细胞以 2∶1 至 10∶1 的比例混合。

③ 促进细胞融合：融合剂为仙台病毒、PEG。

④ 淘汰未融合的亲本：把经促融处理的细胞分装在塑料板的微孔内，在 HAT 选择性培养液中培养 2 周左右，结果未经融合的亲本细胞因不能合成核酸而死亡。存活的杂交后融合子经产物鉴定，选出优良的 McAb 产生株。

⑤ 杂交瘤的扩大培养：优良淋巴细胞杂交瘤细胞株可通过注射到动物体内增殖，也可在组织培养瓶或新型的细胞培养罐中进行扩大培养。

⑥ 单克隆抗体的改造：随着研究、应用的广泛和深入，人们发现鼠源 McAb 在人体中应用时有很多缺点，例如易从循环系统中清除、难以激发宿主的免疫防御系统以及会引发人体产生抗鼠抗体。

目前已可通过遗传工程的手段改造杂交瘤的抗体基因，从而生产含鼠抗体的 Fab 和人抗体的 Fc 片段的人-鼠嵌合抗体或人-兔嵌合抗体等。

(3) 单克隆抗体的应用。目前,已有大量的化合物和病原体被制备成 McAb,包括一些多肽激素、肿瘤标记、细胞因子和多种病原体的 McAb 等,它们有着广泛的用途。

① McAb 在基础研究中的应用:具均质分子的 McAb 为深入研究 Ig 的一级结构和高级结构提供了理想的实验材料,为研究 Ig 生物合成的遗传机制和代谢调控创造了必要条件,为研究抗原与抗体的结合机制提供了可取的模型;此外,还可制成荧光抗体探针,借以对生物大分子进行精确定位等。利用 McAb 的特异性进行生物大分子分离、纯化的免疫磁珠技术,其主要原理是:利用外面包裹着 McAb 的直径仅 $1\sim2~\mu m$ 的磁性微珠,对溶液中相应的生物大分子进行特异结合,然后再用磁铁收集磁珠,就可把所需大分子或细胞从混合液中迅速、高效分离出来。

② 在实践中的应用:因为 McAb 具有特异性强、敏感性高、重复性和稳定性好等优点,可用于精确地诊断疾病或成为抗病毒病高效治疗剂;用 McAb 制成的固相亲和层析系统可用以提纯相应的抗原;若用 McAb 制备"药物导弹"则可用于治疗肿瘤等的靶向药物。"药物导弹"的学术名称为免疫毒素,是由抗肿瘤 McAb 或细胞因子等与某毒素偶联,通过 McAb 或细胞因子可特异地将毒素导向肿瘤细胞等的靶部位,以达到毒杀肿瘤细胞而少损伤正常细胞的功效,因此也被形象地称作"生物导弹"。

10.4　免疫学方法及其应用

早期的免疫学方法,所用抗体都取自血清,因此称作血清学反应(Serological Reaction)。在现代免疫学中,细胞免疫的重要性日益突出,因此免疫学方法已大大超出血清学的范围,从而形成了免疫诊断学(Immuno Diagnostics)和免疫学检测等新的技术学科。免疫诊断学是指用体液免疫和细胞免疫的方法对有关疾病进行诊断的方法;而免疫学检测除可作为临床诊断的辅助手段外,还被广泛应用于基础免疫学和应用免疫学等的研究中。因篇幅所限,本节仅介绍抗原与抗体间的反应即血清学反应及其主要应用。

10.4.1　抗原抗体反应的一般规律

1. 特异性

如同一切免疫应答和免疫反应,抗原与抗体间的反应具有高度特异性。特异性的物质基础是抗原决定簇和抗体分子可变区间的各种分子引力。由于抗原与抗体分子间具有这种高度特异性,故可把它应用于各种有关的检测手段中。

2. 可逆性

抗原与抗体的结合除了其特异性和相对稳定性外,由于它们间仅是表面的结合,因此在一定条件下是可逆的。

3. 定比性

由于抗原物质的抗原决定簇数目一般较多,所以是多价的,而抗体一般以单体形式居多,故多数是二价的。因此,在一定的浓度范围内,只有把两者的比例调节到最合适时,才能出现可见的反应。

4. 阶段性

抗原与抗体间的结合具有明显的阶段性。在可区分的两个阶段中,第一阶段的特点是时间短(一般仅数秒),不可见;第二阶段的反应一般是可见的,其时间范围变化大,少则几分几秒,多则几小时或几天。第二阶段的出现受多种因子影响,如抗原抗体的比例、pH值、温度、电解质和补体等。两个阶段间并无严格的界限。

5. 条件依赖性

抗原抗体间出现可见反应常需提供最适条件,一般 pH 值为 = 6 ~ 8,温度为 37 ~ 45℃,提供适当的振荡以增加抗原、抗体分子间的接触机会,以及提供适当的电解质(一般用生理盐水作稀释液)等(见表 10 - 2)。

表 10 - 2　抗原与抗体间的各种反应总结

抗原种类	所需辅助因子	发生的反应
可溶性抗原	无	沉淀
细胞或颗粒抗原	无	凝集
鞭毛	无	固定或凝集
细菌细胞	补体	溶菌或杀菌
细菌细胞	吞噬细胞+补体	吞噬(调理)
红细胞	补体	溶血
细菌外毒素	无	毒素被中和
病毒体	无	病毒被钝化

10.4.2　抗原及抗体的核心反应

1. 凝集反应

颗粒性抗原(完整的细菌细胞或红细胞等)与其相应的抗体在合适条件下反应并出现凝集团的现象,称为凝集反应(Agg, Agglutination),又称直接凝集反应(Direct Agglutination)。用于凝集反应中的抗原又称凝集原(Agglutinogen),抗体又称凝集素(Agglutinin)。在作凝集反应时,由于抗原体积巨大,抗原结合价相对较少,所以为使抗原和抗体间有一合适比例,一般都应稀释抗体(即抗血清)。

测定凝集反应的方法很多,通常可分为直接法和间接法两大类。直接法有玻片法和试管法等,例如诊断伤寒或副伤寒的肥达氏试验(Widal's Test)、菌种鉴定(包括定型)中的玻片凝集试验等。间接法的具体类型很多。典型的间接凝集试验(Indirect Agglutination)或称被动凝集反应(Passive Agglutination)的基本原理是将可溶性抗原吸附在适当的载体上,使其形成"颗粒性抗原",从而可使凝集反应用肉眼检出。可用作载体的材料有人或动物的红细胞、活性炭或白陶土颗粒以及聚苯乙烯乳胶微球等。可测定的可溶性抗原有抗细菌抗体、病毒抗体、钩端螺旋体抗体以及梅毒螺旋体抗体等。

2. 沉淀反应

可溶性抗原（蛋白质、多糖或类脂溶液，血清，细菌抽提液，组织浸出液等）与其相应的抗体在合适条件下反应并出现沉淀物的现象，称为沉淀反应（Precipitation，PPTN）。用于沉淀反应中的抗原又称沉淀原（Precipitonogen），抗体又称沉淀素（Precipitin）。

与作凝集反应时恰恰相反，由于沉淀原的分子小，表面的抗原决定簇相对较多，因此一般先要稀释抗原才能获得产生沉淀反应所需要的合适的抗原与抗体比例。

用于沉淀反应的具体方法很多，现择要简介如下。

1）经典方法

（1）环状沉淀反应（Ring Precipitation）。该反应又称环状试验（Ring Test），是一种试管法。先在小口径的试管内加入已知抗血清，然后仔细将待检抗原加在血清层之上，使两层界限分明。凡数分钟后在界面上出现白色沉淀环者，为阳性。此法可用于抗原的定性，如法医学上鉴定血迹、食品卫生上鉴定肉的种类，以及作病畜炭疽检验的 Ascoli 氏试验或媒介昆虫的嗜血性检验等。

（2）絮状沉淀反应（Flocculation Precipitation）。该反应又称絮状反应。将抗原与相应抗体在试管内或凹玻片上混匀，经一段时间即可出现肉眼可见的絮状沉淀颗粒，此即阳性反应。诊断梅毒的康氏试验（Kahn Test）和测定抗毒素的絮状沉淀单位都用本法。

2）现代方法

沉淀反应的用途极广，因此各种新方法也层出不穷。这类方法的共同原理是让抗原与抗体在半固体凝胶介质中作相对方向的自由扩散或在电场中进行电泳，由于反应物的分子大小、电荷强度等的不同，其扩散或泳动速度均不同，因此会在合适比例处发生特异的沉淀带。这类方法具有很高的灵敏度和分辨能力。例如：将抗原溶液滴在混有抗体的琼脂介质中以进行抗原定量的单向琼脂扩散法（Simple Agar Diffusion）；将抗原抗体滴在琼脂介质的不同小孔中作相对方向扩散的双向琼脂扩散法（Double Agar Diffusion）；把双向琼脂扩散法与电泳技术相结合的对流免疫电泳法（CIE，Counter Immune Electrophoresis），此法具有速度快、灵敏度高等优点，可用于乙型肝炎表面抗原和甲种胎儿蛋白的检出；将单向琼脂扩散与电泳技术相结合的火箭电泳法（Rocket Electrophoresis）；先使抗原在琼脂平板上电泳然后再进行双向扩散的免疫电泳法（Immuno Electrophoresis）；等等。

3. 补体结合试验（Complement Fixation Test，CFT）

补体结合试验是一种有补体参与，并以绵羊红细胞和溶血素（红细胞的特异抗体）作指示系统的、灵敏度很高的抗原抗体反应。参与反应的有两个系统和五种成分。补体结合反应的基本原理有两方面：① 补体可与任何抗原抗体的复合物相结合；② 指示系统如遇补体后就会出现明显的溶血反应。

若在试验系统中先加入抗原，再加入含有抗体的试样，就会立即形成抗原抗体的复合物。这时如加入补体（新鲜的豚鼠血清），则因补体可与任何抗原抗体复合物相结合，故形成了抗原抗体与补体的复合物。这时如再加入含绵羊红细胞和溶血素的指示系统，则红细胞（抗原）可与溶血素（抗体）发生特异结合，这一复合物由于得不到补体，因而红细胞并不破裂。因此，凡指示系统未发生溶血现象者，即为补体结合试验的阳性，亦即说明试样中存在着待验证的抗体(也可试验是否存在抗原)。与此相反，若在试验系统中缺乏抗体，则必有游离补体存在着。这时如加入指示系统，则此游离的补体就可与绵羊红细胞和溶血素的复合物发生结合，从而使红细胞破裂，于是发生溶血现象(即阴性反应)。

补体结合试验的优点是：既可测未知抗体，也可测未知抗原；既可测沉淀反应，也可测凝集反应；尤其适宜测定微量抗原与抗体间出现的肉眼看不见的反应，因此提高了血清学反应的灵敏度。其缺点是反应的操作复杂，影响因素较多。

本试验可用于检测梅毒(华氏试验，即 Wasserman Test)、Ig 的 1 链、Ig、抗 DNA 抗体、抗血小板抗体、乙型肝炎表面抗原，以及对某些病毒(虫媒病毒、埃可病毒等)进行分型等。

4. 中和试验

特异性抗体抑制多种抗原的生物学活性(如细菌外毒素的毒性、酶的活性、病毒的感染性等)的反应，称为中和试验(Neutralization Test)。在临床实验诊断中测定风湿病患者体内的抗链球菌 O 抗体的反应，就是一种中和试验。

10.4.3　现代免疫标记技术

传统的免疫学方法仅局限于用体液免疫产生的抗体与各种抗原在体外进行反应，因所用抗体均采自免疫后的血清，故称作血清学反应。现代免疫学方法既包括体液免疫，又包括细胞免疫的各种方法，并发展出免疫诊断学和免疫学检测等分支技术学科，它们在疾病诊断、法医和基础理论等的研究和应用中，都有重要的作用。以上所介绍的各种技术，一般都局限于某一类血清学反应，而免疫标记技术(Immuno Labeling Technique)是指将抗原或抗体用荧光素、酶、放射性同位素或电子致密物质等加以标记，借以提高其灵敏度的一类新技术，其优点是特异性强，灵敏度高，应用范围广，反应速度快，容易观察，能定性、定量甚至定位。

1. 酶免疫测定

用酶标记的抗体或抗抗体来进行的抗原抗体反应，称为酶免疫测定(Enzyme Immune Assay，EIA)或免疫酶技术(Immuno Enzymatic Technique)。此法由 Engvall 等于 1971 年提出。其原理类似于免疫荧光技术，所不同的只是用酶代替荧光素作标记物以及显示酶标记抗体的方法是用酶的特殊底物来处理标本。由于酶的催化作用，可使原来无色的底物通过水解、氧化或还原反应而显示颜色。

免疫酶测定的优点如下：

(1) 由于反应的结果产生颜色，故可用普通光学显微镜观察结果；

(2) 标本经酶标抗体染色后，还可用其他染料复染，以显示细胞的形态构造；

(3) 标本可长久保存，随时备查；

(4) 特异性强；

(5) 灵敏度高。

用于此法中的标记酶，应具备如下特性：

（1）纯度高、高溶性、特异性强、稳定性高；

（2）测定方法应简单、敏感、快速；

（3）与底物作用后会呈现颜色；

（4）与抗体交联后，仍保持酶的活性。

最常用的是辣根过氧化物酶（HRP，Horse Radish Peroxidase），它广泛存在于植物界，辣根中的含量尤高。HRP 是一种糖蛋白，由酶蛋白和铁卟啉结合而成，分子量为 40 000，其底物是二氨基联苯胺（DRP）。在上述 HRP 及其底物 DRP 的反应中，DAB 常用于与 HRP 反应，DAB 经酶解可产生棕褐色沉淀物，因而可用目测或用比色法测定。此外，还有碱性磷酸酶、酸性磷酸酶、苹果酸脱氢酶、葡萄糖氧化酶和 β-D-半乳糖苷酶等可供应用。

酶免疫测定的具体方法很多，近年来发展很快的是酶联免疫吸附试验法（ELISA，Enzyme Linked Immune Sorbent Assay），又称酶标法，已被广泛用于各种抗原和抗体的检测中。下面介绍常用的双抗体夹心法（Double Antibody Sandwich Method）和间接免疫吸附测定法（Indirect Immune Sorbent Assay）。

双抗体夹心法是一种测定待检标本中是否含抗原的方法，其主要步骤如下：

（1）将含已知抗体的抗血清吸附在微量滴定板的小孔内，洗涤一次。

（2）加入待测抗原，如两者是特异的，则发生结合，将多余的抗原洗去。

（3）加入对待测抗原有特异性的酶联抗体，使其形成"夹心"。

（4）加入该酶的底物，然后产生可见的有色酶解产物，这就说明在孔壁上有与已知抗体特异的抗原存在。

间接免疫吸附测定法是一种检测血清中是否含特定抗体的方法，其主要步骤如下：

（1）将已知的抗原吸附在微量滴定板的小孔内，用缓冲液洗涤 3 次。

（2）加入待检抗血清，如其中含有特异的抗体，则能与抗原发生特异结合，用缓冲液洗涤 3 次，洗去未结合的抗体。

（3）加入酶联抗人 γ 球蛋白抗体（抗抗体），使其与已吸附的抗体抗原复合物相结合，洗涤 3 次以除去未吸附的酶联抗抗体。

（4）加入该酶的底物，使底物分解并产生颜色，中止酶反应后，根据所测得的底物颜色深浅，即可推知样品中含抗体的量。

2. 免疫荧光技术

将结合有荧光素的荧光抗体进行抗原抗体反应的技术，称为免疫荧光技术（Immuno Fluorescence Technique，IFT）或荧光抗体法（Fluorescent Antibody Technique，FAT）。常用的荧光素有 Riggs 于 1958 年合成的异硫氰酸荧光素（Fluoresce Inisothio Cyanate，FITC）和以后采用的丽丝胺罗丹明（Lissamine Rhodamine b200，Rb200）等。它们可与抗体球蛋白中赖氨酸的氨基结合，在蓝紫光激发下，可分别出现鲜明的黄绿色及玫瑰红色。由于荧光抗体与相应抗原结合后仍能发出荧光，故能提高灵敏度和便于显微镜观察；1976年后，Blakes lee 等又发展了一种更优越的新荧光素——二氯三嗪基氨基荧光素（Dichloro Triazinyl Amino Fluorescein，DTAF）。具体的免疫荧光技术有直接荧光法和间接荧光法等数种，有关内容可参看免疫学实验指导书。

3. 放射免疫测定法

由 Berson 和 Yalow(1959)提出的应用同位素标记技术(Isotope Labelling Technique)来检测抗原抗体反应的高灵敏度方法，称为放射免疫测定法(Radio Immune Assay，RIA)。此法兼有放射性同位素标记物所显示的高灵敏度(达到 ng 和 pg 水平)和血清学反应的高特异性的优点。其缺点是需特殊的仪器设备并可能使实验人员受到放射性的影响。具体方法很多，在此不一一列举。

4. 免疫电镜技术

用电子显微镜检查用电子致密物质标记的抗体与其对应抗原反应的技术，称免疫电镜技术(Immuno Electron Microscopy，IEM)。用于标记抗体的电子致密物质有辣根过氧化物酶和铁蛋白等。标记后的抗体可与细菌、病毒或组织的超薄切片上的相应抗原发生特异结合，然后可在电镜下观察。免疫电镜技术可对有关抗原进行鉴定、检测和定位，是一种亚细胞水平上的重要研究方法。

5. 发光免疫测定法

将化学发光反应与免疫测定法结合起来的新型技术，称为发光免疫测定法(Luminescent Immuno Assay，LIA)。属化学发光的反应一般均为氧化反应。发光物质既可直接用作抗原或抗体的标记物，也可以游离形式参与酶或辅因子(NAD，ATP)标记的抗原或抗体的发光反应。此法的优点是：可定量检测抗原或抗体；灵敏度高，约比酶免疫技术高 1000 倍；试剂稳定、无毒；检测操作简便、快速(半小时至数小时)。

10.5 免疫生物制品及工程应用

在人工免疫中，可用于预防、治疗和诊断用的来自生物的各种制剂，都称生物制品(Biologic Products)。生物制品可以是特异性的抗原(疫苗、菌苗、类毒素)、抗体(免疫血清、诊断血清)、细胞免疫制剂，也可以是非特异性的免疫调节剂(Immuno Regulative Preparation)。如前所述，人工免疫有人工自动免疫和人工被动免疫两种，现根据这两类来介绍生物制品及其应用。

10.5.1 人工主动免疫的经典生物制品

人工主动免疫的经典生物制品是一类专用于免疫预防的生物制品。在预防传染病的各种手段中，免疫预防方法是一类较方便、有效和经济的措施。1979 年，WHO 已正式宣布全球消灭了天花；紧接着就是人类在全球消灭麻疹的宏伟目标。从历史发展来看，免疫防治对人类的健康和进步曾做过难以估价的贡献，而且将会进一步发挥其不可取代的重大贡献。

1. 常规疫苗

1) 疫苗

广义的疫苗(Vaccine)包括菌苗和疫苗两类制剂。狭义的疫苗仅指用病毒、立克次氏体或螺旋体等微生物制成的生物制品,而菌苗则仅指用细菌制成的生物制品。疫苗可分活疫苗与死疫苗两类。

(1) 活疫苗(Live Vaccine)。活疫苗指用人工变异的方法使病原体减毒或从自然界筛选病原菌的无毒株或微毒株所制成的活微生物制剂,有时也称减毒活疫苗(Attenuated Vaccine),如卡介苗(BCG, Bacillus Calmette Guerin)、鼠疫菌苗、脊髓灰质炎疫苗和麻疹疫苗等。活疫苗进入机体后能继续繁殖,故一般接种剂量低,只要接种一次即可获持久(一般3~5年)、可靠的免疫效果。其缺点是不易保存。

(2) 死疫苗(Dead Vaccine)。用物理或化学方法将病原微生物杀死,但仍保留原有的免疫原性的疫苗,称死疫苗,例如百日咳、伤寒、霍乱、流行性脑脊髓膜炎、流行性乙型脑炎、森林脑炎、钩端螺旋体、斑疹伤寒和狂犬病疫苗等。死疫苗的用量较大,须多次接种,持续时间短(数月至一年),有时还会引起机体发热、全身或局部肿痛等反应。

2) 类毒素(Toxoid)

类毒素是细菌的外毒素经甲醛脱毒后仍保留原有的免疫原性的生物制品。目前应用的精制吸附类毒素是将类毒素吸附在明矾或磷酸铝等佐剂上,以延缓它在体内的吸收、延长作用时间和增强免疫效果。常用的类毒素有破伤风类毒素和白喉类毒素等。

3) 自身疫苗

自身疫苗又称自体疫苗(Autovaccine 或 Autogenous Vaccine),即用从病人自身病灶中分离出来的病原微生物所制成的死疫苗。例如,由葡萄球菌引起的反复发作的慢性化脓性感染或由大肠杆菌引起的尿路感染等,当用抗生素治疗无效时,就可设法从其自身病灶中分离病原菌,待制成死疫苗并做多次皮下注射后,有可能治愈该病。

2. 新型疫苗

1) 亚单位疫苗

去除病原体中不能激发机体保护性免疫,甚至对其有害的成分,但仍保留其有效免疫原成分的疫苗,称为亚单位疫苗。例如:流感病毒用化学试剂裂解后,可提取其血凝素、神经氨酸酶而制成流感亚单位疫苗;去除腺病毒中的核酸后,可制成腺病毒衣壳亚单位疫苗;用乙型肝炎病毒表面抗原可制成亚单位疫苗;用大肠杆菌菌毛也可制成亚单位疫苗;霍乱毒素 b 亚单位疫苗;用狂犬病病毒的主要抗原蛋白黏附在脂质体膜上可制成狂犬病病毒免疫体(Immunosome)亚单位疫苗;麻疹病毒的亚单位疫苗;等等。

2) 化学疫苗

化学疫苗用化学方法提取微生物体中有效免疫成分而制成的疫苗,其成分一般比亚单位疫苗更为简单。例如,肺炎链球菌的荚膜多糖或脑膜炎球菌的荚膜多糖都可制成多糖化学疫苗。

3) 合成疫苗

用人工合成的肽抗原与适当载体和佐剂配合而成的疫苗,称为合成疫苗。例如,乙型肝炎表面抗原(Hepatitis B surface Antigen, HBsAg)的各种合成类似物、人工合成的白喉毒素的 14 肽以及流感病毒血凝素的 18 肽等再加上适当的载体和佐剂后,都可制成合成疫苗。

4）基因工程疫苗

基因工程疫苗是一类通过 DNA 重组技术所获得的新型疫苗，又称 DNA 重组疫苗。利用基因工程的新技术已获得了一系列有实用价值的疫苗。例如：第一个成功地保留免疫原性的病毒蛋白——口蹄疫病毒疫苗；编码 HBsAg 基因插入 *Saccharomyces cerevisiae*（酿酒酵母）基因组中表达成功的 DNA 重组乙型肝炎疫苗；把 HBsAg、流感病毒血凝素或单纯疱疹病毒基因插入牛痘苗基因组中，已能制得可用简单针刺法接种的多价疫苗；将 *Shigella sonnei*（宋内氏志贺氏菌）、*S.dysenteriae*（痢疾志贺氏菌）编码抗原的基因质粒转移到 *Salmonella typhi*（伤寒沙门氏菌）Tyzla 减毒株中后，已制备出抗伤寒、痢疾的二价减毒疫苗；等等。

10.5.2　人工被动免疫生物制品

本部分要讨论的人工被动免疫生物制品是一类专用于免疫治疗的生物制品，可以分为特异性与非特异性免疫治疗剂两个大类。

1. 特异性免疫治疗剂——抗血清、抗体与 iRNA

1）抗毒素

用类毒素多次注射马等实验动物，待其产生大量特异性抗体后，经采血、分离血清并经浓缩纯化后的制品，即称抗毒素（Antitoxin）。抗毒素主要用于治疗因细菌外毒素而致的疾病，也可用于应急预防。常用的抗毒素有破伤风精制抗毒素、白喉精制抗毒素。毒蛇咬伤也可用蛇毒抗毒素来治疗。此外，还有肉毒抗毒素和气性坏疽多价抗毒素等。

2）抗病毒血清

用病毒免疫动物，取其血清并制成的精制品称为抗病毒血清（Antiviral Serum）。由于当前还缺乏治疗病毒病的有效药物，故在某些病毒感染的早期或潜伏期，可采用抗病毒血清来治疗。例如，抗病毒 3、7 型血清可用于早期治疗婴幼儿的腺病毒肺炎，抗狂犬病病毒血清可用于治疗被狂犬严重咬伤的病人，此外还有抗乙型脑炎病毒血清等。

3）抗菌血清

在 20 世纪 40 年代发明磺胺药和发现青霉素等抗生素以前，抗菌血清（Antibacterial Serum）曾被用于治疗肺炎、鼠疫、百日咳和炭疽等细菌性传染病。目前除在极少数细菌如由 *Pseudomonas aeruginosa*（铜绿假单胞菌）耐药菌株引起的传染病治疗中尚有使用外，抗菌血清早已被淘汰。

4）免疫球蛋白制品

（1）血浆丙种球蛋白：又称 γ 球蛋白，是从正常人的血浆中提取到的丙种球蛋白，内含 IgG 和 IgM。它们含多价抗体，可抗多种病原体及其有毒产物，故可用于麻疹、脊髓灰质炎和甲型肝炎等病毒感染的潜伏期治疗或应急预防。

（2）胎盘球蛋白：是从健康产妇的胎盘血中提取的免疫球蛋白制品，主要含有 IgG。其作用与血浆丙种球蛋白相同。

（3）单克隆抗体：对一般性单克隆抗体的制备、特性和应用已在上一节述及，目前在这方面已进入第二代抗体——嵌合抗体（Chimeric Antibody）和双功能抗体（Bifunctional

Antibody)的研究阶段。它们都是通过遗传工程而获得的新型抗体制品。嵌合抗体是由小鼠 Ig 的可变区与人 Ig 的恒定区经重组 DNA 技术而结合的抗体；双功能抗体又称双特异性抗体(Bispecific Antibody)，即抗体的两臂可同时与不同抗原相结合的抗体。

免疫核糖核酸(Immune RNA，iRNA)是一类特异性的免疫触发剂，它可使机体的正常淋巴细胞转化为致敏淋巴细胞而发挥其免疫作用。iRNA 可以从自痊愈的肿瘤患者的淋巴细胞中提取，也可用人的肿瘤细胞(自身或他人同种肿瘤)或微生物细胞等作抗原去免疫动物，然后从其脾或淋巴结等分离淋巴细胞，提取其中的 iRNA。

iRNA 没有明显的种属特异性，因此可从免疫过的动物体中提取而用于人体中，目前已试用于治疗某些病毒、真菌或细菌性的慢性传染病以及若干恶性肿瘤。

2. 非特异性的免疫治疗剂——免疫调节剂

能增强、促进和调节免疫功能的非特异性生物制品，称为免疫调节剂(Immuno Regulative Preparation)。它在治疗免疫功能低下、某些继发性免疫缺陷症和某些恶性肿瘤等疾病中，具有一定的作用，一般对免疫功能正常的人却不起作用。其主要功能或是通过非特异性的方式增强 T、B 细胞的反应，或是促进巨噬细胞活性，也可激活补体或诱导干扰素的产生。下面介绍一些常见的免疫调节剂。

1) 转移因子

转移因子(Transfer Factor，TF)是一种来自淋巴细胞的低分子核苷酸和多肽。转移因子虽无抗原性，但有种属特异性。其制剂有以下两类：

(1) 特异性 TF：用某种疾病康复或治愈者的淋巴细胞制取，能特异地把供者的某一特定细胞免疫能力转移给受者。

(2) 非特异性 TF：从正常人的淋巴细胞中提取，可非特异地增强机体的细胞免疫功能，促进干扰素的释放，刺激机体内 T 细胞增殖，产生各种介导细胞免疫的介质(如移动抑制因子等)。

转移因子最早应用于若干免疫缺陷症，后被广泛应用于许多临床疾病，并收到较好的疗效。例如：麻疹后肺炎、单纯疱疹、带状疱疹或巨细胞病毒感染等各种病毒性疾病；播散性念珠菌(白假丝酵母)病、球孢子菌病或组织胞浆病等真菌性疾病；若干抗生素难以控制的细菌、病毒或真菌性慢性传染病；某些自身免疫病(如类风湿性关节炎)；原发性肝癌、白血病或肺癌等某些恶性肿瘤；艾滋病；等等。

2) 白细胞介素 2

白细胞介素 2(Interleukin2，IL-2)旧名胸腺细胞刺激因子(TST)或 T 细胞生长因子(TCGF)，是由活化 T 细胞产生的一种多效能淋巴因子，具有促进 T 细胞、B 细胞和 NK 细胞的增生、分化，增强效应细胞的活性，诱导干扰素的产生，以及具有免疫调节等多种功能，还能促进 Tc 细胞的前身分化为成熟 Tc 细胞以发挥抗病毒和抗肿瘤等作用。目前正在用遗传工程技术扩大生产以供临床试验和治疗某些传染病、自身免疫病、免疫缺陷病和肿瘤等疾病。

3) 胸腺素

从小牛、羊或猪的胸腺中提取的可溶性多肽称为胸腺素(Thymosin)。它能促进 T 细胞的分化、成熟和增强 T 细胞的免疫功能，可用于治疗细胞免疫功能缺陷或低下者，如先天性或获得性 T 细胞缺陷症、艾滋病、某些自身免疫病、若干肿瘤以及由于免疫缺陷而引起的病毒感染等病症。

4）杀伤性 T 细胞

杀伤性 T 细胞又称 Tc 细胞或杀伤性 T 淋巴细胞(Ctl)，它是在某些疾病(病毒性感染、肿瘤等)中，机体最后清除致病因子的主要力量。但在疾病发展过程中，体内 Tc 细胞的增殖常常落后于疾病的发展，因此，如能及时输入外源性抗原特异且是同基因的 Tc 细胞，就可加速消除致病因子，促进机体痊愈。目前，纯 Tc 细胞的来源尚有困难，正在加紧研究中。

5）卡介苗

卡介苗(BCG)原是一种历史悠久的菌苗，是预防结核病的特异性免疫预防制剂。近年来发现它还有许多非特异的免疫调节功能，例如激活体内多种免疫细胞(如巨噬细胞)、加强 T 和 B 细胞功能、刺激 NK 细胞活性、促进造血细胞生成、引起某些肿瘤坏死、阻止肿瘤转移以及消除机体对肿瘤抗原的耐受性等，因此，目前已用它来治疗多种肿瘤，例如黑色素瘤、急性白血病、肺癌、淋巴瘤、结肠直肠癌、膀胱癌和转移乳腺癌等。

6）干扰素

干扰素的特性、产生和作用已在 10.2 节中作过介绍。其中的 γ-干扰素主要由 T 细胞受抗原或 Pha 等诱导物刺激而产生，故又称免疫干扰素。它不仅有广谱性抑制病毒和抑制某些细胞分裂的作用，而且还有非特异性的免疫调节剂的作用，故可用于治疗实验动物的多种肿瘤病毒病、若干病毒性感染(慢性乙型肝炎、单纯疱疹、病毒性角膜炎、带状疱疹和呼吸道病毒感染等)和多种肿瘤(骨髓瘤、白血病、神经母细胞瘤、淋巴瘤、乳腺癌和多发性骨髓瘤等)。据报道，我国学者已在 1990 年完成了将化学合成的人 γ-干扰素基因插入到含有 λ 噬菌体 $p_r p_l$ 启动基因的大肠杆菌质粒上，所获得的 $E.coli$ 工程菌产生的 γ-干扰素，可达到细菌蛋白总量的 60% 以上，且浓集于包涵体中，易于提取和纯化。据初步试验，每升发酵液含有 2×10^9 活力单位，可望在 21 世纪用于临床上治疗若干病毒病、肝癌、胃癌和类风湿性关节炎等症。

复习思考题

1. 决定感染结局的三因素是什么？
2. 试述巨噬细胞在非特异性免疫和特异性免疫中的作用。
3. 试述炎症反应的免疫功能。
4. 什么叫补体？它有何免疫功能？
5. 什么是干扰素？它的作用机理是什么？
6. 特异性免疫的现代概念是怎样的？
7. 什么是免疫应答？它有几种主要类型？
8. T 细胞有几个主要亚群？它们各有何免疫功能？

9.什么是淋巴因子？主要的淋巴因子有哪些？简述它们的功能。

10.B 细胞的表面标志有哪些？它们与 T 细胞的表面标志有何不同？

11.什么是抗原？抗原物质应具备哪些条件？

12.试述五类 Ig 的名称、结构特点及基本功能。

13.产生抗体需要有几种免疫细胞的参与？试分别说明其功能。

14.什么是多克隆抗体？什么是单克隆抗体？单克隆抗体的研究有何理论和实践重要性？

15.血清学反应的一般规律如何？

16.试述免疫荧光技术的原理和类型。

17.什么是酶联免疫吸附测定法(ELISA)？它有何优点？试简介一种方法。

第 11 章　专题拓展——微生物发酵工程概述

第 11 章　课件

发酵工程是指采用工程技术手段，利用生物（主要是微生物）和有活性的离体酶的某些功能，为人类生产有用的生物产品，或直接用微生物参与控制某些工业生产过程的一种技术。人们熟知的利用酵母菌发酵制造啤酒、果酒、工业酒精，乳酸菌发酵制造奶酪和酸牛奶，利用真菌大规模生产青霉素等都是这方面的例子。随着科学技术的进步，发酵技术也有了很大的发展，并且已经进入能够人为控制和改造微生物，使这些微生物为人类生产产品的现代发酵工程阶段。现代发酵工程作为现代生物技术的一个重要组成部分，具有广阔的应用前景。例如：用基因工程的方法有目的地改造原有的菌种并且提高其产量；利用微生物发酵生产药品，如人的胰岛素、干扰素和生长激素等。生物技术作为 21 世纪高新技术的核心，对人类面临的食品、资源、健康、环境等重大问题发挥越来越大的作用。大力发展生物技术及其产业已成为世界各国经济发展的战略重点。

11.1　微生物发酵工程

发酵工程（Fermentation Engineering）属于生物技术的范畴。生物技术又称生物工艺学，最初是由一位匈牙利工程师 Karl.Ereky 于 1917 年提出的。当时他提出的生物技术这一名词的涵义是指甜菜作为饲料进行大规模养猪，即利用生物将原料转化为产品。现在的生物技术的定义为：生物技术是应用自然科学及工程学原理依靠生物催化剂的作用将物料进行加工以提供产品或社会服务的技术。因此，生物技术是一门综合性多学科技术，其涉及的基础学科有生物学、化学和工程学。它逐渐成为与生物学、生物化学、化学工程等多学科密切相关的综合性边缘学科。现代生物技术作为一门新兴的高科技产业，其生命力在于它对社会经济和发展的各个方面都带来了极大冲击和影响。发酵工程是指在最适发酵条件下，发酵罐中大量培养细胞和生产代谢产物的技术。发酵工程由于涉及生物催化剂，因而与化学反应有关。由于生物技术的最终目标是建立工业生产过程为社会服务，因而该生产过程可称为生物反应过程（亦称为生化反应过程）。在发酵技术中一般包括微生物细胞或动植物细胞的悬浮培养，或利用固定化酶，固定化细胞所做的反应器加工底物（即有生化催化剂参加），以及培养加工后产物大规模的分离提取等工艺。主要是在生物反应过程中提供各种所需的最适环境条件，如酸碱度、湿度、底物浓度、通气量以及保证无菌状态等研究内容。

11.2　微生物发酵工程历程

生物技术的发展和利用可以追溯到 1000 多年（甚至 4000 多年）以前如酒类的酿造。而人类有意识地利用酵母进行大规模发酵生产是在 19 世纪。当时进行大规模生产的发酵产品有乳酸、酒精、面包酵母、柠檬酸和蛋白酶等初级代谢产物。19 世纪中叶，法国葡萄酒的酿造者在酿酒的过程中遇到了麻烦，他们酿造的美酒总是变酸，于是纷纷祈求于正在对发酵作用机制进行研究的巴斯德。巴斯德不负众望，经过分析发现，这种变化是由乳酸杆菌使糖部分转化为乳酸引起的。同时，他找到了后来被称为乳酸杆菌的生物体。巴斯德提出，只要对糖液进行灭菌，就可以解决这个问题，这种灭菌方法就是流传至今的巴斯德灭菌法。巴斯德关于发酵作用的研究，从 1857 年到 1876 年前后持续了 20 年。他否定了当时盛行的所谓"自然发生说"，认为"一切发酵过程都是微生物作用的结果。发酵是没有空气的生命过程。微生物是引起化学变化的作用者"。巴斯德的发现不仅对以前的发酵食品加工过程给以科学的解释，也为以后新的发酵过程的发现提供了理论基础，促进了生物学和工程学的结合。因此，巴斯德被称为生物工程之父。到了 20 世纪初，人们发现某些梭菌能够引起丙酮丁醇的发酵，丙酮是制造炸药的原料，随着第一次世界大战的爆发刺激了丙酮丁醇工业的极大发展。虽然现在竞争力更强的新方法已逐步取代了昔日的发酵法，但它是第一个进行大规模工业生产的发酵过程，也是工业生产中首次采用大量纯培养技术的工艺。这一工艺获得成功的重要因素是排除了培养体系中其他有害的微生物，这在 19 世纪末 20 世纪初是相当先进的生物技术。因此可以说，巴斯德是生物工程初始阶段的开拓者。

1929 年，英国科学家弗莱明在污染了霉菌的细菌培养平板上观察到了霉菌菌落的周围有一个细菌抑制圈，由于这种霉菌是青霉菌，所以弗莱明把这种抑制细菌生长的霉菌分泌物叫青霉素。可是他想提取精制青霉素在当时无法做到，弗莱明只好忍痛割爱，放弃研究。10 年以后，第二次世界大战的战火越烧越旺，大量伤员急需抢救，英国的一些科学家恢复了弗莱明的工作，竟戏剧性地获得了成功。当时，英国本土已经战火弥漫无法试制，美国承担了青霉素的试制任务。要生产这种药物，必须要有一种严格的、将不需要的微生物排除在生产体系之外的无菌操作技术，必须要从外界通入大量的空气而又不污染杂菌的培养技术，还要想方设法从大量培养液中提取这种当时产量极低的较纯的青霉素。美国的科学家和工程师齐心协力，攻克许多难关，到 1942 年终于正式实现了青霉素的工业化生产。这一伟大成就拯救了千千万万挣扎在战争死亡线上的人们。这是生物工程第一次划时代的飞跃。在这一飞跃中，作为生物技术核心的发酵技术已从昔日的以厌氧发酵为主的工艺跃入深层通风发酵为主的工艺。这种工艺不只是通通气，而与此相适应的有一整套工程技术，如大量无菌空气的制备技术、中间无菌取样技术、设备的设计技术等等。因此，可以说这是生物工程技术的一次划时代飞跃。尽管后来开发了许多新产品，如数以千计的抗生素、多类氨基酸、不同用途的酶制剂等，就根本来说，青霉素投产后的半个多世纪中，深层培养技术没有出现质的改变。

20 世纪 40 年代，以获取细菌的次生代谢产物——抗生素为主要特征的抗生素工业成为生物发酵工业技术的支柱产业。20 世纪 50 年代，氨基酸发酵工业又成为生物技术产业的又一个成员，实现了对微生物的代谢进行人工调节，这又使生物技术前进了一步。20 世纪 60 年代，生物技术产业又增加了酶制剂工业这一成员。70 年代，为了解决由于人口迅速增长而带来的粮食短缺问题，进行了非碳水化合物代替碳水化合物的发酵，如利用石油化工原料进行发酵生产，培养单细胞蛋白，进行污水处理、能源开发等。80 年代以来，随着重组 DNA 技术的发展，可以按人类社会的需要，定向培养出有用的菌株，这为发酵工程技术引入了遗传工程的技术，使生物技术进入了一个新的阶段。纵观生物技术的发展历史，可见生物技术在经历了漫长的以传统工艺技术为主体的时期以后，正向系统的理论和实际应用相结合的方向发展，既奠定了可靠的理论和实践基础，也为今天和今后相当长时期生物技术的产业化准备了条件。

11.3　微生物发酵工程自身的特性

在研究用微生物(生物催化剂)进行某种物质生产时，大体上有两种研究方式：一种是各种酶水平上研究微生物细胞内(外)的生物化学反应，如大量摇瓶在实验室里观察限制反应速率的因素和最适的培养方法，这可以认为是一种小规模的研究形式；另一种是大规模的研究形式，即过程放大。利用小型和中型反应器(培养罐)进行培养试验，并进一步在工业规模上研究生产物的分离和精制方法，以确定在细胞水平上的综合的最适培养条件。一般化学工业的放大，可以说仅需对其放大原理给予充分的研究就足够了。而在发酵技术的放大方面，则需要由小试放大到中试逐步进行探讨。实验室进行的小规模发酵所获得的最适条件的各种参数，能否在工业规模生产使用的一百多立方米到数百立方米，也同样保证其最适条件，那就不是轻而易举的事了。这是发酵工程的一个基本特点。例如，从摇瓶试验到各种规模的反应器试验，即使培养液的成分、温度、pH 值等参数各种条件完全相同，并且微生物的活性及其培养过程与各个装置之间有着必要的相互关联，但一般情况下，反应结果可能完全不一致。尽管目前已有生物传感器，可以迅速准确地就位监测罐内、塔内或反应器中的反应过程，也有微机处理帮助大大提高了自动化调控的能力，而这些先进装置确实是保证在最适条件下进行发酵的有力武器，但如何保证大规模发酵在最适条件下进行，仍是一个值得研究的课题，它不仅涉及发酵设备的工程问题，也与各类生物细胞的生理生化特性相关。一般生物反应过程由以下四个部分组成：

(1) 生物反应器选取。它包括原材料的选择、必要的物理和化学方法加工。此过程是为提供微生物细胞可以生长和产物形成的基本原料，即培养基的制备过程，包括其配制和灭菌等。

(2) 催化及培养体系选取。生物反应的催化剂——酶基本上是由微生物产生的，因此，要选择高产、稳定、高效、容易培养的菌株，并以此菌株再经过多次逐级扩大培养后达到足够的数量并具有理想质量的微生物培养液作为"种子"接到反应器中。也可以利用固定化酶或固定化细胞，这就要通过一定的固定化技术来制备。

(3) 反应条件的优化。生物反应器是进行生物反应的核心设备，生物反应主要是在生物反应器中进行的，它为微生物细胞或酶提供合适的反应条件以达到细胞增殖或产品形成的目的。反应器的结构、操作方式和操作条件对反应原料的转化率、产品质量和产品成本有着密切关系。根据发酵周期长短、培养条件等，可采取间歇式操作、多级反应器串联的连续操作等。同时反应参数的检测与控制对生物反应过程的顺利进行也是十分重要的。

(4) 应用产品分离纯化。这一工序也叫下游加工程序，其目的是用适当的方法和手段将含量较低的产物从反应液中提取出来或从细胞中提取出来，并加以精制以达到规定的质量要求。其方法包括物理方法、化学方法、生物方法等。生物反应过程主要有以下特点：

① 采用可再生资源作为主要原料，因而原料来源丰实，价格低廉，过程中废物的危害

性较小，但由于原料的成分复杂，往往难以控制，会给产品质量带来一定的影响。

②由于采用的是生物催化剂，反应过程一般在常温常压下进行。但生物催化剂易受环境的影响和杂菌的污染，因而很易失活，难以长期使用。

③与一般化工产品相比，其生产设备比较简单，能耗较低。但某些生物反应由于其特殊性质而使反应基质浓度和产物浓度均不能太高，这是因为微生物细胞或生物酶受底物浓度或产物浓度的抑制或不能耐高渗透压所致，不仅使反应器体积增大，而且也加大了提取的困难，因而反应器生产效率较低。

④尽管生物反应过程成本低，应用广，但反应极为复杂，较难检测与控制。同时反应液中杂质多，也给分离提纯带来了困难。

11.4　微生物发酵工程生物反应过程的简要分类

随着生物技术的发展，生物反应过程的种类和规模都在不断地扩大。目前已进行工业生产的主要有酶催化反应过程、微生物反应过程和废水的生物处理过程。

（1）采用游离酶或固定化酶为催化剂时的反应过程。生物体中所进行的反应几乎都是在酶的催化下进行的。工业生产中所用的酶，或是经提取分离得到的游离酶，或是固定在多种载体上的固定化酶。

（2）采用活细胞为催化剂时的反应过程。这既包括一般的微生物发酵反应过程，也包括固定化细胞反应过程和动植物细胞的培养过程。

（3）利用微生物本身的分解能力和净化能力，除去废水中污染物质的过程。废水生物处理过程与微生物反应过程虽然都是利用微生物的反应过程，但与后者相比废水的生物处理具有以下特点：

①它是由细菌等菌类、原生动物、微小原生动物等各种微生物构成的混合培养系统。

②几乎全部采用连续操作系统。

③微生物所处的环境条件波动大。

④反应的目的是消除有害物质而不是代谢产物和微生物本身。

11.5　微生物发酵工程对人类社会的重要作用

发酵工程是运用化学工程的原理和方法将生物技术的实验室成果进行工业开发的一门学科。其原理与方法是指用以解决生产过程中有关化学反应、原料处理和产物的分离、能量的传递、设备的设计与放大、过程的控制和优化等一系列工程技术问题。在生物化学反应过程的上游加工中最重要的是生物催化剂（包括菌株、酶及其固定化）的制备，因此必须掌握生物催化剂的生理生化特性和培养特性，解决大规模种子培养或固定化生物催化剂的制备以及如何将其在无菌状态下接入生物反应器中等问题。上游加工中还包括原材料的物理和化学处理、培养基的配制和灭菌等问题，这里包括有物料破碎、混合和输送等多种化工单元操作以及热量传递、灭菌动力学和设备等有关工程问题。生物反应器是整个生物反应过程的关键设备。它是为特定的细胞或酶提供适宜的生长环境或进行特定的生化反应的设备，它的结构、操作方式和操作条件与产品的质量、产量和能耗有着密切的关系。生物反应器存在着物料的混合与流动、传质与传热等化学工程问题，存在着氧和基质的供需和传递、发酵动力学、酶催化反应动力学、发酵液的流变学以及生物反应器的设计与放大等一系列带有共性的工程技术问题，同时还包括生物反应过程的参数检测和控制。有关这一中游加工过程的工程问题已发展成为生化工程的重要学科分支——生物反应工程。

生物反应过程的下游是对目的产物的提取与精制。这一过程是比较困难的。这是因为一方面生物反应液中的目的产物的浓度是很低微的，例如浓度最高的乙醇仅为 10% 左右，氨基酸不超过 8%，抗生素不超过 5%，酶制剂不超过 1%，胰岛素不超过 0.01%，单克隆抗体不超过 0.0001%；另一方面，因为反应液杂质常与目的产物有相似的结构，加上一些具有生物活性的产品对温度、酸碱度都十分敏感，一些作为药物或食品的产品对纯度、有害物质都有严格的要求。总之，下游加工过程步骤多，要求严，其生产费用往往占生产成本的一半以上。生物技术研究的主要目标是最大限度地提高上游处理、发酵与转化、下游处理这三个步骤的整体效率，同时寻找一些可以用来制备食品、食品添加剂和药物的微生物。从 20 世纪 60~70 年代起，生物技术的研究主要集中在上游处理过程、生物反应器的设计和下游的纯化过程方面，这些研究使发酵过程的检测、生物反应体系的检测技术和有效的大量培养微生物的技术及相关仪器方面都有了很大的发展。

目前，这些仪器已经可以用于生产各种不同的产品。在利用微生物生产商品的整个过程中，生物转化这个环节往往是最难优化的。通常用于大规模生产的培养条件往往不是自然条件下微生物的最佳生长条件。因此，人们一般通过化学突变、化学诱变或者紫外线照射来产生突变体，从而改良菌种、提高产量，传统的诱导突变和选择的方法在发酵生产中获得了较大的成功。多种抗生素的大量生产过程就是这种方法的成功例证。但是通过传统的方法提高产量的幅度是非常有限的，如果一个突变了的菌株某一组分合成太多，那么其他一些代谢物的合成就会受到影响，因此这反过来又会影响微生物在大规模发酵过程中的生长。传统的诱变和选择的方法过程繁琐、耗时过长、费用极高，需要筛选和检测大量的克隆。另外，用传统的方法能提高微生物一种已有的遗传性质，并不能赋予这种微生物以其他遗传特性。总的来说，传统的改良菌种的生物技术还仅仅局限在化学工程和微生物工程的领域内。随着 DNA 重组技术的出现和发展，这种情况发生了根本性的改变。现代生物技术的发展主要体现在下列几方面：

（1）基因工程药物和疫苗研究与开发突飞猛进。新的生物治疗制剂的产业化前景十分光明，21 世纪整个医药工业将面临全面的更新和改造。

（2）阐明生物体（目前主要有人类、水稻、拟南芥等）基因组及其编码蛋白质的结构和功能是当今生命科学的一个主流方向。目前已有多个原核生物及一个真核生物（酵母）的基因组序列被全部测定。与人类重大疾病相关的基因和与农作物产量、质量、抗性等有关基因的结构与功能及其应用研究是今后一个时期研究的热点和重点。

（3）基因操作技术日新月异，不断完善，新技术、新方法一经产生就迅速地通过商业渠道出售此项技术并在市场上加以应用。

（4）转基因动物和植物取得重大突破。现代生物技术在农业上的广泛应用作为生物技术的"第二次浪潮"在 21 世纪将全面展开，给农业畜牧业生产带了新的飞跃。生物技术对农业的总贡献率大于 70%，功能性食品在营养学上起着革命性的变化。

（5）蛋白质工程是基因工程的发展，它将分子生物学、结构生物学、计算机技术结合起来，形成了一门高度综合的学科。

（6）基因治疗取得重大进展，有可能革新整个疾病的预防和治疗领域。估计在本世纪初，恶性肿瘤、艾滋病的防治可望有所突破。（基因治疗对象：遗传病、恶性肿瘤、艾滋病、乙肝、代谢性病、心血管病等。）

（7）国际上信息技术的飞速发展渗透到了生命科学领域，形成了引人注目、用途广泛的生物信息学。全球通信网络的日益扩大和完善也大大加速了生物技术的研究、应用和开发。现代生物技术在近 20 年的发展中受到了各方面人士的普遍关注，更有许多专家将 21 世纪称为生命科学的世纪，将现代生物技术产业称为 21 世纪的朝阳产业。一方面是由于现代生物技术发展迅速，用途广泛；另一方面是由于现代生物技术具有其他技术所无法比拟的优越性，即可持续发展。面对人口膨胀、资源枯竭、环境污染等一系列直接关系到整个人类生死存亡的严重问题，人们越来越深刻地认识到了发展具有可持续发展的新技术、新产业的必要性和紧迫性。由于生物技术是以生物（动物、植物、微生物、培养细胞等）为原料生产产品的，因此其原料具有再生性，同时利用生物系统生产产品产生的污染物很少，对环境的破坏性很小或几乎没有，重组微生物甚至还可以消除环境中的污染物。鉴于生物技术产业的以上特点，清洁、经济的生物技术必然会在 21 世纪获得更大的发展。

各章复习思考题答案

主 要 参 考 文 献

[1] 沈萍. 微生物学. 8 版. 北京：高等教育出版社，2008

[2] 翟中和. 生命科学和生物技术. 济南：山东教育出版社，2010

[3] 李阜棣，胡正嘉. 微生物学. 5 版. 北京：中国农业出版社，2010

[4] 周德庆. 微生物学教程. 2 版. 北京：高等教育出版社，2011

[5] 黄秀梨. 微生物学. 北京：高等教育出版社，2008

[6] 施莱杰. 普通微生物学. 陆卫平、周德庆，等译. 上海：复旦大学出版社，2000

[7] 谢正，吴挹芳. 现代微生物培养基和试剂手册. 福州：福建科学技术出版社，2004

[8] 陈声明，贾小明，赵宇华. 经济微生物学. 成都：成都科技大学出版社，2007

[9] 祖若夫，胡宝龙，周德庆. 微生物学实验教程. 上海：复旦大学出版社，2003

[10] 焦瑞身，周德庆. 微生物生理代谢实验技术. 北京：科学出版社，2000

[11] 褚志义. 生物合成药物学. 北京：化学工业出版社，2010

[12] 裘维蕃，余永年. 菌物学大全. 北京：科学出版社，1998

[13] 高东. 微生物遗传学. 济南：山东大学出版社，1996

[14] 李阜棣. 土壤微生物学. 北京：中国农业出版社，2006

[15] 杨洁彬，等. 乳酸菌：生物学基础和应用. 北京：中国轻工业出版社，2006

[16] 瞿礼嘉，顾红雅，等. 现代生物技术导论. 北京：高等教育出版社，施普林格出版社，2008

[17] 刘如林. 微生物工程概论. 天津：南开大学出版社，2005

[18] 于善谦，等. 免疫学导论. 北京：高等教育出版社，施普林格出版社，2009

[19] 喻子牛，何绍江，朱火堂. 微生物学：教学研究与改革. 北京：科学出版社，2010

[20] Madigan M T，Martinko J M，Parker J. Brock Biology of Microorganisms. 8th ed. New Jersey：Prentice Hall，2007

[21] Madigan M T，Martinko J M，Parker J. Brock Biology of Microorganisms. 9th ed. New Jersey：Prentice Hall，2010

[22] Pelczar Jr M J，Chan E C S，Krieg N R，et al. Microbiology：Concepts and Applications. New York：McGraw – Hill，2003

[23] Ketchum P A. Microbiology：Concepts and Applications. New York：John Wiley，2008

[24] McKane L，Kandel J. Microbiology：Essentials and Applications. 2nd ed. New York：McGraw – Hill，2006